建筑热工与围护结构节能设计手册

Handbook for Thermal Performance and Energy Efficiency Design of Building Envelope

冯 雅　南艳丽　钟辉智　高庆龙　编著

中国建筑工业出版社

审图号：GS（2021）6917 号

图书在版编目（CIP）数据

建筑热工与围护结构节能设计手册 ＝ Handbook for
Thermal Performance and Energy Efficiency Design
of Building Envelope / 冯雅等编著. — 北京：中国
建筑工业出版社，2021.11
　　ISBN 978-7-112-26530-5

　　Ⅰ．①建…　Ⅱ．①冯…　Ⅲ．①建筑热工-手册②建筑
物-围护结构-节能设计-手册　Ⅳ．①TU111-62

中国版本图书馆 CIP 数据核字（2021）第 177503 号

本手册主要介绍了建筑热工和围护结构节能设计的方法和参数选择，共分 12
章，主要包括：术语、符号、量纲；建筑气候与分区；建筑材料热物理性能；建筑
热工设计基本计算参数和方法；建筑围护结构节能设计和计算参数；建筑与围护结
构节能设计原则；建筑保温设计；建筑隔热设计；建筑防潮设计；自然通风设计；
建筑遮阳设计；建筑围护结构节能设计示例。此外，本手册还包括两个附录，分别
是建筑热工与节能设计用气象参数、围护结构传热系数的修正系数和封闭阳台温差
修正系数。本手册适合于建筑节能专业人员参考使用。

责任编辑：高 悦　万 李
责任校对：芦欣甜

建筑热工与围护结构节能设计手册
Handbook for Thermal Performance and
Energy Efficiency Design of Building Envelope
冯 雅　南艳丽　钟辉智　高庆龙　编著
*
中国建筑工业出版社出版、发行（北京海淀三里河路 9 号）
各地新华书店、建筑书店经销
北京鸿文瀚海文化传媒有限公司制版
河北鹏润印刷有限公司印刷
*
开本：787 毫米×1092 毫米　1/16　印张：28¼　字数：702 千字
2022 年 5 月第一版　　2022 年 5 月第一次印刷
定价：**125.00** 元
ISBN 978-7-112-26530-5
（37672）

前　言

建筑用能是能源消费的三大领域之一，也是造成直接和间接碳排放的主要责任领域之一。因此，节能建筑的营造是建筑行业实现碳达峰碳中和目标的基础和重要内容。实现建筑节能有两个基本途径：一是构建具有理想热特性的建筑形态和建筑围护结构，也就是人们所讲的被动节能技术，二是提高建筑用能设备与系统的效率，即主动节能技术，前者是决定后者用能多少的重要前提，事实上当建筑围护结构的热工与节能性能不好时，即使设备的效率再高，建筑物也不可能成为节能建筑。因此，"建筑热工与围护结构节能"的研究与设计是解决建筑节能和营造低碳建筑的根本途径之一。

建筑热工与围护结构节能设计直接影响到建筑热环境、建筑节能和暖通空调设计质量和效果，而我国建筑热工设计计算方法、基础数据主要来源于 20 世纪 60 年代苏联和改革开放前我国老一代建筑热工专家的研究成果。由于全球工业化带来的经济发展，碳排放量迅速增长，尤其是近 30 年来全球气候变化带来的气象数据的明显变化，原有参数在热工与节能设计中造成较大的误差。同时新技术革命带来的热工理论与计算方法的进步，计算分析软件的不断完善，对于建筑围护结构热湿耦合传递、透明围护结构光热过程、自然通风与机械通风、建筑物室内外辐射、传导和对流三种形式耦合换热过程分析已经能够做到非常精确的数值计算分析，因此，在本手册中介绍了相关内容的热工计算方法和数值计算工具。

进入 21 世纪后我国城市化进程加快，尤其经济与科学技术高速发展，新型建筑节能材料和围护结构、新工艺、新产品大量涌现，原有的建筑热工与围护结构节能设计方法、基础数据和建筑保温、防热、防潮、自然通风等技术与措施已经不能适应今天建筑热工与节能工作的现状，亟须匹配新型建筑材料热物理性能基础数据，以及建筑与围护结构新的节能技术等。因此，本手册的编著目的就是为上述建筑热工与建筑围护结构节能设计与研究提供新的数据参数、计算方法和技术措施。

本手册参考并大量引用了国内外该领域的相关资料，总结了 20 多年来中国建筑西南设计研究院有限公司在该领域的研究成果和大量的工程实践经验，根据我国最新颁布的国家标准《建筑节能与可再生能源利用通用规范》GB 55015—2021、《民用建筑热工设计规范》GB 50176—2016 等编著而成。本手册的主要特点是清晰地描述了建筑热工与围护结构节能设计基本概念、定义和术语，全面系统地介绍了建筑热工与围护结构节能设计基础数据、基本原则、技术措施以及近年来在该领域的最新成果，为建筑热工与围护结构节能设计提供参考。本手册涵盖了建筑热工学与建筑围护结构节能设计所涉及的基本术语、符号和量纲、建筑气候与分区、建筑材料热物理性能、建筑热工设计基本计算参数和方法、建筑与围护结构节能设计原则，以及围护结构的保温、隔热、防潮、自然通风等主要内容。

编写过程中邀请了华南理工大学孟庆林、江苏省建筑科学研究院有限公司许锦峰、重庆大学唐鸣放、四川省建筑科学研究院有限公司韦延年等教授参加讨论和评审，在此表示衷心地感谢！

各章节主要编写人如下：第 1 章冯雅、南艳丽；第 2 章高庆龙、冯雅；第 3 章冯驰、钟辉智；第 4 章冯雅、南艳丽；第 5 章南艳丽、高庆龙；第 6 章冯雅、南艳丽；第 7 章南艳丽、冯雅、王晓；第 8 章冯雅、南艳丽；第 9 章钟辉智、冯驰；第 10 章冯雅、钟辉智、窦枚；第 11 章冯雅、南艳丽、窦枚；第 12 章南艳丽、王晓、窦枚。

全书由冯雅审阅。

由于编著者水平有限，时间仓促，书中难免有不妥之处，恳请广大读者批评和指正。

2022 年 4 月于成都

目　录

第1章　术语、符号、量纲 ……………………………………………………… 1

1.1　基本术语 …………………………………………………………………… 1

1.2　常用符号 …………………………………………………………………… 7

1.3　基本量纲 …………………………………………………………………… 10

1.4　单位换算关系 ……………………………………………………………… 11

1.5　各种能源的等效折算 ……………………………………………………… 23

参考文献 …………………………………………………………………………… 26

第2章　建筑气候与分区 ………………………………………………………… 27

2.1　主要气象参数 ……………………………………………………………… 27

　2.1.1　空气温度 …………………………………………………………… 27

　2.1.2　空气湿度 …………………………………………………………… 27

　2.1.3　太阳辐射和轨迹图 ………………………………………………… 31

　2.1.4　降水 ………………………………………………………………… 45

　2.1.5　大气压力 …………………………………………………………… 46

　2.1.6　风速与风向 ………………………………………………………… 48

2.2　建筑节能气候分区 ………………………………………………………… 50

　2.2.1　建筑热工设计气候分区 …………………………………………… 50

　2.2.2　被动式太阳能建筑气候分区 ……………………………………… 52

　2.2.3　其他建筑气候分区 ………………………………………………… 57

参考文献 …………………………………………………………………………… 58

第3章　建筑材料热物理性能 …………………………………………………… 59

3.1　基本物理量 ………………………………………………………………… 59

　3.1.1　密度 ………………………………………………………………… 59

　3.1.2　导热系数 …………………………………………………………… 59

　3.1.3　比热容 ……………………………………………………………… 61

　3.1.4　材料热辐射 ………………………………………………………… 62

　3.1.5　地表发射率和反射率 ……………………………………………… 64

　3.1.6　孔隙率 ……………………………………………………………… 65

　3.1.7　材料含湿状态及含湿区间 ………………………………………… 66

　3.1.8　蒸汽渗透系数 ……………………………………………………… 67

　3.1.9　吸水系数 …………………………………………………………… 70

3.2　导出物理量 ………………………………………………………………… 70

　3.2.1　蓄热系数 …………………………………………………………… 70

3.2.2 导温系数（热扩散率） ·················· 70

3.3 常用绝热材料物理性能及特点 ·················· 72

    3.3.1 绝热材料物理性能及特点 ·················· 72

    3.3.2 修正系数 ·················· 85

3.4 建筑材料热物理性能计算参数 ·················· 87

    3.4.1 常用建筑材料热物理性能计算参数 ·················· 87

    3.4.2 几种气体热物理性能计算参数 ·················· 100

    3.4.3 几种土壤热物理性能计算参数 ·················· 100

参考文献 ·················· 105

第4章 建筑热工设计基本计算参数和方法 ·················· 106

4.1 室内外计算参数 ·················· 106

    4.1.1 室外气象参数 ·················· 106

    4.1.2 室外计算参数 ·················· 106

    4.1.3 室内计算参数 ·················· 107

4.2 表面换热系数和换热阻 ·················· 107

4.3 热阻和传热阻 ·················· 109

4.4 传热系数 ·················· 112

4.5 材料蓄热系数 ·················· 123

4.6 热惰性指标 ·················· 123

4.7 围护结构内表面温度 ·················· 124

4.8 室外综合温度 ·················· 125

4.9 围护结构的衰减倍数和延迟时间 ·················· 126

4.10 蒸汽渗透阻 ·················· 128

4.11 相对湿度和露点温度 ·················· 129

4.12 内部冷凝验算 ·················· 130

4.13 辐射换热计算 ·················· 132

4.14 室内热环境评价指标 ·················· 132

    4.14.1 PMV-PPD 指标 ·················· 132

    4.14.2 适应性模型 ·················· 134

4.15 门窗和玻璃幕墙的热工计算及结露性能评价 ·················· 135

    4.15.1 门窗热工性能计算 ·················· 136

    4.15.2 玻璃幕墙热工性能计算 ·················· 136

    4.15.3 结露性能评价 ·················· 137

    4.15.4 典型窗框及玻璃的热工参数计算 ·················· 138

    4.15.5 算例 ·················· 150

参考文献 ·················· 154

第5章 建筑围护结构节能设计和计算参数 ·················· 155

5.1 建筑围护结构节能设计方法 ·················· 155

5.2 国家及行业建筑节能设计标准对建筑与建筑热工设计的要求 ·················· 156

5.2.1 《公共建筑节能设计标准》GB 50189—2015 要求 ·············· 156

5.2.2 《严寒和寒冷地区居住建筑节能设计标准》JGJ 26—2018 要求 ············ 166

5.2.3 《夏热冬冷地区居住建筑节能设计标准》JGJ 134—2010 要求 ········· 171

5.2.4 《夏热冬暖地区居住建筑节能设计标准》JGJ 75—2012 要求 ········· 173

5.2.5 《温和地区居住建筑节能设计标准》JGJ 475—2019 要求 ·········· 176

5.2.6 《建筑节能与可再生能源利用通用规范》GB 55015—2021 要求 ······· 178

5.3 建筑节能常用计算参数指标及方法 ······································· 198

5.3.1 面积和体积 ·· 198

5.3.2 朝向划分 ·· 199

5.3.3 体形系数 ·· 199

5.3.4 窗墙面积比 ·· 201

5.3.5 窗地比 ·· 203

5.3.6 遮阳系数及太阳得热系数 ·· 203

5.3.7 气密性 ·· 204

5.3.8 地面传热系数 ·· 205

5.3.9 建筑物耗热量指标 ·· 207

5.3.10 严寒、寒冷地区供暖年累计热负荷和能耗值 ······················· 209

5.3.11 夏热冬暖地区建筑物空调供暖年耗电指数 ··························· 211

参考文献 ·· 214

第6章 建筑与围护结构节能设计原则 ···································· 216

6.1 不同气候区建筑围护结构节能设计基本原则 ··························· 216

6.1.1 严寒、寒冷地区设计原则 ·· 216

6.1.2 夏热冬冷地区设计原则 ··· 222

6.1.3 夏热冬暖地区设计原则 ··· 228

6.1.4 温和地区建筑节能设计原则 ·· 230

6.1.5 高原高寒地区建筑节能设计原则 ··· 231

6.1.6 热带与亚热带海洋性建筑气候区建筑节能设计原则 ··············· 232

6.2 太阳能建筑设计 ··· 233

6.2.1 基本规定 ·· 233

6.2.2 被动式太阳房类型及设计要点 ··· 234

参考文献 ·· 239

第7章 建筑保温设计 ·· 240

7.1 基本规定 ··· 240

7.1.1 墙体 ·· 240

7.1.2 屋面 ·· 243

7.1.3 楼地面 ·· 244

7.1.4 地下室外墙 ·· 246

7.1.5 门窗、幕墙、采光顶 ·· 246

7.1.6 建筑保温的防火设计要求 ·· 247

7.2 墙体保温 ·· 249
 7.2.1 外墙外保温节能技术 ·················· 249
 7.2.2 外墙内保温节能技术 ·················· 261
 7.2.3 外墙夹芯保温节能技术 ·············· 266
 7.2.4 外墙自保温技术 ······················ 268
 7.2.5 其他墙体保温节能技术 ·············· 269
7.3 屋面保温 ·· 270
 7.3.1 钢筋混凝土屋面 ······················ 270
 7.3.2 种植屋面 ······························ 271
 7.3.3 木屋架坡屋面 ························ 274
 7.3.4 金属保温屋面 ························ 275
7.4 楼地面 ·· 275
 7.4.1 底面接触室外空气的架空楼板 ········ 276
 7.4.2 层间楼板 ······························ 277
 7.4.3 底层地面 ······························ 279
7.5 地下室外墙 ······································ 280
7.6 门窗、幕墙、采光顶 ·························· 280
参考文献 ·· 282

第8章 建筑隔热设计 ······························ 283
8.1 基本规定 ·· 283
 8.1.1 墙体 ·································· 283
 8.1.2 屋面 ·································· 284
 8.1.3 门窗、幕墙、采光顶 ················ 285
8.2 外墙隔热设计 ···································· 286
 8.2.1 吸收升温隔热墙体 ··················· 286
 8.2.2 反射隔热墙体 ························ 286
 8.2.3 通风墙体 ······························ 288
 8.2.4 垂直绿化墙体 ························ 288
 8.2.5 常见外墙隔热性能计算 ·············· 289
8.3 屋面隔热设计 ···································· 295
 8.3.1 隔热（保温）屋面 ··················· 295
 8.3.2 反射隔热屋面 ························ 295
 8.3.3 空气间层隔热屋面 ··················· 295
 8.3.4 蓄水屋面 ······························ 297
 8.3.5 隔热种植屋面 ························ 298
 8.3.6 常见屋面隔热性能计算 ·············· 298
8.4 气凝胶与薄层隔热材料的隔热设计 ·········· 300
 8.4.1 气凝胶高效隔热材料 ················ 300
 8.4.2 薄层隔热材料 ························ 300

8.5 玻璃门窗、幕墙、采光顶的隔热设计 ………………………………………… 302

 8.5.1 建筑玻璃隔热性能 ……………………………………………………… 302

 8.5.2 建筑玻璃隔热设计光热性能选择原则 ……………………………… 312

参考文献 ……………………………………………………………………………… 315

第 9 章　建筑防潮设计 ………………………………………………………… 317

9.1 基本规定 ……………………………………………………………………… 317

 9.1.1 基本原则 ………………………………………………………………… 317

 9.1.2 设计要求 ………………………………………………………………… 317

9.2 自由水防止 …………………………………………………………………… 318

 9.2.1 屋面及女儿墙防水 …………………………………………………… 318

 9.2.2 地下室防水 …………………………………………………………… 319

 9.2.3 墙面防水 ……………………………………………………………… 320

9.3 围护结构表面结露控制和防潮设计 ……………………………………… 323

 9.3.1 围护结构表面结露设计原则 ………………………………………… 324

 9.3.2 供暖建筑围护结构结露验算 ………………………………………… 324

 9.3.3 南方地面和外墙的防潮设计 ………………………………………… 325

9.4 围护结构潮湿分析方法及测试技术 ……………………………………… 330

参考文献 ……………………………………………………………………………… 331

第 10 章　自然通风设计 ……………………………………………………… 333

10.1 基本概念 …………………………………………………………………… 333

 10.1.1 自然通风原理 ……………………………………………………… 333

 10.1.2 自然通风的计算 …………………………………………………… 333

10.2 设计目的和基本原则 ……………………………………………………… 334

10.3 风环境营造 ………………………………………………………………… 335

 10.3.1 建筑形态对风环境的影响 ………………………………………… 335

 10.3.2 建筑群及平面布局 ………………………………………………… 337

10.4 建筑单体自然通风设计与措施 …………………………………………… 338

 10.4.1 中庭通风设计 ……………………………………………………… 338

 10.4.2 门窗洞口通风设计 ………………………………………………… 340

 10.4.3 窗户尺寸对自然通风的影响 ……………………………………… 344

 10.4.4 建筑导风设计 ……………………………………………………… 345

 10.4.5 建筑被动预冷和预热自然通风 …………………………………… 345

10.5 自然通风辅助设计 ………………………………………………………… 348

 10.5.1 场地风环境模拟 …………………………………………………… 348

 10.5.2 室内自然通风模拟 ………………………………………………… 349

参考文献 ……………………………………………………………………………… 350

第 11 章　建筑遮阳设计 ……………………………………………………… 351

11.1 基本概念 …………………………………………………………………… 351

11.2 遮阳形式及特点 …………………………………………………………… 353

11.2.1 遮阳面板构造形式 ······· 353

11.2.2 外遮阳形式 ······· 353

11.2.3 活动外遮阳 ······· 357

11.2.4 内遮阳形式 ······· 357

11.2.5 中间遮阳 ······· 358

11.3 遮阳系数的确定 ······· 360

11.3.1 基于建筑能耗的遮阳系数计算方法（季节平均法） ······· 360

11.3.2 基于太阳辐射得热量的遮阳系数计算方法 ······· 364

11.3.3 百叶遮阳的遮阳系数计算 ······· 369

11.3.4 活动外遮阳的遮阳系数计算 ······· 369

11.4 遮阳系数工程计算 ······· 369

11.4.1 基于建筑能耗的遮阳系数计算方法（季节平均法）算例 ······· 369

11.4.2 基于太阳辐射得热量的遮阳系数计算方法算例 ······· 370

参考文献 ······· 372

第12章 建筑围护结构节能设计示例 ······· 374

12.1 工程概况 ······· 374

12.2 设计依据 ······· 374

12.3 透明围护结构节能设计 ······· 375

12.4 非透明围护结构节能设计 ······· 375

12.4.1 屋面 ······· 375

12.4.2 外墙 ······· 377

12.4.3 底面接触室外空气的架空或外挑楼板 ······· 378

12.4.4 地下车库与供暖房间之间的楼板 ······· 378

12.4.5 非供暖楼梯间与供暖房间之间的隔墙 ······· 379

12.4.6 周边地面 ······· 380

12.4.7 供暖、空调地下室外墙（与土壤接触的墙） ······· 381

12.5 围护结构热工性能参数汇总 ······· 381

12.6 保温材料性能要求 ······· 382

12.7 节能设计及施工要求 ······· 383

12.8 节点大样 ······· 384

附录A 建筑热工与节能设计用气象参数 ······· 387

A.1 全国主要城镇热工设计区属及建筑热工设计用室外气象参数 ······· 387

A.2 严寒寒冷地区主要城市的建筑节能计算用气象参数 ······· 404

A.3 全国主要城镇室外计算参数 ······· 410

A.4 参考城镇表 ······· 419

A.5 我国部分城市夏季太阳辐射强度 ······· 423

A.6 标准大气压时不同温度下的最大水蒸气分压 ······· 425

附录B 围护结构传热系数的修正系数和封闭阳台温差修正系数 ······· 429

第1章 术语、符号、量纲

1.1 基本术语

基本术语见表1.1-1。

基本术语 表1.1-1

序号	术语
	（Ⅰ）气候与室内外参数
1	**建筑气候区划 (climatic regionalization for architecture)**
	为区分不同气候条件对建筑影响的差异性,以一定的气象参数为指标划分的不同区域
2	**建筑热工设计分区 (dividing region for building thermal design)**
	为使建筑热工设计与地区气候相适应而做出的气候区划
3	**室内气候 (indoor climate)**
	室内由于围护结构作用,形成了与室外不同的气候条件。主要是由气温、湿度、风速和热辐射这四个综合作用于人体的气象因素组成
4	**干球温度 (dry-bulb temperature)**
	在暴露于空气中,但又处于不受太阳直接辐射地方的干球温度表上所读取的温度数
5	**湿球温度 (wet-bulb temperature)**
	在暴露于空气中,但又处于不受太阳直接辐射地方,而且球部又包有浸透水(或已结冰)的纱布的温度表上所读取的温度数
6	**黑球温度 (Globe temperature)**
	将温度计的水银球放入一个直径为15cm、外涂黑色的空心铜球的中心测得的温度,用以反映环境的热辐射状况
7	**相对湿度 (relative humidity)**
	空气实际的水蒸气分压与同温度下饱和状态空气的水蒸气分压的百分比
8	**日照时数 (sunshine hours, sunshine duration)**
	某段时间内,太阳直接辐照度达到或超过 $120W/m^2$ 的时间总和,以小时(h)为单位
9	**日照百分率 (sunshine percentage, relative sunshine duration)**
	一定时期内某地日照时数与该地的可照时数的百分比
10	**法向直射辐射 (direct normal radiation)**
	在与太阳辐射方向相垂直的平面上接收到的直接来自太阳的辐射
11	**水平面直接辐射 (direct horizontal radiation)**
	水平面上接收到的直接辐射

序号	术语
（Ⅰ）气候与室内外参数	
12	**散射辐射**（diffusive radiation）
	由于大气的散射作用从半球天空的各个部分到达地面水平面的那部分太阳辐射
13	**总辐射**（global radiation）
	到达水平地面上的太阳直射辐射和散射辐射之和
14	**室内热环境**（indoor thermal environment）
	建筑空间内部影响人体热感觉和热舒适的物理因素。这些因素主要包括室内空气温度、空气湿度、气流速度以及人体与周围环境之间的辐射换热
15	**热舒适指标**（thermal comfort index）
	用以量化评价人体对环境感觉满意的主观感觉的指标。常用评价指标为预测平均热感觉（PMV）、预测不满意者的百分数（PPD）等
16	**预测平均热感觉指标**（predicted mean vote，PMV）
	根据人体热平衡的基本方程式以及心理生理学主观热感觉的等级为出发点，考虑了人体热舒适感等诸多有关因素的全面评价指标。PMV指数表明群体对于（+3～−3）共计7个等级热感觉投票的平均指数
17	**预测不满意者的百分数**（predicted percentage dissatisfied，PPD）
	为预计处于热环境中的群体对于热环境不满意的投票平均值。PPD指数可预计群体中感觉过暖或过冷"根据七级热感觉投票表示热（+3），温暖（+2），凉（−2），或冷（−3）"的人的百分数
18	**典型气象年**（typical meteorological year，TMY）
	以近10年的月平均值为依据，从近10年的资料中选取各月接近10年的平均值作为典型气象月，由典型气象月组成典型气象年。由于选取的月平均值在不同的年份，资料不连续，还需要进行月间平滑处理
（Ⅱ）建筑热工	
19	**建筑热工**（building thermal engineering）
	研究建筑室外气候通过建筑围护结构对室内热环境的影响、室内外热湿作用对围护结构的影响，通过建筑设计改善室内热环境方法的学科
20	**围护结构**（building envelope）
	分隔建筑室内与室外，以及建筑内部使用空间的建筑部件。分隔室内和室外的围护结构称为外围护结构，分隔室内空间的围护结构称为内围护结构。围护结构又分为透光和非透光两类：透光围护结构有玻璃幕墙、窗户、天窗等；非透光围护结构有墙、屋顶和楼板等
21	**热桥**（thermal bridge）
	围护结构中热流强度显著增大的部位，热流容易通过的部位
22	**围护结构单元**（building envelope unit）
	围护结构的典型组成部分，由围护结构平壁及其周边梁、柱等节点共同组成
23	**导热系数**（thermal conductivity，heat conduction coefficient）
	在稳态条件和单位温差作用下，通过单位厚度、单位面积匀质材料的热流量
24	**蓄热系数**（coefficient of heat accumulation）
	当某一足够厚度的匀质材料层一侧受到谐波热作用时，通过表面的热流波幅与表面温度波幅的比值

续表

序号	术语
	（Ⅱ）建筑热工
25	**热阻**（thermal resistance）
	表征围护结构本身或其中某层材料阻抗传热能力的物理量
26	**传热阻**（heat transfer resistance）
	表征围护结构本身加上两侧空气边界层作为一个整体的阻抗传热能力的物理量
27	**传热系数**（heat transfer coefficient）
	在稳态条件下，围护结构两侧空气为单位温差时，单位时间内通过单位面积传递的热量。传热系数与传热阻互为倒数。我国传热系采用 K 值表示，欧美国家标准体系采用 U 值表示，K 值和 U 值的差别是由测试传热系数时所规定的边界条件不同而导致。我国传热系数检测标准室内外温差为 40℃，欧洲检测标准室内外温差为 15℃，而美国检测标准则分为冬夏两季，冬季室内外温差 40℃，夏季室内外温差 8℃
28	**导温系数**（thermal diffusivity）
	材料的导热系数与其比热容和密度乘积的比值，表征物体在加热或冷却时，各部分温度趋于一致的能力，也称热扩散系数
29	**热惰性**（thermal inertia）
	受到波动热作用时，材料层抵抗温度波动的能力，用热惰性指标（D）来描述。习惯上将热惰性指标 $D \geqslant 2.5$ 的围护结构称为重质围护结构；$D < 2.5$ 的称为轻质围护结构
30	**表面换热系数**（surface coefficient of heat transfer）
	物体表面和与之接触的空气之间通过对流和辐射换热，在单位温差作用下，单位时间内通过单位面积的热量
31	**表面换热阻**（surface resistance of heat transfer）
	物体表面层在对流换热和辐射换热过程中的热阻，是表面换热系数的倒数
32	**太阳辐射吸收系数**（solar radiation absorbility factor）
	表面吸收的太阳辐射热与投射到其表面的太阳辐射热之比
33	**温度波幅**（temperature amplitude）
	当温度呈周期性波动时，最高值与平均值之差
34	**衰减倍数**（damping factor）
	围护结构内侧空气温度稳定，外侧受室外综合温度或室外空气温度周期性变化的作用，室外综合温度或室外空气温度波幅与围护结构内表面温度波幅的比值
35	**延迟时间**（time lag）
	围护结构内侧空气温度稳定，外侧受室外综合温度或室外空气温度周期性变化的作用，其内表面温度最高值（或最低值）出现时间与室外综合温度或室外空气温度最高值（或最低值）出现时间的差值
36	**露点温度**（dew-point temperature）
	在大气压力一定、含湿量不变的条件下，未饱和空气因冷却而达到饱和时的温度
37	**冷凝**（condensation）
	围护结构内部存在空气或空气渗透过围护结构，当围护结构内部的温度达到或低于空气的露点温度时，空气中的水蒸气析出形成凝结水的现象

序号	术语
	（Ⅱ）建筑热工
38	**结露**（dewing） 围护结构表面温度低于附近空气露点温度时，空气中的水蒸气在围护结构表面析出形成凝结水的现象
39	**水蒸气分压**（partial vapor pressure，partial pressure of water vapor） 在一定温度下，湿空气中水蒸气部分所产生的压强
40	**蒸汽渗透系数**（coefficient of vapor permeability） 单位厚度的物体，在两侧单位水蒸气分压差作用下，单位时间内通过单位面积渗透的水蒸气量
41	**蒸汽渗透阻**（vapor resistivity） 一定厚度的物体，在两侧单位水蒸气分压差作用下，通过单位面积渗透单位质量水蒸气所需要的时间
42	**辐射温差比**（the ratio of vertical solar radiation and indoor and outdoor temperature difference） 在某时间段内，围护结构某表面得到的太阳平均辐照度与室内外计算温差的比值。现行国家标准《民用建筑热工设计规范》GB 50176 术语中，明确了采用 1 月南向垂直面太阳辐照度和 1 月平均室内外计算温差的比值，该"辐射温差比"严格名称为"南向辐射温差比"。平均辐照度的单位是 W/m^2，温差的单位为 K
43	**建筑遮阳**（shading） 在建筑门窗洞口室外侧与门窗洞口一体化设计的遮挡太阳辐射的构件。也被称为"建筑外遮阳"或"外遮阳"
44	**水平遮阳**（overhang） 位于建筑门窗洞口上部，水平伸出的板状建筑遮阳构件
45	**垂直遮阳**（flank shading） 位于建筑门窗洞口两侧，垂直伸出的板状建筑遮阳构件
46	**组合遮阳**（combined shading） 在门窗洞口的上部设水平遮阳、两侧设垂直遮阳的组合式建筑遮阳构件
47	**挡板遮阳**（front shading） 在门窗洞口前方设置的与门窗洞口面平行的板状建筑遮阳构件
48	**百叶遮阳**（blade shading） 由若干相同形状和材质的板条，按一定间距平行排列而成面状的百叶系统，并将其与门窗洞口面平行设在门窗洞口外侧的建筑遮阳构件
49	**活动外遮阳**（active external shading device） 安装在建筑物外表面，能够调节尺寸、形状或遮光状态的遮阳装置
50	**中置外遮阳**（middle shading device） 位于两层透光围护结构（或构件、部件）之间的遮阳装置
51	**玻璃遮阳系数**（shading coefficient of glass） 在给定条件下，透过窗玻璃的太阳辐射得热量，与相同条件下透过相同面积的 3mm 厚玻璃的太阳辐射得热量的比值，无因次
52	**建筑遮阳系数**（shading coefficient of building element） 在照射时间内，同一窗口（或透光围护结构部件外表面）在有建筑外遮阳和没有建筑外遮阳的两种情况下，接收到的两个不同太阳辐射量的比值

序号	术语
	（Ⅱ）建筑热工
53	**透光围护结构遮阳系数**（shading coefficient of transparent envelope） 在照射时间内，透过透光围护结构部件（或窗户）直接进入室内的太阳辐射量与透光围护结构外表面（或窗户）接收到的太阳辐射量的比值
54	**内遮阳系数**（shading coefficient of curtain） 在照射时间内，透射过内遮阳的太阳辐射量和内遮阳接收到的太阳辐射量的比值
55	**综合遮阳系数**（general shading coefficient） 建筑遮阳系数和透光围护结构遮阳系数的乘积
56	**太阳得热系数**[solar heat gain coefficient（*SHGC*）] 透过透光围护结构（门窗或透光幕墙）的太阳辐射室内得热量与投射到透光围护结构（门窗或透光幕墙）外表面上的太阳辐射量的比值。太阳辐射室内得热量包括太阳辐射通过辐射透射的得热量和太阳辐射被构件吸收再传入室内的得热量两部分
57	**太阳光直接透射比**（solar direct transmittance） 波长范围 300～2500nm 太阳辐射透过被测物体的辐射通量与入射的辐射通量之比
58	**可见光透射比**（visible transmittance） 透过透光材料的可见光（波长 300～780nm）光通量与投射在其表面上的可见光光通量之比
59	**太阳光反射比**（total solar reflectance） 在 300～2500nm 可见光和近红外波段反射与同波段入射的太阳辐射通量的比值
60	**近红外反射比**（near infrared reflectance） 在 780～2500nm 近红外波段反射与同波段入射的太阳辐射通量的比值
61	**半球发射率**（hemispherical emittance） 热辐射体在半球方向上的辐射出射度与处于相同温度的全辐射体（黑体）的辐射出射度的比值。对于建筑材料应测远红外波段的半球发射率
	（Ⅲ）建筑节能
62	**建筑体形系数**（shape factor） 建筑物与室外空气直接接触的外表面积与其所包围的体积的比值，外表面积不包括地面和室内外高差部分的外墙面积
63	**建筑热形态体形系数**（thermal form shape factor） 在高寒地区，考虑朝向布局对建筑热环境的影响及冬季各朝向的得失热差异，对各朝向表面积进行修正计算得到的体形系数，也称之为热当量体形系数
64	**围护结构热工性能权衡判断**（building envelope thermal performance trade-off） 当建筑设计不能完全满足围护结构热工设计规定指标要求时，计算并比较参照建筑和设计建筑的全年供暖 * 和空气调节耗热量和耗冷量，判断围护结构的总体热工性能是否符合节能设计要求的方法，简称权衡判断
65	**参照建筑**（reference building） 参照建筑是一栋符合节能标准要求的假想建筑。作为围护结构热工性能权衡判断时，与设计建筑相对应的，计算全年供暖和空气调节能耗的比较对象

---

　　* 依据《供暖、通风、空调、净化设备术语》GB/T 16803—2018，本手册所涉及"采暖"的内容，统一修改为"供暖"，如出现与原规范不一致之处，均以"供暖"为准。

序号	术语
	(Ⅲ)建筑节能
66	**单一立面窗墙面积比**(single façade window to wall ratio)
	建筑某一立面的窗户洞口面积与该立面的总面积之比,简称窗墙面积比
67	**窗墙面积比**(window to wall ratio)
	窗户洞口面积与房间立面单元面积(即房间层高与开间定位线围成的面积)之比
68	**平均窗墙面积比**(mean of window to wall ratio)
	建筑物地上居住部分外墙面上的窗及阳台门(含露台、晒台等出入口)的洞口总面积与建筑物地上居住部分外墙立面的总面积之比
69	**房间窗地面积比**(window to floor ratio)
	所在房间外墙面上的门窗洞口的总面积与房间地面面积之比
70	**平均窗地面积比**(mean of window to floor ratio)
	建筑物地上居住部分外墙面上的门窗洞口的总面积与地上居住部分总建筑面积之比
71	**通风开口面积**(ventilation area)
	外围护结构上自然风气流通过开口的面积。用于进风时为进风开口面积,用于出风时为出风开口面积
72	**换气次数**(air change rate,ventilation rate)
	单位时间内室内空气的更换次数,即通风量与房间容积的比值,当有吊顶时,指的是吊顶和地板之间的容积
73	**气密性**(air tightness)
	结构两侧有空气压力差作用下,单位时间透过单位表面积(或长度)的空气渗漏量的性能
74	**空气渗透**(air leakage)
	在室内外空气压差作用下,通过围护结构材料孔隙和构造缝隙,空气渗入或渗出的现象
75	**节能率**(energy saving rate)
	设计建筑与参照建筑能耗的差与参照建筑能耗比值的百分率
76	**耗热量指标**(index of heat loss)
	在计算供暖期室外平均温度条件下,为保持室内设计计算温度,单位建筑面积在单位时间内消耗的需由室内供暖末端供给的热量
77	**对比评定法**(custom budget method)
	将所设计建筑物的供暖空调能耗和相应参照建筑物的供暖空调能耗作对比,根据对比的结果来判定所设计建筑物是否符合节能要求的方法
78	**空调供暖年耗电量**(annual cooling and heating electricity consumption)
	按照设定的计算条件,计算出的单位建筑面积空调和供暖设备每年所要消耗的电能
79	**空调供暖年耗电指数**(annual cooling and heating electricity consumption factor)
	实施对比评定法时需要计算的一个空调供暖能耗无量纲指数,其值与空调供暖年耗电量相对应
80	**周边地面**(perimeter region)
	与土壤接触的房间中距外墙内表面2m以内的地面
81	**非周边地面**(core region)
	与土壤接触的房间中距外墙内表面2m以外的地面

序号	术语
	（Ⅲ）建筑节能
82	供暖度日数（heating degree day，*HDD*） 一年中，当某天室外日平均温度低于供暖基准温度，将该日平均温度与供暖基准温度的差值乘以 1 天，并将此乘积累加，得到一年的供暖度日数，基准温度取 18℃时，称为 *HDD*18
83	空调度日数（cooling degree day，*CDD*） 一年中，当某天室外日平均温度高于空调基准温度时，将该日平均温度与空调基准温度的差值乘以 1 天，并将此乘积累加，得到一年的空调度日数，基准温度取 26℃时，称为 *CDD*26
84	线传热系数（linear heat transfer coefficient） 当围护结构两侧空气温度为单位温差时，通过单位长度热桥部位的附加传热系数
85	平均传热系数（mean thermal transmittance） 综合考虑热桥影响后得到的传热系数值
86	围护结构传热系数的修正系数（modification coefficient of building envelope） 在计算供暖耗热量指标的计算公式中，考虑太阳辐射对围护结构传热的影响而引起的修正系数

1.2 常用符号

常用符号见表 1.2-1。

常用符号　　　　　　　　　　　　　　　　　　　　表 1.2-1

符号	表征意义	符号	表征意义
		（Ⅰ）通用符号	
A	面积	C	宽度
l	长度	h	高度
s	间距	δ	材料层的厚度
ρ	密度	ρ_0	干密度
$CDD26$	以 26℃为基准的空调度日数	$HDD18$	以 18℃为基准的供暖度日数
$d_{\leqslant 5}$	日平均温度≤5℃的天数	$d_{\geqslant 25}$	日平均温度≥25℃的天数
$t_{\min,m}$	最冷月平均温度	$t_{\max,m}$	最热月平均温度
T	波动周期	π	圆周率
		（Ⅱ）建筑热工	

符号	表征意义	符号	表征意义
α	导温系数	C	比热容
	表面换热系数		辐射系数
	保温材料导热系数的修正系数	S	蓄热系数
	门、窗口的垂直视角	D	热惰性指标
	污染修正系数	$\overline{D}$	非匀质复合围护结构的热惰性指标
	地面粗糙度	D_{soil}	种植屋面绿化构造层的热惰性指标

（Ⅱ）建筑热工

符号	表征意义	符号	表征意义
D_{roof}	屋面构造层各层热惰性指标	I	太阳辐射照度
g	太阳能总透射比	IRT	辐射温差比
$\bar{I}$	太阳辐射照度平均值	K_m	平均传热系数
K	传热系数	R	热阻
Q^{2D}	二维传热计算得到的传热量	R_0	传热阻
$\bar{R}$	非匀质复合围护结构的热阻	R_e	外表面换热阻
R_i	内表面换热阻	R_{green}	屋面植被层附加热阻
$R_{min \cdot x}$	满足允许温差要求的非透光围护结构热阻最小值，脚注 x 用 r、r、g、b 表示墙体、屋面、地面、地下室墙	R_{soil}	屋面绿化材料构造层热阻
R_{roof}	屋面构造层的热阻	t_e	室外计算温度
t_d	空气露点温度	$t_{e \cdot in}$	累年最低日平均温度
$\bar{t}_e$	供暖期室外平均温度	t_i	室内计算温度
$t_{e \cdot max}$	累年日平均温度最高日的最高温度	t_{se}	室外综合温度
t_w	供暖室外计算温度	Δt_x	非透光围护结构内表面温度与室内空气温度的温差，脚注 x 用 w、r、g、b 表示墙体、屋顶、地面、地下室墙
$\bar{t}_{se \cdot x}$	不同朝向外墙的供暖期平均室外综合温度，脚注 x 用 s、n、e、w 表示南、北、东、西朝向	α_i	内表面换热系数
α_e	外表面换热系数	ε_2	热阻最小值的温差修正系数
	构件的太阳光直接吸收比		
ε_1	热阻最小值的密度修正系数	θ_i	围护结构平壁的内表面温度
θ_e	地面层、地下室外墙与土体接触面的温度	$\theta_{i \cdot x}$	非透光围护结构内表面温度，脚注 x 用 w、r、g、b 表示墙体、屋顶、地面、地下室墙
$\theta_{i, max}$	围护结构内表面最高温度	λ	导热系数
			波长
θ_c	冷凝计算界面温度	Θ_e	室外温度波幅
λ_c	保温材料导热系数计算值	υ	衰减倍数
Θ_i	室内温度波幅	ξ_e	室外综合温度或空气温度达到最大值的时间
ξ	围护结构的延迟时间	ρ_s	太阳辐射吸收系数
ξ_i	围护结构内表面温度达到最大值的时间	H	蒸汽渗透阻
ψ	线传热系数	$H_{0 \cdot i}$	冷凝计算界面内侧所需的蒸汽渗透阻
H_0	围护结构总蒸汽渗透阻	$H_{0 \cdot c}$	顶棚部分的蒸汽渗透阻
$H_{0 \cdot e}$	冷凝计算界面至围护结构外表面之间的蒸汽渗透阻	P_s	饱和蒸汽压

（Ⅱ）建筑热工

符号	表征意义	符号	表征意义
P_m	围护结构内任一层内界面的水蒸气分压	P_i	室内空气水蒸气分压
P_e	室外空气水蒸气分压	$R_{c \cdot i}$	冷凝计算界面至围护结构内表面之间的热阻
$P_{s \cdot c}$	冷凝计算界面处与界面温度对应的饱和水蒸气分压	$[\Delta w]$	保温材料重量湿度的允许增量
w	含湿量	$\overline{\varphi_e}$	计算供暖期室外平均相对湿度
μ	蒸汽渗透系数	$E_{b,n}$	百叶板条第 i 段内表面受到的散射辐射
b	直射辐射方向百叶的间隙	$E_{dir,dir}$	直接透过百叶系统的直射辐射
$E_{b,0}$	从百叶系统反射出来的散射辐射	$E_{f,k+1}$	通过百叶系统透射出去的散射辐射
$E_{f,n}$	百叶板条第 n 段外表面受到的散射辐射	E_τ	通过百叶系统后的太阳辐射
$E_{f,0}$	入射到百叶系统的散射辐射	h_s	太阳高度角
I_0	门窗洞口朝向的太阳总辐射 太阳常数	I_D	门窗洞口朝向的太阳直射辐射
I_d	水平面的太阳散射辐射	SC_s	建筑遮阳系数
t_s	遮阳板倾斜角	$shade\_l$	遮阳板挑出长度
win_h	窗口高度	win_w	窗口宽度
X_D	遮阳构件的直射辐射透射比	X_d	遮阳构件的散射辐射透射比
ε	壁面太阳方位角	$\rho_{dir,dir}$	百叶系统透空部分反射率
η^*	挡板材料的透射比	$\rho_{b,n}$	百叶板条第 n 段内表面的太阳光反射比
$\rho_{f,n}$	百叶板条第 n 段外表面的太阳光反射比	$\tau_{dir,dif}$	百叶遮阳直射辐射的散射透射率
$\tau_{b,n}$	百叶板条第 n 段内表面的太阳光透射比	$\tau_{f,n}$	百叶板条第 n 段外表面的太阳光透射比

（Ⅲ）建筑节能

符号	表征意义	符号	表征意义
S	体形系数	S'	热当量体形系数
$SHGC$	太阳得热系数	SC	遮阳系数
E	全年供暖和空调总耗电量	E_C	全年空调耗电量
E_H	全年供暖耗电量	$SCOP_T$	供冷系统综合性能系数
Q_C	全年累计耗冷量	Q_H	全年累计耗热量
q_H	建筑物耗热量指标	q_{HT}	折合到单位建筑面积上单位时间内通过建筑围护结构的传热量
q_{INF}	折合到单位建筑面积上单位时间内通过建筑物的空气渗透传热量	q_{IH}	折合到单位建筑面积上单位时间内建筑物内部得热量
q_{Hq}	折合到单位建筑面积上单位时间内通过外墙的传热量	q_{Hw}	折合到单位建筑面积上单位时间内通过屋面的传热量

（Ⅲ）建筑节能			
符号	表征意义	符号	表征意义
q_{Hd}	折合到单位建筑面积上单位时间内通过地面的传热量	q_{Hmc}	折合到单位建筑面积上单位时间内通过外窗（门）的传热量
q_{Hy}	折合到单位建筑面积上单位时间内通过非供暖封闭阳台的传热量	N	换气次数
ECF_C	空调年耗电指数	ECF_H	供暖年耗电指数

1.3　基本量纲

基本量纲见表 1.3-1。

基本量纲   表 1.3-1

基本量纲					
符号	代表内容	单位	符号	代表内容	单位
l	长度	m	V	体积	m^3
m	质量	kg	t	温度	℃
A	面积	m^2	—	—	—

常用量、符号和单位					
符号	代表内容	单位	符号	代表内容	单位
C	比热容	J/(kg·K)	v	衰减倍数	无量纲
	辐射系数	W/(m^2·K^4)			
D	热惰性指标	无量纲	ξ	延迟时间	h
S	蓄热系数	W/(m^2·K)	ρ	密度	kg/m^3
K	传热系数	W/(m^2·K)	δ	材料层的厚度	mm
R	热阻	m^2·K/W	ψ	线传热系数	W/(m·K)
Q	热量	J	t_d	空气露点温度	℃
H	蒸汽渗透阻	m^2·h·P_a/kg	α	表面换热系数	W/(m^2·K)
				导温系数	m^2/h
SC	遮阳系数	无量纲	$\theta_{i·max}$	围护结构内表面最高温度	℃
$SHGC$	太阳得热系数	无量纲	λ	导热系数	W/(m·K)
T	周期	h	μ	蒸汽渗透系数	g/(m·h·Pa)
φ	相对湿度	%	v	室外风速	m/s
$CDD26$	空调度日数	℃·d	$HDD18$	供暖度日数	℃·d

1.4 单位换算关系

(1) 长度

长度的法定单位为米，符号为 m。法定单位与其他单位的换算关系见表1.4-1。

长度单位的换算关系　　　　　　　　　　　　表 1.4-1

米 （m）	英寸 （in）	英尺 （ft）	码 （yd）	英里 （mile）	海里 （nmile）
1	39.3701	3.2808	1.0936	6.21×10^{-4}	5.40×10^{-4}
0.0254	1	0.0833	0.0278	1.58×10^{-4}	1.37×10^{-5}
0.3048	12	1	0.3383	1.64×10^{-4}	1.65×10^{-4}
0.9144	36	3	1	5.68×10^{-4}	4.94×10^{-4}
1609.344	63.36	5280	1760	1	0.8690
1852	72913.4	6076.12	2025.37	1.1508	1

(2) 面积

面积的法定单位为平方米，符号为 m^2。法定单位和其他单位的换算关系见表1.4-2。

面积单位的换算关系　　　　　　　　　　　　表 1.4-2

平方米 （m^2）	公顷 （hm^2）	平方英寸 （in^2）	平方英尺 （ft^2）	平方码 （yd^2）	平方英里 （$mile^2$）
1	1×10^{-4}	1550.00	10.7639	1.1960	3.861×10^{-7}
10000	1	1550×10^4	107639	11959.9	3.861×10^{-3}
6.4516×10^{-4}	6.4516×10^{-8}	1	6.9444×10^{-3}	7.716×10^{-4}	2.491×10^{-10}
0.0929	9.2903×10^{-6}	144	1	0.1111	3.587×10^{-3}
0.8361	8.3613×10^{-5}	1296	9	1	3.228×10^{-7}
2.59×10^6	258.999	4.0145×10^9	2.878×10^7	3.098×10^6	1

(3) 体积、容积

体积和容积的法定单位为立方米或升，相应的符号为 m^3、L。法定单位和其他单位的换算关系见表1.4-3。

体积、容积单位的换算关系　　　　　　　　　　表 1.4-3

立方米 （m^3）	升 （L）	立方英寸 （in^3）	立方英尺 （ft^3）	英加仑 （UKgal）	美加仑 （USgal）
1	1000	61023.7	35.3147	219.969	264.172
0.001	1	61.0237	0.0353	0.21997	0.2642
1.6387×10^{-5}	1.6387×10^{-2}	1	5.787×10^{-4}	3.6047×10^{-3}	4.329×10^{-3}
0.0283	28.3168	1728	1	6.2288	7.4805

续表

立方米 （m³）	升 （L）	立方英寸 （in³）	立方英尺 （ft³）	英加仑 （UKgal）	美加仑 （USgal）
4.5461×10⁻³	4.5461	277.42	0.1605	1	1.2010
3.7854×10⁻³	3.7854	231	0.1337	0.8327	1

（4）平面角

平面角的法定单位为弧度，符号为 rad。法定单位和其他单位的换算关系见表 1.4-4。

平面角单位的换算关系　　　　表 1.4-4

弧度 （rad）	直角 （∟）	度 （°）	分 （′）	秒 （″）	冈 （gon）
1	0.6362	57.2958	3437.75	206265	63.6620
1.5708	1	90	5400	324000	100
0.0175	0.0111	1	60	3600	1.1111
2.9089×10⁻⁴	1.8519×10⁻⁴	0.0167	1	60	1.8518×10⁻²
4.8481×10⁻⁶	3.0864×10⁻⁶	2.7778×10⁻⁴	0.0167	1	3.0864×10⁻⁴
0.0157	0.01	0.8	54	3240	1

（5）速度

速度的法定单位为米每秒，符号为 m/s。速度的法定单位和其他单位的换算关系见表 1.4-5。

速度单位的换算关系　　　　表 1.4-5

米每秒 （m/s）	千米每小时 （km/h）	英尺每秒 （ft/s）	英尺每分 （ft/min）	英里每小时 （mile/h）	节 （kn）
1	3.6	3.2808	196.850	2.2369	1.9438
0.2778	1	0.9113	54.6807	0.6214	0.5400
0.3048	1.0973	1	60	0.6818	1.5925
0.0051	0.0183	0.0167	1	0.1136	9.8747×10⁻³
0.4470	1.6093	1.4667	88	1	0.8690
0.5144	1.852	1.6878	101.269	1.1508	1

（6）角速度

角速度的法定单位为弧度每秒，符号为 rad/s。角速度的法定单位与其他单位的换算关系见表 1.4-6。

角速度单位的换算关系　　　　表 1.4-6

弧度每秒 （rad/s）	弧度每分 （rad/min）	转每秒 （rev/s）	转每分 （rev/min）	度每秒 （°/s）	度每分 （°/min）
1	60	0.1592	9.5493	57.2958	3437.75

弧度每秒 （rad/s）	弧度每分 （rad/min）	转每秒 （rev/s）	转每分 （rev/min）	度每秒 （°/s）	度每分 （°/min）
0.0167	1	0.0026	0.15292	0.9549	57.2958
6.8832	376.991	1	60	360	21600
0.1047	6.2832	0.0167	1	6	360
0.0175	1.0472	0.0028	0.1667	1	60
2.9089×10^{-4}	0.0175	4.6296×10^{-5}	2.7778×10^{-3}	0.0167	1

（7）加速度

加速度的法定单位为米每二次方秒，符号为 m/s^2。加速度的法定单位与其他单位的换算关系见表1.4-7。

加速度单位的换算关系　　　　　　　　　　　　　　　表 1.4-7

米每二次方秒 （m/s²）	英尺每二次方秒 （ft/s²）	标准重力加速度 （gn）
1	3.2808	-0.10197
0.3048	1	0.03108
9.8067	32.1740	1

（8）质量

质量的法定单位为公斤（千克），符号为 kg。质量的法定单位与其他单位的换算关系见表1.4-8。

质量单位的换算关系　　　　　　　　　　　　　　　表 1.4-8

公斤(千克) （kg）	磅 [（pound）lb]	斯勒格 slug	吨 [（ton）t（Mg）]
1	2.2046	0.0685	0.001
0.4536	1	0.0311	4.5359×10^{-4}
14.5939	32.1740	1	0.0146
1000	2204.62	68.5	1

（9）密度

密度的法定单位为公斤每立方米或千克每立方米，符号为 kg/m^3，常用的倍数单位为克每立方厘米（g/cm^3）或克每毫升（g/mL），它们都等于 $1000kg/m^3$。密度法定单位与其他单位的换算关系见表1.4-9。

密度单位的换算关系　　　　　　　　　　　　　　　表 1.4-9

公斤每立方米 （kg/m³）	克每毫升 （g/cm³）	磅每立方英寸 （lb/in³）	磅每立方英尺 （lb/ft³）	磅每英加仑 （lb/UK gal）	磅每美加仑 （lb/US gal）
1	0.001	3.61×10^{-5}	6.24×10^{-2}	1.002×10^{-2}	0.8345×10^{-2}

续表

公斤每立方米 （kg/m³）	克每毫升 （g/cm³）	磅每立方英寸 （lb/in³）	磅每立方英尺 （lb/ft³）	磅每英加仑 （lb/UK gal）	磅每美加仑 （lb/US gal）
1000	1	0.0361	62.4280	10.0224	8.3454
27679.9	27.6799	1	1728	277.42	231
16.0185	0.0161	5.79×10^{-4}	1	0.1605	0.1337
99.7763	0.0998	3.61×10^{-3}	6.2288	1	0.8327
119.826	0.1198	4.33×10^{-3}	7.4805	1.2009	1

（10）比体积，比容积

比体积和比容积的法定单位为立方米每千克，符号为 m³/kg，经常也应用升每千克（L/kg），等于 0.001m³/kg。比体积和比容积的法定单位与其他单位的换算关系见表 1.4-10。

比体积，比容积单位的换算关系 表 1.4-10

立方米每千克 （m³/kg）	升每千克 （L/kg）	立方英尺每磅 （ft³/lb）	立方英寸每磅 （in³/lb）	立方英尺每英吨 （ft³/ton）	英加仑每磅 （UK gal/lb）
1	1000	16.0185	27679.9	35881.4	99.7763
0.001	1	0.0160	27.6799	35.8814	0.0998
0.0624	62.428	1	1728	2240	6.2288
3.61×10^{-5}	0.0361	5.79×10^{-4}	1	1.2963	3.61×10^{-3}
2.79×10^{-5}	0.0279	4.46×10^{-4}	0.7714	1	2.78×10^{-3}
0.010	10.0224	0.1605	277.42	359.618	1

（11）质量流率

质量流率的法定单位为千克每秒或公斤每秒，符号为 kg/s。质量流率的法定单位与其他单位的换算关系见表 1.4-11。

质量流率单位的换算关系 表 1.4-11

千克每秒 （kg/s）	千克每小时 （kg/h）	磅每秒 （lb/s）	磅每小时 （lb/h）	英吨每小时 （UK ton/h）
1	3600	2.2046	7936.64	3.5431
2.78×10^{-4}	1	6.12×10^{-4}	2.2046	9.84×10^{-4}
0.4536	1632.93	1	3600	1.6071
1.26×10^{-4}	0.4536	2.78×10^{-4}	1	4.464×10^{-4}
0.2822	1016.05	0.6222	2240	1

（12）体积流率

体积流率的法定单位为立方米每秒，符号为 m³/s。体积流率法定单位与其他单位的换算关系见表 1.4-12。

体积流率单位的换算关系　　　　　　　　　　　　表 1.4-12

立方米每秒 （m³/s）	立方米每小时 （m³/h）	升每秒 （L/s）	立方英尺每秒 （ft³/s）	立方英尺每小时 （ft³/h）	英加仑每秒 （UK gal/s）
1	3600	1000	35.3147	127133	219.969
$2.78×10^{-4}$	1	$2.78×10^{-1}$	$9.81×10^{-3}$	35.3147	0.0611
0.001	3.6	1	0.0353	127.133	0.2199
0.0283	101.941	28.3168	1	3600	6.2288
$7.87×10^{-6}$	0.0283	$7.87×10^{-3}$	$0.278×10^{-3}$	1	$1.73×10^{-3}$
$4.55×10^{-3}$	16.3659	4.5461	0.1605	577.957	1

(13) 力

力的法定单位为牛顿，符号为 N。力的法定单位与其他单位的换算关系见表 1.4-13。

力的单位换算关系　　　　　　　　　　　　表 1.4-13

牛顿 （N）	千克力 （kgf）	磅达 （pdl）	磅力 （lbf）	英吨力 （tonf）	盎司力 （ozf）
1	0.10197	7.2330	0.2248	$1.004×10^{-4}$	3.5969
9.8067	1	70.9316	2.2046	$9.842×10^{-4}$	35.2740
0.1383	0.0141	1	0.0311	$1.388×10^{-5}$	0.4973
4.4482	0.4536	32.1740	1	$4.464×10^{-4}$	16
9964.02	1016.05	72069.9	2240	1	35840
0.2780	0.0284	2.0109	0.0625	$2.79×10^{-5}$	1

(14) 力矩

力矩的法定单位为牛顿米，符号为 N·m。力矩的法定单位与其他单位的换算关系见表 1.4-14。

力矩单位的换算关系　　　　　　　　　　　　表 1.4-14

牛顿米 （N·m）	千克力米 （kgf·m）	磅达英尺 （Pdl·ft）	磅力英尺 （Lbf·ft）	磅力英寸 （Lbf·in）	英吨力英尺 （Tonf·ft）
1	0.102	23.7304	0.7376	8.8508	$3.29×10^{-4}$
9.8067	1	232.715	7.2330	86.7962	$3.229×10^{-3}$
0.0421	$4.297×10^{-3}$	1	0.0311	0.3729	$1.39×10^{-5}$
1.3558	0.1383	32.174	1	12	$4.46×10^{-4}$
0.1129	0.0115	2.6812	0.0833	1	$3.72×10^{-5}$
3037.03	309.691	72069.9	2240	26880	1

(15) 压强（压力），应力

压强（压力）和应力的法定单位为帕斯卡，符号为 Pa。法定单位与其他单位的换算关系见表 1.4-15。

压强单位的换算关系 表 1.4-15

帕斯卡 （Pa）	公斤力每 平方厘米 （kgf/cm³）	磅力每 平方英寸 （Lbf/in²）	巴 （Bar）	标准大气压 （atm）	托 （torr）	英寸水柱 （inH₂O）	毫米汞柱 （mmHg）
1	1.0197×10^{-5}	1.4504×10^{-4}	1×10^{-5}	9.8692×10^{-6}	0.75×10^{-2}	4.0146×10^{-3}	7.50×10^{-2}
9.8067×10^{4}	1	14.2233	0.9807	0.9678	735.559	395	735.53
6894.76	0.0703	1	0.0690	0.0681	51.7149	27.72	51.715
1×10^{5}	1.0197	14.5038	1	0.9869	750.062	402	750
101325	1.0332	14.6959	1.0133	1	760	407.5	760
133.322	1.3595×10^{-2}	0.0193	0.0013	1.31581×10^{-3}	1	0.5352	1
249.089	0.0025	0.0361	2.491×10^{-3}	2.46×10^{-3}	1.8682	1	1.8682
133.322	0.0014	0.0193	0.0013	1.3158×10^{-3}	1	0.5352	1

(16) 动力黏度

动力黏度的法定单位为帕斯卡秒，也可以用牛顿每平方米，它们的符号分别为 Pa·s 或 N·s/m²。动力黏度法定单位与其他单位的换算关系见表 1.4-16。

动力黏度单位的换算关系 表 1.4-16

帕斯卡秒 （Pa·s）	厘泊 （cp）	公斤力秒每平方米 （kgf·s/m²）	磅达秒每平方英尺 （pdl·s/ft²）	磅力秒每 平方英尺 （lbf·s/ft²）	磅力小时 每平方英尺 （lbf·ft²）
1	1000	0.1020	0.6719	2.09×10^{-2}	5.80×10^{-5}
0.001	1	1.02×10^{-4}	6.72×10^{-4}	2.09×10^{-5}	5.80×10^{-9}
9.8067	9806.65	1	6.5898	0.2048	5.69×10^{-5}
1.4882	1488.16	0.1518	1	0.0311	8.63×10^{-6}
47.8803	47880.3	4.8824	32.1740	1	2.78×10^{-4}
1.72×10^{5}	1.72×10^{8}	1.76×10^{4}	1.16×10^{5}	3600	1

(17) 运动黏度，热扩散率

运动黏度和热扩散率的法定单位为二次方米每秒，符号为 m²/s。法定单位与其他单位的换算关系见表 1.4-17。

运动黏度单位的换算关系 表 1.4-17

二次方米每秒 （m²/s）	厘斯托克斯 （cst）	二次方英寸每秒 （in²/s）	二次方英尺每秒 （ft²/s）	二次方英寸每小时 （in²/h）	二次方米每小时 （m²/h）
1	1×10^{6}	1.55×10^{3}	10.7639	5.58×10^{6}	3600
1×10^{-6}	1	1.55×10^{-3}	1.08×10^{-5}	5.5800	0.0036
6.45×10^{-4}	645.16	1	6.94×10^{-3}	3600	2.3226
9.29×10^{-2}	92903.0	144	1	518400	334.451
1.79×10^{-7}	0.1792	2.78×10^{-4}	1.93×10^{-8}	1	6.45×10^{-4}
2.78×10^{-4}	277.778	0.4306	2.99×10^{-3}	1550.00	1

（18）能、功、热

能、功和热的法定单位为焦耳，符号为 J。通常，能、功和热还可以表示为牛顿米（N·m）、瓦特秒（W·s）、帕斯卡立方米（Pa·m³）。法定单位与其他单位的换算关系见表1.4-18。

能、功、热单位的换算关系　　　　　　　　　　　　　　　　　　　　　表 1.4-18

焦耳 （J）	千瓦小时 （kW·h）	千克力米 （kgf·m）	升大气压 （litre atmosphere）	英尺磅达 （ft·pdl）
1	2.78×10^{-7}	0.10197	0.9869×10^{-2}	23.7304
3.6×10^{6}	1	3.67×10^{5}	3.55×10^{4}	8.54×10^{7}
9.8067	2.72×10^{-6}	1	0.0968	232.715
101.325	2.82×10^{-5}	10.3323	1	2404.48
0.0421	1.17×10^{-8}	0.0043	4.16×10^{-4}	1
4.1868	1.16×10^{-6}	0.4269	0.0413	99.3544
1.3558	3.77×10^{-7}	0.1383	1.34×10^{-2}	32.1740
2.68×10^{6}	0.7457	2.74×10^{5}	2.65×10^{4}	6.37×10^{7}
4.1855	1.16×10^{-6}	0.4268	0.0413	99.3236
1055.06	2.93×10^{-4}	107.5845	10.4124	25036.995

国际蒸汽表卡 （Cal_{1T}）	英尺磅力 （ft·lbf）	英马力小时 （Hp·h）	卡（15℃） （Cal_{15}）	英热单位 （Btu）
0.2389	0.7376	3.73×10^{-7}	0.2389	9.478×10^{-4}
859845	2.66×10^{6}	1.3410	860112	3412.14
2.3418	7.2330	3.65×10^{-6}	2.3428	9.295×10^{-3}
24.1964	74.7335	3.77×10^{-5}	24.2065	0.096
0.0101	0.0311	1.57×10^{-8}	0.0101	3.99×10^{-5}
1	3.0880	1.56×10^{-6}	1.003	3.9682×10^{-3}
0.3238	1	5.05×10^{-7}	0.3239	1.285×10^{-3}
641186	1.98×10^{6}	1	641386	2544.43
0.9997	3.0871	1.56×10^{-6}	1	3.967×10^{-3}
251.996	778.169	3.93×10^{-4}	252.074	1

（19）功率

功率的法定单位是瓦特，符号为 W。功率也可以表示为焦耳每秒，即 J/s。功率单位和其他单位的换算关系见表1.4-19。

功率单位的换算关系　　　　　　　　　　　　　　　　　　　　　表 1.4-19

瓦特 （W）	千克力米每秒 （kgf·m/s）	马力 （PS）	英尺磅每秒 （ft·lbf/s）	英马力 （Hp）	卡每秒 （cal/s）	千卡每小时 （kcal/h）	英热单位每小时 （Btu/h）
1	0.10197	1.36×10^{-3}	0.7376	1.34×10^{-3}	0.2388	0.8599	3.4121
9.8067	1	0.0133	7.2330	0.0132	2.3423	8.4322	33.4617

续表

瓦特 (W)	千克力米每秒 (kgf·m/s)	马力 (PS)	英尺磅每秒 (ft·lbf/s)	英马力 (Hp)	卡每秒 (cal/s)	千卡每小时 (kcal/h)	英热单位每小时 (Btu/h)
735.499	75	1	542.476	0.9863	175.671	632.415	2509.63
1.3558	0.1383	1.84×10^{-3}	1	1.82×10^{-3}	0.3238	1.1658	4.6262
745.700	76.04	1.0139	550	1	178.107	641.186	2544.43
4.1868	0.42694	5.69×10^{-3}	3.0880	5.61×10^{-3}	1	3.6	14.2860
1.163	0.1186	1.58×10^{-3}	0.8578	1.559×10^{-3}	0.2778	1	3.9683
0.2931	2.989×10^{-2}	3.98×10^{-4}	0.2162	3.93×10^{-4}	0.069998	0.251996	1

(20) 温度、温度差和温度间隔

温度的法定单位为开尔文，符号为 K。

摄氏度（℃）表示摄氏度温度，当表示温度差和温度间隔时，1℃＝1K。通常情况下，温差用 K 表示，温度用℃表示。温度法定单位与其他单位的换算关系见表 1.4-20。

温度单位的换算关系　　　　　　　　　　　　　　　表 1.4-20

开尔文温度 T （K）	摄氏度温度 θ （℃）	华氏度温度 t （℉）	兰氏度温度 r （°R）
$[T]$	$[T]-273.15$	$\frac{9}{5}[T]-459.67$	$\frac{9}{5}[T]$
$[\theta]+273.15$	$[\theta]$	$\frac{9}{5}[\theta]+32$	$\frac{9}{5}[\theta]+491.67$
$\frac{5}{9}([t]+459.67)$	$\frac{5}{9}([t]-32)$	$[t]$	$[t]+459.67$
$\frac{5}{9}[r]$	$\frac{5}{9}([r]-491.67)$	$[r]-459.67$	$[r]$

注：$[T]$、$[\theta]$、$[t]$、$[r]$ 分别表示温度数值。

(21) 比能

比能的法定单位为焦耳每千克，符号为 J/kg。比能法定单位与其他单位的换算关系见表 1.4-21。

比能单位的换算关系　　　　　　　　　　　　　　　表 1.4-21

焦耳每千克 （J/kg）	千卡每千克 （kcal/kg）	千卡每千克(15℃) （$kcal_{15}$/kg）	英热单位每磅 （Btu/lb）	英尺磅力每磅 （ft·lbf/lb）	千克力米每千克 （kgf·m/kg）
1	0.239×10^{-3}	0.24×10^{-3}	0.43×10^{-3}	0.3346	0.10197
4186.8	1	1.0003	1.8	1400.70	426.935
41255	0.9997	1	1.7994	1400.27	426.802
2326	0.5556	0.5557	1	778.169	237.186
2.9891	7.14×10^{-4}	7.14×10^{-4}	1.285×10^{-2}	1	0.3084
9.8067	2.34×10^{-3}	2.34×10^{-3}	4.22×10^{-3}	3.2808	1

(22) 单位体积燃料的发热量或能量

单位体积燃料的发热量的法定单位为焦耳每立方米，符号为 J/m³。法定单位和其他单位的换算关系见表1.4-22。

单位体积燃料发热量单位的换算关系　　　　表 1.4-22

焦耳每立方米 （J/m³）	千卡每立方米 （kcal/m³）	英热单位每立方英尺 （Btu/ft³）	therm 每英加仑 （therm/UK gal）	Thermie 每升 （th/litre）
1	0.2388×10^{-3}	26.84×10^{-6}	4.31×10^{-11}	2.39×10^{-10}
4186.8	1	0.1124	1.80×10^{-7}	1.00×10^{-6}
37258.9	8.8992	1	1.61×10^{-6}	8.0919×10^{-6}
2.32×10^{10}	5.54×10^{5}	6.23×10^{5}	1	5.5449
4185.5×10^{6}	0.997×10^{6}	0.11×10^{6}	0.1803	1

（23）比热容、比熵

比热容、比熵的法定单位为焦耳每千克开尔文，符号为 J/（kg·K）。在作为比热容单位是，单位中的 K 可以用℃代替；但作为比熵的单位时则不能这样代替。

比热容、比熵法定单位与其他单位的换算关系见表1.4-23。

比热容、比熵单位的换算关系　　　　表 1.4-23

焦耳每千克开尔文 [J/(kg·K)]	千卡每千克开尔文 [kcal/(kg·K)]	英热单位每磅华氏度 [Btu/(lb·℉)]	英尺磅力每磅华氏度 [ft·lbf/(lb·℉)]	公斤力米每千克开尔文 [kgf·m/(kg·K)]
1	0.2389×10^{-3}	0.2389×10^{-3}	0.1859	0.10197
4186.8	1	1	778.169	426.935
4186.8	1	1	778.169	426.935
5.3803	1.2851×10^{-3}	1.2851×10^{-3}	1	0.5486
9.8067	2.3423×10^{-3}	2.3423×10^{-3}	1.8227	1

（24）体积热容

体积热容的法定单位为焦耳每立方米开尔文，符号为 J/（m³·K）。本单位中的 K 均可以℃代替，而且，使用 J/（m³·℃）符号更为习惯。

体积热容法定单位与其他单位的换算关系见表1.4-24。

体积热容单位的换算关系　　　　表 1.4-24

焦耳每立方米开尔文 [J/(m³·K)]	千卡每立方米开尔文 [kcal/(m³·K)]	英热单位每立方英尺华氏度 [Btu/(ft·℉)]
1	0.2389×10^{-13}	14.9107×10^{-6}
4186.8	1	0.0624
67066.1	16.0185	1

（25）热流密度

热流密度的法定单位为瓦特每平方米，符号为 W/m²。法定单位与其他单位的换算关系见表1.4-25。

热流密度单位的换算关系 表 1.4-25

瓦特每平方米 （W/m²）	瓦特每平方英寸 （W/in²）	千卡每平方米小时 [kcal/(m²·h)]	英热单位每平方英尺小时 [Btu/(ft²·h)]
1	6.4516×10^{-4}	0.8599	0.3170
1550.00	1	1332.76	491.348
1.163	7.5032×10^{-4}	1	0.3687
3.1546	2.0352×10^{-3}	2.7125	1

（26）传热系数

传热系数的法定单位为瓦特每平方米开尔文，符号为 $W/(m^2 \cdot K)$。传热系数法定单位与其他单位的换算关系见表 1.4-26。

传热系数单位的换算关系 表 1.4-26

瓦特每平方米开尔文 [W/(m²·K)]	卡每平方厘米秒开尔文 [cal/(cm²·s·K)]	千卡每平方米小时开尔文 [kcal/(m²·h·K)]	英热单位每平方英尺小时华氏度 [Btu/(ft·h·℉)]
1	0.2389×10^{-4}	0.8599	0.1761
41868	1	36000	7373.38
1.163	2.7778×10^{-5}	1	0.2048
5.678	1.3562×10^{-4}	4.8824	1

（27）导热系数（热导率）

导热系数的法定单位为瓦特每米开尔文，符号为 $W/(m \cdot K)$。导热系数法定单位与其他单位的换算关系见表 1.4-27。

导热系数单位的换算关系 表 1.4-27

瓦特每米开尔文 [W/(m·K)]	卡每厘米秒开尔文 [cal/(cm·s·K)]	千卡每米小时 开尔文 [kcal/(m·h·K)]	英热单位每英尺 小时华氏度 [Btu/(ft·h·℉)]	英热单位英寸每平方 英尺小时华氏度 [Btu·in/(ft·h·℉)]
1	0.2389×10^{-2}	0.8598	0.5778	6.9335
418.68	1	360	241.909	2902.91
1.163	2.7778×10^{-3}	1	0.67197	8.0636
1.7307	4.1338×10^{-2}	1.4882	1	12
0.1442	3.4448×10^{-4}	0.1240	0.0833	1

（28）热阻率

热阻率的法定单位为米开尔文每瓦特，符号为 $m \cdot K/W$。热阻率法定单位与其他单位的换算关系见表 1.4-28。

热阻率单位的换算关系 表 1.4-28

米开尔文每瓦特 （m·K/W）	厘米开尔文每卡 （cm·s·K/cal）	米小时开尔文每千卡 （m·h·K/kcal）	英尺小时华氏度 每英热单位 （ft·h·℉/Btu）	平方英尺小时华氏 度每英热单位英寸 [ft²·h·℉/(Btu·in)]
1	418.63	1.163	1.7307	0.1442

续表

米开尔文每瓦特 （m·K/W）	厘米开尔文每卡 （cm·s·K/cal）	米小时开尔文每千卡 （m·h·K/kcal）	英尺小时华氏度 每英热单位 （ft·h·℉/Btu）	平方英尺小时华氏 度每英热单位英寸 [ft²·h·℉/(Btu·in)]
$0.2389×10^{-2}$	1	$2.7778×10^{-3}$	$4.1338×10^{-3}$	$3.4448×10^{-4}$
0.8598	360	1	1.4882	0.1240
0.5778	241.909	0.6720	1	0.0833
6.9335	2902.91	8.0636	12	1

（29）释热率

释热率的法定单位为瓦特每立方米，符号为 W/m^3。法定单位和其他单位的换算关系见表1.4-29。

释热率单位的换算关系　　　　　　　　　　　　　表 1.4-29

瓦特每立方米 （W/m³）	卡每立方厘米秒 [cal/(cm³·s)]	千卡每立方米小时 [kcal/(m³·h)]	英热单位每立方米英尺小时 [Bru/(ft³·h)]
1	$0.2389×10^{-6}$	0.8598	$9.6621×10^{-2}$
$4.1868×10^{6}$	1	$3.6×10^{6}$	$4.0453×10^{5}$
1.163	$2.7778×10^{-7}$	1	0.1124
10.3497	$2.4720×10^{-6}$	8.8992	1

（30）常用单位的简明换算关系（表 1.4-30）

常用单位的简明换算关系　　　　　　　　　　　　表 1.4-30

类别	非法定单位	换算系数	法定单位
长度	in ft yd mile	0.0254 0.3048 0.9144 1609.344	m
质量	lb t	0.4536 1000	kg
面积	in² ft²	$6.4516×10^{-4}$ 0.0929	m²
容积、体积	ft³ in³ UKgal Usgal	0.0283 $1.6387×10^{-5}$ $4.5461×10^{-5}$ $3.7854×10^{-3}$	m³
速度	ft/s ft/min	0.3048 0.0051	m/s
密度	lb/in³ lb/ft³	27679.9 16.0185	kg/m³

续表

类别	非法定单位	换算系数	法定单位
压强	kgf/cm^2 mmH_2O mmHg(torr) inH_2O lbf/in^2 bar atm	9.8067×10^4 9.8067 133.322 249.089 6894.76 1×10^5 101325	Pa
动力黏度	$kgf \cdot s/m^2$ $lbf \cdot s/ft^2$	9.8067 47.8803	$Pa \cdot s$
运动黏度	in^2/S ft^2/S in^2/h	6.45×10^{-4} 9.29×10^{-2} 1.79×10^{-7}	m^2/s
能、功、热	$kW \cdot h$ $kgf \cdot m$ Cal_{int} Cal_{15} $ft \cdot lbf$ $Hp \cdot h$ Btu	3.6×10^6 9.8067 4.1868 4.1855 1.3558 2.68×10^6 1055.06	J
功率	kal/h Btu/h $kgf \cdot m/s$ Hp	1.163 0.2931 9.8067 745.7	W
导热系数	$kcal/(m^2 \cdot h \cdot ℃)$ $Btu/(ft \cdot h \cdot ℉)$	1.163 1.7307	$W/(m \cdot ℃)$
传热系数	$kcal/(m^2 \cdot h \cdot ℃)$ $Btu/(ft^2 \cdot h \cdot ℉)$	1.163 5.678	$W/(m^2 \cdot ℃)$
比热容、比热焓、比熵	$kcal/(kg \cdot ℃)$ $Btu/(lb \cdot ℉)$ $ft \cdot lbf/(lb \cdot ℉)$ $kgf \cdot m/(kg \cdot ℃)$	4186.8 4186.8 5.3803 9.8067	$J/(kg \cdot ℃)$
冷量	U.S.RT	3516.91	W
	JPN.RT	3861.0	
力 力矩 转矩	kgf $kgf \cdot m$ $kgf \cdot m$	9.8067 9.8067 9.8067	N $N \cdot m$ $N \cdot m$
应力、强度	kgf/cm^2 kgf/mm^2	9.8067×10^4 9.8067×10^6	Pa
弹性模量、剪切模量	kgf/cm^2	9.8067×10^4	Pa

注：(非法定单位) × (换算系数) = 法定单位。

1.5　各种能源的等效折算

建筑能耗是建筑使用过程中的运行能耗，包括由外部输入、用于维持建筑环境（如供暖、供冷、通风和照明等）和各类建筑内活动（如办公、炊事等）的用能，不包括建筑材料制造、运输和建筑施工的用能。

建筑能耗通常包含多种类能源，如电力、化石能源（煤、油、天然气等）、冷/热水、蒸汽等。建筑能耗表述可采用实物量法，也可将各类能源（Q）折算成为标煤量（Q_{ce}）或者等效电量（Q_{ee}）。常用的能源折算方法有当量热值法、供电能耗法（一次能耗法）和等效电法。三种方法的计算方法如表 1.5-1 所示。其中，计算参数 c_1、c_2 为单位转换系数，数值见表 1.5-2；计算参数 β 和 λ 为能源品位折算系数，数值见表 1.5-3。表 1.5-4 列出了一些国家一次能耗法采用的能源折算系数 β 的数值。

三种能源折算方法对比　　　　　　　　　　　　　　　表 1.5-1

	方法名称	计算公式	系数说明
折合成标煤	当量热值法	$Q_{ce} = \beta \cdot c_1 \cdot Q$ c_1——单位转换系数 β——能源品位折算系数	$\beta = 1$
	供电能耗法（一次能耗法）		电力:$\beta > 1$ 其余能源:$\beta = 1$
折合成等效电量	等效电法	$Q_{ee} = \lambda \cdot c_2 \cdot Q$ c_2——单位转换系数 λ——能源品位折算系数	电力:$\lambda = 1$ 其余能源:$0 < \lambda < 1$

注：c_1 和 c_2 仅体现单位转换；β 和 λ 体现能源的品位，为无量纲数。

我国常见能源的热值和单位转换系数（c_1 和 c_2）[1]　　　　　　表 1.5-2

能源种类	能源名称	平均低温发热量	c_1	c_2
煤	原煤	20934kJ/kg	0.7143kgce/kg	5.8078kWh/kg
	洗精煤	26377kJ/kg	0.9000kgce/kg	7.3178kWh/kg
	洗中煤	8374kJ/kg	0.2857kgce/kg	2.3231kWh/kg
	泥煤	8374~12560kJ/kg	0.2857~0.4286kgce/kg	2.3231~3.4847kWh/kg
	焦炭	28470kJ/kg	0.9714kgce/kg	7.8986kWh/kg
油	原油	41868kJ/kg	1.4286kgce/kg	11.6156kWh/kg
	燃料油	41868kJ/kg	1.4286kgce/kg	11.6156kWh/kg
	汽油	43124kJ/kg	1.4714kgce/kg	11.9639kWh/kg
	煤油	43124kJ/kg	1.4714kgce/kg	11.9639kWh/kg
	柴油	42705kJ/kg	1.4571kgce/kg	11.8478kWh/kg
	煤焦油	33494kJ/kg	1.1429kgce/kg	9.2925kWh/kg
	渣油	41816kJ/kg	1.4286kgce/kg	11.6156kWh/kg
气	液化石油气	50242kJ/kg （12000 kcal/kg）	1.7143kgce/kg	13.9386kWh/kg
	炼厂干气	46055kJ/kg （11000 kcal/kg）	1.5714kgce/kg	12.7931kWh/kg

续表

能源种类	能源名称	平均低温发热量	c_1	c_2
气	油田天然气	38931kJ/m³ (9300kcal/kg)	1.3300kgce/m³	10.8142kWh/m³
	气田天然气	35544kJ/m³ (8500kcal/kg)	1.2143kgce/m³	9.8733kWh/m³
	煤矿瓦斯气	14636~16726kJ/m³ (3500~4000kcal/m³)	0.5000~0.5714kgce/m³	4.0656~4.6461kWh/m³
	焦炉煤气	16747~18003kJ/m³ (4000~4300kcal/m³)	0.5714~0.6143kgce/m³	4.6461~4.9947kWh/m³
	高炉煤气	3768kJ/m³ (9000kcal/m³)	0.1286kgce/m³	1.0453kWh/m³
	发生炉煤气	5234kJ/kg (1250kcal/m³)	0.1786kgce/m³	1.4531kWh/m³
	重油催化裂解煤气	19259kJ/kg (4600kcal/m³)	0.6571kgce/m³	5.3475kWh/m³
	重油热裂解煤气	35588kJ/kg (8500kcal/m³)	1.2143kgce/m³	9.8813kWh/m³
	焦炭制气	16329kJ/kg (3900kcal/m³)	0.5571kgce/m³	4.5338kWh/m³
	压力气化煤气	15072kJ/kg (3600kcal/m³)	0.5143kgce/m³	4.1850kWh/m³
	水煤气	10467kJ/kg (2500kcal/m³)	0.3571kgce/m³	2.9063kWh/m³
电力	电力(当量值)	3600kJ/kWh (860kcal/kWh)	0.1229kgce/kWh	1
热量	热力(当量值)	1	0.03412kgce/MJ	0.2778kWh/MJ
	蒸汽(低压)	3763kJ/kg	0.1286kgce/kg	1.0453kWh/kg

[1] 数据来源于《2017中国能源统计年鉴》和《综合能耗计算通则》GB/T 2589—2020。

能源品位折算系数 β 和 λ 取值　　　　　　　　表 1.5-3

	当量热值法 β	供电能耗法 (一次能耗法)β	等效电法[2] λ
电力	1	2.5142[1]	1
煤	1	1	$\lambda = 1 - \dfrac{T_0}{T_1 - T_0}\ln\dfrac{T_1}{T_0}$
油	1	1	T_0——环境温度(K),取 273.15K; T_1——工作温度,即热源对外做功时的温度(K)。
气	1	1	燃煤取工作温度为 700℃,$\lambda=0.5042$; 燃油和燃气取工作温度为 1500℃,$\lambda=0.6594$

续表

	当量热值法 β	供电能耗法（一次能耗法）β	等效电法[2] λ
冷水	1	1	$$\lambda = \frac{T_0}{T_1-T_2}\ln\frac{T_1}{T_2}-1$$ T_0——环境温度(K)； T_1——冷水供水温度(K)； T_2——冷水回水温度(K)。 当室外温度30℃，供回水温度为7/12℃时，$\lambda=0.0726$
热水	1	1	$$\lambda = 1-\frac{T_0}{T_1-T_2}\ln\frac{T_1}{T_2}$$ T_0——环境温度(K)； T_1——热水供水温度(K)； T_2——热水回水温度(K)。 当室外温度0℃，供回水温度为95/70℃时，$\lambda=0.2317$
蒸汽	1	1	$$\lambda = \frac{r}{h_1-h_2}\cdot\left(1-\frac{T_0}{T_1}\right)+\left(1-\frac{r}{h_1-h_2}\right)\cdot\left(1-\frac{T_0}{T_1-T_2}\ln\frac{T_1}{T_2}\right)$$ T_0——环境温度(K)； T_1——供给蒸汽压力相应的饱和温度(K)； T_2——返回热源的凝水温度(K)； r——蒸汽的汽化潜热(kJ/kg)； h_1——供给蒸汽的焓值(kJ/kg)； h_2——返回热源的凝水的焓值(kJ/kg)。 当室外温度0℃，蒸汽压1.0 MPa(180℃)时，$\lambda=0.3520$

[1] 2017年中国6000kW及以上电厂平均供电标准煤耗为309gce/kWh，依此计算β；数据来源于2017年全国电力工业统计数据，http://www.nea.gov.cn；

[2]《建筑能耗数据分类及表示方法》JG/T 358—2012。

一些国家一次能耗法能源折算系数 β 表1.5-4

国别	类型						
	电力	煤	油	气	冷水	热水	蒸汽
美国	电网买电:2.80 可再生能源自用:1.00 可再生能源交易:2.80	1.00	1.01	1.05	0.91	1.20	1.20
加拿大	电网买电:1.96 可再生能源自用:1.00 可再生能源交易:1.96	1.00	1.01	1.01	0.57	1.33	1.33
日本	2.71	1	1	1	1.36	1.36	工业:1.02 其余:1.36
德国	2.7	—	1.1	1.1			来自热电联产:0.7 来自燃气锅炉:1.4 来自可再生能源:0

注：1. ENERGY STAR®：2018年数据，https://www.energystar.gov；

2. 日本经济产业省资源与能源厅，http://www.enecho.meti.go.jp。

【例题】 某建筑能耗涉及的能源种类为电力、天然气，该建筑全年能耗的具体数值为：

51万kWh电力、0.4万m^3天然气。试用当量热值法、供电能耗法和等效电法计算建筑全年能耗。

【解】

1）当量热值法

电力：$51×10^4$ kWh×0.1229kgce/kWh＝62679.0kgce

天然气：$0.4×10^4$ m^3×1.2143kgce/m^3＝4857.2kgce

合计：62679.0＋4857.2＝67536.2kgce

2）供电能耗法

电力：$51×10^4$ kWh×0.1229kgce/kWh×2.5142＝157587.5kgce

天然气：$0.4×10^4$ m^3×1.2143kgce/m^3＝4857.2kgce

合计：157587.5＋4857.2＝162444.7kgce

3）等效电法

电力：$51×10^4$ kWh＝510000kWh

天然气：$0.4×10^4$ m^3×9.8733kWh/m^3×0.6594＝26041.82kWh

合计：510000＋26041.82＝536041.8kWh

参考文献

[1] 杨世铭，陶文铨. 传热学（第四版）[M]. 北京：高等教育出版社，2006.

[2] V.S.阿巴兹，P.S.拉森. 对流换热[M]. 北京：高等教育出版社，1992.

[3] 余其铮. 辐射换热原理[M]. 北京：高等教育出版社，1990.

[4] 陈启高. 建筑热物理基础[M]. 西安：西安交通大学出版社，1991.

[5] 刘加平. 建筑物理（第四版）[M]. 北京：中国建筑工业出版社，2009.

[6] 彦启森，赵庆珠. 建筑热过程[M]. 北京：中国建筑工业出版社，1986.

[7] 中华人民共和国国家标准. 民用建筑热工设计规范 GB 50176—2016[S]. 北京：中国建筑工业出版社，2016.

[8] 中华人民共和国国家标准. 建筑气候区划标准 GB 50178—1993[S]. 北京：中国计划出版社，1993.

[9] 中华人民共和国行业标准. 建筑门窗玻璃幕墙热工计算规程 JGJ/T 151—2008[S]. 北京：中国建筑工业出版社，2009.

[10] 陆耀庆. 实用供热空调设计手册（第二版）[M]. 北京：中国建筑工业出版社，2007.

[11] 中华人民共和国行业标准. 建筑能耗数据分类及表示方法 JG/T 358—2012[S]. 北京：中国标准出版社，2012.

[12] 国家统计局能源司. 2017中国能源统计年鉴[M]. 北京：中国统计出版社，2017.

[13] 中华人民共和国国家标准. 综合能耗计算通则 GB/T 2589—2020[S]. 北京：中国标准出版社，2012.

[14] 2017年全国电力工业统计数据，http：//www.nea.gov.cn.

[15] ENERGY STAR®：2018年数据，https：//www.energystar.gov.

[16] 日本经济产业省资源与能源厅，http：//www.enecho.meti.go.jp.

第2章　建筑气候与分区

气候一般指一地多年天气的综合表现，包括该地多年的天气平均状态和极端状态，具体是指在太阳辐射、大气环流、下垫面性质和人类活动长时间相互作用下，某一时段内的大量天气过程规律。建筑气候是指在某一给定区域的气候背景条件下，大气过程规律性对建筑规律性的影响，以及建筑应如何适应、利用这种气候规律性的科学。气候学中用来描述气象要素变化的一般规律也同样适用于建筑气候，例如气温、空气湿度、日照与太阳辐射、风速等也是构成建筑气候的要素。

2.1　主要气象参数

2.1.1　空气温度

空气温度全称是空气的干球温度，简称气温，是作用在建筑物上最基本的气候因素，建筑设计必须考虑气温对建筑的影响。气温的变化是周期性的，影响这种周期变化的主要因素是太阳辐射周期变化，包括日变化和年变化。空气对于所有的太阳辐射几乎都是透明的，空气本身对太阳辐射的吸收作用可忽略不计，故太阳辐射对空气温度仅有间接的影响。气温的影响因素除了太阳辐射外，还有大气环流、地面下垫面、距离海岸远近等因素影响。比如在同样的太阳辐射条件下，陆面和水面有着很大的差异，大的水体比陆地所受的影响慢。故在同一纬度上，虽然理论太阳辐射量相同，陆地表面与海面比较，夏季热些，冬季冷些，陆面上的平均气温在夏季较海面上的高些，冬季则低些。按照气象参数的监测方法，本节讨论的室外气温指距地面1.5m高、背阴处的空气温度，或者说是气象站百叶箱的空气干球温度，没有考虑城市热岛效应等局地微气候的影响。

除利用软件进行建筑能耗模拟计算外，建筑节能设计需要考虑的温度参数主要包括：年平均温度、最热月气温、最冷月气温等，图2.1-1～图2.1-3给出了1971—2000年全国1月、7月和全年的平均气温分布图。

2.1.2　空气湿度

空气湿度是指大气中水汽的含量。水汽通过蒸发而进入大气，其主要的来源为海洋表面，以及潮湿的大地表面、植物及湖泊河流等小的水体。

表征空气湿度的量包括：相对湿度，含湿量、露点温度、湿球温度、水蒸气分压等参数，各物理量之间可以互相换算。从夏季热舒适的角度考虑，用空气的水蒸气分压表达湿度条件最为恰当，因为人体的蒸发率与皮肤表面同周围空气的水蒸气分压差值成正比。另外，许多建筑材料的性能和材料变质的速率与相对湿度相关性较强。

即使水蒸气分压基本保持一个常数，相对湿度的变化范围也可能是很大的。这是由气

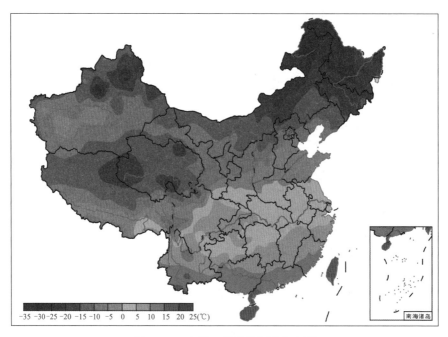

图 2.1-1　全国 1 月平均气温分布图

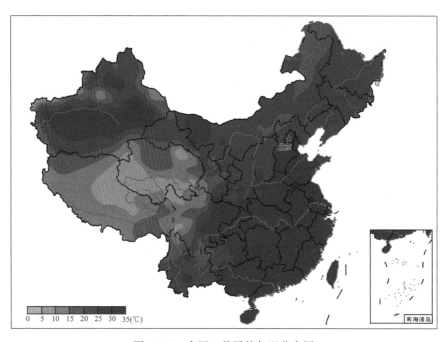

图 2.1-2　全国 7 月平均气温分布图

温的日变化及年变化所引起的，这种变化决定着空气内可能最大的湿容量。显著的相对湿度日变化主要发生在气温日较差较大的大陆上。在此类地区，中午后不久当气温达到最高值时，相对湿度很低，而一到夜间，空气可能接近于饱和状态，即相对湿度接近 100%，

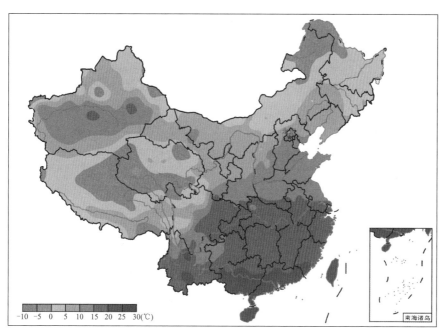

图 2.1-3　全国年平均气温分布图

但实际空气中水汽绝对量变化并不大。

图 2.1-4、图 2.1-5 给出了 1971—2000 年 1 月、7 月平均相对湿度全国分布图。
图 2.1-6、图 2.1-7 给出了 1971—2000 年 1 月、7 月平均水汽压全国分布图。

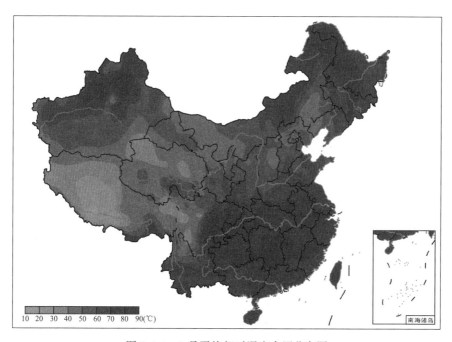

图 2.1-4　1 月平均相对湿度全国分布图

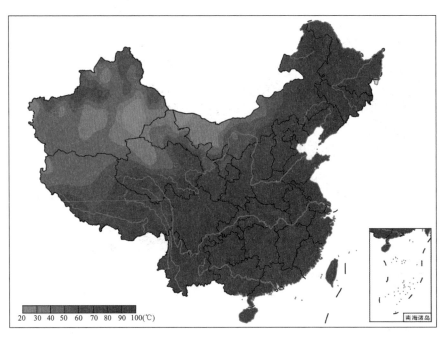

图 2.1-5　7 月平均相对湿度全国分布图

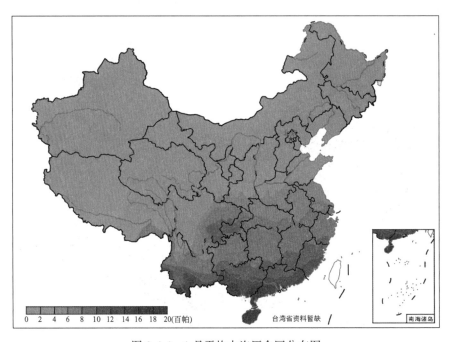

图 2.1-6　1 月平均水汽压全国分布图

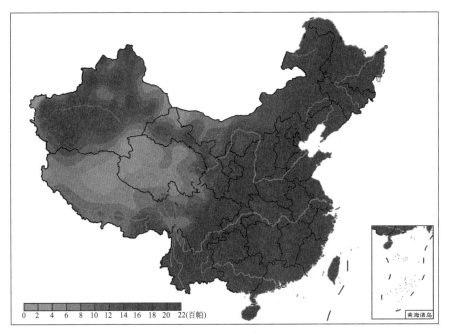

图 2.1-7　7 月平均水汽压全国分布图

2.1.3　太阳辐射和轨迹图

太阳辐射是影响建筑室内环境的重要因素，太阳能也是一种可再生的清洁能源，在建筑设计中采用太阳能热利用、采光、遮阳、隔热等措施均要考虑到太阳辐射的作用。

（1）太阳辐射和太阳常数

太阳辐射是以电磁波形式进行传播。太阳辐射主要包括可见光（$0.40 \sim 0.76 \mu m$），还有波长大于 $0.76 \mu m$ 的红外线和小于 $0.40 \mu m$ 的紫外线辐射，太阳辐射波长在 $0.15 \sim 4.00 \mu m$ 之间的占 98.07%，主要分布在可见光和红外线的范围内，其中约 50% 能量是以可见光辐射，43% 是以红外线辐射，紫外线辐射只占太阳辐射总能量的 7% 左右，详细内容见表 2.1-1。图 2.1-8 给出了大气层外太阳辐射光谱辐照度、5523K 黑体辐射光谱辐照度和海平面太阳光谱辐照度曲线。

太阳辐射波谱及能量按波谱分配比例　　　　　　　　　　　表 2.1-1

光谱特征	波长（μm）	标准波长（μm）	能量分配比例（%）	备注
真空紫外光区	1～200	—		
远紫外光区	200～300	—	7	紫外光区
近紫外光区	300～390	300		
紫光区	390～455	430		
蓝光区	455～485	470		
青光区	485～505	495		
绿光区	505～550	530	50	可见光区
黄光区	550～585	575		
橙光区	585～620	600		
红光区	620～760	640		

光谱特征	波长(μm)	标准波长(μm)	能量分配比例(%)	备注
近红外光区	760～25000	—	43	红外光区
远红外光区	25000～1000000	—		

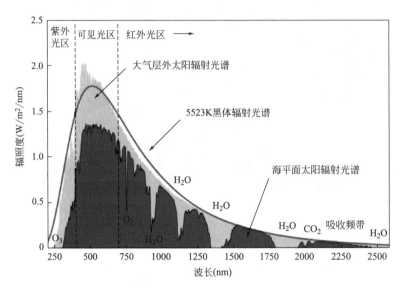

图 2.1-8　三种辐射光谱辐照度示意图（图片来源：websters-online-dictionary.org）

太阳常数（I_0）：太阳常数是一个表征到达大气顶太阳辐射总能量的数值，定义是地球位于日地平均距离处，在大气层外垂直于太阳辐射束平面上形成的辐照度，太阳常数并不是一个定值，世界气象组织宣布太阳常数可取 1367 ± 7 W/m^2。

（2）总辐射

到达地面的太阳直接辐射与散射之和为总辐射，总辐射一般通过对天空实测得到。在实际观测中，对于一些气象台站一般测试总辐射，所以在太阳辐射计算中，常需要把总辐射分离为直接辐射和散射辐射，用到直散分离的数学模型。

（3）直接辐射

太阳以平行光线的形式直接投射到地面上的辐射称为直接辐射。太阳辐射透过大气层到达地面的直接辐射可用布格（Bougure）公式计算：

$$I=\gamma I_0 p^m \tag{2.1-1}$$

式中　　γ——日地距离引起大气层外太阳辐照度变化的修正值；

I——到达地面的直接辐射强度（W/m^2）；

I_0——太阳常数；

p——大气透明系数；

m——大气质量数。

大气质量数是太阳光线穿过地球大气层的路径与太阳光线在天顶角方向时穿过大气路径之比，随太阳高度变化而变化，不同太阳高度时干空气的大气质量数可按照表 2.1-2 取值。

不同太阳高度时干空气的大气质量数 表 2.1-2

太阳高度角 h	90°	60°	30°	10°	5°	3°	1°	0
大气质量数 m	1	1.16	2.00	5.60	10.40	15.40	27.00	39.70

大气透明系数 p 可按下式确定：

$$p = (I_m / I_0)^{1/m} \tag{2.1-2}$$

式中　I_m——大气质量数为 m 时地面实测到的垂直于太阳光线面上的太阳直接辐射强度（W/m^2）。

表示直接辐射的参数常用的有三个：法向直接辐射、水平面直接辐射和任意平面的太阳直接辐射，其中水平面直接辐射是任意平面太阳直接辐射的特例。

法向直接辐射强度指的是垂直于太阳直射光线的平面所接受的直接太阳辐射量，用 I_{DN} 表示。顾名思义，水平面直接辐射强度指的是水平面上接受的直接辐射量，平时所说的直接辐射一般指水平面直接辐射。

任意平面的太阳直接辐射：任意平面的太阳直接辐射与阳光对该平面的入射角有关，如果某平面的坡度角为 θ 时，其所接受的太阳直接辐射强度 I_{Di} 为：

$$I_{Di} = I_{DN} \cos i \tag{2.1-3}$$

式中　I_{DN}——法向直接辐射强度（W/m^2）；

　　　i——入射角（太阳光线与照射表面法线的夹角）。

对于水平面，$i + h_s = 90°$，则

$$I_{DH} = I_{DN} \sin h_s \tag{2.1-4}$$

式中　h_s——太阳高度角，在水平面时，太阳入射角与太阳高度角互为余角。

（4）散射辐射

太阳辐射经过大气散射后自天空投射到地面的辐射称为散射辐射。散射辐射的强弱与太阳高度角、大气透明度有关，太阳高度角增大时，到达地面的直接辐射增强，散射辐射也相应增强；相反，太阳高度角减小时，到达地面的直接辐射减小，散射辐射也相应减弱。云对散射辐射影响非常大，散射辐射日平均强度可通过对天空实测得到。表 2.1-3 给出了我国部分城市 7 月晴天散射辐射日平均强度。

我国部分城市晴天散射辐射日平均强度（7月） 表 2.1-3

城市	北京	南京	成都	西宁	格尔木	拉萨	重庆	广州
强度（W/m^2）	81	84	92	80	58	29	86	95

（5）地面对太阳辐射的反射

太阳辐射到地表面并非全部被地面所吸收，其中一部分被地面所反射。地面对太阳辐射的反射率与地表物质的性质和状态有关。表 2.1-4 给出了不同性质地表面的反射率。

不同性质地表面的反射率 表 2.1-4

表面特征	反射率（%）	表面特征	反射率（%）
砂土	29～35	春小麦	10～25

续表

表面特征	反射率(%)	表面特征	反射率(%)
黏土	20	冬小麦	16～23
黑钙土(新翻、潮湿、黑色)	5	水稻	12～22
平坦混凝土地面	35	燕麦	11～22
耕地	12	绿色高草	18～20
水面	6～8	枯草	23～30
浅色土	22～32	针、阔叶林	15
深色土	10～15	灌木草原	18
黑钙土(平坦、干燥、灰黑色)	12	棉花	20～22
黄土(干/湿)	27/14	黑麦	18～23
灰沙	18～23	玉米	11～15
山地褐土	20	马铃薯	15～20
紧密干雪	90	疏稀浅草	19～23
有孔、潮湿、灰色的雪	45	杉、松树	14
新雪	84～95	常绿阔叶林	17
洁净干雪	63	绿草地	26
多孔脏湿雪	30	沙漠	25～35
陈雪	46～60	铺地红砖	65

(6) 大气中的长波辐射

阳光透过大气层到达地面途中，其中一部分（约10%）被大气中的水蒸气和二氧化碳所吸收。同时，它们还吸收来自地面的反射辐射，使其具有一定温度，因而会向地面进行长波辐射，这种辐射称为大气长波辐射。定义大气辐射黑度系数 ε_a 为：

$$\varepsilon_a = \frac{I_B}{C_0(T_a/100)^4} \tag{2.1-5}$$

式中　I_B——大气辐射强度（W/m^2）；

　　　T_a——地面空气温度（K）；

　　　C_0——黑体的辐射常数，取 $5.67W/(m^2 \cdot K^4)$。

若求得 ε_a，则可得到 I_B，目前计算 I_B 多采用经验公式，见表2.1-5。

晴天和云天时计算到地面的大气辐射强度 I_B 的经验公式　　　表2.1-5

晴天	爱德索公式(1969)	$I_B = \{1-0.261\exp[-7.77\times10^{-4}(273T_0)^2]\}C_0\left(\dfrac{T_a}{100}\right)^4$	
云天	波尔兹公式(1965)	$\varepsilon_a = \varepsilon_0(1+uC^2)$ 或 $I_B = I_0(1+uC^2)$	C 为云量；u 取值如下：底云 0.08，中云 0.06

工程设计中可根据以下公式计算大气辐射强度 I_B，即：

$$I_B = C_0 \left(\frac{T_s}{100} \right)^4 \varepsilon_s \varphi \tag{2.1-6}$$

式中　φ——接受辐射的表面对天空的角系数，对于屋顶平面可取为 1，对于垂直壁面可取为 0.5；

　　　T_s——天空当量温度（K）；

　　　ε_s——天空当量辐射率。

天空当量辐射率 ε_s 的定义式为：

$$\varepsilon_s = \left(\frac{T_s}{T_{aB}} \right)^4 \tag{2.1-7}$$

式中　T_{aB}——室外空气黑球温度（K）。

天空当量辐射率计算一般常用 Brunt 方程式：

$$\varepsilon_s = 0.51 + 0.208 \sqrt{e_a} \tag{2.1-8}$$

式中　e_a——空气中的水蒸气分压（kPa）。

这样，大气辐射强度计算式可改写为：

$$I_B = C_0 \left(\frac{T_s}{100} \right)^4 \times (0.51 + 0.208 \sqrt{e_a}) \varphi \tag{2.1-9}$$

(7) 天空当量温度

大气层的辐射主要是由 CO_2、H_2O 等气体分子所造成的，它们吸收一部分透过大气层的太阳辐射和来自地面的反射辐射，从而具有一定的温度，因此会向地面和建筑物表面进行长波辐射。通常采用天空当量温度 T_s 来计算大气层对建筑表面的传热，单位面积围护结构对天空的长波辐射散热速率为：

$$q = \sigma \varepsilon_{0,s} \varphi_{0,s} \left[(T_0 + 273)^4 - (T_{sky} + 273)^4 \right] \tag{2.1-10}$$

式中　σ——黑体辐射常数，其值为 $5.67 \times 10^{-8} W/(m^2 \cdot K^4)$；

　　　T_0——围护结构外表面温度（℃）；

　　　$\varepsilon_{0,s}$——围护结构外表面与天空辐射面间的辐射系统黑度，由于天空辐射面的面积远大于围护结构外表面积，可取 $\varepsilon_{0,s} = \varepsilon_0$，$\varepsilon_0$ 为围护结构外表面的长波发射率；

　　　$\varphi_{0,s}$——围护结构外表面对天空的辐射角系数，对于垂直表面 $\varphi_{0,s} = 0.5$，对于水平屋面 $\varphi_{0,s} = 1.0$。

天空当量温度的计算方法可按以下情况进行计算：

① 一般根据地面附近的空气温度和露点温度，按式（2.1-11）估算天空当量温度。

$$T_s = T_a [0.741 + 0.0062 t_d]^{1/4} \tag{2.1-11}$$

式中　T_a——地面附近的空气温度（℃）；

　　　t_d——地面附近的空气露点温度（℃）。

② 可根据地面附近空气黑球温度和水蒸气分压，按式（2.1-12）估算天空当量温度。

$$T_s = \sqrt[4]{0.51 + 0.208 \sqrt{e_a}} \times T_a \tag{2.1-12}$$

③ 对于高海拔地区，天空当量温度的经验公式为：

$$T_s = T_a [0.649 + 0.313 \lg (p/p_0 + 0.217 \lg e) (1.24 - 0.24S)]^{1/4} \tag{2.1-13}$$

式中　T_s、T_a——取绝对温度单位（K）；

　　　p、p_0——地面气压和海平面标准大气压（mb）；

e——地面水蒸气分压（mb）；

S——日照百分率（%）。

（8）日照时数和日照百分率

日照时数是指太阳在一地实际照射的时数。在一给定时间内，日照时数定义为太阳直接辐照度达到或超过 $120W/m^2$ 的各段时间的总和，以小时为单位，取一位小数。日照时数主要用于表征当地气候、描述过去天气状况等，图 2.1-9、图 2.1-10 给出了全国 1 月和 7 月日照时数分布图。

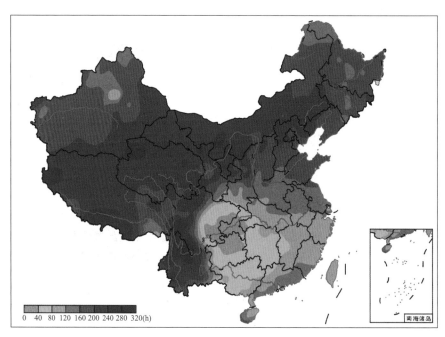

图 2.1-9　全国 1 月日照时数分布图

可照时数（天文可照时数），是指在无任何遮蔽条件下，太阳中心从某地东方地平线到进入西方地平线，其光线照射到地面所经历的时间。可照时数根据经纬度和日期由公式计算。由于纬度的差异，不同地点日照时数数值的对比难以说明日照的多少，有时用日照百分率的概念来表述。日照百分率，即实际日照时数与可能日照时数（指的是全天无云时理论上应有的日照时数）之百分比。它表明了受气候条件（主要是云、雨、雾、尘、沙等）影响减少的日照时间。由于纬度差异造成可照时数的差异，对于日照时数相同的区域，日照百分率也会有显著的差异。图 2.1-11 给出了全国年日照百分率分布图。

（9）云量

云量是指遮蔽天空的成数（按照天空中云量遮蔽的面积百分比，把遮蔽比例分为 10 个等级）。总云量是指观测时天空被所有的云遮蔽的总成数。一般认为云量<2 成为晴天，大于 8 成为阴天。图 2.1-12 给出了全国 1 月日平均总云量<2 成的日数分布图。图 2.1-13 给出了全国 1 月日平均总云量>8 成的日数分布图。

太阳辐射与云量具有较为密切的关系，表 2.1-6 给出了我国部分城市散射辐射日平均强度与云量的关系数据。

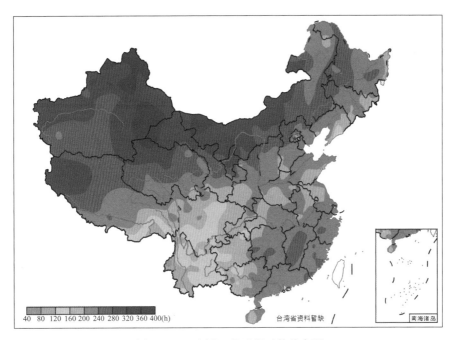

40　80　120　160　200　240　280　320　360　400(h)

台湾省资料暂缺

南海诸岛

图 2.1-10　全国 7 月日照时数分布图

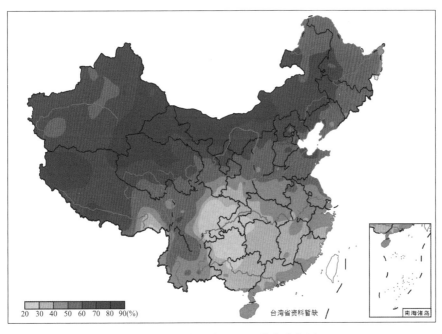

20　30　40　50　60　70　80　90(%)

台湾省资料暂缺

南海诸岛

图 2.1-11　全国年日照百分率分布图

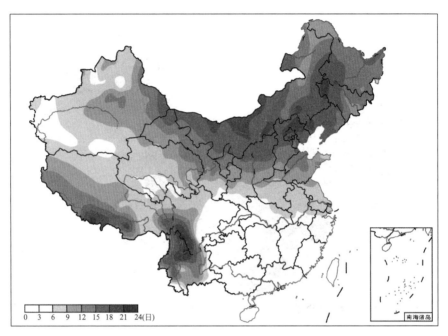

图 2.1-12　全国 1 月日平均总云量＜2 成的日数分布图

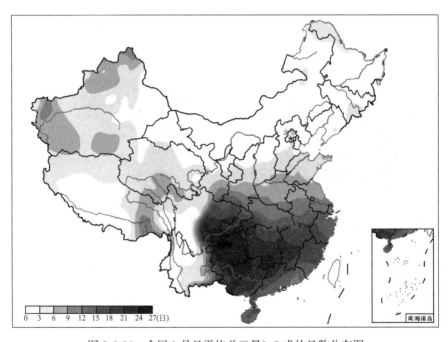

图 2.1-13　全国 1 月日平均总云量＞8 成的日数分布图

我国部分城市散射辐射日平均强度与云量的关系（7 月）（W/m²）   表 2.1-6

云量（成）	0	1	2	3	4	5	6	7	8	9	10
北京	81	83	85	88	90	95	99	104	110	127	130
南京	84	84	89	90	93	100	102	108	117	132	124
成都	86	89	91	94	98	104	109	113	118	132	139
西宁	80	80	85	84	86	83	85	102	111	120	86
昆明	65	65	68	72	79	83	90	96	105	120	89
拉萨	29	29	29	31	37	42	47	56	73	93	112
重庆	87	91	93	97	101	106	110	113	120	136	140
广州	82	87	90	94	96	101	106	112	118	130	134

（10）太阳轨迹图

太阳运行轨迹图是以观测者所在地为中心，太阳在天空运行的轨迹示意图，是地球自转的结果。太阳轨迹图中提供的信息主要是全年太阳高度角和方位角。在分析建筑物遮阳、周边遮挡以及日照时间的估算等方面均具有重要的应用。

为便于工程应用，图 2.1-14～图 2.1-24 给出了北纬 5°～北纬 55°，步长为 5°的太阳轨迹图，并给出了代表城市以便于查看。由图可以看出冬至和夏至的太阳的运行轨迹，其余时间的运行轨迹均包含在此轨迹图的包络图内。即由此轨迹图可以分析建筑的遮阳设计策略和遮阳设施。

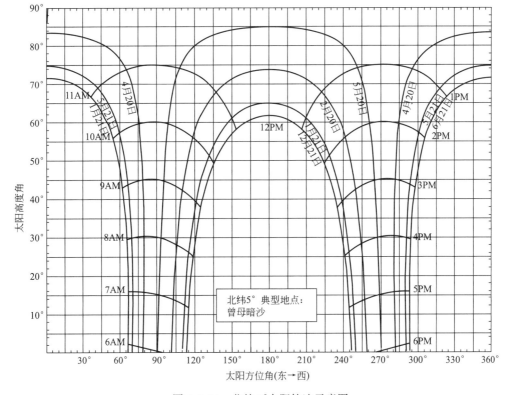

图 2.1-14 北纬 5°太阳轨迹示意图

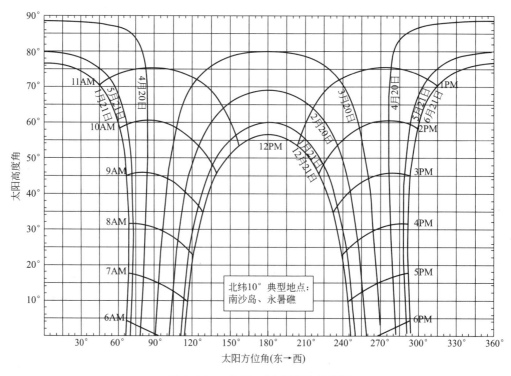

图 2.1-15　北纬 10°太阳轨迹示意图

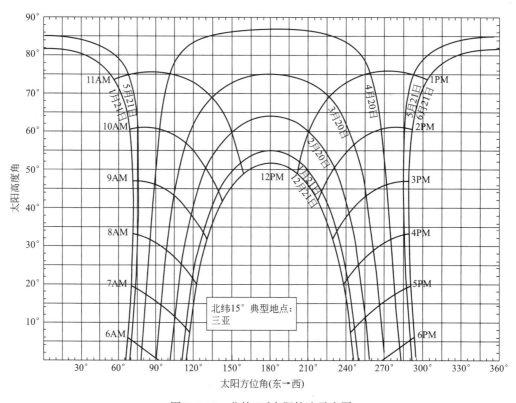

图 2.1-16　北纬 15°太阳轨迹示意图

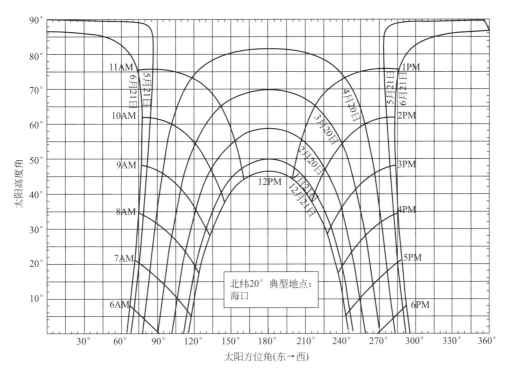

图 2.1-17　北纬 20°太阳轨迹示意图

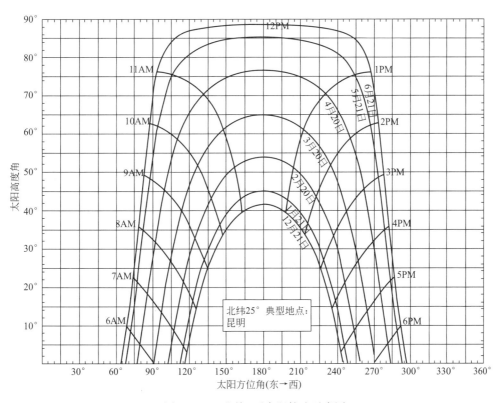

图 2.1-18　北纬 25°太阳轨迹示意图

41

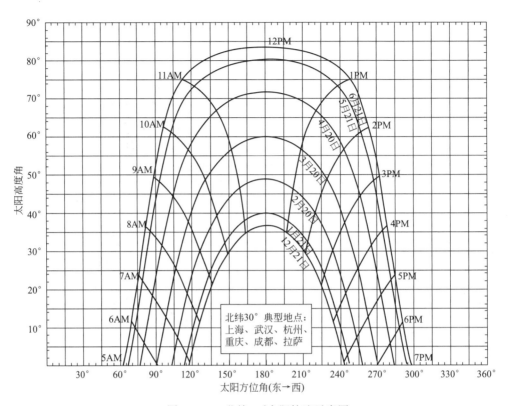

图 2.1-19　北纬 30°太阳轨迹示意图

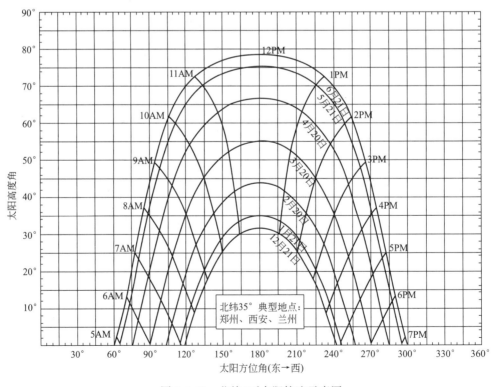

图 2.1-20　北纬 35°太阳轨迹示意图

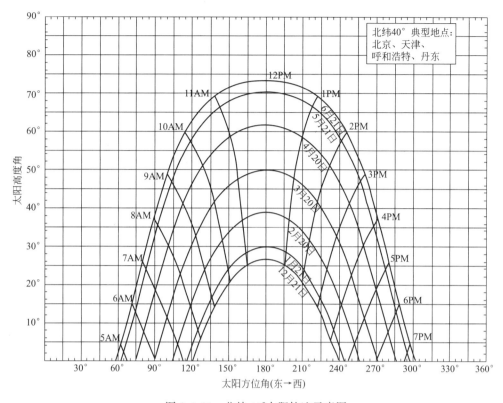

图 2.1-21　北纬 40°太阳轨迹示意图

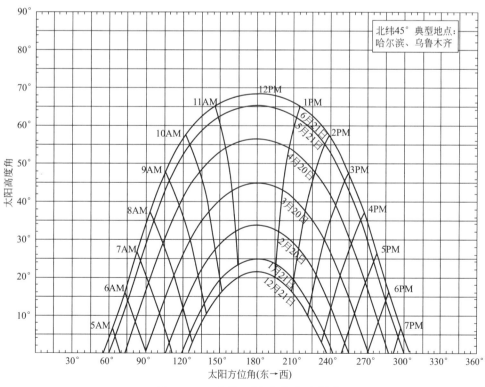

图 2.1-22　北纬 45°太阳轨迹示意图

43

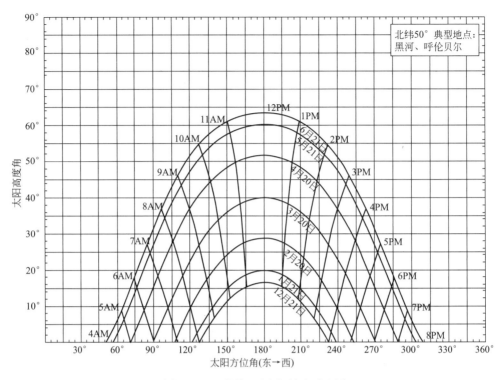

图 2.1-23　北纬 50°太阳轨迹示意图

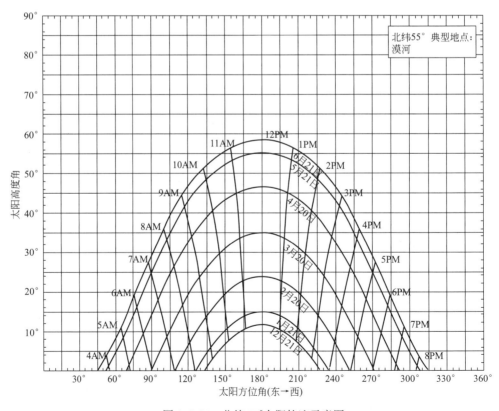

图 2.1-24　北纬 55°太阳轨迹示意图

2.1.4　降水

降水是地表蒸发的水蒸气进入大气层，经过凝结后又以液态或固态形式降落地面的过程，雨、雪、冰雹等都是降水现象。降水用降水量、降水时间和降水强度等参数来表示。降水量指一定时段内液态或固态（经融化后）降水，未经蒸发、渗透或流失而在水平面的积累的水层厚度，以毫米（mm）为单位。降水时间指一次降水过程从开始到结束的持续时间，以小时（h）或分钟（min）为单位。降水强度指单位时间内的降水量。降水强度等级以12h或24h的总量来划分，如表2.1-7所示。

降水等级划分　　表 2. 1-7

降水等级	小雨	中雨	大雨	暴雨	大暴雨	特大暴雨
12h 降水总量（mm）	0.1～4.9	5.0～14.9	15.0～29.9	30.0～69.9	170.0～140.0	≥140
24h 降水总量（mm）	0.1～9.9	10.0～24.9	25.0～49.9	50.0～99.9	100.0～249.0	≥200

降水量和太阳辐射量以及空气湿度相关，在建筑节能、防潮设计、水资源利用等建筑技术措施中均具有重要的参考价值。图2.1-25～图2.1-27给出了1971—2000年全国1月、7月和全年的降水量分布图。

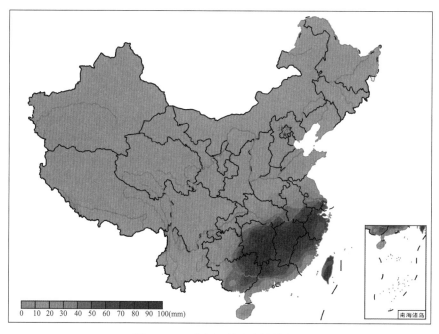

图 2.1-25　全国 1 月降水量分布图

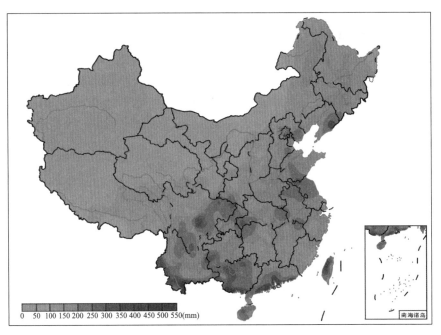

图 2.1-26　全国 7 月降水量分布图

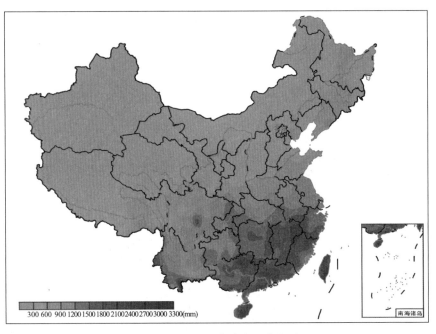

图 2.1-27　全国年降水量分布图

2.1.5　大气压力

大气压力是由空气的重力产生的，其形成机理是：气体是由大量的做无规则运动的分子组成的，而这些分子必然要对浸在空气中的物体不断地产生碰撞。每次碰撞，气体分子都要给予物体表面一个冲击力，大量空气分子持续碰撞的结果就体现为大气对物体表面的压力。若单位体积中含有的分子数越多，则相同时间内空气分子对物体表面单位面积上碰撞的次数越多，因而产生的压强也就越大。大气压强不但随高度变化，在同一地点也不是固定不变的，通常把 1.01325×10^5 Pa 的大气压强叫作标准大气压强。它大约相当于 760mm 水银柱所产生的压强，所以标准大气压也可以叫作 760mm 汞柱大气压。

地球上面的空气层靠近地表层的空气密度较大，高空的空气稀薄，密度较小。大气压强是由空气重力产生的，高度大的地方上面空气柱的高度小、密度也小，所以距离地面越高，大气压强越小。在海拔 3000m 之内，每上升 10m 大气压强约减小 100Pa，在海拔 2000m 之内，每上升 12m 大气压强约减小 100Pa。

当无测试数值时，理论大气压与海拔高度可参照以下公式计算。

$$P = 1013.25 \left(1 - 2.25577 \times 10^{-5} Z\right)^{5.2559}$$

式中　P——大气压力（hPa）；

　　　Z——海拔高度（m）。

为方便查阅，表 2.1-8 给出了理论海拔高度与大气压的数值。

理论大气压与海拔高度数值表　　　　　　　表 2.1-8

海拔高度 （m）	理论大气压 （hPa）	海拔高度 （m）	理论大气压 （hPa）	海拔高度 （m）	理论大气压 （hPa）	海拔高度 （m）	理论大气压 （hPa）
−600	1087.44	1100	887.90	2800	719.10	4500	577.28
−500	1074.78	1200	877.16	2900	710.05	4600	569.70
−400	1062.23	1300	866.52	3000	701.08	4700	562.21
−300	1049.81	1400	855.99	3100	692.21	4800	554.79
−200	1037.51	1500	845.56	3200	683.44	4900	547.46
−100	1025.32	1600	835.23	3300	674.75	5000	540.20
0	1013.25	1700	825.01	3400	666.15	5100	533.02
100	1001.29	1800	814.89	3500	657.64	5200	525.92
200	989.45	1900	804.87	3600	649.22	5300	518.89
300	977.73	2000	794.95	3700	640.88	5400	511.94
400	966.11	2100	785.13	3800	632.64	5500	505.07
500	954.61	2200	775.41	3900	624.48	5600	498.27
600	943.22	2300	765.78	4000	616.40	5700	491.54
700	931.94	2400	756.26	4100	608.41	5800	484.89
800	920.76	2500	746.82	4200	600.50	5900	478.31
900	909.70	2600	737.49	4300	592.68	6000	471.81
1000	898.75	2700	728.25	4400	584.94	6100	465.37

海拔高度 （m）	理论大气压 （hPa）	海拔高度 （m）	理论大气压 （hPa）	海拔高度 （m）	理论大气压 （hPa）	海拔高度 （m）	理论大气压 （hPa）
6200	459.01	6500	440.35	6800	422.30	7100	404.86
6300	452.72	6600	434.26	6900	416.42	7200	399.17
6400	446.50	6700	428.25	7000	410.61	7300	393.56

2.1.6　风速与风向

风是由于地球表面接收的太阳辐射不均匀，造成气压差和温度差，从而引起空气流动而形成的。风是一个具有速度和方向的向量，通常用风向和风速来描述风的状况，气象部门一般以所测距离地面 10m 高处的风向和风速作为当地的观测数据。风向和风速对建筑的安全、平面布局、自然通风效果和舒适性等有至关重要的影响。对于风速，气象站提供的风速为气象台站距离地面高度 10m 的风速，实际工程地点由于周边建筑物及地形等因素的影响，风速将具有显著变化，应根据实际情况进行修正，必要时应进行现场观测，以确定现场的风状态。对于风速表述，本手册中给出的参数包括最热月和最冷月平均风速。对于风向的表述在建筑设计领域常用风频率玫瑰图来表达风向频率的分布特征。

图 2.1-28～图 2.1-30 给出了全国 1 月、7 月和全年的平均风速分布图。

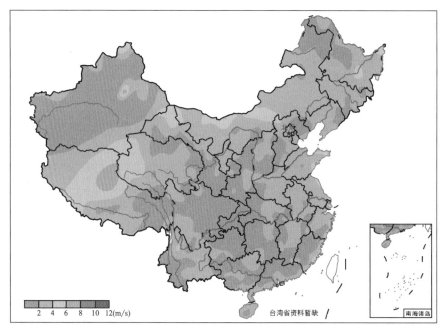

图 2.1-28　全国 1 月平均风速分布图

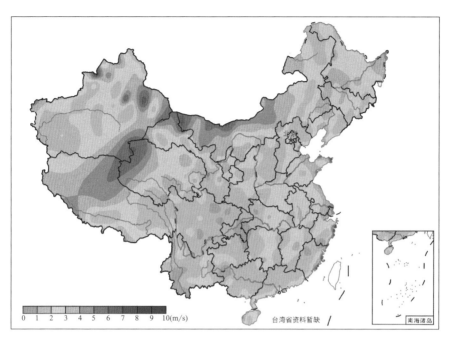

图 2.1-29　全国 7 月平均风速分布图

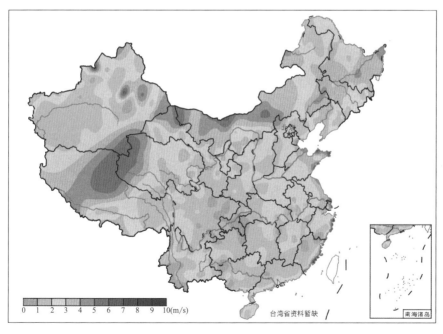

图 2.1-30　全国年平均风速分布图

2.2 建筑节能气候分区

2.2.1 建筑热工设计气候分区

建筑气候区划是为了区分不同地区气候条件对建筑设计影响的差异性，明确各气候区的建筑基本要求而进行的气候分区；可提供建筑气候参数，对从总体上做到合理利用气候资源，防止气候对建筑的不利影响，并避免出现不适宜于当地气候条件的建筑设计，起到至关重要的作用。建筑业目前依据的气候分区基础标准为现行国家标准《建筑气候区划标准》GB 50178 和《民用建筑热工设计规范》GB 50176，从建筑设计角度来讲，建筑气候区划是指导建筑师进行合理建筑设计的重要依据。

（1）建筑热工设计一级区划指标及设计原则

根据建筑热工设计的实际需要，采用累年最冷月和最热月平均气温作为分区主要指标，累年日平均气温≤5℃和≥25℃的天数作为辅助指标，将全国划分成五个建筑气候区，即严寒、寒冷、夏热冬冷、夏热冬暖、温和地区，并按照气候区提出相应的设计要求，一级区划指标及设计原则如表 2.2-1 所示。

建筑热工设计一级区划指标及设计原则　　　　　　　　表 2.2-1

一级区划名称	区划指标		设计原则
	主要指标	辅助指标	
严寒地区(1)	$t_{min·m}≤-10℃$	$145≤d_{≤5}$	必须充分满足冬季保温要求，一般可以不考虑夏季防热
寒冷地区(2)	$-10℃<t_{min·m}≤0℃$	$90≤d_{≤5}<145$	应满足冬季保温要求，部分地区兼顾夏季防热
夏热冬冷地区(3)	$0℃<t_{min·m}≤10℃$ $25℃<t_{max·m}≤30℃$	$0≤d_{≤5}<90$ $40≤d_{≥25}<110$	必须满足夏季防热要求，兼顾冬季保温
夏热冬暖地区(4)	$10℃<t_{min·m}$ $25℃<t_{max·m}≤29℃$	$100≤d_{≥25}<200$	必须充分满足夏季防热要求，一般可不考虑冬季保温
温和地区(5)	$0℃<t_{min·m}≤13℃$ $18℃<t_{max·m}≤25℃$	$0≤d_{≤5}<90$	部分地区应考虑冬季保温，一般可不考虑夏季防热

注：1. $t_{min·m}$ 表示最冷月平均温度，$t_{max·m}$ 表示最热月平均温度；

2. $d_{≤5}$ 表示日平均温度≤5℃的天数，$d_{≥25}$ 表示日平均温度≥25℃的天数。

（2）建筑热工设计二级区划指标及设计原则

由于我国地域辽阔，每个建筑热工一级区划的面积非常大。例如：同为严寒地区的黑龙江漠河和内蒙古额济纳旗，最冷月平均温度相差 18.3℃，$HDD18$ 相差 4110。对于寒冷程度差别如此大的两个地区，采用相同的设计要求显然是不合适的。因此，提出了"细分子区"的区划调整目标。在各一级区划内，采用 $HDD18$、$CDD26$ 作为二级区划指标，与一级区划指标（最冷、最热月平均温度）相比，该指标既表征了气候的寒冷和炎热的程度，也反映了寒冷和炎热持续时间的长短。二级区划指标及设计原则如表 2.2-2 所示。

建筑热工设计二级区划指标及设计原则 表 2.2-2

二级区划名称	区划指标		设计原则
严寒 A 区（1A）	$6000 \leqslant HDD18$		冬季保温要求极高，必须满足保温设计要求，不考虑防热设计
严寒 B 区（1B）	$5000 \leqslant HDD18 < 6000$		冬季保温要求非常高，必须满足保温设计要求，不考虑防热设计
严寒 C 区（1C）	$3800 \leqslant HDD18 < 5000$		必须满足保温设计要求，可不考虑防热设计
寒冷 A 区（2A）	$2000 \leqslant HDD18 < 3800$	$CDD26 \leqslant 90$	应满足保温设计要求，可不考虑防热设计
寒冷 B 区（2B）		$CDD26 > 90$	应满足保温设计要求，宜满足隔热设计要求，兼顾自然通风、遮阳设计
夏热冬冷 A 区（3A）	$1200 \leqslant HDD18 < 2000$		应满足保温、隔热设计要求，并重视建筑的自然通风、遮阳设计
夏热冬冷 B 区（3B）	$700 \leqslant HDD18 < 1200$		应满足隔热、保温设计要求，强调建筑的自然通风、遮阳设计
夏热冬暖 A 区（4A）	$500 \leqslant HDD18 < 700$		应满足隔热设计要求，宜满足保温设计要求，强调自然通风、遮阳设计
夏热冬暖 B 区（4B）	$HDD18 < 500$		应满足隔热设计要求，可不考虑保温设计，强调自然通风、遮阳设计
温和 A 区（5A）	$CDD26 < 10$	$700 \leqslant HDD18 < 2000$	应满足冬季保温设计要求，可不考虑防热设计
温和 B 区（5B）		$HDD18 < 700$	宜满足冬季保温设计要求，可不考虑防热设计

（3）建筑热工设计气候分区图（图 2.2-1）

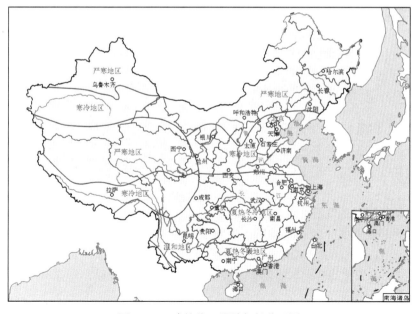

图 2.2-1 建筑热工设计气候分区图

（4）基于栅格数据的建筑热工气候分区

建筑热工设计气候分区图是根据气象参数计算得到的 1 月和 7 月月平均气温空间分布网格数据，提取分辨率为 2.5′（约 10km）的空间分布网格数据，并经过多次"滤波"处理后，根据表 2.2-1 区划指标进行的建筑热工气候分区。提取大尺寸网格数据以及"滤波"的主要原因是，如果采用分辨率为 1km 的网格数据分析，全国有密密麻麻的很多"孤岛"，各分区之间的边界相互交错，难以分辨。

经过"滤波"，增强了分区图的可读性，可展现气温空间分布特点，但降低了精确度。所以在实际应用过程中，宜在边界交错的区域采用大比例详图。根据空间分布网格数据得到的建筑热工气候分区图见图 2.2-2。

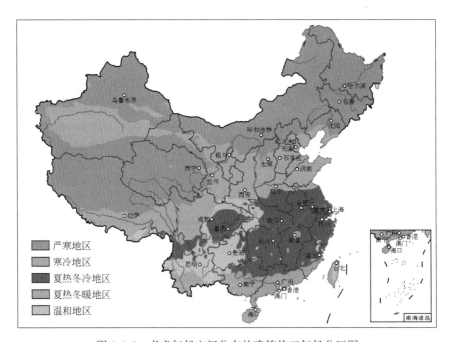

图 2.2-2　考虑气候空间分布的建筑热工气候分区图

2.2.2　被动式太阳能建筑气候分区

由图 2.2-1 和图 2.2-2 可以看出，考虑气候空间分布的建筑热工气候分区图（图 2.2-2）与现行国家标准《民用建筑热工设计规范》GB 50176 中的分区图（图 2.2-1 以此为底图绘制）在格局和各分区的宏观上较为吻合，只是在温和地区区域和分界线的位置以及形式上有些差异。

（1）被动供暖建筑气候分区

被动供暖建筑气候分区指标采用 1 月份南向垂直面太阳辐照度与室内外温差的比值（辐射温差比）作为被动式太阳能供暖气候分区的一级分区指标，采用南向垂直面太阳辐照度（W/m²）作为被动式太阳能供暖气候分区的二级分区指标，划分出不同的太阳建筑设计气候区。分区指标见表 2.2-3。

被动太阳能供暖气候分区指标　　　　　　　　表 2.2-3

被动太阳能供暖气候分区		辐射温差比 [W/(m²·℃)]	南向垂直面太阳辐照度 I(W/m²)	典型城市
最佳气候区	A 区(SHIa)	$ITR \geqslant 8$	$I \geqslant 160$	拉萨,日喀则,稻城,小金,理塘,得荣,昌都,巴塘
	B 区(SHIb)	$ITR \geqslant 8$	$I < 160$	昆明,大理,西昌,会理,木里,林芝,马尔康,九龙,道孚,德格
适宜气候区	A 区(SHⅡa)	$8 < ITR \leqslant 6$	$I \geqslant 120$	西宁,银川,格尔木,哈密,民勤,敦煌,甘孜,松潘,阿坝,若尔盖
	B 区(SHⅡb)	$8 < ITR \leqslant 6$	$I \geqslant 120$	康定,阳泉,昭觉,昭通
可利用气候区(SHⅢ)		$6 < ITR \leqslant 4$	$I \geqslant 60$	北京,天津,石家庄,太原,呼和浩特,长春,上海,济南,西安,兰州,青岛,郑州,长春,张家口,吐鲁番,安康,伊宁,民和,大同,锦州,保定,承德,唐山,大连,洛阳,日照,徐州,宝鸡,开封,玉树,齐齐哈尔
一般气候区(SHⅣ)		$4 < ITR \leqslant 3$	$I \geqslant 60$	乌鲁木齐,沈阳,吉林,武汉,长沙,南京,杭州,合肥,南昌,延安,商丘,邢台,淄博,泰安,海拉尔,克拉玛依,鹤岗,天水,安阳,通化
不宜气候区(SHⅤ)		$ITR \leqslant 3$	—	成都,重庆,贵阳,绵阳,遂宁,南充,达县,泸州,南阳,遵义,岳阳,信阳,吉首,常德
		—	$I < 60$	

被动太阳能供暖建筑设计除了 1 月份水平面和南向垂直墙面太阳辐照度这 2 个主要因素有关外,还与一年中最冷月的平均温度有直接的关系,当南向太阳辐射量较大时,即使一年中最冷月的平均温度较低,在不采用其他能源供暖,室内最低温度也能达到 10℃ 以上。因此,用累年 1 月份南向垂直墙面太阳辐照度与 1 月份室内外温差的比值作为被动太阳能供暖建筑设计气候分区的一级指标,同时采用南向垂直面的太阳辐射量作为二级分区指标更为合理。

图 2.2-3～图 2.2-6 为全国 1971—2000 年累年 1 月平均气温、1 月水平面和南向垂直面平均太阳辐照度分布图,1 月南向辐射温差比等值曲线图。可靠近相邻不同气候区城市做比较,选择气候类似的邻近城市作为气候分区区属。

(2) 被动降温建筑气候分区

根据全国 7 月平均干球温度(图 2.2-7)和全国 7 月相对湿度(图 2.2-8),将被动降温气候分区按被动蒸发冷却、通风降温、夜间通风降温等角度考虑气候分区,划分为四个气候区(表 2.2-4),并根据空气湿度不同,分为湿热和干热两种类型。

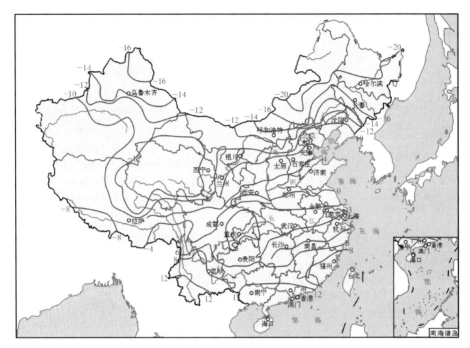

图 2.2-3　全国累年 1 月平均气温分布图

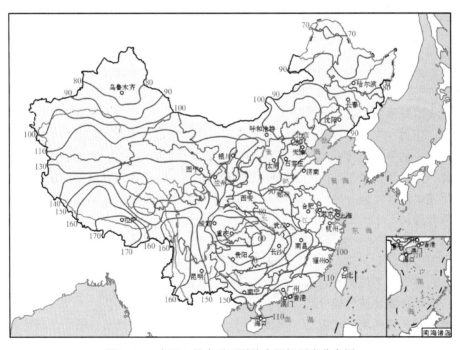

图 2.2-4　全国 1 月水平面平均太阳辐照度分布图

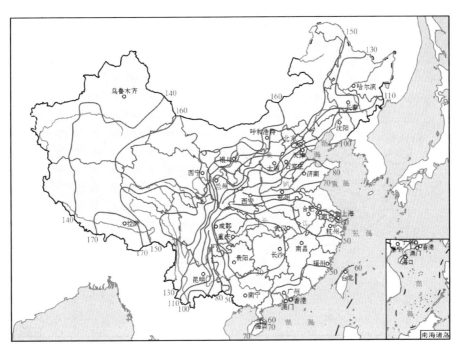

图 2.2-5　全国 1 月南向垂直面平均太阳辐照度分布图

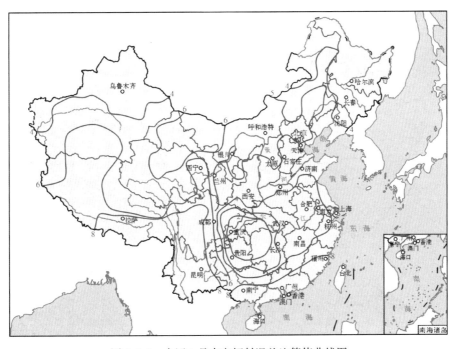

图 2.2-6　全国 1 月南向辐射温差比等值曲线图

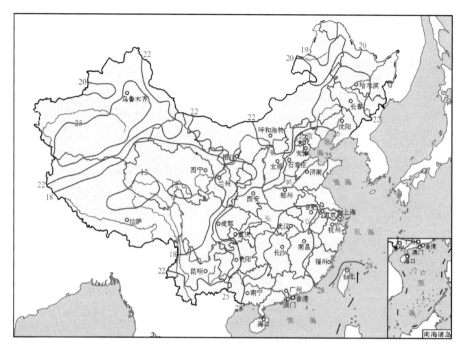

图 2.2-7　全国 7 月平均干球温度等高线分布图

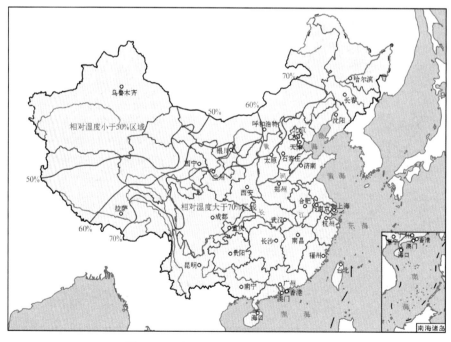

图 2.2-8　全国 7 月相对湿度分布曲线图

被动降温建筑气候分区　　　　　　　　　　　表 2. 2-4

被动降温建筑 气候分区		7月份平均 气温 T(℃)	7月份平均 相对湿度 φ(%)	典型城市
最佳 气候区	A 区(CHIa)	T≥26	φ<50	吐鲁番,若羌,克拉玛依,哈密,库尔勒
	B 区 (CHIb)	T≥26	φ≥50	天津,石家庄,上海,南京,合肥,南昌,济南,郑州,武汉,长沙,广州,南宁,海口,重庆,西安,福州,杭州,桂林,香港,台北,澳门,珠海,常德,景德镇,宜昌,蚌埠,达县,信阳,驻马店,安康,南阳,济南,郑州,商丘,徐州,宜宾
适宜 气候区	A 区 (CHⅡa)	22<T<26	φ<50	乌鲁木齐,敦煌,民勤,库车,喀什,和田,莎车,安西,民丰,阿勒泰
	B 区 (CHⅡb)	22<T<26	φ≥50	北京,太原,沈阳,长春,吉林,哈尔滨,成都,贵阳,兰州,银川,齐齐哈尔,汉中,宝鸡,酉阳,雅安,承德,绥德,通辽,黔西,安达,延安,伊宁,西昌,天水
可利用气 候区(CHⅢ)		18<T≤22	—	昆明,呼和浩特,大同,盘县,毕节,张掖,会理,玉溪,小金,民和,敦化,昭通,巴塘,腾冲,昭觉
不需降温气 候区(CHⅣ)		T≤18	—	拉萨,西宁,丽江,康定,林芝,日喀则,格尔木,马尔康,昌都,道孚,九龙,松潘,德格,甘孜,玉树,阿坝,稻城,红原,若尔盖,理塘,色达,石渠

被动降温分区主要原则:最热月温度高于舒适的温度,应充分利用遮蔽太阳辐射、增强自然通风、蒸发冷却等被动式降温措施。其中空气相对湿度小于50%地区宜采用蒸发冷却和增强通风的降温措施。

2.2.3　其他建筑气候分区

国家和地方节能设计标准均以全国建筑热工分区为基础,规定了不同气候区各项围护结构热工性能指标的限值要求。在全国建筑热工分区中,有两类地区具有特殊的气候特征,诸如高原地区在全国建筑热工分区中同属于严寒、寒冷地区,热带与亚热带海洋气候区在全国建筑热工分区中同属于夏热冬暖地区,在建筑设计时与相同热工分区的其他地区又有着显著区别。

(1) 高原高寒建筑气候区

该类气候区指海拔高度在 3000m 以上,身体因海拔高、空气稀薄而出现高原反应的地区,一般是指青藏高原和黄土高原的部分地区,主要包括西藏自治区、青海省的全部,以及云南省局部、四川省西部、甘肃省局部和新疆维吾尔自治区的部分地区。主要气候特征:全年平均气温较低,冬季供暖室外计算温度在 0℃ 以下,甚至低至—20℃,气温日较差大,年较差小。冬季室外相对湿度较低,最冷月平均相对湿度一般在 50% 上下。大部分地区冬季大气压在 800hPa 以下,高海拔低气压地区空气含氧量低。冬季日照率特别大,大气透明度高,日照辐射强,连晴天数多,冬季日照率一般高于 70%,是全国冬季日照率最高的地区。

特殊的气候特征对建筑的基本要求:应充分满足防寒、保温、防冻的要求,夏天不需考虑防热。建筑设计上应注意防寒风与风沙,减小体形系数,利用南向立面的集热面积,充分利用太阳能资源，该地区应采用以被动太阳能应用优先、主动为辅的节能设计策略。

（2）热带与亚热带海洋性建筑气候区

该类气候区主要指我国南沙、西沙及东南沿海岛屿等地区。气候特征：长夏无冬，高温高湿，气温年较差和日较差均小，1月平均气温高于10℃，7月平均气温为25～29℃。雨量充沛，多热带风暴和台风袭击，易有大风暴雨天气，年平均相对湿度80％左右，太阳高度角大，日照较少，但太阳辐射强，年太阳总辐射照度为130～170W/m²；最高风速可达7m/s以上。

热带与亚热带海洋性气候区气候特征对建筑的基本要求：必须充分满足防热、防暴雨、防潮、通风、遮阳要求，冬季可不考虑防寒、保温。

参考文献

[1] 周淑贞. 气象学与气候学（第三版）[M]. 北京：高等教育出版社，1997.

[2] 杨柳. 建筑气候学[M]. 北京：中国建筑工业出版社，2010.

[3] 中国建筑学会. 建筑设计资料集（第三版）[M]. 北京：中国建筑工业出版社，2017.

[4] 中华人民共和国国家标准. 建筑气候区划标准 GB 50178—1993[S]. 北京：中国计划出版社，1993.

[5] 中华人民共和国国家标准. 民用建筑热工设计规范 GB 50176—2016[S]. 北京：中国建筑工业出版社，2017.

[6] 中华人民共和国行业标准. 被动式太阳能建筑技术规范 JGJ/T 267—2012[S]. 北京：中国建筑工业出版社，2012.

[7] 陆耀庆. 实用供热空调设计手册（第二版）[M]. 北京：中国建筑工业出版社，2007.

[8] 张晴原，Joe Huang. 中国建筑用标准气象数据库[M]. 北京：机械工业出版社 2004.

[9] 中国气象局信息中心气象资料室，清华大学建筑技术科学系. 中国建筑热环境分析专用气象数据集[M]. 北京：中国建筑工业出版社，2005.

第3章 建筑材料热物理性能

各种建筑材料的热物理性能差异很大，在建筑设计中应正确选用建筑材料的热物理性能指标，在施工中避免因施工原因或热湿环境条件变化而降低材料的热物理性能。本章对建筑材料的主要物理特性以及影响这些性能的因素进行介绍，给出常见建筑材料的物理性能特点及计算参数，供设计参考。

3.1 基本物理量

3.1.1 密度

密度是单位体积某种物质的质量，是表示物质在空间分布密集程度的物理量，符号用 ρ 表示，单位是 kg/m^3。

密度是物质的特性之一，每种物质都有一定的密度，不同物质的密度一般不同。根据公式 $m = \rho \cdot V$ 或 $V = m/\rho$，可以计算出物体的质量和体积。

3.1.2 导热系数

导热系数是指厚度为 1m 的匀质材料，当两侧表面温差为 1K 时，单位时间内通过 $1m^2$ 表面积的导热量，符号是 λ，单位是 $W/(m \cdot K)$。

导热系数是建筑材料的一个重要热物理量，它表明材料传递热量的一种能力，导热系数 λ 值愈小，材料的绝热性能愈好。建筑材料的种类很多，其导热系数的变化范围很大，如聚苯乙烯挤塑聚苯板（XPS）的导热系数约为 $0.03W/(m \cdot K)$，而铝合金门窗窗框型材的导热系数则高达 $203.53W/(m \cdot K)$。影响材料导热系数的主要有以下因素。

（1）材料分子结构和化学成分

建筑材料的化学成分和分子结构一般可分为结晶体构造（如建筑用钢、石英石等）、微晶体构造（如花岗石、普通混凝土等）和玻璃体构造（如普通玻璃，膨胀矿渣珠混凝土等）。不同的分子结构引起的导热系数有很大的差别（表 3.1-1）。对于化学成分相同的晶体和玻璃体，其导热系数差别仍然很大。材料的分子结构和化学成分比密度所起的作用大得多。

不同分子结构材料的导热系数　　　　　　　　　　表 3.1-1

材料名称	分子结构	密度(kg/m^3)	导热系数[$W/(m \cdot K)$]
铝、钢	结晶体	2700 7850	203.53 44.78
花岗石、普通混凝土	微晶体	2800 2280	3.49 1.51

续表

材料名称	分子结构	密度(kg/m³)	导热系数[W/(m·K)]
玻璃膨胀矿渣珠混凝土	玻璃体	2500 1990	0.76 0.65

（2）密度对导热系数的影响

一般情况下，建筑材料密度大的导热系数也大，密度小的导热系数也小，如图 3.1-1 所示为几种建筑材料密度与导热系数的关系。但对一些密度特别小的材料，特别是某些纤维状材料和发泡材料，其密度变化的幅度较大，密度大，导热系数相应地增大；但材料密度小到一定程度后，材料内产生空气循环对流换热，同样也会增加导热系数。因此，松散状的纤维材料存在一个导热系数最小的最佳密度。如图 3.1-2 所示为纤维材料导热系数与密度的关系。

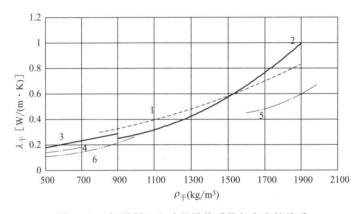

图 3.1-1　轻混凝土和砖的导热系数与密度的关系

1—普通黏土砖；2—轻集料混凝土；3—水泥珍珠岩；4—加气混凝土；5—膨珠混凝土；6—泡沫混凝土

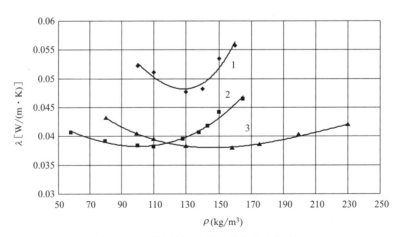

图 3.1-2　纤维材料导热系数与密度的关系

1—沥青矿棉；2—树脂玻璃棉板；3—沥青玻璃棉毡

（3）含湿量

大多数建筑材料的导热系数和含湿量之间是线性关系。但也有一些建筑材料，当湿度增加到一定程度后，导热系数与湿度之间就不是线性关系了，而出现向上凸出的弧度，也就是说导热系数增长的速度随着湿度增大的进一步增加变慢。

在进行围护结构热工计算时，应选取一定湿度下的导热系数，并且还必须采取一切必要的措施来控制材料的湿度，以保证围护结构的保温性能。

（4）温度

一般来说，温度越高，其固体分子的热运动会增加，而且孔隙中空气的导热和孔壁间辐射换热也会增强，材料的导热系数越大。在一般建筑工程中，材料温度的变化范围相对较窄，通常不考虑温度变化对导热系数的影响，但冬夏两季在强烈的太阳辐射下，建筑外表面的日温度波动很大，昼夜温差很容易达到 $30\sim40℃$，此时，从建筑热工学研究的角度，应该考虑温度变化对导热系数的影响。

3.1.3　比热容

材料的比热容表示 1kg 物质温度升高或降低 1℃ 时所吸收或放出的热量，符号是 C，单位为 kJ/(kg·K)。各种建筑材料的比热容不同，大多在 $0.4\sim2.5$kJ/(kg·K) 的范围内。材料的比热容主要取决于矿物成分和有机质的含量，无机材料的比热容要比有机材料的比热容小。

影响材料比热容的主要因素如下。

（1）湿度

湿度对材料比热容有很大影响，由于水的比热容 [$C=4.18$kJ/(kg·K)] 大大高于其他材料的比热容，随着材料湿度的增加，比热容也提高。大多数材料的比热容是随湿度的提高呈线性增加（图 3.1-3）；对于木材等一些有机材料，其比热容与湿度的关系呈抛物曲线（图 3.1-4）。

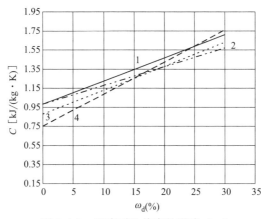

图 3.1-3　湿度对比热容的影响（一）

1—水泥珍珠岩 $\rho=404$kg/m³；2—加气混凝土 $\rho=525$kg/m³；3—砾砂 $\rho=1400$kg/m³；4—亚黏土 $\rho=1200$kg/m³

（2）温度

材料的比热容受温度的影响较小。但湿材料在低温时，当材料中的水分结成冰后，材料的比热容会减小，原因是冰的比热容为 2.09kJ/(kg·K)，比水小一半。

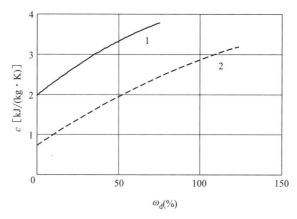

图 3.1-4 湿度对比热容的影响（二）

1—木材；2—石棉硅藻土

3.1.4 材料热辐射

（1）材料表面热辐射吸收率、发射率

材料表面热辐射吸收率、发射率是表征材料热物性的一个基本参量，主要取决于材料的种类、表面温度和表面状况。即辐射系数只与发射辐射热的物体本身有关，而与外界条件无关。材料辐射系数有以下几种影响因素。

1）材料种类：不同种类材料的热辐射吸收率、发射率是不同的。

2）选择性：物体光谱发射率随波长变化，对于长波和短波的热辐射吸收、发射和透射不同，对不透明材料来说，透射可以忽略。很多材料在可见光区发射率与红外区的发射率相差较大，因此它们对太阳辐射的吸收率与红外辐射的吸收率也有较大的差异。例如，霜对太阳辐射的吸收率约 0.1 左右，而对红外辐射的吸收率可达到 0.98，接近黑体。表 3.1-2 为几种材料太阳辐射的吸收率与长波发射率。

几种材料太阳吸收率 ρ_s、长波发射率 ε 及其比值   表 3.1-2

材料表面	ρ_s	ε（300K）	ρ_s/ε
抛光蒸镀的铝膜	0.09	0.03	3.00
黯淡色的不锈钢	0.50	0.21	2.40
红砖	0.70	0.93	0.75
谷物叶子(小麦、水稻、玉米)	0.76	0.97	0.78
雪	0.28	0.97	0.29
人的皮肤	0.62	0.97	0.64
涂白漆的金属表面	0.21	0.96	0.22
涂黑漆的金属表面	0.97	0.97	1.00

3）方向性：不同种类材料热辐射能量定向发射会随方向变化，但对于漫辐射体辐射能量按方向遵循兰贝特定律，即辐射强度、定向发射率与方向无关。

4）温度：同一种材料，温度升高材料的辐射系数会稍有升高，但在建筑热工计算中遇到的常温辐射范围里，温度对辐射系数带来的影响并不大，一般可以忽略这种影响。

5）表面状况：材料表面状况对热辐射吸收率、发射率影响很大，往往超过材料本身的影响，主要因素为表面粗糙度、表面氧化、表面沾污及吸附、表面颜色等。对于金属材料来说，高度磨光的表面太阳辐射吸收系数很低，而粗糙的或受到氧化的表面辐射系数往往是磨光表面的数倍，常见建筑材料的太阳辐射吸收系数见表 3.1-3。

常用围护结构表面太阳辐射吸收系数 ρ_s 值 表 3.1-3

面层类型	表面性质	表面颜色	太阳辐射吸收系数 ρ_s 值
石灰粉刷墙面	光滑、新	白色	0.48
抛光铝反射体片		浅色	0.12
水泥拉毛墙	粗糙、旧	米黄色	0.65
白水泥粉刷墙面	光滑、新	白色	0.48
水刷石墙面	粗糙、旧	浅色	0.68
水泥粉刷墙面	光滑、新	浅灰	0.56
砂石粉刷面		深色	0.57
浅色饰面砖		浅黄、浅白	0.50
红砖墙	旧	红色	0.70～0.78
硅酸盐砖墙	不光滑	黄灰色	0.45～0.50
硅酸盐砖墙	不光滑	灰白色	0.50
混凝土砌块		灰色	0.65
混凝土墙	平滑	深灰	0.73
红褐陶瓦屋面	旧	红褐	0.65～0.74
灰瓦屋面	旧	浅灰	0.52
水泥屋面	旧	素灰	0.74
水泥瓦屋面		深灰	0.69
石棉水泥瓦屋面		浅灰色	0.75
绿豆砂保护屋面		浅黑色	0.65
白石子屋面	粗糙	灰白色	0.62
浅色油毛毡屋面	不光滑、新	浅黑色	0.72
黑色油毛毡屋面	不光滑、新	深黑色	0.86
绿色草地			0.78～0.80
水(开阔湖、海面)			0.96
棕色、发色喷泉漆	光亮	中棕、中绿色	0.79
红涂料、油漆	光平	大红	0.74
浅色涂料	光亮	浅黄、浅红	0.50
反射隔热涂料	光滑、新	白色	0.15
	光滑、新	浅灰	0.36

注：主要数据来源于《民用建筑热工设计规范》GB 50176—2016。

（2）太阳辐射选择性涂层及截止波长

1）太阳辐射选择性涂层

在太阳能的工程应用中有一些为太阳辐射选择性涂料，为了尽量多地吸收太阳能，应尽可能提高材料的短波吸收能力。为了减少材料的辐射热损失，应控制吸收面温度不宜过高，减少材料表面的长波发射率。这种涂料的特点是 ρ_s/ε 比较大，表 3.1-4 为几种太阳能选择性涂料的辐射性质。

几种太阳能选择性涂料的辐射性质 表 3.1-4

材料	涂层基层	工艺	ρ_s/ε
铝-铬选择性涂层	玻璃	真空冲氧沉淀	0.81/0.058
黑铬-铝复合薄膜	玻璃	真空蒸镀	0.86/0.06
金-氧化镁涂层	钼	蒸镀	0.93/0.21
铁-氧化镁涂层	钼	溅射	0.90/0.04
铂-三氧化二铝涂层	铜	溅射	0.94/0.07

2）理想太阳能辐射涂层材料

对于理想的太阳能涂料，在短波区其光谱吸收率等于 1，在长波区其光谱发射率（等于光谱吸收率）等于零，如图 3.1-5 所示，光谱吸收（或发射）率由 1 变到 0 时所对应的波长称为截止波长。

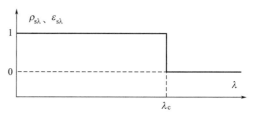

图 3.1-5 理想选择性涂料的发射率截止波长

3.1.5 地表发射率和反射率

地表面（如土壤、雪、水和草地）的发射率、反射率同样取决于方向、波长、表面温度、湿度以及表面材料的物理性质（如复折指数、表面粗糙度等）。在红外光谱区（$\lambda > 3\mu m$），许多自然表面的发射率 $\varepsilon > 0.8$，且发射率不随方向变化，表 3.1-5 为几种不同材料表面在红外波段（$3\sim50\mu m$）的发射率。表 3.1-6 为几种不同材料表面的反射率。

几种不同材料表面在红外波段（$3\sim50\mu m$）的发射率 表 3.1-5

物质材料表面	发射率	物质材料表面	发射率
水面	0.92～0.96	新雪、干雪	0.92～0.995
冰	0.96	青草	0.975～0.986
干沙	0.84～0.90	湿土	0.95～0.98
人的皮肤	0.95	干的耕地	0.90
沙漠	0.90～0.91	森林与灌木	0.90
混凝土	0.71～0.88	花岗石	0.90
抛光的铝	0.01～0.05		

不同材料表面对太阳辐射的反射率　　　　　　　　　　　表 3.1-6

物质表面特征	反射率	物质材料表面	反射率
黑钙土:新翻、潮湿、黑色	0.05	浅色灰壤	0.31
黑钙土:平坦、干燥、灰黑色	0.12	绿色高草	0.18~0.20
沙土:平坦、干燥、褐色	0.19	成熟的黄色作物	0.25~0.28
黄沙	0.35	松树	0.14
白沙	0.34~0.40	旧雪	0.70
灰沙	0.18~0.23	新雪	0.9
平坦地面	0.30~0.31	灰尘覆盖的表面	0.28
细土覆盖的表面	0.20	粗土覆盖的表面	0.11

3.1.6　孔隙率

孔隙率是指多孔材料内的微小孔隙的总体积与该多孔材料的总体积的比值，其表达式为:

$$p_{hole} = \frac{V_{孔隙}}{V_{多孔}} \times 100\% \tag{3.1-1}$$

式中　$V_{孔隙}$——多孔材料内的微小孔隙的总体积;

　　　$V_{多孔}$——多孔材料的总体积。

孔隙率分为两种:多孔材料内部相互连通的微小空隙的总体积与该多孔材料的外表体积的比值称为有效孔隙率或开孔率;多孔材料内连通的和不连通的所有微小孔隙的总体积与该多孔材料的外表体积的比值称为绝对孔隙率或总孔隙率。

多孔建筑材料具有良好的热绝缘性能，这是由材料的热物性和结构形式所决定的。多孔材料内部大量的孔隙存在，材料在电子显微镜下构造形式如图 3.1-6 所示，使孔隙内空气导热能力远远小于材料的固体导热，使多孔建筑材料中的传热传质大大减少，从而提高了多孔材料建筑围护结构的保温隔热能力。

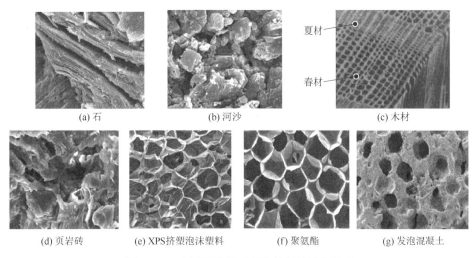

(a) 石　　　　　　(b) 河沙　　　　　　(c) 木材

(d) 页岩砖　　(e) XPS挤塑泡沫塑料　　(f) 聚氨酯　　(g) 发泡混凝土

图 3.1-6　电子显微镜下多孔材料的结构形式

一般所说的孔隙率，通常是指有效孔隙率。表 3.1-7 列出了几种常见物质的孔隙率。

常见物质的孔隙率   表 3.1-7

物质	孔隙率	物质	孔隙率
硅粉	0.37~0.49	石灰岩	0.04~0.10
松砂	0.37~0.50	砖	0.12~0.34
土壤	0.43~0.54	皮革	0.56~0.59
砂岩	0.08~0.38	玻璃纤维	0.88~0.93

孔隙率与多孔介质固体颗粒的形状、结构和排列有关，是影响多孔材料吸湿性能以及传热传质性能的重要参数。

3.1.7　材料含湿状态及含湿区间

（1）含湿量

建筑材料中湿分的含量称为含湿量，包括质量比含湿量（u，kg/kg）和质量体积比含湿量（w，kg/m³），一般用质量体积比含湿量 w 表示含湿量。

$$u = m_{moisture}/m_{dry} \text{ 和 } w = m_{moisture}/V \tag{3.1-2}$$

式中　$m_{moisture}$——湿分的质量（kg）；

　　　m_{dry}——材料试件的干重（kg）；

　　　V——材料试件的表观体积（m³）。

（2）平衡含湿量

一定温度条件下（热平衡状态），材料与某一相对湿度的空气处于热湿平衡状态时，材料的重量不再发生任何变化（处于湿平衡状态），此时的材料含湿量即为材料的平衡含湿量。

材料的平衡含湿量与材料自身的成分和结构有关，还与吸放湿过程有关。材料的平衡含湿量是研究和获得围护结构材料热湿过程中有关物性参数的基础，例如水蒸气渗透系数、液态水扩散系数、材料的导热系数等都是含湿量的函数。

（3）含湿区间

湿分在材料中可以有不同的存在状态。在相对湿度较低时，水分子附着在材料表面，形成单分子膜，形成单分子层吸附；随着相对湿度的提高，更多的水分子开始在单分子膜表面聚集，进行多分子层吸附；当相对湿度进一步提高后，开始出现毛细凝结，并由小孔逐步扩展至大孔。随后，液态水不断增多，直到成为连续相，并最终占满所有开孔，使材料达到饱和状态。以相对湿度（φ）为横坐标，含湿量 w 为纵坐标，绘制出材料不同湿状态的整个含湿区间，如图 3.1-7 所示，材料被划分为 3 个含湿区间范围。

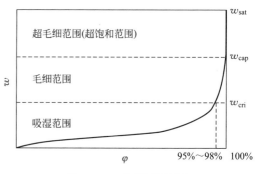

图 3.1-7　含湿区间划分

吸湿范围：该范围从绝干状态开始，以临界含湿量（critical moisture content，w_{cri}）结束。在此范围内，湿分的储存主要是吸附以及少量的毛细凝结，湿分的传递主要是以水蒸气的形式进行的。

毛细范围：该范围从临界含湿量开始，以毛细含湿量（capillary moisture content，w_{cap}）结束。在此范围湿分的储存和传递主要是以液态水的形式进行的。

超毛细范围，也称超饱和范围：该范围从毛细含湿量开始，直到饱和含湿量（w_{sat}）。显然在此范围内，湿分的储存和传递也是以液态水的形式主导的。

毛细范围和超毛细范围也合称为超吸湿范围（over-hygroscopic range），但也有学者认为超吸湿范围等同于毛细范围。

3.1.8　蒸汽渗透系数

蒸汽渗透系数是指 1m 厚的物体，两侧水蒸气分压差为 1Pa，单位时间内通过 $1m^2$ 面积渗透的水蒸气量，符号为 μ，单位为 g/(m·h·Pa)，蒸汽渗透系数表征材料的透汽能力。材料蒸汽渗透系数有以下几种主要影响因素。

(1) 密度

同种材料密度越大，孔隙率就越小，透气性也就越差。例如含湿量相同，密度分别为 $500kg/m^3$ 和 $700\ kg/m^3$ 的加气混凝土蒸汽渗透系数分别为 $11.1×10^{-5}g/(m·h·Pa)$ 和 $9.98×10^{-5}g/(m·h·Pa)$。

(2) 孔隙率

密度相同的不同种材料，其蒸汽渗透系数不一定相同，因为材料集料成分的密度不同，以致材料孔隙率不同。例如密度同是 $1700\ kg/m^3$，粉煤灰陶粒混凝土、水泥砂浆和砂浆砖砌体的蒸汽渗透系数分别是 $1.88×10^{-5}g/(m·h·Pa)$、$9.75×10^{-5}g/(m·h·Pa)$ 和 $12.0×10^{-5}g/(m·h·Pa)$。因此，某些密度小孔隙率低的轻质材料也具有较低蒸汽渗透系数。

(3) 湿度

材料受潮后对蒸汽渗透系数影响较大，对于建筑多孔材料这种有明显毛细滞后现象的试件而言，即使环境相对湿度相同，材料的平衡含湿量也可能因为吸放湿过程的不同而存在很大的差异。将材料的含湿量表达为相对湿度的函数，则能大大方便实际应用。图 3.1-8 为发泡混凝土在吸湿和放湿过程中蒸汽渗透系数与相对湿度的关系曲线。

从图 3.1-8 可看出，吸放湿过程对应的蒸汽渗透系数有明显差异，而且相对湿度越高，差异越明显。这主要是因为发泡混凝土的毛细滞后效应在较高相对湿度下更为明显。此外，在相对湿度下超过 90% 后，发泡混凝土的蒸汽渗透系数随相对湿度的增加而迅速变大。此时，水蒸气的传递已不再是湿传递的主要因素，液态水的迁移起到了更加重要的作用。

表 3.1-8 是四个典型的相对湿度工况下，用变物性取值法测试计算出发泡混凝土的蒸汽渗透系数。

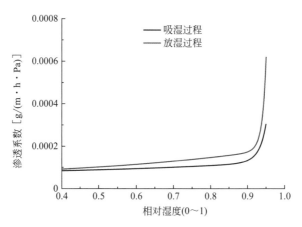

图 3.1-8　发泡混凝土的蒸汽渗透系数与相对湿度的关系（15～35℃）

发泡混凝土蒸汽渗透系数的比较　　　　　　　　表 3.1-8

环境相对湿度（%）	蒸汽渗透系数[g/(m·h·Pa)]		
	常物性	变物性(吸湿过程)	变物性(放湿过程)
40～60		0.0000886	0.0001022
60～80	0.0000998	0.0001009	0.0001298
80～95		0.0001397	0.0001945
40～95		0.0001070	0.0001373

　　从表 3.1-8 可知，对于吸湿过程，在中等相对湿度（60%～80%）或者整个典型建筑环境相对湿度（40%～95%）范围内，得到的发泡混凝土蒸汽渗透系数与《民用建筑热工设计规范》GB 50176—2016 规定的取值非常接近。这一方面说明本手册的测试结果和计算方法较为准确，另一方面也说明使用规范规定的取值在一定工况下针对吸湿过程的计算结果是较为可靠的。然而，对于较低或者较高相对湿度范围内的吸湿过程，以及中高相对湿度范围内的放湿过程，本手册的计算结果与规范规定的取值有较为明显的差异。通过采用本手册推荐的计算方法，可以提高计算准确度。

　　对于其他多孔建筑材料，在测得其等温吸放湿曲线和各含湿量下的蒸汽渗透系数后，可采用本方法，根据环境相对湿度及吸放湿过程的不同，对蒸汽渗透系数进行变物性取值。

　　（4）蒸汽渗透系数的测定

　　蒸汽渗透系数采用干湿杯法测定，主要参照国际标准 ISO 12572 进行，将材料切割成直径 12cm，厚 3cm 的圆饼状试件，用精度为 0.01mm 的游标卡尺测量每个试件的尺寸。将试件在一定温度和相对湿度下预处理后，封装在透明玻璃容器的口部，用石蜡和凡士林的混合物密封，封装了试件的玻璃容器放入盛有饱和盐溶液或干燥剂的干燥器内（图 3.1-9）。通常蒸汽渗透系数是采用在不同的温度和湿度条件下实验室测试得出。

　　测试时用气压计记录整个实验过程中人工气候室内的气压，精确到 10Pa。每个工况下均用 3～6 个试件进行平行测试。每隔 3～4 天对试件及其密封的玻璃容器进行一次称重，并用直尺测量空气层厚度。天平精度为 0.01g，直尺精度为 1mm。在重量变化速率稳定后，连续称量 7 次。最后计算每个试件的蒸汽渗透系数。空气层厚度、气压等因素均已在计算过程中考虑。整个称重过程结束后，从容器口处取出试件，迅速砸碎并用烘干法测量试件中心部分的含湿量。

图 3.1-9　蒸汽渗透系数测试实验

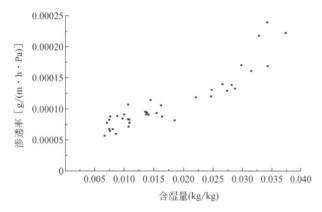

图 3.1-10　发泡混凝土的蒸汽渗透系数实测结果（15～35℃）

如图 3.1-10 发泡混凝土试件在各温度和含湿量下测试实验和蒸汽渗透系数散点图。用 Galbraith 公式拟合得到的表达式为：

$$\mu = 1.009u^{2.672} + 0.0000762 \quad (R^2 = 0.89) \tag{3.1-3}$$

式中　μ——蒸汽渗透系数 $[g/(m \cdot h \cdot Pa)]$；

$\qquad u$——平衡含湿量（kg/kg，0～1）。

拟合得到的 R^2 较大，但并不是非常接近 1。考虑到蒸汽渗透系数的测试误差普遍较大，因此可以认为，本手册的拟合结果较为理想。此外，对各温度下的测试结果分别拟合得到的 R^2 均在 0.90 左右，与上述拟合结果相比并无明显提高，因此可以认为温度对发泡混凝土蒸汽渗透系数的影响不大。

此外，玻璃和金属板材的蒸汽渗透系数为零，可以起到隔绝蒸汽的作用。用于围护结构隔汽的材料还有卷材和沥青材料，其蒸汽渗透系数较低。常用建筑材料的蒸汽渗透系数见表 3.4-1。

3.1.9 吸水系数

吸水系数 A_w 是用来描述材料与水接触的时候，材料的吸水量与时间的变化关系，表征了材料吸水的速率。其实验原理见图 3.1-11。试件 2 的侧面利用绝湿材料进行处理，只保留上下表面与大气相通。同时还要求保证试件浸入水下的高度为 5±2mm。

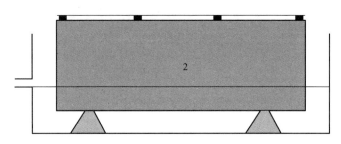

图 3.1-11　局部浸润法测试原理图

A_w 不能用来表征在吸湿过程中的含水曲线，以及与水接触完成以后的再分配时的曲线变化过程。A_w 的具体计算公式为

$$A_w = \frac{\Delta m'_{tf} - \Delta m'_0}{\sqrt{t_f}} \tag{3.1-4}$$

式中　A_w——吸水率（kg/m^2）；

$\Delta m'_{tf}$——t_f 时刻单位面积的质量增量（kg/m^2）；

$\Delta m'_0$——t_0 时刻单位面积的质量增量（kg/m^2）；

t_f——测试周期（s）。

3.2 导出物理量

3.2.1 蓄热系数

蓄热系数指在某一足够厚度的匀质材料层一侧受到谐波热作用时，通过表面的热流波幅与表面温度波幅的比值，材料的蓄热系数用"S"来表示，单位为 $W/(m^2 \cdot K)$。材料的蓄热系数表示材料储蓄热量的能力。蓄热系数越大，材料储蓄的热量就越多。

材料的蓄热系数取决于导热系数 λ、比热容 C 和密度 ρ，以及热流波动的周期（T），按下式确定：

$$S = \sqrt{\frac{2\pi}{T}\lambda C \rho} = 2.507\sqrt{\frac{\lambda C \rho}{T}} \tag{3.2-1}$$

对于密度大的材料，其蓄热性能好；密度小的材料，蓄热性能就差。因此，轻型围护结构往往热稳定性差。

空气间层的蓄热系数近似为零，若材料受潮或含水后，蓄热系数增大，变化规律与导热系数相似。

3.2.2 导温系数（热扩散率）

导温系数 α 是表示材料在冷却或加热过程中，各点达到同样温度的速度，单位是

m^2/h。导温系数愈大，则各点达到同样温度的速度就愈快。

材料的导温系数与材料的导热系数成正比，与材料的体积热容量成反比，即

$$\alpha = \frac{\lambda}{C\rho} \qquad\qquad (3.2\text{-}2)$$

影响材料导温系数的因素和导热系数一样，取决于材料的分子结构、化学成分、密度和温、湿度等。

（1）材料分子结构和化学成分

材料的分子结构和化学成分对导温系数的影响很大，与导热系数的情况相同。因为各类材料本身的比热容在数值上差别是很小的，所以当材料密度相同时，导热系数大的材料，导温系数也大。

（2）密度

材料的导温系数一般是随着材料密度的减小而降低。然而，当材料密度减小到一定程度时，材料的导温系数反而随着密度的减小而迅速增大。

轻质材料的热物理性能特点是导热系数很小，而导温系数很大。特别是像泡沫塑料这一类很轻的保温材料，以及静态的空气，它们的导温系数非常大。在设计空气层和使用轻质保温材料时，要根据工程特点和周围温度变化状况，全面地考虑其热工性能。

（3）湿度

导温系数取决于导热系数与热容量的比值，当湿度增加时，导热系数与热容量都增加，但增长的速率不一样，这就导致湿度的减小或增加，都存在使导温系数增加的可能性（图 3.2-1）。

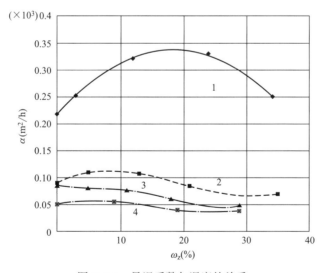

图 3.2-1　导温系数与湿度的关系

1—红砖，$\rho = 1730\text{kg/m}^3$；2—硅藻土砖，$\rho = 550\text{kg/m}^3$；3—石棉水泥板，$\rho = 425\text{kg/m}^3$；4—矿棉，$\rho = 300\text{kg/m}^3$

（4）温度

材料的导温系数随着温度的升高有所增大，这主要是因为材料导热系数随着温度升高的变化速率稍大于比热容的变化速率，但影响的幅度不大，一般可不考虑。

3.3 常用绝热材料物理性能及特点

3.3.1 绝热材料物理性能及特点

绝热材料指能阻滞热流传递的材料，绝热材料有时亦称为保温材料。主要用于建筑物的屋面、外墙、底面接触室外空气的架空楼板和地面等建筑外围护结构；也适用于建筑分户楼板、分户隔墙以及地下室外围护结构的保温隔热。建筑物保温隔热的主要目的是保证居住及工作环境的舒适性，节约能耗和防止结露。

(1) 模塑聚苯乙烯泡沫保温板（EPS 板）

EPS 板是由可发性聚苯乙烯珠粒经加热预发泡后在模具中加热成型而制得的具有闭孔结构的聚苯乙烯泡沫塑料板材。

EPS 板导热系数小，自重轻，且具有一定的抗压、抗拉强度，靠自身强度能支承抹面保护层，不需要拉接件，避免形成热桥。EPS 板化学稳定性好，耐酸碱，具有很好的使用耐久性，主要用于建筑墙体、屋面保温。各项性能指标见表 3.3-1。

模塑聚苯乙烯泡沫保温板（EPS 板）性能指标　　　　表 3.3-1

项目		计量单位	指标					
			Ⅰ	Ⅱ	Ⅲ	Ⅳ	Ⅴ	Ⅵ
表观密度		kg/m³	≥15.0	≥20.0	≥30.0	≥40.0	≥50.0	≥60.0
导热系数		W/(m·K)	≤0.041		≤0.039			
蓄热系数		W/(m²·K)	0.28					
比热容		kJ/(kg·K)	1.38					
水蒸气渗透系数		g/(m·h·Pa)	0.162					
压缩强度		kPa	≥60	≥100	≥150	≥200	≥300	≥400
尺寸稳定性		%	≤4	≤3	≤2	≤2	≤2	≤1
吸水率		%	≤6	≤4	≤2			
熔解性	断裂弯曲负荷	N	≥15	≥25	≥35	≥60	≥90	≥120
	弯曲变形	mm	20					
燃烧性能等级	氧指数	%	30					
	燃烧分级	—	B2 级					

注：数据来源于《绝热用模塑聚苯乙烯泡沫塑料》GB/T 10801.1—2002。

(2) 挤塑聚苯乙烯泡沫板（XPS 板）

XPS 板是以聚苯乙烯树脂或其共聚物为主要成分，添加少量添加剂，通过加热挤塑成形而制得的具有闭孔结构的硬质泡沫塑料板。

与 EPS 板相比，XPS 板具有密度大、抗压性能好、导热系数小、吸水率低、水蒸气渗透系数小等特点。此外，XPS 板还具有很好的耐冻融性能以及较好的抗压缩蠕变性能。

XPS 板吸水率低，适宜于倒置式屋面保温。各项性能指标见表 3.3-2。

挤塑聚苯乙烯泡沫板（XPS 板）性能指标　　　　表 3. 3-2

项目	计量单位	指标				
		X150	X200	X250	X300	X350
表观密度	kg/m³	25～35				
压缩强度（形变 10％）	kPa	≥150	≥200	≥250	≥300	≥350
导热系数 （平均温度 25±2℃）	W/(m·K)	≤0.030				
蓄热系数	W/(m²·K)	0.34				
比热容	kJ/(kg·K)	1.38				
水蒸气渗透系数	g/(m·h·Pa)	0.126				
体积吸水率（浸水 96h）	％	≤1.5		≤1.0		
尺寸稳定性(70±2℃下,48h)	％	≤2.0		≤1.5		
燃烧性能等级	—	B1 级				

注：数据来源于《绝热用挤塑聚苯乙烯泡沫塑料（XPS）》GB/T 10801.2—2018。

（3）硬质聚氨酯泡沫塑料（PUR）

PUR 以聚醚树脂或聚酯树脂为主要原料，与异氰酸酯定量混合，在发泡剂、催化剂、交联剂等的作用下发泡制成。

PUR 具有下列性能特点：①导热系数小；②使用温度较高，添加耐温辅料后，使用温度可达 120℃；③抗压强度较高；④化学稳定性好，耐酸碱。

现场喷涂聚氨酯泡沫塑料使用温度高，压缩性能高，施工简便，适用于外墙、屋面保温。硬质聚氨酯泡沫塑料由于使用温度较高，多用于供暖管道保温。

另外，聚氨酯泡沫塑料发烟温度低，遇火时产生大量浓烟与有毒气体，应用于建筑保温工程中应满足现行国家标准《建筑设计防火规范》GB 50016 的相关规定。各项性能指标见表 3.3-3。

硬质聚氨酯泡沫塑料（PUR）性能指标　　　　表 3. 3-3

项目	计量单位	指标		
		Ⅰ 型	Ⅱ 型	Ⅲ 型
干密度	kg/m³	≥35	≥45	≥55
导热系数	W/(m·K)	≤0.024		
蓄热系数	W/(m²·K)	0.29		
比热容	kJ/(kg·K)	1.38		
水蒸气渗透系数	g/(m·h·Pa)	0.234		
压缩性能（形变 10％）	kPa	≥150	≥200	≥300
不透水性(无结皮)(0.2MPa,30min)	—	—	不透水	不透水
尺寸稳定性(70℃,48h)	％	≤1.5	≤1.5	≤1.0
闭孔率	％	≥90	≥92	≥95
吸水率	％	≤3	≤2	≤1
燃烧性能等级	—	不低于 B2 级		

注：数据来源于《硬泡聚氨酯保温防水工程技术规范》GB 50404—2017。

（4）酚醛保温板（PF 板）

酚醛泡沫板（PF 板）以酚醛发泡树脂为主要原料，经乳化、发泡，在模具中加热固化成型，是一种难燃、低毒、低烟材料。

PF 板导热系数、化学稳定性与聚氨酯泡沫塑料相近，压缩性能较低，而其耐热性、阻燃性却远远优于聚氨酯及其他泡沫塑料。

由于它的耐温性和防火性能远远优于聚氨酯，所以特别适用于高温管道和对防火要求严格的场合。各项性能指标见表 3.3-4。

酚醛保温板（PF 板）性能指标　　　　　　表 3.3-4

项目	计量单位	指标	
		024 级	032 级
导热系数(平均温度 25℃)	W/(m・K)	≤0.024	≤0.032
表观密度	kg/m³	≥35	
蓄热系数	W/(m²・K)	0.30	
比热容	kJ/(kg・K)	1.30	
水蒸气渗透系数	g/(m・h・Pa)	0.237	
垂直于板面方向的抗拉强度	MPa	≥0.1	
压缩强度(压缩变形 10%)	MPa	≥0.12	
弯曲强度	MPa	≥0.15	
尺寸稳定性	%	≤1.0	
体积吸水率	%	≤6.0	
燃烧性能等级	—	B1 级	

注：数据来源于《酚醛泡沫板薄抹灰外墙外保温系统材料》JG/T 515—2017。

（5）矿物棉绝热制品

矿物棉是玻璃棉、岩棉和矿渣棉的统称。矿物棉制品与泡沫塑料、泡沫玻璃、膨胀珍珠岩等硬质绝热材料相比，最大的不同有以下两点：一点是水分的极易迁移特性，另一点是高的空气渗透性。选用矿物棉制品时，应考虑其水分迁移性、空气渗透性、可压缩性及使用耐久性。

对于保温层裸露的通风屋面以及保温层两侧有空腔的墙体来说，如果不采取可靠的防渗透措施，矿物棉制品高的空气渗透性会使保温性能大幅度下降。因此，在工程中一般采用铝箔进行防潮处理。

1）岩棉、矿渣棉

岩棉是以玄武岩及其他天然矿石等为主要原料，经高温熔融、离心喷吹制成矿物质纤维，掺入一定比例的粘结剂、憎水剂等添加剂后，经压制、固化并裁割而成的纤维平行板面的板状或带状保温材料。

岩棉制品酸度系数高，化学性能稳定。长期暴露于高温高湿环境，可能导致纤维变质碎断以及保温性能的降低。

岩棉制品在建筑上可用于钢结构屋面、外墙、隔墙、架空楼板、幕墙体系中的防火封堵和高温管道保温。

　　岩棉制品分为板、毡、带，常用厚度分别为 30mm、50mm、100mm、150mm。纤维排列方向平行于板面的称为"平行纤维岩棉板"；纤维排列方向垂直于板面的称为"垂直纤维岩棉板"。各项性能指标见表 3.3-5。

岩棉制品的性能指标　　　　　　　　　　　　　　　　　　　表 3.3-5

项目	计量单位	指标			
		平行纤维岩棉板	岩棉带	垂直纤维岩棉板	铝箔覆面岩棉板
干密度	kg/m³	≥140	≥100	≥100	≥100
导热系数	W/(m·K)	≤0.040	≤0.048	≤0.048	≤0.052
蓄热系数	W/(m²·K)	0.47～0.76			
比热容	kJ/(kg·K)	1.22			
水蒸气渗透系数	g/(m·h·Pa)	0.4880			
压缩性能(形变 10%)	kPa	≥40	≥80	≥40	≥40
垂直于板面方向的抗拉强度	kPa	≥10	≥100	≥100	≥7.5
尺寸稳定性	%	≤1.0			
酸度系数	—	≥1.8			
质量吸湿率	%	≤1.0			
憎水率	%	≥98			
燃烧性能等级	—	A 级			

注：数据来源于《建筑用岩棉绝热制品》GB/T 19686—2015。

　　2）玻璃棉

　　玻璃棉以玻璃为主要原料，用火焰喷吹法生产，平均直径为 3～4μm。玻璃棉制品密度和导热系数一般低于岩棉制品，玻璃棉制品憎水型、耐受高温高湿环境条件的性能优于岩棉制品。玻璃棉制品适用于钢结构建筑保温隔热、空调风管保温，兼有吸声功能。

　　玻璃棉制品分为玻璃棉板、玻璃棉毡，常用厚度分别为 25mm、40mm、50mm、75mm、100mm。各项性能指标见表 3.3-6。

玻璃棉制品的性能指标　　　　　　　　　　　　　　表 3.3-6

项目	计量单位	指标	
		玻璃棉板、毡	玻璃棉板、毡
干密度	kg/m³	<40	≥40
导热系数	W/(m·K)	≤0.040	≤0.035
蓄热系数	W/(m²·K)	0.38	0.35
比热容	kJ/(kg·K)	1.22	
水蒸气渗透系数	g/(m·h·Pa)	0.4880	
压缩性能(形变 10%)	kPa	≥40	≥80
垂直于板面方向的抗拉强度	kPa	≥10	≥100

项目	计量单位	指标	
		玻璃棉板、毡	玻璃棉板、毡
尺寸稳定性	%	≤1.0	
酸度系数	—	≥1.8	
质量吸湿率	%	≤1.0	
憎水率	%	≥98	
燃烧性能等级	—	A2	

注：数据来源于《建筑用岩棉绝热制品》GB/T 19686—2015。

（6）无机轻集料保温砂浆（无机轻集料保温板）

1）无机轻集料保温砂浆

无机轻集料保温砂浆是以憎水型膨胀珍珠岩、膨胀玻化微珠、闭孔珍珠岩、陶砂等无机轻集料为保温材料，以水泥或其他无机胶凝材料为主要凝结料，并掺加高分子聚合物及其他功能性添加剂而制成的建筑保温干混砂浆。

该材料物理化学稳定性好，燃烧性能可达到 A 级，受热也不会散发有毒气体；且强度高，安全可靠，可与建筑物相同使用寿命周期。无机轻集料保温砂浆较适合用在夏热冬冷地区及夏热冬暖地区的建筑节能外墙保温工程中。各项性能指标见表 3.3-7。

无机轻集料保温砂浆性能指标　　表 3.3-7

项目		计量单位	指标		
			Ⅰ 型	Ⅱ 型	Ⅲ 型
干密度		kg/m³	≤350	≤450	≤550
导热系数(平均温度 25℃)		W/(m·K)	≤0.07	≤0.085	≤0.100
抗压强度		MPa	≥0.50	≥1.00	≥2.50
拉伸粘结强度		MPa	≥0.10	≥0.15	≥0.25
稠度保留率(1h)		%	≥60		
线性收缩率		%	≤0.25		
软化系数		—	≥0.60		
抗冻性能	抗压强度损失率	%	≤20		
	质量损失率	%	≤5		
放射性		—	同时满足 I_{Ra}≤1.0 和 $I_γ$≤1.0		
燃烧性能等级			A 级		

注：数据来源于《无机轻集料砂浆保温系统技术标准》JGJ/T 253—2019。

2）无机轻集料保温板

以膨胀玻化微珠为轻集料，以水泥为主的胶凝材料，外掺改性剂和外加剂等，经搅拌混合、抹压成型、蒸汽养护等工艺生产的无机保温板。

该板材具有 A 级防火，可应用与墙体、屋面以及楼地面保温工程中，用于墙体保温工程时应采用Ⅰ型板；用于屋面保温工程、楼地面建筑工程时应采用Ⅱ型板。各项性能指标见表 3.3-8。

无机轻集料保温板性能指标　　　　　　　　　　　　表 3.3-8

项目	计量单位	指标	
		Ⅰ 型	Ⅱ 型
表观密度	kg/m³	≤230	≤280
导热系数	W/(m·K)	≤0.058	≤0.068
抗压强度	MPa	≥0.30	≥0.50
垂直于板面方向的抗拉强度	MPa	≥0.10	≥0.15
体积吸水率	%	≤8.0	
干燥收缩值	mm/m	≤0.80	
软化系数	—	≥0.70	
燃烧性能等级	—	A 级	

注：数据来源于《无机轻集料防火保温板通用技术要求》JG/T 435—2014。

（7）发泡陶瓷保温板

发泡陶瓷保温板是以黏土、石英、碱金属或碱土金属氧化物为原料，或以陶瓷废渣、珍珠岩尾框、铁矿尾矿、赤泥、粉煤灰等工业固体废弃物中的一种或几种为原料，辅以发泡剂等，经高温焙烧发泡而制成的具有保温隔热性能的轻质板状陶瓷制品，亦称为泡沫陶瓷保温板。

该材料具有防火阻燃，变形系数小，抗老化，性能稳定，生态环保性好，与墙基层和抹面层相容性好，安全稳固性好，可与建筑物同寿命。适用于建筑外墙保温，屋面保温、防火隔离带，建筑自保温冷热桥处理等。各项性能指标见表 3.3-9。

发泡陶瓷保温板性能指标　　　　　　　　　　　　表 3.3-9

项目	计量单位	指标			
		Ⅰ 型	Ⅱ 型	Ⅲ 型	Ⅳ 型
干密度	kg/m³	≤130	≤180	≤230	≤280
导热系数（平均温度 25℃）	W/(m·K)	≤0.052	≤0.065	≤0.080	≤0.102
抗压强度	MPa	≥0.14	≥0.20	≥0.40	≥1.00
垂直于板面方向的抗拉强度	MPa	≥0.10	≥0.12	≥0.12	≥0.15
体积吸水率	%	≤3.0			
放射性	—	同时满足内照射指数 $I_{Ra} \leq 1.0$ 和外照射指数 $I_\gamma \leq 1.0$			
燃烧性能等级	—	A1 级			

注：数据来源于《发泡陶瓷保温板应用技术规程》T/CECS 480—2017。

（8）水泥发泡保温板

水泥发泡保温板是以普通硅酸盐水泥、粉煤灰、发泡剂、外加剂等为材料，经复合、搅拌、发泡、切割等工艺制成的轻质气泡状绝热材料，其突出特征是在混凝土内部形成。

该材料为导热系数低、保温隔热性能好、耐高温、耐老化、A1 级不燃的无机保温材料，水泥发泡保温板可应用于建筑外墙保温系统、屋面保温、防火隔离带中。各项性能指标见表 3.3-10。

水泥发泡保温板性能指标 表 3.3-10

项目	计量单位	指标	
		Ⅰ型	Ⅱ型
表观密度	kg/m³	≤180	≤250
导热系数	W/(m·K)	≤0.055	≤0.065
抗压强度	MPa	≥0.30	≥0.40
垂直于板面抗拉强度	MPa	≥0.08	≥0.10
干燥收缩值(浸水24h)	mm/m	≤3.5	≤3.0
体积吸水率	%	≤10	
软化系数	—	≥0.70	
碳化系数	—	≥0.70	
燃烧性能等级	—	A1级	

注：数据来源于《水泥基泡沫保温板》JC/T 2200—2013。

（9）泡沫玻璃

泡沫玻璃是将玻璃和在高温下能产生大量气泡的材料混合，并在高温下熔融发泡，经冷却后形成的具有封闭气孔的泡沫玻璃制品。

泡沫玻璃为不燃材料，化学性能稳定；具有使用温度范围宽、抗压强度高、吸水率低、水蒸气渗透系数小、尺寸稳定性好等诸多优点；同时亦具有易碎、易破损等缺点。

泡沫玻璃可广泛用于屋面、地面、墙体及高、低温管道保温。各项性能指标见表 3.3-11。

泡沫玻璃性能指标 表 3.3-11

项目	计量单位	指标
干表观密度	kg/m³	≤140
导热系数	W/(m·K)	≤0.05
蓄热系数	W/(m²·K)	0.65
比热容	kJ/(kg·K)	0.84
水蒸气渗透系数	g/(Pa·m·h)	0.225
抗压强度	kPa	≥500
抗折强度	kPa	≥400
吸水率	%	≤0.5
燃烧性能等级	—	A级

注：数据来源于《泡沫玻璃绝热制品》JC/T 647—2014。

（10）膨胀珍珠岩绝热制品

膨胀珍珠岩绝热制品以膨胀珍珠岩为主要成分，掺加粘结剂、掺或不掺增强纤维，经成型加工制成。

该材料为不燃材料，具有耐高温、使用温度范围宽、抗压强度较高等特点。按照有无憎水性分为普通型和憎水型，普通膨胀珍珠岩制品吸水率大，24h重量吸水率一般都超过100%，使用时应做好防水构造设计和施工。憎水珍珠岩绝热制品因掺加了憎水剂，降低了表面亲水性能，其憎水率可达 99% 以上，强度也有较大提高。憎水型珍珠岩绝热制品因含有憎水剂，不易与水泥砂浆粘结。选用时应注意同时选用与之配套的粘结剂。

膨胀珍珠岩绝热制品除用于一般屋面、地面、墙体、管道保温外，还可用于停车场等有较大荷载的地面保温。各项性能指标见表 3.3-12。

膨胀珍珠岩绝热制品性能指标　　　　　　　　表 3.3-12

项目	计量单位	指标	
		Ⅰ 型	Ⅱ 型
干密度	kg/m³	≤200	≤250
导热系数	W/(m·K)	≤0.07	≤0.08
蓄热系数	W/(m²·K)	0.84	0.63
比热容	kJ/(kg·K)	1.17	
抗压强度	kPa	≥300	≥400
抗折强度	kPa	≥200	≥250
质量含水率	%	≤5	
憎水率	%	≥98	
燃烧性能等级	—	A 级	

注：数据来源于国家行业标准《膨胀珍珠岩绝热制品》GB/T 10303—2015。

（11）胶粉 EPS 颗粒保温浆料

胶粉 EPS 颗粒保温浆料由矿物胶凝材料、少量高分子聚合物和 EPS 颗粒集料组成，其中 EPS 颗粒体积比不少于 80%。

该材料具有极好的耐候性，软化系数高、耐冻融且抗老化。与 EPS 板相比，防火性能好，导热系数大保温性能略差。

可用于外墙内保温和外保温。特别适用于外墙内表面热桥部位的保温。由于 EPS 颗粒保温浆料的导热系数接近于 EPS 的两倍，又由于最大抹灰厚度受到一定限制，在寒冷地区和严寒地区使用会有一定的局限性。EPS 颗粒保温浆料特别适用于夏热冬冷地区外墙保温和寒冷、严寒地区的室内分户隔墙和楼板保温。

EPS 颗粒保温浆料在有可能受潮的部位使用时，应采取可靠的防水或隔汽措施。各项性能指标见表 3.3-13。

胶粉 EPS 颗粒保温浆料性能指标　　　　　　　　表 3.3-13

项目	计量单位	指标
干表观密度	kg/m³	180~250
导热系数	W/(m·K)	≤0.06
抗压强度	MPa	≥0.20
抗拉强度	MPa	≥0.10
线性收缩率	%	≤0.3
软化系数	—	≥0.5

续表

项目	计量单位	指标
拉伸粘结强度	MPa	≥0.1
燃烧性能等级	—	B1 级

注：数据来源于《胶粉聚苯颗粒外墙外保温系统材料》JG/T 158—2013。

(12) 保温防火复合板

通过在不燃保温材料表面复合不燃防护面层，或在难燃保温材料表面包覆不燃防护面层而制成的具有保温隔热及阻燃功能的预制板材，简称复合板。

复合板按所采用的保温性能属性，分为无机保温复合板、有机保温复合板。以岩棉、发泡陶瓷保温板、泡沫玻璃保温板、泡沫混凝土保温板、无机轻集料保温板等不燃无机板材为保温材料的保温防火复合板，简称无机复合板；以聚苯乙烯泡沫板、聚氨酯硬泡板、酚醛泡沫板等难燃有机高分子板材为保温材料的保温防火复合板，简称有机复合板。

按复合板是否具有装饰层，可分为无饰面复合板和有饰面复合板。按单位面积的质量大小分为Ⅰ型复合板和Ⅱ型复合板。各项性能指标见表 3.3-14、表 3.3-15。

有饰面复合板的性能指标　　　　　　　　　　　表 3.3-14

项目		指标	
		Ⅰ 型	Ⅱ 型
单位面积质量(kg/m²)		<20	20～30
拉伸粘结强度 （MPa）	原强度	≥0.10,破坏发生在保温材料中	≥0.15,破坏发生在保温材料中
	耐水强度	≥0.10	≥0.15
	耐冻融强度	≥0.10	≥0.15
抗弯荷载(N)		不小于板材自重	
燃烧性能等级	无机复合板	A 级	
	有机复合板	不低于 B1 级	
保温材料导热系数		符合相关标准的要求	

无饰面复合板的性能指标　　　　　　　　　　　表 3.3-15

项目		指标	
		Ⅰ 型	Ⅱ 型
单位面积质量(kg/m²)		<20	20～30
拉伸粘结强度 （MPa）	原强度	≥0.10,破坏发生在保温材料中	≥0.15,破坏发生在保温材料中
	耐水强度	≥0.10	≥0.15
	耐冻融强度	≥0.10	≥0.15
抗弯荷载(N)		不小于板材自重	

续表

项目		指标	
		Ⅰ 型	Ⅱ 型
燃烧性能等级	无机复合板	A 级	
	有机复合板	不低于 B1 级	
保温材料导热系数		符合相关标准的要求	

注：以岩棉为保温材料的复合板，当作为非透明幕墙的保温层时，拉伸粘结强度不应小于 10kPa，且破坏发生在岩棉保温层中。

(13) 真空隔热保温板

真空隔热保温板是以芯材和吸气剂为填充材料，使用复合阻气膜作为包裹材料，经抽真空、封装等工艺制成的建筑保温用板状材料。该材料导热系数极低，具有环保、防火性能优、耐候性能好、施工方便等特点。

在建筑工程中，适用于屋面、外墙和架空楼地面保温系统中。二氧化硅微粉真空隔热保温板各项性能指标见表 3.3-16。

二氧化硅微粉真空隔热保温板性能指标　　　　　　　　　　表 3.3-16

项目		计量单位	指标		
			Ⅰ 型	Ⅱ 型	Ⅲ 型
导热系数		W/(m・K)	≤0.005	≤0.008	≤0.012
穿刺强度		N	≥18		
垂直于板面方向的抗拉强度		kPa	≥80		
尺寸稳定性	长度、宽度	%	≤0.5		
	厚度		≤0.3		
压缩强度		kPa	≥100		
表面吸水量		g/m²	≤100		
耐久性（30 次循环）	导热系数	W/(m・K)	≤0.005	≤0.008	≤0.012
	垂直于板面方向的抗拉强度	kPa	≥80		
燃烧性能等级		—	A2 级		

注：数据来源于《建筑用真空绝热板应用技术规程》JGJ/T 416—2017。

(14) 建筑反射隔热涂料

建筑反射隔热涂料是以合成树脂为基料，与功能性颜填料及助剂等配制而成，施涂于建筑物外表面，具有较高的太阳光反射比、近红外反射比和半球发射率的涂料。明度表示物体表面颜色明亮程度的视知觉特性值，以绝对白色和绝对黑色为基准给予分度，以 L^* 表示。各项性能指标见表 3.3-17。

低明度反射隔热涂料：$L^* \leq 40$；

中明度反射隔热涂料：$40 < L^* < 80$；

高明度反射隔热涂料：$L^* \geq 80$。

建筑反射隔热涂料的反射隔热性能指标　　　　　表 3. 3-17

项目	指标		
	低明度	中明度	高明度
太阳光反射比	≥0.25	≥0.40	≥0.65
近红外反射比	≥0.40	≥L^*值/100	≥0.80
半球发射率	≥0.85		
污染后太阳光反射比变化率*	—	≤15%	≤20%
人工气候老化后太阳光反射比变化率	≤5%		

* 该项仅限于三刺激值中的 Y_{DIS}≥31.26(L^*≥62.7)的产品。

注：数据来源于《建筑反射隔热涂料》JG/T 235—2014。

(15) 硅酸钙板

硅酸钙板是一种由硅质材料（主要成分是 SiO_2，如石英粉、粉煤灰、硅藻土等）、钙质材料（主要成分是 CaO，如石灰、电石泥、水泥等）、增强纤维、助剂等按一定比例配合，经抄取或模压、蒸压养护等工序制成的一种新型的无机建筑材料。

具有强度高、重量轻，耐高温、耐腐蚀以及良好的可加工性能和不燃性等特点。硅酸钙板分保温用硅酸钙板和装修用硅酸钙板。

建筑工程中可应用于墙体、屋面的保温隔热和防火隔声。各项性能指标见表 3.3-18。

硅酸钙板性能指标　　　　　表 3. 3-18

项目	计量单位	指标			
		D0.8	D1.1	D1.3	D1.5
干密度	kg/m³	≤950	950<D≤1200	1200<D≤1400	>1400
导热系数	W/(m·K)	≤0.20	≤0.25	≤0.30	≤0.35
含水率	%	—	—	—	—
湿涨率	%	≤0.25%			
热收缩率	%	≤0.50%			
燃烧性能等级	—	A 级			
不透水性	—	—			24h 检验后允许板反面出现湿痕，但不得出现水滴
抗冻性	—	—			经 25 次冻融循环，不得出现破裂、分层

注：1. 硅酸钙板密度分为四类，即 D0.8、D1.1、D1.3、D1.5；
　　2. 数据来源于《纤维增强硅酸钙板　第1部分：无石棉硅酸钙板》JC/T 564.1—2008。

(16) 蒸压加气混凝土砌块

蒸压加气混凝土砌块是以硅质材料和钙质材料为主要原料，以铝粉（膏）为发气剂，加水搅拌，经浇筑成型、预养切割、蒸压养护等工艺过程制成的砌块。各项性能指标见表 3.3-19。

蒸压加气混凝土砌块性能指标　　　　　　　　　表 3.3-19

项目		计量单位	指标			
			B04	B05	B06	B07
干密度		kg/m³	≤400	≤500	≤600	≤700
导热系数		W/(m·K)	≤0.13	≤0.16	≤0.19	≤0.22
蓄热系数		W/(m²·K)	2.06	2.61	3.01	3.49
强度等级	立方体抗压强度平均值	MPa	≥2.0	≥3.5	≥5.0	≥7.5
	立方体抗压强度单组最小值		≥1.6	≥2.8	≥4.0	≥6.0
干燥收缩值	标准法	mm/m	≤0.50			
	快速法		≤0.80			
抗冻性	质量损失	%	5.0			
	冻后强度	MPa	1.6	2.8	4.0	6.0

注：1. 采用标准法和快速法测定砌块的干燥收缩值，当测定结果发生矛盾时，以标准法测定结果为准；

　　2. 数据来源于《蒸压加气混凝土制品应用技术标准》JGJ/T 17—2020。

蒸压加气混凝土砌块具有质轻、保温、隔声、抗渗及耐火性能好等优点，砌块本身最大的缺点是干燥收缩值过大，强度较低，工程中容易出现裂缝问题。

蒸压加气混凝土砌块适用于各类建筑地面（±0.000）以上的内外填充墙和地面以下的内填充墙（有特殊要求的墙体除外）。

蒸压加气混凝土砌块不得使用在下列部位：

① 建筑物±0.000以下（地下室的室内填充墙除外）部位；

② 长期浸水或经常干湿交替的部位；

③ 受化学侵蚀的环境，如强酸、强碱或高浓度二氧化碳等的环境；

④ 砌体表面经常处于80℃以上的高温环境；

⑤ 屋面女儿墙。

（17）蒸压泡沫混凝土砖和砌块

蒸压泡沫混凝土砖和砌块是用物理方法将泡沫剂水溶液制备成泡沫，再将泡沫加入到由水泥、集料、掺合料、外加剂和水制成的料浆中，经混合搅拌、浇注成型、养护而成轻质微孔混凝土或制品。

泡沫混凝土是加气混凝土的一个特殊品种，泡沫混凝土砌块和蒸压加气混凝土砌块两种产品的外观、内部结构，以及它们的技术性能基本相同，两者的主要不同是发泡、制作的方法和养护工艺。主要应用于屋面保温兼找坡层。各项性能指标见表 3.3-20、表 3.3-21。

蒸压泡沫混凝土砌块性能指标　　　　　　　　　表 3.3-20

项目	计量单位	指标		
		B11	B12	B13
干密度	kg/m³	≤1150	>1150,≤1250	>1250,≤1350
导热系数	W/(m·K)	≤0.32	≤0.35	≤0.40

续表

项目	计量单位	指标		
		B11	B12	B13
强度等级	MPa	≤3.5	≤5.0	≤7.5
蓄热系数	W/(m²·K)	2.06	2.61	3.01
吸水率	%	≤25	≤20	≤15
抗渗性(渗水深度)	mm	≤50	≤45	≤40
干燥收缩性	mm/m	≤0.40		
燃烧性能等级	—	A 级		

注：1. 按干密度划分为 B11、B12、B13 三个等级；
   2. 引自《蒸压泡沫混凝土砖和砌块》GB/T 29062—2012。

强度等级所对应的抗压强度、拉拔力、粘结性　　　表 3.3-21

强度等级	抗压强度		拉拔力(kN)	粘结性(MPa)
	平均值≥	单块最小值≥	平均值≥	平均值≥
MU3.5	3.5	2.8	1.00	
MU5.0	5.0	4.0	1.10	0.3
MU7.5	7.5	6.0	1.20	

注：1. 按立方体抗压强度划分为 MU 3.5、MU5.0、MU 7.8 三个等级；
   2. 数据来源于《蒸压泡沫混凝土砖和砌块》GB/T 29062—2012。

(18) 自保温混凝土复合砌块

混凝土自保温复合砌块是指由粗细集料、胶结料、粉煤灰、外加剂、水等组分构成的混凝土拌合料，经过砌块成型剂成型、满足保温热性能要求、不需要再做保温处理的多排孔砌块，或者由混凝土拌合料与高效保温材料复合（一次复合与两次复合）而成、具有满足建筑力学性能和保温隔热性能要求、不需要再做保温处理、保温材料与建筑物同寿命的砌块，简称自保温砌块。

该材料应用在建筑物外墙，克服了外墙外保温存在的外墙开裂、外保温层脱落、保温层耐久性差的缺陷，具有保温和承重一体化、保温材料与建筑物同寿命等特点，特别适用于夏热冬冷、夏热冬暖以及温和地区的建筑主体外墙，钢筋混凝土梁、柱等热桥部位的处理根据实际情况确定。

自保温砌块强度等级分为 MU3.5、MU5.0、MU7.5；自保温砌块密度强度等级分为 500、600、700、800、900、1000、1100、1200、1300。分类及各项性能指标见表 3.3-22～表 3.3-25。

自保温砌块分类　　　表 3.3-22

按复合类型分三类	按孔的排数分三类
Ⅰ型:在集料中复合轻质集料	单排孔
Ⅱ型:在孔洞中填插保温材料	双排孔
Ⅲ型:在集料中复合轻质集料且在孔洞中填插保温材料	多排孔

自保温砌块当量导热系数等级　　　　　　　　表 3.3-23

当量导热系数等级	EC10	EC15	EC20	EC25	EC30	EC35	EC40
砌体当量导热系数 [W/(m·K)]	≤0.10	0.11～0.15	0.16～0.20	0.21～0.25	0.26～0.30	0.31～0.35	0.36～0.40

自保温砌块当量蓄热系数等级　　　　　　　　表 3.3-24

当量蓄热系数等级	ES1	ES2	ES3	ES4	ES5	ES6	ES7
砌体当量蓄热系数 [W/(m²·K)]	1.00～1.99	2.00～2.99	3.00～3.99	4.00～4.99	5.00～5.99	6.00～6.99	≥7.00

自保温砌块性能要求　　　　　　　　表 3.3-25

项目	计量单位	指标		
		Ⅰ型	Ⅱ型	Ⅲ型
质量吸水率	%	≤18	≤10	≤18
干缩率	%	≤0.065		
碳化系数	—	≥0.85		
软化系数	—	≥0.85		

注：数据来源于《自保温混凝土复合砌块墙体应用技术规程》JGJ/T 323—2014。

(19) 气凝胶

气凝胶是一种具有纳米多孔结构的新型材料，因成分不同，主要有二氧化硅气凝胶、氧化铝气凝胶、氧化锆气凝胶和碳气凝胶等，其中二氧化硅气凝胶应用最为广泛。

当前气凝胶的产品形态主要包括保温气凝胶毡、板、布、纸、颗粒、粉末和异形件等。应用于建筑中墙体保温的产品形态是气凝胶板，气凝胶节能玻璃在建筑中亦逐渐得到应用。二氧化硅气凝胶主要性能指标见表 3.3-26。

二氧化硅气凝胶主要性能指标　　　　　　　　表 3.3-26

项目	计量单位	指标
密度	kg/m³	50～70
导热系数	W/(m·K)	0.012～0.016
可见光透过率（厚度 10mm）	%	90
声传播速度	kPa	70～200
表面化学性质	kPa	疏水

注：气凝胶玻璃产品数据暂无国家、行业或地方标准，由相关企业提供。

3.3.2　修正系数

(1) 材料自身导热系数的修正

对常用保温材料而言，在使用中对其导热系数产生影响的因素主要有：温度、湿度、各种应力作用下的应变（如变形、开裂），以及材料导热系数随时间的变化等。表 3.3-28 中所列的修正系数即考虑了上述 4 种因素对合格产品导热系数的影响。表 3.3-27 表示对保温材料导热系数实验室检测结果在室内外自然温湿度环境下的修正。

常用保温材料自身导热系数的修正系数   表 3.3-27

材料名称	围护结构部位	修正系数 α			
		严寒和寒冷地区	夏热冬冷地区	夏热冬暖地区	温和地区
聚苯板	室外	1.05	1.05	1.10	1.05
	室内	1.00	1.00	1.05	1.00
挤塑聚苯板	室外	1.10	1.10	1.20	1.10
	室内	1.05	1.05	1.10	1.05
聚氨酯	室外	1.10	1.10	1.15	1.10
	室内	1.05	1.05	1.10	1.05
酚醛板	室外	1.15	1.15	1.25	1.15
	室内	1.10	1.10	1.15	1.10
岩棉、玻璃棉	室外	1.10	1.20	1.30	1.20
	室内	1.05	1.15	1.25	1.15
泡沫玻璃	室外	1.05	1.05	1.10	1.05
	室内	1.00	1.05	1.05	1.05

注：数据来源于现行国家标准《民用建筑热工设计规范》GB 50176—2016。

（2）围护结构中材料导热系数的修正

除材料自身影响因素外，考虑到由于施工、建筑构造等因素对围护结构的传热系数计算时的影响，给出应用于不同围护结构部位时，常用保温材料导热系数的修正系数，见表 3.3-28。表 3.3-28 中修正系数取值综合考虑了材料自身以及施工、构造等因素影响，适用于围护结构节能设计中对保温材料的修正。

常用保温材料导热系数的计算值按下式计算：

$$\lambda_c = \lambda \cdot \alpha$$

式中　λ_c——保温材料导热系数计算值；

　　　λ——保温材料导热系数，按表 3.4-1 确定；

　　　α——保温材料导热系数的修正系数，按表 3.3-28 取值。

当保温材料导热系数的计算值采用修正后的数值时，材料蓄热系数的计算值宜按照修正后的导热系数值重新计算。

围护结构中常用保温材料导热系数的修正系数   表 3.3-28

材料名称	围护结构部位	修正系数 α
难燃型膨胀聚苯板	外墙、架空楼板	1.20
	屋面、地面、地下室外墙	1.25
难燃型挤塑聚苯板	外墙、架空楼板	1.15
	屋面、地面、地下室外墙	1.20

续表

材料名称	围护结构部位	修正系数 α
复合硬泡聚氨酯	外墙、架空楼板	1.10
	屋面、地面、地下室外墙	1.15
酚醛泡沫保温板	外墙、架空楼板	1.15
	地面、地下室外墙	1.20
岩棉、玻璃棉	外墙、架空楼板	1.30
	屋面（金属屋面）	1.50
加气混凝土	墙体	1.25
	屋面、地面、地下室外墙	1.50
泡沫混凝土	屋面	1.50
发泡陶瓷保温板	外墙、架空楼板	1.05
	屋面	1.20
胶粉聚苯颗粒保温浆料	外墙	1.30
无机保温浆料	外墙、分户楼板	1.30
泡沫玻璃板	外墙、架空楼板	1.05
	屋面	1.20
憎水性膨胀珍珠岩板	屋面	1.20
水泥发泡保温板	外墙、架空楼地面	1.25
	屋面	1.50
真空隔热保温板	外墙、架空楼地面	1.40
	屋面	1.60
改性聚苯颗粒保温板	外墙、屋面、架空楼板	1.30
轻集料无机保温板	外墙、架空楼板	1.25
	屋面	1.50
	楼板	1.20
	底层地面	1.50
烧结陶粒混凝土	屋面	1.50
水泥炉渣	屋面	1.50

3.4 建筑材料热物理性能计算参数

3.4.1 常用建筑材料热物理性能计算参数

建筑材料包括结构材料、保温材料、装饰材料和某些专用材料。应用于建筑工程中，常用建筑材料热物理性能计算参数见表 3.4-1。

常用建筑材料热物理性能计算参数　　　表 3.4-1

材料名称	干密度 ρ_0 (kg/m³)	计算参数			
		导热系数 λ [W/(m·K)]	蓄热系数 S (周期 24h) [W/(m²·K)]	比热容 C [kJ/(kg·K)]	蒸汽渗透系数 μ(×10⁻⁴) [g/(m·h·Pa)]
普通混凝土					
钢筋混凝土	2500	1.74	17.20	0.92	0.158
碎石、卵石混凝土	2300	1.51	15.36	0.92	0.173
	2100	1.28	13.57	0.92	0.173
轻集料混凝土					
膨胀矿渣珠混凝土	2000	0.77	10.49	0.96	—
	1800	0.63	9.05	0.96	—
	1600	0.53	7.87	0.96	—
自然煤矸石、炉渣混凝土	1700	1.00	11.68	1.05	0.548
	1500	0.76	9.54	1.05	0.900
	1300	0.56	7.63	1.05	1.050
粉煤灰陶粒混凝土	1700	0.95	11.4	1.05	0.188
	1500	0.70	9.16	1.05	0.975
	1300	0.57	7.78	1.05	1.050
	1100	0.44	6.30	1.05	1.350
黏土陶粒混凝土	1600	0.84	10.36	1.05	0.315
	1400	0.70	8.93	1.05	0.390
	1200	0.53	7.25	1.05	0.405
页岩渣、石灰、水泥混凝土	1300	0.52	7.39	0.98	0.855
页岩陶粒混凝土	1500	0.77	9.65	1.05	0.315
	1300	0.63	8.16	1.05	0.390
	1100	0.50	6.70	1.05	0.435
火山灰渣、砂、水泥混凝土	1700	0.570	6.30	0.57	0.395
浮石混凝土	1500	0.67	9.09	1.05	—
	1300	0.53	7.54	1.05	0.188
	1100	0.42	6.13	1.05	0.353

续表

材料名称	干密度 ρ_0 (kg/m³)	计算参数			
		导热系数 λ [W/(m·K)]	蓄热系数 S (周期 24h) [W/(m²·K)]	比热容 C [kJ/(kg·K)]	蒸汽渗透系数 $\mu(\times 10^{-4})$ [g/(m·h·Pa)]
轻混凝土					
加气混凝土	700	0.18	3.10	1.05	0.998
	500	0.14	2.31	1.05	1.110
	300	0.10	—	—	—
泡沫混凝土 (含水率 10%)	232	0.077	1.07	5.60	1.201
	250	0.103	1.36	6.27	1.187
	314	0.078	1.31	3.81	1.165
	376	0.096	1.57	4.14	1.130
	413	0.151	2.49	4.01	1.082
	525	0.110	2.00	3.30	1.064
	582	0.163	2.90	3.39	1.020
	627	0.291	4.58	4.39	1.011
砂浆					
水泥砂浆	1800	0.93	11.37	1.05	0.210
石灰水泥砂浆	1700	0.87	10.75	1.05	0.975
石灰砂浆	1600	0.81	10.07	1.05	0.443
石灰石膏砂浆	1500	0.76	9.44	1.05	—
无机保温砂浆	600	0.18	2.87	1.05	—
	400	0.14	—	—	—
玻化微珠保温浆料	≤350	0.080	—	—	—
胶粉聚苯颗粒 保温砂浆	400	0.090	0.95	—	—
	300	0.070	—	—	—
砌体					
重砂浆砌筑 黏土砖砌体	1800	0.81	10.63	1.05	1.050
轻砂浆砌筑 黏土砖砌体	1700	0.76	9.96	1.05	1.200
毛石砌体	2000	1.278	12.52	0.88	—
灰砂砖砌体	1900	1.10	12.72	1.05	1.050
黄色灰砂砖	814	0.430	4.52	0.84	—
青色灰砂砖	1621	0.616	9.00	1.09	—
硅酸盐砖砌体	1800	0.87	11.11	1.05	1.050
炉渣砖砌体	1700	0.81	10.43	1.05	1.050

续表

材料名称	干密度 ρ_0 (kg/m³)	计算参数			
		导热系数 λ [W/(m·K)]	蓄热系数 S （周期 24h） [W/(m²·K)]	比热容 C [kJ/(kg·K)]	蒸汽渗透系数 μ(×10⁻⁴) [g/(m·h·Pa)]
砌体					
蒸压粉煤灰砖	1520	0.74	—	—	—
重砂浆砌筑 26、33 及 36 孔黏土空心砖砌体	1400	0.58	7.92	1.05	0.158
模数空心砖砌体 （13 排孔）(240mm× 115mm×53mm)	1230	0.46	—	—	—
KP1 黏土空心砖砌体 （240mm× 115mm×90mm)	1180	0.44	—	—	—
页岩粉煤灰烧结 承重多孔砖砌体 （240mm× 115mm×90mm)	1440	0.51	—	—	—
煤矸石页岩 多孔砖砌体 （240mm× 115mm×90mm)	1200	0.39	—	—	—
炉渣砖	1337	0.546	—	—	—
土坯砖	1550	0.581	—	—	—
矿渣砖	1679	0.476	—	—	—
	1747	0.535	—	—	—
	1885	0.639	—	—	—
	1980	0.720	—	—	—
天然石砌体	2680	3.196	23.86	0.92	—
保温砂浆红砖砌体	1600	0.674	—	0.84	—
粉煤灰加气混凝土	640	0.209	3.61	3.64	—
	700	0.221	3.86	3.55	—
耐火砖（铬砖）	3200	1.2	—	0.71	—
纤维材料					
矿棉板	80～180	0.050	0.60～0.89	1.22	4.880
岩棉板	60～160	0.041	0.47～0.76	1.22	4.880
岩棉带	80～120	0.045	—	—	—
玻璃棉板、毡	<40	0.040	0.38	1.22	4.880

续表

材料名称	干密度 ρ_0 (kg/m³)	计算参数			
		导热系数 λ [W/(m·K)]	蓄热系数 S (周期 24h) [W/(m²·K)]	比热容 C [kJ/(kg·K)]	蒸汽渗透系数 $\mu(\times 10^{-4})$ [g/(m·h·Pa)]
纤维材料					
玻璃棉板、毡	≥40	0.035	0.35	1.22	4.880
超细玻璃棉(直径 4μm)	25	0.031	—	—	—
	52	0.033	—	—	—
	79	0.036	—	—	—
超细玻璃棉	150	0.033	—	—	—
	54	0.0319	12.13	—	—
麻刀	150	0.070	1.34	2.10	—
中级纤维玻璃棉 (直径 23μm)	59	0.038	—	—	—
	81	0.040	—	—	—
	113	0.043	—	—	—
树脂玻璃棉板 (直径 13μm)	57	0.041	0.45	1.21	—
	78	0.040	0.50	1.13	—
	96	0.038	0.55	1.13	—
	107	0.038	0.56	1.05	—
	113	0.038	0.59	1.13	—
	126	0.040	0.64	1.13	—
	141	0.042	0.65	1.00	—
	151	0.044	0.67	0.96	—
	163	0.046	0.79	1.17	—
沥青玻璃棉毡 (直径 13.6μm)	78	0.043	0.51	1.09	—
	109	0.040	0.56	1.00	—
	131	0.038	0.60	1.00	—
	148	0.037	0.64	1.05	—
	175	0.037	0.73	1.17	—
	200	0.041	0.82	1.18	—
离心玻璃棉毡	11	0.047	—	—	—
玻璃棉毡	80	0.053	—	51.23	—
玻璃棉	100	0.058	0.56	0.75	—
膨胀珍珠岩、蛭石制品					
水泥膨胀珍珠岩	800	0.26	4.37	1.17	0.420
	600	0.21	3.44	1.17	0.900
	400	0.16	2.49	1.17	1.910

材料名称	干密度 ρ_0 (kg/m³)	计算参数			
		导热系数 λ [W/(m·K)]	蓄热系数 S (周期 24h) [W/(m²·K)]	比热容 C [kJ/(kg·K)]	蒸汽渗透系数 $\mu(\times 10^{-4})$ [g/(m·h·Pa)]
膨胀珍珠岩、蛭石制品					
沥青、乳化沥青膨胀珍珠岩	400	0.120	2.28	1.55	0.293
	300	0.093	1.77	1.55	0.675
水泥膨胀蛭石	350	0.14	1.99	1.05	—
沥青珍珠岩	144	0.058	—	—	—
	285	0.099	1.77	3.43	—
	345	0.105	2.01	2.97	—
	432	0.115	2.40	2.47	—
	529	0.128	2.79	2.30	—
乳化沥青珍珠岩	267	0.067	—	—	—
	304	0.084	1.64	2.84	—
珍珠岩	62	0.043	0.45	9.83	—
	82	0.046	0.59	6.65	—
	120	0.056	0.77	5.73	—
	288	0.078	1.37	3.51	—
水泥珍珠岩	200	0.058	0.88	4.77	—
	300	0.073	1.23	3.81	—
	400	0.091	1.51	3.89	—
	500	0.113	1.87	3.93	—
	600	0.139	2.37	3.76	—
	700	0.174	2.88	3.97	—
	800	0.221	3.49	4.35	—
泡沫材料及多孔聚合物					
聚乙烯泡沫塑料	100	0.047	0.70	1.38	—
聚苯乙烯泡沫塑料	20	0.039(白板) 0.033(灰板)	0.28	1.38	0.162
挤塑聚苯乙烯泡沫塑料	35	0.030 (带表皮) 0.032 (不带表皮)	0.34	1.38	0.217
聚氨酯硬泡沫塑料	35	0.024	0.29	1.38	0.234
酚醛板	60	0.034 (用于墙体) 0.040 (用于地面)	0.30	1.30	0.237

续表

材料名称	干密度 ρ_0 (kg/m³)	计算参数			
		导热系数 λ [W/(m·K)]	蓄热系数 S (周期24h) [W/(m²·K)]	比热容 C [kJ/(kg·K)]	蒸汽渗透系数 $\mu(\times 10^{-4})$ [g/(m·h·Pa)]
泡沫材料及多孔聚合物					
聚氯乙烯硬泡沫塑料	130	0.048	0.79	1.38	—
钙塑	120	0.049	0.83	1.59	—
发泡水泥	150~300	0.070	—	—	—
泡沫玻璃	140	0.050	0.65	0.84	0.017
	120	0.044	0.65	0.84	0.017
发泡陶瓷	180	0.065	0.80	0.80	—
	230	0.080	1.20	0.80	—
无机轻集料防火保温板	230(Ⅰ型)	0.07	1.00	—	—
	280(Ⅱ型)	0.08	1.20	—	—
泡沫石灰	300	0.116	1.70	1.05	—
碳化泡沫石灰	400	0.14	2.33	1.05	—
泡沫石膏	500	0.190	2.78	1.05	0.375
	1000	0.256	3.52	1.63	—
石灰及制品					
水玻璃石灰	199	0.128	—	—	—
泡沫石灰	300	0.098	1.67	1.34	—
炭化泡沫石灰	425	0.116	1.72	0.88	—
	650	0.256	4.21	1.46	—
炭化石灰	1019	0.232	4.00	0.96	—
	1063	0.267	4.64	1.05	—
	2270	1.243	10.80	0.59	—
炉渣石灰	1585	0.790	—	—	—
木材					
橡木、枫树 (热流方向垂直木纹)	700	0.170	4.90	2.51	0.562
橡木、枫树 (热流方向顺木纹)	700	0.350	6.93	2.51	3.000
松木、云杉 (热流方向垂直木纹)	500	0.140	3.85	2.51	0.345
松木、云杉 (热流方向顺木纹)	500	0.290	5.55	2.51	1.680
白桦 (热流方向垂直木纹)	627	0.139	3.03	1.46	

续表

材料名称	干密度 ρ_0 (kg/m³)	计算参数			
		导热系数 λ [W/(m·K)]	蓄热系数 S (周期24h) [W/(m²·K)]	比热容 C [kJ/(kg·K)]	蒸汽渗透系数 μ(×10⁻⁴) [g/(m·h·Pa)]
木材					
水曲柳 (热流方向垂直木纹)	582	0.151	3.28	1.76	—
白蜡木	690	0.172	—	1.90	—
美国榆木	580	0.153	—	1.90	—
桃花心红木	800	0.187	—	1.90	—
枫木	550	0.13	—	1.90	—
黑胡桃木	720	0.176	—	1.90	—
白冷杉木	350	0.120	—	1.90	—
云杉木	430	0.120	—	1.90	—
建筑板材					
胶合板	600	0.170	4.57	2.51	0.225
软木板	300	0.093	1.95	1.89	0.255
	150	0.058	1.09	1.89	0.285
木纤维板	1000	0.340	8.13	2.51	1.200
	600	0.230	5.28	2.51	1.130
	200	0.070	1.63	2.51	—
石膏板	1050	0.330	5.28	1.05	0.790
木材刨花板(松散)	150	0.070	1.39	2.51	—
木材刨花板(压实)	300	0.116	2.44	2.51	—
水泥刨花板	1000	0.340	7.27	2.01	0.240
	700	0.190	4.56	1.68	0.105
	300	0.139	2.44	2.51	—
稻草板	300	0.13	2.33	1.68	3.000
木屑板	200	0.065	1.54	2.10	2.630
胶合板	600	0.174	4.36	2.51	—
松散无机材料					
锅炉渣	1000	0.29	4.40	0.92	1.930
粉煤灰 (重量含水率5%)	854	0.232	—	—	—
粉煤灰 (重量含水率10%)	848	0.267	—	—	—
粉煤灰 (重量含水率15%)	858	0.407	—	—	—

续表

材料名称	干密度 ρ_0 （kg/m³）	计算参数			
		导热系数 λ [W/(m·K)]	蓄热系数 S （周期 24h） [W/(m²·K)]	比热容 C [kJ/(kg·K)]	蒸汽渗透系数 μ(×10⁻⁴) [g/(m·h·Pa)]
松散无机材料					
粉煤灰 （重量含水率 20%）	885	0.453	—	—	—
粉煤灰 （重量含水率 25%）	923	0.488	—	—	—
粉煤灰 （重量含水率 30%）	943	0.535	—	—	—
粉煤灰	1000	0.23	3.93	0.92	—
高炉炉渣	900	0.26	3.92	0.92	2.030
浮石、凝灰石	600	0.23	3.05	0.92	2.630
膨胀蛭石	300	0.14	1.79	1.05	
	200	0.10	1.24	1.05	
硅藻土	200	0.076	1.00	0.92	
松散无机材料					
膨胀珍珠岩	120	0.07	0.84	1.17	—
	80	0.058	0.63	1.17	—
陶粒	300	0.151	1.65	0.84	—
	500	0.209	2.51	0.84	—
	900	0.407	4.70	0.84	—
水淬矿渣	336	0.098	1.43	0.88	—
	712	0.139	2.32	0.75	—
	956	0.244	—	—	—
	893	0.244	4.11	1.09	—
	1000	0.291	4.22	0.84	—
矿渣粉	1277	0.372	5.22	0.79	—
膨珠	1322	0.221	—	—	—
滑石粉	683	0.128	—	—	—
混凝土烧结矿	1456	0.186	3.87	0.75	—
松散有机材料					
木屑	250	0.093	1.84	2.01	2.630
稻壳	120	0.06	1.02	2.01	—
干草	100	0.047	0.83	2.01	—
棉花	50	0.053	0.57	1.67	

续表

材料名称	干密度 ρ_0 (kg/m³)	计算参数			
		导热系数 λ [W/(m·K)]	蓄热系数 S (周期 24h) [W/(m²·K)]	比热容 C [kJ/(kg·K)]	蒸汽渗透系数 μ (×10^{-4}) [g/(m·h·Pa)]
松散有机材料					
棉籽	98	0.078	—	—	—
麦壳	52	0.063	—	—	—
	52	0.070	—	—	—
无规物麦杆	323	0.096	2.27	2.30	—
无规物麦壳	401	0.139	3.43	2.80	—
青稞	73	0.066	—	—	—
向日葵壳	90	0.049	—	—	—
	127	0.041	—	—	—
	185	0.050	—	—	—
梁山牛毛草	116	0.066	0.98	1.34	—
碎枯草、大麦秸	120	0.046	0.92	2.09	—
	200	0.058	1.32	2.09	—
花生壳	133	0.037	0.56	0.88	—
松散有机材料					
麻黄渣	138	0.048	0.71	1.09	—
麻黄草	176	0.084	1.12	1.17	—
沥青稻壳	219	0.081	1.23	1.17	—
稻草板	300	0.105	1.82	1.46	—
菱苦土谷糠	264	0.051	0.91	0.84	—
土壤、砂					
夯实黏土	2000	1.16	12.99	1.01	—
	1800	0.93	11.03	1.01	—
加草黏土	1600	0.76	9.37	1.01	—
	1400	0.58	7.69	1.01	—
轻质黏土	1200	0.47	6.36	1.01	—
草炭亚黏土 (重量含水率30%)	520	0.128	2.90	1.76	—
	780	0.221	4.73	1.80	—
	1042	0.325	6.47	1.71	—
	1200	0.476	9.20	2.05	—
亚黏土 (重量含水率10%)	1320	0.430	6.81	1.13	—
	1540	0.593	8.63	1.13	—
	1760	0.779	10.57	1.13	—

续表

材料名称	干密度 ρ_0 (kg/m³)	计算参数			
		导热系数 λ [W/(m·K)]	蓄热系数 S (周期 24h) [W/(m²·K)]	比热容 C [kJ/(kg·K)]	蒸汽渗透系数 μ(×10⁻⁴) [g/(m·h·Pa)]
土壤、砂					
亚黏土(冻土) (重量含水率 10%)	1320	0.407	6.37	1.05	—
	1540	0.558	8.21	1.09	—
	1760	0.744	10.14	1.09	—
黄土	880	0.941	8.36	1.17	—
菱苦土	1374	0.523	8.46	1.39	—
硅灰土(重量含水率 3%)	1430	0.465	7.23	1.09	—
	1630	0.662	9.21	1.09	—
砂土(重量含水率 5%)	1420	0.593	9.56	1.51	—
砂土 (重量含水率 42%)	1755	1.499	17.17	1.55	—
砂土 (重量含水率 28%)	1975	1.383	15.73	1.25	—
砾砂 (重量含水率 10%)	1540	1.174	11.92	1.09	—
	1760	1.487	14.33	1.09	—
砾砂(冻土) (重量含水率 10%)	1540	1.429	11.54	0.84	—
	1760	1.859	14.06	0.84	—
黏土 (重量含水率 32%)	1850	1.406	18.60	1.84	—
黏土 (重量含水率 29%)	1970	1.464	16.69	1.34	—
黏土 (重量含水率 24%)	2055	1.383	14.96	1.09	—
建筑用砂	1600	0.58	8.26	1.01	—
石英砂	930	0.209	3.43	0.20	—
干砂	1370	0.244	—	—	—
细砂	1498	0.256	—	—	—
标准砂	1580	0.267	—	—	—
河沙	1730	1.522	—	—	—
石材					
花岗石、玄武岩	2800	3.49	25.49	0.92	0.113
大理石	2800	2.91	23.27	0.92	0.113

续表

材料名称	干密度 ρ_0 (kg/m³)	计算参数			
		导热系数 λ [W/(m·K)]	蓄热系数 S (周期 24h) [W/(m²·K)]	比热容 C [kJ/(kg·K)]	蒸汽渗透系数 $\mu(\times 10^{-4})$ [g/(m·h·Pa)]
石材					
砾石、石灰岩	2400	2.04	18.03	0.92	0.375
石灰岩	2000	1.16	12.56	0.92	0.600
	2723	2.15	18.47	0.79	—
砂质岩	1480	0.349	5.99	0.88	—
黄砂页岩	2500	0.732	9.73	0.71	—
砂岩	2870	2.161	17.51	0.71	—
卷材、沥青材料					
沥青油毡、油毡纸	600	0.17	3.33	1.47	—
沥青混凝土	2100	1.05	16.39	1.68	0.075
石油沥青	1400	0.27	6.73	1.68	—
	1050	0.17	4.17	1.68	0.075
玻璃					
平板玻璃	2500	0.76	10.69	0.84	—
玻璃钢	1800	0.52	9.25	1.26	—
金属					
紫铜	8500	407	324	0.42	—
青铜	8000	64.0	118	0.38	—
黄铜	8000	85.41	—	0.38	—
红铜	8780	150	—	0.40	—
建筑钢材	7850	58.2	126	0.48	—
铝	2700	203	191	0.92	—
铸铁	7250	49.9	112	0.48	—
铁(纯粹的)	7860	61.93	—	0.42	—
金	19300	292.82	—	0.13	—
银	10490	422.97	—	0.23	—
铅	11350	35.09	—	0.13	—
镁	1730	160	—	1.00	—
建筑钢	7800	58.10	120.81	0.46	—
低碳钢	7850	44.74	—	0.47	—
锌铁	7220	62.75	—	0.50	—

续表

材料名称	干密度 ρ_0 (kg/m³)	计算参数			
		导热系数 λ [W/(m·K)]	蓄热系数 S (周期 24h) [W/(m²·K)]	比热容 C [kJ/(kg·K)]	蒸汽渗透系数 μ (×10⁻⁴) [g/(m·h·Pa)]
其他					
空气(0℃)	1	0.024	0.05	1.00	—
空气(50℃)	1	0.028	0.05	1.00	—
空气(100℃)	1	0.033	0.05	1.00	—
水(0℃)	1000	0.546	12.91	4.22	—
水(50℃)	988	0.651	13.93	4.18	—
水(90℃)	965	0.674	14.09	4.22	—
新下降的雪	200	0.105	1.78	2.09	—
压实的雪	350	0.349	4.30	2.09	—
开始融化的雪	500	0.639	6.95	2.09	—
废纸屑	380	0.139	2.51	1.63	—
厚纸板(1mm)	700	0.174	3.60	1.46	—
厚纸板	1000	0.232	4.94	1.46	—
油毛毡	600	0.174	3.32	1.46	—
呢绒	250	0.052	—	—	—
橡胶板	400	0.091	—	—	—
电木	1270	0.267	—	—	—
其他					
铸石	430	0.151	1.95	0.19	—
压缩胶布	1260	0.096	—	—	—
石蜡	440	0.057	—	—	—
	790	0.267	5.87	2.26	—
乳胶阻尼浆	414	0.103	1.78	1.05	—
	427	0.114	2.04	1.09	—
涂脂织物	1300～1400	0.232～0.337		1.51	—
凡士林油	—	0.128			—
泡沫氧化铝	307	0.256	—	—	—
	799	0.209	2.97	0.71	—
山羊皮	400	0.057	—	—	—

注：数据来源于

1.《民用建筑热工设计规范》GB 50176—2016；

2. 周辉，等. 建筑材料热物理性能与数据手册[M]. 北京：中国建筑工业出版社，2010；

3. 部分新材料数据来源于材料企业相关资料。

3.4.2　几种气体热物理性能计算参数

表 3.4-2~表 3.4-4 是填充空气、氩气、氪气、氙气四种气体空腔时导热系数、黏度和常压比热容的计算参数。

传热计算时，假设所充气体是不辐射/吸收的气体。

气体的导热系数　　　　　　　　　　　　　　表 3.4-2

气体	系数 $a[W/(m \cdot K)]$	系数 $b[W/(m \cdot K^2)]$	$\lambda(0℃)[W/(m \cdot K)]$	$\lambda(10℃)[W/(m \cdot K)]$
空气	2.873×10^{-3}	7.760×10^{-5}	0.0241	0.0249
氩气	2.285×10^{-3}	5.149×10^{-5}	0.0163	0.0168
氪气	9.443×10^{-4}	2.826×10^{-5}	0.0087	0.0090
氙气	4.538×10^{-4}	1.723×10^{-5}	0.0052	0.0053

注：$\lambda = a + b \cdot T$（T 单位为 K）。

气体的黏度　　　　　　　　　　　　　　　表 3.4-3

气体	系数 $a[N \cdot s/m^2]$	系数 $b[N \cdot s/(m^2 \cdot K)]$	$\mu(0℃)[kg/(m \cdot s)]$	$\mu(10℃)[kg/(m \cdot s)]$
空气	3.723×10^{-6}	4.940×10^{-8}	1.722×10^{-5}	1.771×10^{-5}
氩气	3.379×10^{-6}	6.451×10^{-8}	2.100×10^{-5}	2.165×10^{-5}
氪气	2.213×10^{-6}	7.777×10^{-8}	2.346×10^{-5}	2.423×10^{-5}
氙气	1.069×10^{-6}	7.414×10^{-8}	2.132×10^{-5}	2.206×10^{-5}

注：$\mu = a + b \cdot T$（T 单位为 K）。

气体的常压比热容　　　　　　　　　　　　表 3.4-4

气体	系数 $a[J/(kg \cdot K)]$	系数 $b[J/(kg \cdot K^2)]$	$C_p(0℃)[J/(kg \cdot K)]$	$C_p(10℃)[J/(kg \cdot K)]$
空气	1002.7370	1.2324×10^{-2}	1006.1034	1006.2266
氩气	521.9285	0	521.9285	521.9285
氪气	248.0907	0	248.0917	248.0917
氙气	158.3397	0	158.3397	158.3397

注：$c_p = a + b \cdot T$（T 单位为 K）。

3.4.3　几种土壤热物理性能计算参数

由于土壤的热物性受干密度和含水量影响很大，从工程热工设计计算的角度可参考表 3.4-5~表 3.4-7 中数据。使用本表可不考虑地方性的影响。

（1）草炭亚黏土热物理性能计算参数

草炭亚黏土热物理性能计算参数见表 3.4-5。

草炭亚黏土热物理性能计算参数　　　　表 3.4-5

干密度 ρ_0 (kg/m³)	重量含水率 $W(\%)$	容积热容量 [kJ/(kg³·K)]		导热系数 [W/(m·K)]		导温系数 ($\times 10^3$m²/h)	
		C_u	C_f	λ_u	λ_f	a_u	a_f
400	30	903.3	710.9	0.13	0.13	0.50	0.62
	50	1237.9	878.2	0.19	0.22	0.52	0.92
	70	1572.4	1045.5	0.23	0.37	0.543	1.26
	90	1907.0	1212.8	0.29	0.53	0.56	1.59
	110	2241.6	1380.1	0.35	0.72	0.57	1.87
	130	2576.1	1547.3	0.41	0.88	0.57	2.06
500	30	1129.1	890.8	0.17	0.17	0.54	0.69
	50	1547.3	1099.9	0.24	0.31	0.56	1.30
	70	1965.5	1309.0	0.32	0.51	0.59	1.40
	90	2383.7	1518.1	0.41	0.74	0.61	1.76
	110	2801.9	1727.2	0.49	1.00	0.52	2.08
	130	3220.1	1936.3	0.56	1.24	0.63	2.31
600	30	1355.0	1066.4	0.22	0.22	0.57	0.76
	50	1856.8	1317.3	0.31	0.42	0.61	1.15
	70	2358.6	1568.3	0.42	0.68	0.64	1.56
	90	2860.5	1819.2	0.53	0.99	0.67	1.95
	110	3362.3	2070.1	0.63	1.32	0.68	2.29
	130	3864.2	2321.0	0.75	1.61	0.68	2.51
700	30	1580.8	1246.2	0.27	0.30	0.61	0.87
	50	2166.3	1539.0	0.39	0.56	0.66	1.30
	70	2375.4	1831.7	0.53	0.88	0.60	1.74
	90	3337.2	2124.5	0.66	1.26	0.71	2.14
	110	3922.7	2417.2	0.79	1.67	0.73	2.50
	130	4508.2	2709.9	0.92	2.01	0.73	2.77
800	30	1805.6	1421.9	0.32	0.37	0.65	0.94
	50	2475.7	1756.4	0.48	0.68	0.70	1.41
	70	3144.9	2091.0	0.64	1.09	0.73	1.67
	90	3814.0	2425.6	0.80	1.55	0.76	2.32
	110	4483.1	2760.1	0.96	2.05	0.77	2.68
	130	5152.2	3094.7	1.10	2.47	0.78	2.88

干密度 ρ_0 (kg/m³)	重量含水率 $W(\%)$	容积热容量 $[kJ/(kg³ \cdot K)]$		导热系数 $[W/(m \cdot K)]$		导温系数 $(\times 10^3 m^2/h)$	
		C_u	C_f	λ_u	λ_f	a_u	a_f
900	30	1171.0	1342.4	0.38	0.46	0.68	1.03
	50	2785.2	1978.1	0.57	0.85	0.73	1.53
	70	3538.0	2354.5	0.75	1.32	0.77	2.03
	90	4290.7	2370.8	0.95	1.63	0.80	2.49
	110	5043.5	3107.2	1.14	2.46	0.82	2.86
	130	5796.3	3483.6	1.32	2.92	0.82	3.02
1200	5	1254.6	1179.3	0.26	0.26	0.73	0.76
	10	1505.5	1405.2	0.43	0.41	1.02	1.04
	15	1756.4	1530.6	0.58	0.58	1.19	1.37
	20	2007.4	1656.1	0.67	0.79	1.21	1.71
	25	2258.3	1781.5	0.72	1.04	1.14	2.10
	30	2509.2	1907.0	0.79	1.28	1.13	2.40
	35	2760.1	2032.5	0.86	1.45	1.12	2.57
1300	5	1359.2	1279.7	0.30	0.29	0.80	0.80
	10	1631.0	1522.2	0.50	0.48	1.11	1.12
	15	1902.8	1660.3	0.71	0.71	1.35	1.47
	20	2174.6	1794.1	0.79	0.92	1.31	1.85
	25	2446.5	1932.1	0.84	1.21	1.23	2.25
	30	2818.3	2065.9	0.90	1.46	1.19	2.55
	35	2990.1	2203.9	0.97	1.67	1.18	2.74
1400	5	1463.7	1375.9	0.36	0.35	0.87	0.90
	10	1756.4	1639.3	0.59	0.57	1.22	1.22
	15	2049.2	1785.7	0.84	0.79	1.46	1.58
	20	2341.9	1932.1	0.94	1.06	1.44	1.96
	25	2634.7	2496.7	0.97	1.39	1.33	2.41
	30	2927.4	2224.8	1.06	1.68	1.32	2.73
	35	3220.1	2371.2	1.18	1.93	1.32	2.92
1500	5	1568.3	1476.2	0.41	0.41	0.93	0.98
	10	1881.9	1756.4	0.67	0.65	1.28	1.32
	15	2191.4	1907.0	0.96	0.91	1.58	1.71
	20	2509.2	2070.1	1.09	1.22	1.57	2.12
	25	2822.9	2229.0	1.13	1.58	1.44	2.55
	30	3136.5	2383.7	1.24	1.89	1.43	2.85
	35	3450.2	2542.7	1.36	2.12	1.42	3.01

续表

干密度 ρ_0 (kg/m³)	重量含水率 W(%)	容积热容量 [kJ/(kg³·K)]		导热系数 [W/(m·K)]		导温系数 (×10³m²/h)	
		C_u	C_f	λ_u	λ_f	a_u	a_f
1600	5	1672.8	1572.4	0.46	0.46	1.01	1.05
	10	2425.6	1873.5	0.78	0.74	1.40	1.42
	15	2341.9	2040.8	1.11	1.02	1.72	1.81
	20	2676.5	2208.1	1.24	1.38	1.67	2.25
	25	3011.0	2375.4	1.28	1.80	1.52	2.73
	30	3345.6	2542.7	1.42	2.12	1.52	3.01
	35	3680.2	2709.9	1.54	2.40	1.51	3.20

注：表中下标 u 为未冻土，f 为已冻土。

（2）碎石亚黏土热物理性能计算参数

碎石亚黏土热物理性能计算参数见表 3.4-6。

碎石亚黏土热物理性能计算参数　　　　　　表 3.4-6

干密度 ρ_0 (kg/m³)	重量含水率 W(%)	容积热容量 [kJ/(kg³·K)]		导热系数 [W/(m·K)]		导温系数(×10³m²/h)	
		C_u	C_f	λ_u	λ_f	a_u	a_f
1200	3	1154.2	1053.9	0.23	0.22	0.72	0.77
	7	1355.0	1154.2	0.34	0.37	0.91	1.15
	10	1505.5	1229.5	0.43	0.52	1.03	1.52
	13	1656.1	1304.8	0.53	0.71	1.16	0.96
	15	1756.4	1355.0	0.59	0.85	1.21	2.26
	17	1856.8	1405.2	0.60	0.94	1.16	2.42
1400	3	1346.6	1229.5	0.34	0.32	0.89	0.97
	7	1568.3	1346.6	0.50	0.53	1.15	1.44
	10	1756.4	1434.4	0.65	0.74	1.33	1.86
	13	1932.1	1522.2	0.79	0.97	1.48	2.30
	15	2049.2	1580.8	0.88	1.14	1.55	2.59
	17	2166.3	1639.3	0.92	1.24	1.53	2.73
1600	3	1539.0	1405.2	0.46	0.45	1.07	1.17
	7	1806.6	1539.0	0.68	0.74	1.39	1.73
	10	2007.4	1639.3	0.89	1.00	1.61	2.20
	13	2208.1	1739.7	1.10	1.29	1.80	2.66
	15	2341.9	1806.6	1.28	1.45	1.87	2.90
	17	2475.7	1873.5	1.42	1.57	1.86	3.02

续表

干密度 ρ_0 (kg/m³)	重量含水率 $W(\%)$	容积热容量 [kJ/(kg³·K)]		导热系数 [W/(m·K)]		导温系数($\times 10^3$ m²/h)	
		C_u	C_f	λ_u	λ_f	a_u	a_f
1800	3	1731.3	1580.9	0.60	0.60	1.25	2.38
	7	2032.5	1731.3	0.92	0.97	1.62	2.03
	10	2258.3	1844.3	1.17	1.31	1.87	2.56
	13	2295.9	1957.2	1.45	1.65	2.10	3.03
	15	2634.7	2032.5	1.60	1.82	2.19	3.23
	17	2785.2	2107.7	1.71	1.93	2.21	3.28

注：表中下标 u 为未冻土，f 为已冻土。

(3) 砾砂热物理性能计算参数

砾砂热物理性能计算参数见表3.4-7。

砾砂热物理性能计算参数 表 3.4-7

干密度 ρ_0 (kg/m³)	重量含水率 $W(\%)$	容积热容量 [kJ/(kg³·K)]		导热系数 [W/(m·K)]		导温系数($\times 10^3$ m²/h)	
		C_u	C_f	λ_u	λ_f	a_u	a_f
1400	2	1229.5	1083.1	0.42	0.49	1.23	1.62
	6	1463.7	1200.2	0.96	1.14	2.36	3.42
	10	1697.9	1317.3	1.17	1.43	2.40	3.91
	14	1932.1	1434.4	1.29	1.67	2.40	4.20
	18	2166.3	1551.5	1.39	1.86	2.27	4.31
1500	2	1317.3	1162.6	0.50	0.59	1.36	1.84
	6	1568.3	1288.1	1.09	1.32	2.51	3.70
	10	1819.2	1413.5	1.30	1.60	2.58	4.08
	14	2070.1	1539.0	1.44	1.87	2.51	4.38
	18	2321.0	1664.4	1.52	2.08	2.37	4.50
1600	2	1405.2	1237.9	0.61	0.73	1.56	2.13
	6	1672.8	1371.7	1.28	1.60	1.74	4.21
	10	1940.4	1505.5	1.48	1.86	2.75	4.44
	14	2208.1	1639.3	1.64	2.15	2.67	4.72
	18	4173.6	1773.2	1.69	2.35	2.47	4.79
1700	2	1493.0	1317.3	0.77	0.94	1.85	2.52
	6	1777.4	1459.5	1.47	1.91	2.99	4.73
	10	2061.7	1601.7	1.68	2.20	2.94	4.73
	14	2346.1	1743.9	1.84	2.48	2.84	5.13
	18	2630.5	1886.1	1.95	2.69	2.66	5.14

续表

干密度 ρ_0 (kg/m³)	重量含水率 $W(\%)$	容积热容量 [kJ/(kg³·K)]		导热系数 [W/(m·K)]		导温系数($\times 10^3$ m²/h)	
		C_u	C_f	λ_u	λ_f	a_u	a_f
1800	2	1580.8	1392.6	0.95	1.19	2.17	3.09
	6	1881.9	1543.2	1.71	2.27	3.27	5.31
	10	2183.0	1693.7	1.91	2.61	3.17	5.56
	14	2484.1	1844.3	2.09	2.85	3.02	5.58
	18	2785.2	1994.8	2.18	3.05	2.82	5.51

注：表中下标 u 为未冻土，f 为已冻土。

参考文献

[1] 杨世铭，陶文铨. 传热学（第四版）[M]. 北京：高等教育出版社，2006.

[2] 陈启高. 建筑热物理基础[M]. 西安：西安交通大学出版社，1991.

[3] 张洪济. 热传导[M]. 北京：高等教育出版社，1992.

[4] B. H. 巴格斯罗夫斯基. 建筑热物理学[M]. 单寄平，译. 北京：中国建筑工业出版社，1988.

[5] Bear J. 多孔介质流体动力学[M]. 李竟生，崇希，译. 北京：中国建筑工业出版社，1983.

[6] 马庆芳，方荣生，项立成. 实验热物理性质手册[M]. 北京：中国农业机械出版社，1986.

[7] W. M. 罗森若，等. 传热学基础手册（上、下册）[M]. 齐欣，译. 北京：科学出版社，1992.

[8] 周辉，钱美丽，冯金秋，孙立新，等. 建筑材料热物理性能与数据手册[M]. 北京：中国建筑工业出版社，2010.

[9] 徐敩祖，王家澄，张立新. 冻土物理学[M]. 北京：科学出版社，2010.

[10]《民用建筑热工设计规范》编制组. 民用建筑热工设计规范技术导则[M]. 北京：中国建筑工业出版社，2017.

[11] 钟辉智. 建筑多孔材料热湿物理性能研究及应用[D]. 成都：西南交通大学，2010.

[12] 冯驰. 多孔建筑材料湿物理性质的测试方法研究[D]. 广州：华南理工大学，2014.

[13] EN 15026：2010 Hygrothermal performance of building components and building elements-Assessment of moisture transfer by numerical simulation[S]. 2010.

[14] ASTM E96-00：Standard Test Metthod for water Vapor Transmission of Material[S]. 2000.

[15] ISO 8301：1991 Thermal insulation-Determination of steady-state thermal resistance and related properties-Heat flow meter apparatus[S]. 1991.

[16] ISO 11274：1998（E）Soil quality-Determination of the water retention characteristic Laboratory methods[S]. 1998.

第4章 建筑热工设计基本计算参数和方法

建筑热工设计是研究室外气候通过围护结构对室内热环境的影响，围绕室外热湿气候对围护结构"保温、隔热、遮阳、防潮、通风"等关键技术问题，通过建筑设计以达到改善室内热环境，使各类民用建筑满足人们工作和生活需要的目的。本章重点介绍建筑热工设计中所遇到的基本计算参数和方法，包括室内外计算参数、非透明围护结构以及透明围护结构热工计算参数和方法。

4.1 室内外计算参数

4.1.1 室外气象参数

（1）最冷月、最热月平均温度

1）最冷月平均温度 $t_{\min \cdot m}$ 为累年最冷月平均温度的平均值；

2）最热月平均温度 $t_{\max \cdot m}$ 为累年最热月平均温度的平均值。

（2）供暖、空调度日数

1）供暖度日数 $HDD18$ 为历年供暖基准温度为18℃时的供暖度日数的平均值；

2）空调度日数 $CDD26$ 为历年空调基准温度为26℃时的空调度日数的平均值。

4.1.2 室外计算参数

（1）冬季室外计算参数

1）供暖室外计算温度 t_w 为累年年平均不保证5天的日平均温度；

2）累年最低日平均温度 $t_{e \cdot \min}$ 为历年最低日平均温度中的最小值；

3）冬季室外计算温度 t_e 应按围护结构的热惰性指标 D 值的不同，依据表 4.1-1 的规定取值。

冬季室外计算温度 表 4.1-1

围护结构热稳定性	计算温度（℃）
$6.0 \leqslant D$	$t_e = t_w$
$4.1 \leqslant D < 6.0$	$t_e = 0.6t_w + 0.4t_{e \cdot \min}$
$1.6 \leqslant D < 4.1$	$t_e = 0.3t_w + 0.7t_{e \cdot \min}$
$D < 1.6$	$t_e = t_{e \cdot \min}$

（2）夏季室外计算参数

1）夏季室外计算温度逐时值为历年最高日平均温度中的最大值所在日的室外温度逐

时值；

2）夏季各朝向室外太阳辐射逐时值为与温度逐时值同一天的各朝向太阳辐射的逐时值。

4.1.3　室内计算参数

(1) 冬季室内热工计算参数

1）温度：供暖房间取 18℃，非供暖房间取 12℃；

2）相对湿度：取 30%～60%。

(2) 夏季室内热工计算参数

1）非空调房间：空气温度平均值取室外空气温度平均值＋1.5℃、温度波幅应取室外空气温度波幅－1.5℃，并将其逐时化；

2）空调房间：空气温度应取 26℃；

3）相对湿度应取 60%。

说明：对于特殊功能和工艺要求的房间（如医院手术室、生物实验室、精密仪器实验室、数据机房等）冬、夏季室内热工计算参数应按照相关设计标准、功能和工艺要求的规定进行取值。

4.2　表面换热系数和换热阻

表面换热系数 α 为该表面对流换热系数 α_c 与该表面辐射换热系数 α_r 之和。

$$\alpha = \alpha_c + \alpha_r \tag{4.2-1}$$

$$q = q_c + q_r = \alpha_c(\theta - t) + \alpha_r(\theta - t) = (\alpha_c + \alpha_r)(\theta - t) = \alpha(\theta - t) \tag{4.2-2}$$

式中　q——表面换热量（W/m^2）；

θ——壁面温度（℃）；

t——室内或室外温度（℃）。

换热阻是指围护结构两侧表面空气边界层阻抗传热能力的物理量，为表面换热系数的倒数。在内表面，称为内表面换热阻（R_i）；在外表面，称为外表面换热阻（R_e）。

典型工况围护结构内表面的换热系数和内表面换热阻应按表 4.2-1 取值，外表面换热系数和外表面换热阻应按表 4.2-2 取值。表 4.2-1 和表 4.2-3 中 h 为肋高，s 为肋间净距。

内表面换热系数和内表面换热阻取值表　　　　　　　　　　　　　表 4.2-1

适用季节	表面特征	α_i [W/(m^2·K)]	R_i (m^2·K/W)
冬季和夏季	墙面、地面、表面平整或有肋状突出物的顶棚，当 $h/s \leqslant 0.3$ 时	8.7	0.11
	有肋状突出物的顶棚，当 $h/s > 0.3$ 时	7.6	0.13

当处于 3000m 以上高海拔地区时，围护结构内表面换热系数和内表面换热阻应按表 4.2-3 取值，外表面换热系数和外表面换热阻应按表 4.2-4 取值。

外表面换热系数和外表面换热阻取值表　　　　　表 4.2-2

适用季节	表面特征	α_e [W/(m²·K)]	R_e (m²·K/W)
冬季	外墙、屋顶、与室外空气直接接触的地面	23.0	0.04
	与室外空气相通的不供暖地下室上面的楼板	17.0	0.06
	闷顶、外墙上有窗的不供暖地下室上面的楼板	12.0	0.08
	外墙上无窗的不供暖地下室上面的楼板	6.0	0.17
夏季	外墙和屋顶	19.0	0.05

内表面换热系数和内表面换热阻取值表（高海拔地区）　　　　　表 4.2-3

适用季节	海拔高度 (m)	表面特征	α_i [W/(m²·K)]	R_i (m²·K/W)
冬季和夏季	3001~3500	墙面、地面、表面平整或有肋状突出物的顶棚，当 h/s ≤0.3 时	8.0	0.13
		有肋状突出物的顶棚，当 h/s ＞0.3 时	7.1	0.14
	3501~4000	墙面、地面、表面平整或有肋状突出物的顶棚，当 h/s ≤0.3 时	7.5	0.13
		有肋状突出物的顶棚，当 h/s ＞0.3 时	6.6	0.15
	4001~4500	墙面、地面、表面平整或有肋状突出物的顶棚，当 h/s ≤0.3 时	7.0	0.14
		有肋状突出物的顶棚，当 h/s ＞0.3 时	6.2	0.16
	4501~5000	墙面、地面、表面平整或有肋状突出物的顶棚，当 h/s ≤0.3 时	6.4	0.15
		有肋状突出物的顶棚，当 h/s ＞0.3 时	5.6	0.18

外表面换热系数和外表面换热阻取值表（高海拔地区）　　　　　表 4.2-4

适用季节	海拔高度 (m)	表面特征	α_e [W/(m²·K)]	R_e (m²·K/W)
冬季和夏季	3001~3500	外墙、屋顶、与室外空气直接接触的地面	20.0	0.05
		与室外空气相通的不供暖地下室上面的楼板	15.0	0.07
		闷顶、外墙上有窗的不供暖地下室上面的楼板	11.0	0.09
	3501~4000	外墙、屋顶、与室外空气直接接触的地面	18.0	0.06
		与室外空气相通的不供暖地下室上面的楼板	13.0	0.08
		闷顶、外墙上有窗的不供暖地下室上面的楼板	11.0	0.09
	4001~4500	外墙、屋顶、与室外空气直接接触的地面	17.0	0.06
		与室外空气相通的不供暖地下室上面的楼板	13.0	0.08
		闷顶、外墙上有窗的不供暖地下室上面的楼板	10.0	0.10
	4501~5000	外墙、屋顶、与室外空气直接接触的地面	16.0	0.06
		与室外空气相通的不供暖地下室上面的楼板	12.0	0.08
		闷顶、外墙上有窗的不供暖地下室上面的楼板	9.0	0.11

4.3　热阻和传热阻

1）单一匀质材料层的热阻应按式（4.3-1）计算：

$$R = \frac{\delta}{\lambda} \tag{4.3-1}$$

式中　R——材料层的热阻（$m^2 \cdot K/W$）；

δ——材料层的厚度（m）；

λ——材料的计算导热系数 $[W/(m \cdot K)]$，按第 3 章表 3.4-1 取值。

2）多层匀质材料层组成的围护结构平壁的热阻应按式（4.3-2）计算：

$$R = R_1 + R_2 + \cdots + R_n \tag{4.3-2}$$

式中　R_1、R_2，…，R_n——表示各层材料的热阻（$m^2 \cdot K/W$），其中，实体材料层的热阻按式（4.3-1）计算，封闭空气间层热阻按表 4.3-1 取值。

空气间层热阻表（$m^2 \cdot K/W$）　　　　表 4.3-1

空气间层				辐射率									
位置	热流方向	平均温度（℃）	温差(K)	13mm 空气间层					20mm 空气间层				
				0.03	0.05	0.20	0.50	0.82	0.03	0.05	0.20	0.50	0.82
水平	向上	32.2	5.6	0.37	0.36	0.27	0.17	0.13	0.41	0.39	0.28	0.18	0.13
		10.0	16.7	0.29	0.28	0.23	0.17	0.13	0.30	0.29	0.24	0.17	0.14
		10.0	5.6	0.37	0.36	0.28	0.20	0.15	0.40	0.39	0.30	0.20	0.15
		−17.8	11.1	0.30	0.30	0.26	0.20	0.16	0.32	0.32	0.27	0.20	0.16
		−17.8	5.6	0.37	0.36	0.30	0.22	0.18	0.39	0.38	0.31	0.23	0.18
		−45.6	11.1	0.30	0.29	0.26	0.22	0.18	0.31	0.31	0.27	0.22	0.19
		−45.6	5.6	0.36	0.35	0.31	0.25	0.20	0.38	0.37	0.32	0.26	0.21
45°倾斜	向上	32.2	5.6	0.43	0.41	0.29	0.19	0.13	0.52	0.49	0.33	0.20	0.14
		10.0	16.7	0.36	0.35	0.27	0.19	0.15	0.35	0.34	0.27	0.19	0.14
		10.0	5.6	0.45	0.43	0.32	0.21	0.16	0.51	0.48	0.35	0.23	0.17
		−17.8	11.1	0.39	0.38	0.31	0.23	0.18	0.37	0.36	0.30	0.23	0.18
		−17.8	5.6	0.46	0.45	0.36	0.25	0.19	0.48	0.46	0.37	0.26	0.20
		−45.6	11.1	0.37	0.36	0.31	0.25	0.21	0.36	0.35	0.31	0.25	0.20
		−45.6	5.6	0.46	0.45	0.38	0.29	0.23	0.45	0.43	0.37	0.28	0.23
垂直	水平	32.2	5.6	0.43	0.41	0.29	0.19	0.14	0.62	0.57	0.37	0.21	0.15
		10.0	16.7	0.45	0.43	0.32	0.22	0.16	0.51	0.49	0.35	0.23	0.17
		10.0	5.6	0.47	0.45	0.33	0.22	0.16	0.65	0.61	0.41	0.25	0.18
		−17.8	11.1	0.50	0.48	0.38	0.26	0.20	0.55	0.53	0.41	0.28	0.21
		−17.8	5.6	0.52	0.50	0.39	0.27	0.20	0.66	0.63	0.46	0.30	0.22
		−45.6	11.1	0.51	0.50	0.41	0.31	0.24	0.51	0.50	0.42	0.31	0.24
		−45.6	5.6	0.56	0.55	0.45	0.33	0.26	0.65	0.63	0.51	0.36	0.27

空气间层				辐射率									
位置	热流方向	平均温度(℃)	温差(K)	13mm 空气间层					20mm 空气间层				
				0.03	0.05	0.20	0.50	0.82	0.03	0.05	0.20	0.50	0.82
45°倾斜	向下	32.2	5.6	0.44	0.41	0.29	0.19	0.14	0.62	0.58	0.37	0.21	0.15
		10.0	16.7	0.46	0.44	0.33	0.22	0.16	0.60	0.57	0.39	0.24	0.17
		10.0	5.6	0.47	0.45	0.33	0.22	0.16	0.67	0.63	0.42	0.26	0.18
		−17.8	11.1	0.51	0.49	0.39	0.27	0.20	0.66	0.63	0.46	0.30	0.22
		−17.8	5.6	0.52	0.50	0.39	0.27	0.20	0.73	0.69	0.49	0.32	0.23
		−45.6	11.1	0.56	0.54	0.44	0.33	0.25	0.67	0.64	0.51	0.36	0.28
		−45.6	5.6	0.57	0.56	0.45	0.33	0.26	0.77	0.74	0.57	0.39	0.29
水平	向下	32.2	5.6	0.44	0.41	0.29	0.19	0.14	0.62	0.58	0.37	0.21	0.15
		10.0	16.7	0.47	0.45	0.33	0.22	0.16	0.66	0.62	0.42	0.25	0.18
		10.0	5.6	0.47	0.45	0.33	0.22	0.16	0.68	0.63	0.42	0.26	0.18
		−17.8	11.1	0.52	0.50	0.39	0.27	0.20	0.74	0.70	0.50	0.32	0.23
		−17.8	5.6	0.52	0.50	0.39	0.27	0.20	0.75	0.71	0.51	0.32	0.23
		−45.6	11.1	0.57	0.55	0.45	0.33	0.26	0.81	0.78	0.59	0.40	0.30
		−45.6	5.6	0.58	0.56	0.46	0.33	0.26	0.83	0.79	0.60	0.40	0.30

空气间层				辐射率									
位置	热流方向	平均温度(℃)	温差(K)	40mm 空气间层					90mm 空气间层				
				0.03	0.05	0.20	0.50	0.82	0.03	0.05	0.20	0.50	0.82
水平	向上	32.2	5.6	0.45	0.42	0.30	0.19	0.14	0.50	0.47	0.32	0.20	0.14
		10.0	16.7	0.33	0.32	0.26	0.18	0.14	0.27	0.35	0.28	0.19	0.15
		10.0	5.6	0.44	0.42	0.32	0.21	0.16	0.49	0.47	0.34	0.23	0.16
		−17.8	11.1	0.35	0.34	0.29	0.22	0.17	0.40	0.38	0.32	0.23	0.18
		−17.8	5.6	0.43	0.41	0.33	0.24	0.19	0.48	0.46	0.36	0.26	0.20
		−45.6	11.1	0.34	0.34	0.30	0.24	0.20	0.39	0.38	0.33	0.26	0.21
		−45.6	5.6	0.42	0.41	0.35	0.27	0.22	0.47	0.45	0.38	0.29	0.23
45°倾斜	向上	32.2	5.6	0.51	0.48	0.33	0.20	0.14	0.56	0.52	0.35	0.21	0.14
		10.0	16.7	0.38	0.36	0.28	0.20	0.15	0.40	0.38	0.29	0.20	0.15
		10.0	5.6	0.51	0.48	0.35	0.23	0.17	0.55	0.52	0.37	0.24	0.17
		−17.8	11.1	0.40	0.39	0.32	0.24	0.18	0.43	0.41	0.33	0.24	0.19
		−17.8	5.6	0.49	0.47	0.37	0.26	0.20	0.52	0.51	0.39	0.27	0.20
		−45.6	11.1	0.39	0.38	0.33	0.26	0.21	0.41	0.40	0.35	0.27	0.22
		−45.6	5.6	0.48	0.46	0.39	0.30	0.24	0.51	0.49	0.41	0.31	0.24
垂直	水平	32.2	5.6	0.70	0.64	0.40	0.22	0.15	0.65	0.60	0.38	0.22	0.15
		10.0	16.7	0.45	0.43	0.32	0.22	0.16	0.47	0.45	0.33	0.22	0.16
		10.0	5.6	0.67	0.62	0.42	0.26	0.18	0.64	0.60	0.41	0.25	0.18
		−17.8	11.1	0.49	0.47	0.37	0.26	0.20	0.51	0.49	0.38	0.27	0.20
		−17.8	5.6	0.62	0.59	0.44	0.29	0.22	0.61	0.59	0.44	0.29	0.22
		−45.6	11.1	0.46	0.45	0.38	0.29	0.23	0.50	0.48	0.40	0.30	0.24
		−45.6	5.6	0.58	0.56	0.46	0.34	0.26	0.60	0.58	0.47	0.34	0.26

续表

空气间层				辐射率									
位置	热流方向	平均温度（℃）	温差（K）	40mm 空气间层					90mm 空气间层				
				0.03	0.05	0.20	0.50	0.82	0.03	0.05	0.20	0.50	0.82
45°倾斜	向下	32.2	5.6	0.89	0.80	0.45	0.24	0.16	0.85	0.76	0.44	0.24	0.16
		10.0	16.7	0.63	0.59	0.41	0.25	0.18	0.62	0.58	0.40	0.25	0.18
		10.0	5.6	0.90	0.82	0.50	0.28	0.19	0.83	0.77	0.48	0.28	0.19
		−17.8	11.1	0.68	0.64	0.47	0.31	0.22	0.67	0.64	0.47	0.31	0.22
		−17.8	5.6	0.87	0.81	0.56	0.34	0.24	0.81	0.76	0.53	0.33	0.24
		−45.6	11.1	0.64	0.62	0.49	0.35	0.27	0.66	0.64	0.51	0.36	0.28
		−45.6	5.6	0.82	0.79	0.60	0.40	0.30	0.79	0.76	0.58	0.40	0.30
水平	向下	32.2	5.6	1.07	0.94	0.49	0.25	0.17	1.77	1.44	0.60	0.28	0.18
		10.0	16.7	1.10	0.99	0.56	0.30	0.20	1.69	1.44	0.68	0.33	0.21
		10.0	5.6	1.16	1.04	0.58	0.30	0.20	1.96	1.63	0.72	0.34	0.22
		−17.8	11.1	1.24	1.13	0.69	0.39	0.26	1.92	1.68	0.86	0.43	0.29
		−17.8	5.6	1.29	1.17	0.70	0.39	0.27	2.11	1.82	0.89	0.44	0.29
		−45.6	11.1	1.36	1.27	0.84	0.50	0.35	2.05	1.85	1.06	0.57	0.38
		−45.6	5.6	1.42	1.32	0.86	0.51	0.35	2.28	2.03	1.12	0.59	0.39

3）由两种以上材料组成的、二（三）向非匀质复合围护结构，如图 4.3-1 所示。

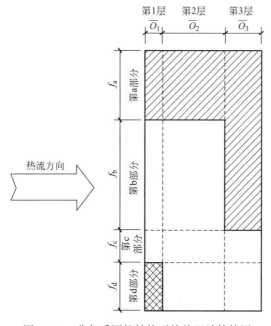

图 4.3-1　非匀质围护结构平均热阻计算简图

当相邻部分热阻的比值小于等于 1.5 时，复合围护结构平均热阻可按下式计算：

$$\overline{R} = \frac{R_{\mathrm{ou}} + R_{\mathrm{ol}}}{2} - (R_{\mathrm{i}} + R_{\mathrm{e}}) \qquad (4.3\text{-}3)$$

$$R_{ou} = \cfrac{1}{\cfrac{f_a}{R_{oua}} + \cfrac{f_b}{R_{oub}} + \cdots + \cfrac{f_q}{R_{ouq}}} \qquad (4.3\text{-}4)$$

$$R_{ol} = R_i + R_1 + R_2 + \cdots + R_j + \cdots + R_n + R_e \qquad (4.3\text{-}5)$$

$$R_j = \cfrac{1}{\cfrac{f_a}{R_{aj}} + \cfrac{f_b}{R_{bj}} + \cdots + \cfrac{f_q}{R_{qj}}} \qquad (4.3\text{-}6)$$

式中　　　　　　　　$\overline{R}$——非匀质复合围护结构的热阻（m² · K/W）；

$\qquad\qquad R_{ou}$——按式（4.3-4）计算；

$\qquad\qquad R_{ol}$——按式（4.3-5）计算；

$\qquad\qquad R_i$——内表面换热阻（m² · K/W），应按表4.2-1或表4.2-3取值；

$\qquad\qquad R_e$——外表面换热阻（m² · K/W），应按表4.2-2或表4.2-4取值；

$f_a，f_b，\cdots，f_q$——与热流平行方向各部分面积占总面积的百分比；

$R_{oua}，R_{oub}，\cdots，R_{ouq}$——与热流平行方向各部分的传热阻（m² · K/W）；

$R_1，R_2，\cdots，R_j，\cdots，R_n$——各材料层的当量热阻，按式（4.3-6）计算；

$R_{aj}，R_{bj}，\cdots，R_{qj}$——与热流垂直方向第 j 层各部分的热阻（m² · K/W）。

当相邻部分热阻的比值大于1.5时，复合围护结构平均热阻可按下式计算：

$$\overline{R} = \frac{1}{K_m} - (R_i + R_e) \qquad (4.3\text{-}7)$$

式中　K_m——非匀质复合围护结构传热系数［W/(m² · K)］，按式（4.4-2）的规定计算。

4）围护结构平壁的传热阻应按式（4.3-8）计算：

$$R_0 = R_i + R + R_e \qquad (4.3\text{-}8)$$

式中　R_0——围护结构的传热阻（m² · K/W）。

4.4　传热系数

1）围护结构平壁的传热系数按式（4.4-1）计算：

$$K = \frac{1}{R_0} \qquad (4.4\text{-}1)$$

式中　K——围护结构平壁的传热系数［W/(m² · K)］；

$\qquad R_0$——围护结构的传热阻（m² · K/W），按式（4.3-8）计算确定。

2）考虑热桥影响的围护结构平均传热系数按式（4.4-2）计算：

$$K_m = K + \frac{\sum \psi_j l_j}{A} \qquad (4.4\text{-}2)$$

式中　K_m——围护结构的平均传热系数［W/(m² · K)］；

$\qquad K$——围护结构平壁的传热系数［W/(m² · K)］；

$\qquad \psi_j$——围护结构上的第 j 个结构性热桥的线传热系数［W/(m · K)］；

$\qquad l_j$——围护结构第 j 个结构性热桥的计算长度（m）；

$\qquad A$——围护结构的面积（m²）。

3）在建筑外围护结构中，墙角、窗间墙、凸窗、阳台、屋顶、楼板、地板等处形成的热桥称为结构性热桥（图 4.4-1）。结构性热桥对墙体、屋面传热的影响应利用线传热系数 ψ 描述。

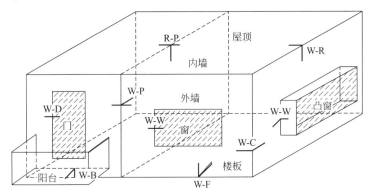

图 4.4-1　建筑外围护结构的结构性热桥示意图

4）热桥线传热系数应按式（4.4-3）计算：

$$\psi = \frac{Q^{2D} - KA(t_n - t_e)}{l(t_n - t_e)} = \frac{Q^{2D}}{l(t_n - t_e)} - KC \qquad (4.4\text{-}3)$$

式中　ψ——热桥线传热系数 [W/(m·K)]；

Q^{2D}——二维传热计算得出的流过一块包含热桥的围护结构的热流（W），该围护结构的构造沿着热桥的长度方向必须是均匀的，热流可以根据其横截面（对纵向热桥）或纵截面（对横向热桥）通过二维传热计算得到；

K——围护结构主体部位的传热系数 [W/(m²·K)]；

A——计算 Q^{2D} 的围护结构的面积（m²）；

t_n——围护结构室内侧的空气温度（℃）；

t_e——围护结构室外侧的空气温度（℃）；

l——计算 Q^{2D} 的围护结构的一条边的长度，热桥沿这个长度均匀分布。计算 ψ 时，l 宜取 1m；

C——计算 Q^{2D} 的围护结构的宽度，即 A=l·C，可取 C≥1m。

注：线传热系数 ψ 可利用《民用建筑热工设计规范》GB 50176—2016 提供的二维稳态传热计算软件计算。

5）围护结构的二维、三维稳态传热计算

① 计算软件

计算软件应通过相关评审，以确保计算的正确性，同时软件的输入、输出应便于检查，计算结果清晰、直观。

② 边界条件

外表面：第三类边界条件，室外参数符合第 4.1.2 节的规定，表面换热系数符合表 4.2-2 的规定。

内表面：第三类边界条件，室内参数符合第 4.1.3 节的规定，表面换热系数符合表 4.2-1 的规定。

其他边界：第二类边界条件，热流密度取 0；

室内空气相对湿度：冬季取 60%。

③ 计算模型

根据实际情况确定采用二维或三维传热计算。在二维传热模型中与热流方向平行的边界面按对称（或足够远）的原则选取，保证越过边界面的热量为零。在三维传热模型中与热流方向平行的边界面应按对称（或足够远）的原则选取，保证越过边界面的热量为零。模型的几何尺寸与材料应与节点构造设计一致。距离较小的热桥应合并计算。

④ 计算参数

常用建筑材料的热物理性能、空气间层的热阻值按照表 3.4-1 和表 4.3-1 取值。外墙常用保温构造形式及热桥线传热系数 ψ 参考值分别见表 4.4-1、表 4.4-2。

外墙常用保温构造形式　　　　　　　　　　　　　　表 4.4-1

外墙保温类型	构造形式	
外保温	W-C	W-P
	W-F	W-WR
	W-WU	W-WB
	W-SU	W-SB

外墙保温类型	构造形式
外保温	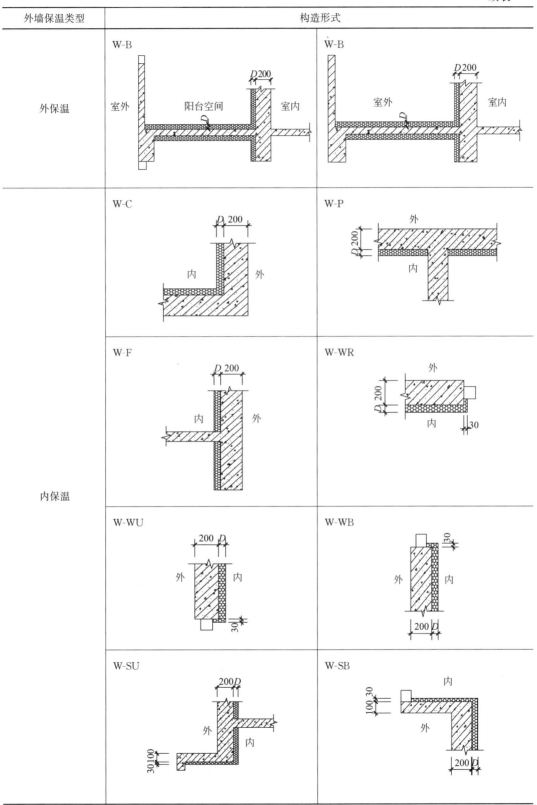
内保温	

外墙保温类型	构造形式
内保温	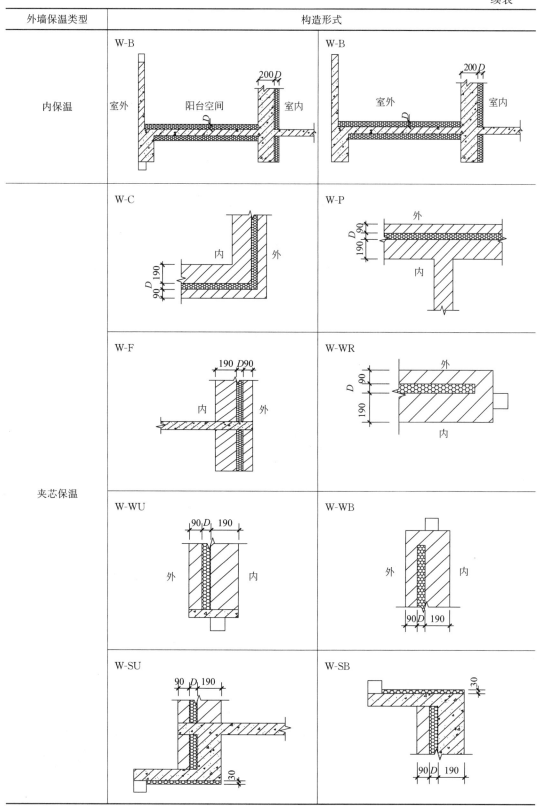
夹芯保温	

续表

外墙保温类型	构造形式	
夹芯保温	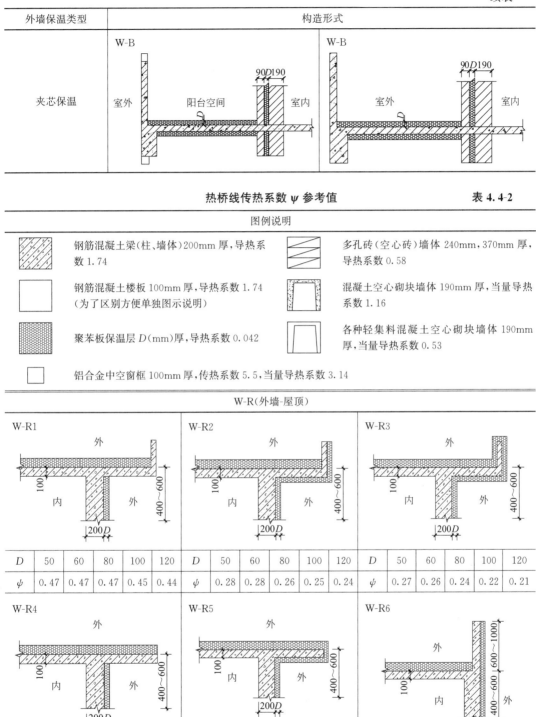	

热桥线传热系数 ψ 参考值　　　　　　　　　表 4.4-2

图例说明	
钢筋混凝土梁(柱、墙体)200mm 厚,导热系数 1.74	多孔砖(空心砖)墙体 240mm,370mm 厚,导热系数 0.58
钢筋混凝土楼板 100mm 厚,导热系数 1.74(为了区别方便单独图示说明)	混凝土空心砌块墙体 190mm 厚,当量导热系数 1.16
聚苯板保温层 D(mm)厚,导热系数 0.042	各种轻集料混凝土空心砌块墙体 190mm 厚,当量导热系数 0.53
铝合金中空窗框 100mm 厚,传热系数 5.5,当量导热系数 3.14	

W-R(外墙-屋顶)

W-R1

D	50	60	80	100	120
ψ	0.47	0.47	0.47	0.45	0.44

W-R2

D	50	60	80	100	120
ψ	0.28	0.28	0.26	0.25	0.24

W-R3

D	50	60	80	100	120
ψ	0.27	0.26	0.24	0.22	0.21

W-R4

D	50	60	80	100	120
ψ	0.47	0.47	0.47	0.45	0.44

W-R5

D	50	60	80	100	120
ψ	0.27	0.26	0.23	0.21	0.19

W-R6

D	50	60	80	100	120
ψ	0.69	0.69	0.68	0.67	0.65

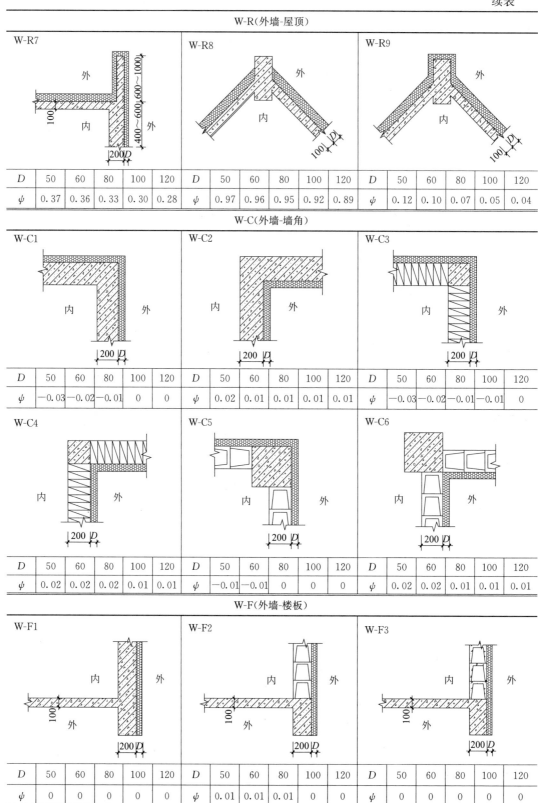

W-R(外墙-屋顶)

W-R7

D	50	60	80	100	120
ψ	0.37	0.36	0.33	0.30	0.28

W-R8

D	50	60	80	100	120
ψ	0.97	0.96	0.95	0.92	0.89

W-R9

D	50	60	80	100	120
ψ	0.12	0.10	0.07	0.05	0.04

W-C(外墙-墙角)

W-C1

D	50	60	80	100	120
ψ	−0.03	−0.02	−0.01	0	0

W-C2

D	50	60	80	100	120
ψ	0.02	0.01	0.01	0.01	0.01

W-C3

D	50	60	80	100	120
ψ	−0.03	−0.02	−0.01	−0.01	0

W-C4

D	50	60	80	100	120
ψ	0.02	0.02	0.02	0.01	0.01

W-C5

D	50	60	80	100	120
ψ	−0.01	−0.01	0	0	0

W-C6

D	50	60	80	100	120
ψ	0.02	0.02	0.01	0.01	0.01

W-F(外墙-楼板)

W-F1

D	50	60	80	100	120
ψ	0	0	0	0	0

W-F2

D	50	60	80	100	120
ψ	0.01	0.01	0.01	0	0

W-F3

D	50	60	80	100	120
ψ	0	0	0	0	0

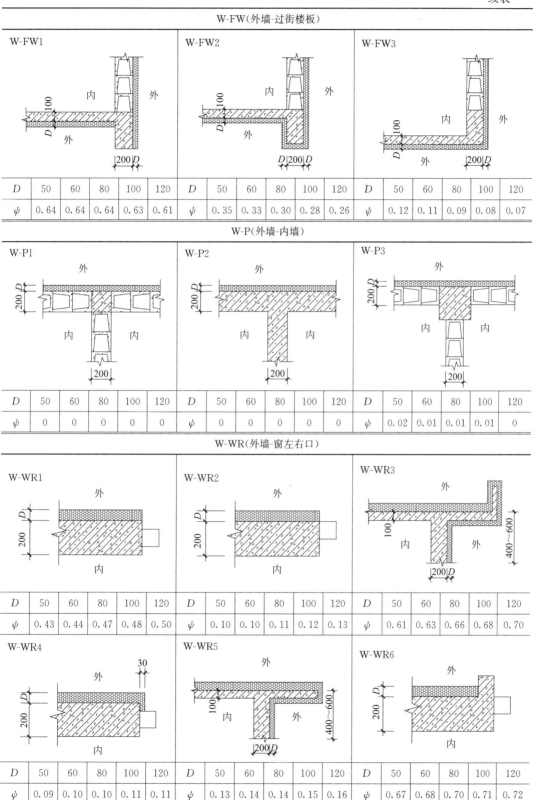

W-FW(外墙-过街楼板)

W-FW1

D	50	60	80	100	120
ψ	0.64	0.64	0.64	0.63	0.61

W-FW2

D	50	60	80	100	120
ψ	0.35	0.33	0.30	0.28	0.26

W-FW3

D	50	60	80	100	120
ψ	0.12	0.11	0.09	0.08	0.07

W-P(外墙-内墙)

W-P1

D	50	60	80	100	120
ψ	0	0	0	0	0

W-P2

D	50	60	80	100	120
ψ	0	0	0	0	0

W-P3

D	50	60	80	100	120
ψ	0.02	0.01	0.01	0.01	0

W-WR(外墙-窗左右口)

W-WR1

D	50	60	80	100	120
ψ	0.43	0.44	0.47	0.48	0.50

W-WR2

D	50	60	80	100	120
ψ	0.10	0.10	0.11	0.12	0.13

W-WR3

D	50	60	80	100	120
ψ	0.61	0.63	0.66	0.68	0.70

W-WR4

D	50	60	80	100	120
ψ	0.09	0.10	0.10	0.11	0.11

W-WR5

D	50	60	80	100	120
ψ	0.13	0.14	0.14	0.15	0.16

W-WR6

D	50	60	80	100	120
ψ	0.67	0.68	0.70	0.71	0.72

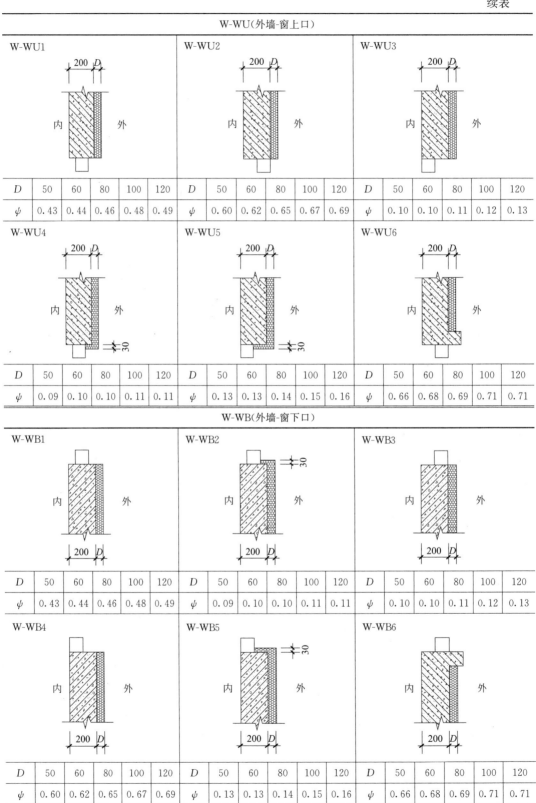

W-WU（外墙-窗上口）														
W-WU1						**W-WU2**						**W-WU3**		
D	50	60	80	100	120	D	50	60	80	100	120	D	50	60	80	100	120
ψ	0.43	0.44	0.46	0.48	0.49	ψ	0.60	0.62	0.65	0.67	0.69	ψ	0.10	0.10	0.11	0.12	0.13
W-WU4						**W-WU5**						**W-WU6**		
D	50	60	80	100	120	D	50	60	80	100	120	D	50	60	80	100	120
ψ	0.09	0.10	0.10	0.11	0.11	ψ	0.13	0.13	0.14	0.15	0.16	ψ	0.66	0.68	0.69	0.71	0.71

W-WB（外墙-窗下口）														
W-WB1						**W-WB2**						**W-WB3**		
D	50	60	80	100	120	D	50	60	80	100	120	D	50	60	80	100	120
ψ	0.43	0.44	0.46	0.48	0.49	ψ	0.09	0.10	0.10	0.11	0.11	ψ	0.10	0.10	0.11	0.12	0.13
W-WB4						**W-WB5**						**W-WB6**		
D	50	60	80	100	120	D	50	60	80	100	120	D	50	60	80	100	120
ψ	0.60	0.62	0.65	0.67	0.69	ψ	0.13	0.13	0.14	0.15	0.16	ψ	0.66	0.68	0.69	0.71	0.71

续表

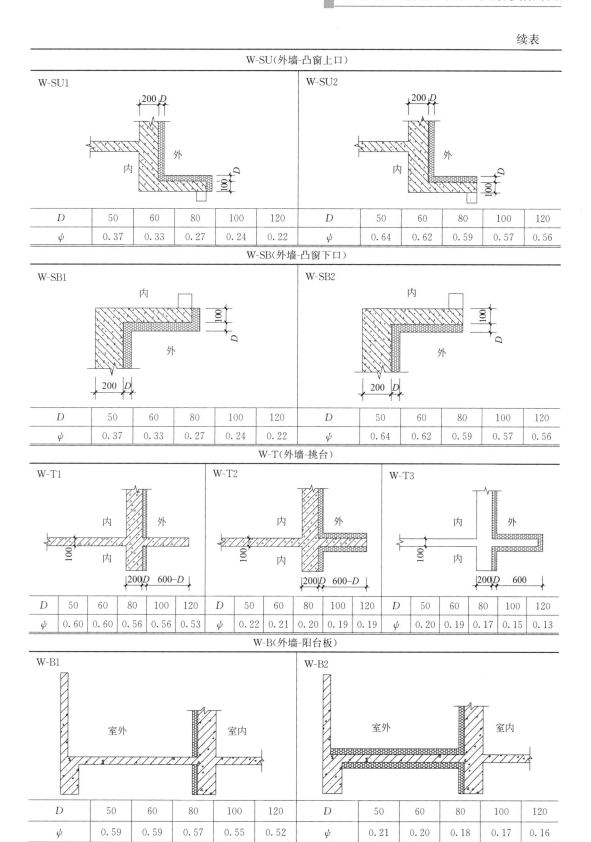

W-SU(外墙-凸窗上口)									
W-SU1						W-SU2			
D	50	60	80	100	120	D	50	60	80	100	120
ψ	0.37	0.33	0.27	0.24	0.22	ψ	0.64	0.62	0.59	0.57	0.56

W-SB(外墙-凸窗下口)									
W-SB1						W-SB2			
D	50	60	80	100	120	D	50	60	80	100	120
ψ	0.37	0.33	0.27	0.24	0.22	ψ	0.64	0.62	0.59	0.57	0.56

W-T(外墙-挑台)														
W-T1						W-T2						W-T3				
D	50	60	80	100	120	D	50	60	80	100	120	D	50	60	80	100	120
ψ	0.60	0.60	0.56	0.56	0.53	ψ	0.22	0.21	0.20	0.19	0.19	ψ	0.20	0.19	0.17	0.15	0.13

W-B(外墙-阳台板)									
W-B1						W-B2			
D	50	60	80	100	120	D	50	60	80	100	120
ψ	0.59	0.59	0.57	0.55	0.52	ψ	0.21	0.20	0.18	0.17	0.16

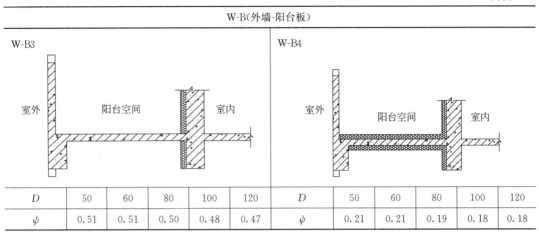

D	50	60	80	100	120	D	50	60	80	100	120
ψ	0.51	0.51	0.50	0.48	0.47	ψ	0.21	0.21	0.19	0.18	0.18

注：外保温墙体外墙和内墙交接形成的热桥线传热系数 ψ_{W-P}、外墙和楼板交接形成的热桥线传热系数 ψ_{W-F}、外墙墙角形成的热桥线传热系数 ψ_{W-C} 可近似取 0。

6）由于围护结构的形式多样，完全采用二维或三维的计算方式，工作量很大。为提高设计效率，在热桥的计算上提出了一种简化计算方法。

① 严寒、寒冷地区一般居住建筑，外墙外保温墙体的平均传热系数可按式（4.4-4）计算：

$$K_m = \varphi K \tag{4.4-4}$$

式中　K_m——外墙平均传热系数 $[W/(m^2 \cdot K)]$；

　　　K——外墙主断面传热系数 $[W/(m^2 \cdot K)]$；

　　　φ——外墙主断面传热系数的修正系数。应按墙体保温构造和传热系数综合考虑取值，其数值可按表 4.4-3 选取。

外墙主断面传热系数的修正系数 φ　　　　表 4.4-3

外墙平均传热系数 $K_m[W/(m^2 \cdot K)]$	外保温	
	普通窗	凸窗
0.70	1.1	1.2
0.65	1.1	1.2
0.60	1.1	1.3
0.55	1.2	1.3
0.50	1.2	1.3
0.45	1.2	1.3
0.40	1.2	1.3
0.35	1.3	1.4
0.30	1.3	1.4
0.25	1.4	1.5

② 对于一般公共建筑，外墙平均传热系数可按下式计算：

$$K_m = \varphi K \tag{4.4-5}$$

式中　K_m——外墙平均传热系数 $[W/(m^2 \cdot K)]$；

　　　K——外墙主体部位传热系数 $[W/(m^2 \cdot K)]$；

　　　φ——外墙主体部位传热系数的修正系数。

其中外墙主体部位传热系数的修正系数 φ' 可按表 4.4-4 取值。

外墙主体部位传热系数的修正系数 φ' 　　　　　表 4.4-4

气候分区	外保温	夹芯保温(自保温)	内保温
严寒地区	1.30	—	—
寒冷地区	1.20	1.25	—
夏热冬冷地区	1.10	1.20	1.20
夏热冬暖地区	1.00	1.05	1.05

注：如果寒冷地区采用内保温，或者严寒地区采用夹芯保温及内保温时，应按照《民用建筑热工设计规范》GB 50176—2016 详细计算外墙平均传热系数。

4.5　材料蓄热系数

材料的蓄热系数应按式（4.5-1）计算：

$$S = \sqrt{\frac{2\pi\lambda C\rho}{3.6T}} \tag{4.5-1}$$

式中　S——材料的蓄热系数 $[W/(m^2 \cdot K)]$，按第 3 章表 3.4-1 取值；

　　　λ——材料的导热系数 $[W/(m \cdot K)]$，按第 3 章表 3.4-1 取值；

　　　C——材料的比热容 $[kJ/(kg \cdot K)]$，按第 3 章表 3.4-1 取值；

　　　ρ——材料的密度 (kg/m^3)，按第 3 章表 3.4-1 取值；

　　　T——温度波动周期（h），一般取 $T=24h$；

　　　π——圆周率，取 $\pi=3.14$。

4.6　热惰性指标

对于不稳定传热，一般采用材料层的热惰性指标 D 评价围护结构热工性能，它反映了材料层抵抗温度波动的能力。热惰性指标越大，说明对温度波的衰减能力越大，穿透围护结构需要的时间越长。

1）对单一匀质材料层的热惰性指标应按式（4.6-1）计算：

$$D = R \cdot S \tag{4.6-1}$$

式中　D——材料层的热惰性指标，无量纲；

　　　R——材料层热阻 $(m^2 \cdot K/W)$；

　　　S——材料层蓄热系数 $[W/(m^2 \cdot K)]$。

2）多层匀质材料层组成的围护结构平壁的热惰性指标应按式（4.6-2）计算：

$$D = D_1 + D_2 + \cdots + D_n = R_1 \cdot S_1 + R_2 \cdot S_2 + \cdots + R_n \cdot S_n \tag{4.6-2}$$

式中　D_1，D_2，$\cdots$，D_n——各层材料的热惰性指标，无量纲，其中实体材料层的热惰性指标按式（4.6-1）计算，封闭空气层的热惰性指标应为零；

R_1，R_2，$\cdots$，R_n——分别为各层材料的热阻（$m^2 \cdot K/W$）；

S_1，S_2，$\cdots$，S_n——分别为各层材料的蓄热系数 [$W/(m^2 \cdot K)$]。

3) 计算由两种以上材料组成的、二（三）向非匀质复合围护结构的热惰性指标 $\overline{D}$ 值时，应先将非匀质复合围护结构沿平行于热流方向按不同构造划分成若干块，再按式（4.6-3）计算：

$$\overline{D} = \frac{D_1 A_1 + D_2 A_2 + \cdots + D_n A_n}{A_1 + A_2 + \cdots + A_n} \qquad (4.6\text{-}3)$$

式中　　　$\overline{D}$——非匀质复合围护结构的热惰性指标，无量纲；

A_1，A_2，$\cdots$，A_n——平行于热流方向的各块平壁的面积（m^2）；

D_1，D_2，$\cdots$，D_n——平行于热流方向的各块平壁的热惰性指标，按式（4.6-2）计算，无量纲。

4.7　围护结构内表面温度

1) 冬季围护结构平壁的内表面温度应按式（4.7-1）计算：

$$\theta_i = t_i - \frac{t_i - t_e}{R_0} R_i \qquad (4.7\text{-}1)$$

式中　θ_i——围护结构平壁的内表面温度（℃）；

R_0——围护结构平壁的传热阻（$m^2 \cdot K/W$）；

R_i——内表面换热阻（$m^2 \cdot K/W$），按表 4.2-1、表 4.2-3 取值；

t_i——室内计算温度（℃）；

t_e——室外计算温度（℃）。

2) 夏季围护结构平壁的内表面温度应采用一维非稳态计算方法，并按照房间运行工况确定相应的边界条件，围护结构内表面温度计算应符合以下要求。

① 计算软件

a. 计算软件应通过相关评审，以确保计算的正确性；

b. 软件的输入、输出应便于检查，计算结果清晰、直观。

② 边界条件

a. 外表面：第三类边界条件，室外空气逐时温度和各朝向太阳辐射应按照《民用建筑热工设计规范》GB 50176—2016 的规定取用，表面换热系数符合表 4.2-2 的规定。

b. 内表面：第三类边界条件，室内计算温度按照《民用建筑热工设计规范》GB 50176—2016 的规定取用，表面换热系数符合表 4.2-1 的规定。

c. 其他边界：第二类边界条件，热流密度取 0。

③ 计算模型

a. 计算模型应选取外墙、屋面的平壁部分；

b. 计算模型的几何尺寸与材料应与节点构造设计一致；

c. 当外墙、屋顶采用两种以上不同构造，且各部分面积相当时，应对每种构造分别进行计算，内表面温度的计算结果取最高值。

④ 计算参数

a. 常用建筑材料的热物理性能参数符合表 3.4-1 的规定；

b. 当材料的热物理性能参数有可靠来源时，也可以采用。

3）地面内表面温度应按式（4.7-2）计算：

$$\theta_{i \cdot g} = \frac{t_i R_g + \theta_e R_i}{R_g + R_i} \tag{4.7-2}$$

式中　$\theta_{i \cdot g}$——地面内表面温度（℃）；

　　　θ_e——地面层与土体接触面的温度（K），按附录 A 中表 A.1 的最冷月平均温度取值；

　　　R_g——地面热阻（m² · K/W）；

　　　t_i——室内计算温度，按照 4.1.2 节的规定选用（℃）；

　　　R_i——地面内表面换热阻，按 4.2 节的规定计算。

4）地下室外墙内表面温度应按式（4.7-3）计算

$$\theta_{i \cdot b} = \frac{t_i R_b + \theta_e R_i}{R_b + R_i} \tag{4.7-3}$$

式中　$\theta_{i \cdot b}$——地下室外墙内表面温度（K）；

　　　θ_e——地下室外墙与土体接触面的温度（K），按附录 A 中表 A.1 的最冷月平均温度取值；

　　　R_b——地下室外墙热阻（m² · K/W）；

　　　t_i——室内计算温度，按照 4.1.2 节的规定选用（℃）；

　　　R_i——地下室外墙内表面换热阻，按 4.2 节的规定计算。

4.8　室外综合温度

建筑围护结构的外表面除与室外空气产生热交换外，还受到太阳辐射的作用，其中太阳辐射包括太阳直接辐射、天空散射辐射、地面反射辐射以及地表和大气长波辐射。为了计算方便，把围护结构外表面与室外空气之间的对流换热和受太阳辐射热两者的共同作用综合成一个室外气象参数，这个参数称为"室外空气综合温度"。

（1）围护结构表面室外综合温度计算

$$t_{sa} = t_e + \frac{C_b \varepsilon}{\alpha_e} \left[\cos^2\left(\frac{\theta}{2}\right)\left(\frac{T_s + 273.15}{100}\right)^4 + \sin^2\left(\frac{\theta}{2}\right)\left(\frac{T_g + 273.15}{100}\right)^4 - \left(\frac{t_e + 273.15}{100}\right)^4 \right] +$$

$$\frac{\rho_s}{\alpha_e} \left\{ I_{hs}\left[\cos^2\left(\frac{\theta}{2}\right) + r_g \sin^2\left(\frac{\theta}{2}\right)\right] + I_{hd}\left[\cos\theta + \sin\theta \, \mathrm{ctg} h_s \cos(A_s - A_\phi) + r_g \sin^2\left(\frac{\theta}{2}\right)\right] \right\}$$

$$\tag{4.8-1}$$

式中　t_{sa}——室外综合温度（℃）；

　　　t_e——室外计算温度（℃）；

　　　C_b——黑体辐射系数，5.67W/(m² · K⁴)；

T_s、T_g——天空和地面的辐射温度（K）；

I_s、I_d——水平面上太阳直接辐射和散射辐射（W/m²）；

　　　ρ_s——外表面的太阳辐射吸收系数，无量纲，应按第 3 章表 3.1-3 取值；

α_e——外表面换热系数 $[W/(m^2 \cdot K)]$，按 4.2 节的规定采用；

r_g——地表面对太阳辐射的反射率；按第 2 章表 2.1-4 取值；

A_s、h_s——太阳的方位角和高度角（rad）；

A_ϕ——围护结构表面相对于南向的方位角（rad）。

$\theta=0$，可得到水平面围护结构的综合温度计算式；$\theta=\pi/2$，可得到垂直面围护结构的综合温度计算式。

（2）室外综合温度简化计算

$$t_{se} = t_e + \frac{\rho_s I}{\alpha_e} \tag{4.8-2}$$

式中 t_{se}——室外综合温度（℃）；

t_e——室外计算温度（℃）；

I——投射到围护结构外表面的太阳辐射照度（W/m^2）；

ρ_s——外表面的太阳辐射吸收系数，无量纲，应按第 3 章表 3.1-3 取值；

α_e——外表面换热系数 $[W/(m^2 \cdot K)]$，按 4.2 节的规定采用。

4.9 围护结构的衰减倍数和延迟时间

（1）什克洛维尔近似计算方法

1）围护结构表面蓄热系数计算

① 多层围护结构各层外表面蓄热系数按图 4.9-1 由内到外逐层进行计算。

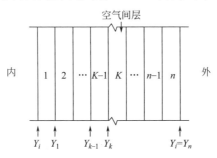

图 4.9-1 多层围护结构的层次排列

注：1. 空气间层的蓄热系数 $S=0$；

2. 若某层由几种不同材料组成组合壁时，则应求出组合壁的平均热阻 $\overline{R}$ 和平均蓄热系数 $\overline{S}$。

如果任何一层的 $D \geqslant 1$，则 $Y=S$，即取该层材料的蓄热系数。

如果第一层的 $D < 1$，则：

$$Y_{1,e} = \frac{R_1 S_1^2 + \alpha_i}{1 + R_1 \alpha_i} \tag{4.9-1}$$

如果第二层的 $D < 1$，则：

$$Y_{2,e} = \frac{R_2 S_2^2 + Y_{1,e}}{1 + R_2 Y_{1,e}} \tag{4.9-2}$$

其余类推，直到最后一层（第 n 层）：

$$Y_{n,e} = \frac{R_n S_n^2 + Y_{n-1,e}}{1 + R_n Y_{n-1,e}} \tag{4.9-3}$$

式中　S_1，S_2，…，S_n——各层材料的蓄热系数 [W/(m²·K)]；

R_1，R_2，…，R_n——各层材料的热阻 (m²·K/W)；

$Y_{1,e}$，$Y_{2,e}$，…，$Y_{n,e}$——各层材料的外表面蓄热系数 [W/(m²·K)]；

α_i——内表面换热系数 [W/(m²·K)]，取 8.7W/(m²·K)。

围护结构的外表面蓄热系数就是外侧第 n 层材料的外表面蓄热系数，即

$$Y_e = Y_{n,e} \tag{4.9-4}$$

② 多层围护结构各层内表面蓄热系数按图 4.9-1 由外到内逐层进行计算。如果任何一层的 $D_1 \geqslant 1$，则直接可得 $Y_i = Y_{1,i} = S_1$。如果最接近第一层的第 k 层热惰性指标 $D_k \geqslant 1$ 时，则该材料层的内表面蓄热系数取该材料层的蓄热系数，即 $Y_{k,i} = S_k$，然后从第 $k-1$ 层开始逐层向第 1 层计算，直至得到第 1 层的 $Y_{1,i} = Y_i$。

如果第 n 层的 $D_n \leqslant 1$，则

$$Y_{n,i} = \frac{R_n S_n^2 + \alpha_e}{1 + R_n \alpha_e} \tag{4.9-5}$$

如果第 $n-1$ 层的 $D_{n-1} \leqslant 1$，则：

$$Y_{n-1,i} = \frac{R_{n-1} S_{n-1}^2 + Y_{n,i}}{1 + R_{n-1} Y_{n,i}} \tag{4.9-6}$$

其余类推，直到最内层（第 1 层）：

$$Y_{1,i} = \frac{R_n S_n^2 + Y_{n-1,i}}{1 + R_n Y_{n-1,i}} \tag{4.9-7}$$

式中　$Y_{n,i}$，$Y_{n-1,i}$，…，$Y_{1,i}$——各层材料的内表面蓄热系数 [W/(m²·K)]；

α_e——外表面换热系数 [W/(m²·K)]，取 19.0W/(m²·K)。

围护结构的内表面蓄热系数就是内侧第 1 层材料的内表面蓄热系数，即

$$Y_i = Y_{1,i} \tag{4.9-8}$$

2）围护结构衰减倍数和延迟时间计算

① 室外温度波传到围护结构内表面时的衰减倍数 v_0 和延迟时间 ξ_0 计算

衰减倍数 v_0 按下式计算：

$$v_0 = 0.9 e^{\frac{D}{\sqrt{2}}} \frac{S_1 + \alpha_i}{S_1 + Y_{1,e}} \cdot \frac{S_2 + Y_{1,e}}{S_2 + Y_{2,e}} \cdots \frac{Y_{k-1,e}}{Y_{k,e}} \cdots \frac{S_n + Y_{n-1,e}}{S_n + Y_{n,e}} \cdot \frac{Y_e + \alpha_e}{\alpha_e} \tag{4.9-9}$$

式中　　　D——围护结构的热惰性指标，等于各材料层的热惰性指标之和；

α_i，α_e——分别为围护结构的内、外表面换热系数，内、外表面换热系数取值按表 4.2-1、表 4.2-2 确定；

$Y_{k,e}$，$Y_{k-1,e}$——分别为空气间层外表面和空气间层前一层材料外表面的蓄热系数 [W/(m²·K)]。

延迟时间 ξ_0 按下式计算：

$$\xi_0 = \frac{1}{15} \left[40.5 \sum D - \arctan \frac{\alpha_i}{\alpha_i + Y_i \sqrt{2}} + \arctan \frac{R_k \cdot Y_{k,i}}{R_k \cdot Y_{k,i} + \sqrt{2}} + \arctan \frac{Y_e}{Y_e + \alpha_e \sqrt{2}} \right]$$

$$\tag{4.9-10}$$

注：若无空气间层，$\arctan \dfrac{R_k \cdot Y_{k,i}}{R_k \cdot Y_{k,i} + \sqrt{2}} = 0$

式中　ξ_0——室外温度波的延迟时间（h）；

　　　$Y_{k,i}$——空气间层的内表面蓄热系数 $[W/(m^2 \cdot K)]$；

　　　R_k——空气间层热阻（$m^2 \cdot K/W$），按表 4.3-1 取值。

②室内温度波传到围护结构内表面时的衰减倍数 v_i 和延迟时间 ξ_i 计算

衰减倍数 v_i 按下式计算：

$$v_i = 0.9 e^{\dfrac{\alpha_i + Y_i}{\alpha_i}} \tag{4.9-11}$$

延迟时间 ξ_i 按下式计算：

$$\xi_i = \frac{1}{15} \arctan \frac{Y_i}{Y_i + \alpha_i \sqrt{2}} \tag{4.9-12}$$

式中　ξ_i——室内温度波的延迟时间（h）；

（2）周期传热软件计算方法

1）围护结构的衰减倍数应按式（4.9-13）计算：

$$v = \frac{\Theta_e}{\Theta_i} \tag{4.9-13}$$

式中　v——围护结构的衰减倍数，无量纲；

　　　Θ_e——室外综合温度或空气温度波幅（K）；

　　　Θ_i——室外综合温度或空气温度影响下的围护结构内表面温度波幅（K），应采用围护结构周期传热计算软件计算。

2）围护结构的延迟时间应按式（4.9-14）计算：

$$\xi = \xi_i' - \xi_e \tag{4.9-14}$$

式中　ξ——围护结构的延迟时间（h）；

　　　ξ_e——室外综合温度或空气温度达到最大值的时间（h）；

　　　ξ_i'——室外综合温度或空气温度影响下的围护结构内表面温度达到最大值的时间（h），应采用围护结构周期传热计算软件计算。

4.10　蒸汽渗透阻

蒸汽渗透阻是指一定厚度的物体，在两侧单位水蒸气分压作用下，通过单位面积渗透单位质量水蒸气所需要的时间，单位为 $m^2 \cdot h \cdot Pa/g$，用 H 表示。常用薄片材料和涂层的蒸汽渗透阻按照表 4.10-1 选用。

几种常用薄片材料和涂层的蒸汽渗透阻 H 值　　　　　表 4.10-1

序号	材料及涂层名称	厚度（mm）	$H(m^2 \cdot h \cdot Pa/g)$
1	普通纸板	1	16.0
2	石膏板	8	120.0
3	硬质木纤维板	8	106.7

续表

序号	材料及涂层名称	厚度(mm)	$H(\mathrm{m}^2 \cdot \mathrm{h} \cdot \mathrm{Pa/g})$
4	软质木纤维板	10	53.3
5	三层胶合板	3	226.6
6	纤维水泥板	6	266.6
7	热沥青一道	2	266.6
8	热沥青二道	4	480.0
9	乳化沥青二道	—	520.0
10	偏氯乙烯二道	—	1239.0
11	环氧煤焦油二道	—	3733.0
12	油漆二道(先做抹灰嵌缝、上底漆)	—	639.9
13	聚氯乙烯涂层二道	—	3866.3
14	氯丁橡胶涂层二道	—	3466.3
15	玛碲脂涂层一道	—	599.9
16	沥青玛碲脂涂层一道	—	639.9
17	沥青玛碲脂涂层二道	—	1079.9
18	石油沥青油毡	1.5	1106.6
19	石油沥青油纸	0.4	293.3
20	聚乙烯薄膜	0.16	733.3

注：引自《民用建筑热工设计规范》GB 50176—2016。

4.11　相对湿度和露点温度

室内外空气都含有一定水分的湿空气。相对湿度指一定温度，一定大气压力下，空气中水汽压与相同温度下饱和水汽压的百分比，相对湿度可近似表示为：

$$\varphi = \frac{P}{P_s} \times 100\% \tag{4.11-1}$$

湿空气的压强（全压）等于空气分压和水蒸气分压之和。处于饱和状态的湿空气中的水蒸气所呈现的压力，叫作"饱和蒸汽压"或"最大水蒸气分压"。饱和蒸汽压用 P_s 表示，未饱和的水蒸气分压则用 P 表示。附录 A.6 给出了标准大气压时不同温度下的最大水蒸气分压。由于在一定的大气压下，湿空气的温度越高，其一定容积中所能容纳的水蒸气越多，水蒸气所呈现的压力越大，故 P_s 值随温度升高而变大。

露点温度通常用 t_d 表示，其物理意义就是空气中的水蒸气开始出现结露的现象。在保持室内水蒸气分压不变的情况下，当温度降低到某一特定值时，P_s 小到与 P 值相等，则相对湿度 100%，不饱和的空气由于室温降低而达到饱和状态，这特定的温度称为该空气的"露点温度"。

【例题】 假设居室室内空气 $t_i = 18^\circ\mathrm{C}$，相对湿度 $\varphi = 61.1\%$，试求该居室空气的露点温度 t_d。

【解】

1）求出该居室的实际水蒸气分压 P

查附录 A.6 可得，当 $t_i=18℃$ 时，饱和蒸汽压 $P_s=2062.5Pa$；

$P=P_s\varphi=2062.5×0.611=1260Pa$。

2）按露点温度的定义，查附录 A.6，可求出露点温度

$P_s=1260Pa$ 对应的露点温度 $t_d=10.4℃$。

4.12 内部冷凝验算

(1) 建筑围护结构保温隔热材料因内部冷凝受潮而增加的重量湿度允许增量，应符合表 4.12-1 的规定

保温材料重量湿度的允许增量 $[\Delta w]$（%）　　　　　表 4.12-1

保温材料名称	重量湿度的允许增量$[\Delta w]$（%）
多孔混凝土(泡沫混凝土、加气混凝土等) $\rho_0=500\sim700kg/m^3$	4
水泥膨胀珍珠岩和水泥膨胀蛭石等 $\rho_0=300\sim500kg/m^3$	6
沥青膨胀珍珠岩和沥青膨胀蛭石等 $\rho_0=300\sim400kg/m^3$	7
矿渣和炉渣填料	2
水泥纤维板	5
矿棉、岩棉、玻璃棉及制品(板或毡)	5(3)
模塑聚苯乙烯泡沫塑料(EPS)	15
挤塑聚苯乙烯泡沫塑料(XPS)	10
硬质聚氨酯泡沫塑料(PUR)	10
酚醛泡沫塑料(PF)	10
玻化微珠保温浆料(自然干燥后)	5
胶粉聚苯颗粒保温浆料(自然干燥后)	5
复合硅酸盐保温板	5

(2) 围护结构内部水蒸气分压分布曲线

围护结构内任一层内界面的水蒸气分压分布曲线 P_m 不应与该界面饱和水蒸气分压曲线 P_s 相交。任一层内界面的水蒸气分压 P_m 应按式（4.12-1）计算：

$$P_m=P_i-\frac{\sum\limits_{j=1}^{m-1}H_j}{H_0}(P_i-P_e) \qquad (4.12-1)$$

式中　H_0——围护结构总蒸汽渗透阻（$m^2\cdot h\cdot Pa/g$）；

　　　P_i——室内空气水蒸气分压（Pa），根据室内温度和相对湿度确定；

　　　P_e——室外空气水蒸气分压（Pa），根据供暖期室外平均温度和平均相对湿度确定；

　　　H_j——从室内一侧算起，由第一层到第 $m-1$ 层的蒸汽渗透阻之和。

(3) 围护结构内部蒸汽渗透阻

当围护结构内部可能发生冷凝时，冷凝计算界面内侧所需的蒸汽渗透阻应按式（4.12-2）计算：

$$H_{0 \cdot i} = \frac{P_i - P_{s \cdot c}}{\dfrac{10 \rho_0 \delta_i [\Delta w]}{24Z} + \dfrac{P_{s \cdot c} - P_e}{H_{0,e}}} \tag{4.12-2}$$

式中　$H_{0 \cdot i}$——冷凝计算界面内侧所需的蒸汽渗透阻（$m^2 \cdot h \cdot Pa/g$）；

　　　$H_{0 \cdot e}$——冷凝计算界面至围护结构外表面之间的蒸汽渗透阻（$m^2 \cdot h \cdot Pa/g$）；

　　　P_i——室内空气水蒸气分压（Pa），根据室内温度和相对湿度确定；

　　　P_e——室外空气水蒸气分压（Pa），根据供暖期室外平均温度和平均相对温度确定；

　　　$P_{s \cdot c}$——冷凝计算界面处与界面温度 θ_c 对应的饱和水蒸气分压（Pa）；

　　　Z——供暖期天数；

　　　$[\Delta w]$——保温材料重量湿度的允许增量（%），应按表 4.12-1 中的数值直接采用；

　　　ρ_0——保温材料的干密度（kg/m^3）；

　　　δ_i——保温材料厚度（m）。

（4）围护结构冷凝界面温度

围护结构冷凝计算界面温度应按式（4.12-3）计算：

$$\theta_c = t_i - \frac{t_i - \bar{t}_e}{R_0}(R_i + R_{0 \cdot i}) \tag{4.12-3}$$

式中　θ_c——冷凝计算界面温度（℃）；

　　　t_i——室内计算温度（℃）；

　　　$\bar{t}_e$——供暖期室外平均温度（℃）；

　R_0、R_i——围护结构传热阻、内表面换热阻（$m^2 \cdot K/W$）；

　　　$R_{0 \cdot i}$——冷凝计算界面至围护结构内表面之间的热阻（$m^2 \cdot K/W$）。

（5）围护结构冷凝计算界面的确定

围护结构冷凝计算界面的位置，应取保温隔热层与外侧密实材料层的交界处，见图 4.12-1。

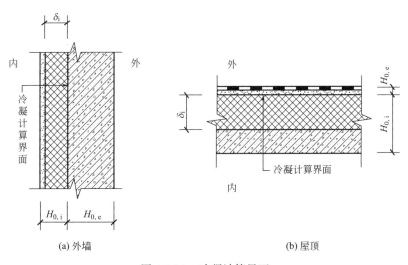

（a）外墙　　　　　　　　　　　　　　　（b）屋顶

图 4.12-1　冷凝计算界面

131

（6）无通风口的坡屋顶蒸汽渗透阻计算

对于不设通风口的坡屋顶，其顶棚部分的蒸汽渗透阻应符合式（4.12-4）的要求：

$$H_{0 \cdot c} > 1.2(P_i - P_e) \qquad (4.12\text{-}4)$$

式中　$H_{0 \cdot c}$——顶棚部分的蒸汽渗透阻（m² · h · Pa/g）；

　　　P_i，P_e——室内、室外空气水蒸气分压（Pa）。

4.13　辐射换热计算

当物体之间存在温差时，以热辐射的方式进行能量交换的结果使高温物体失去热量，低温物体获得热量，这种热量传递称为辐射换热。两物体辐射换热计算按式（4.13-1）计算：

$$Q = C_n \left[\left(\frac{T_1}{100} \right)^4 - \left(\frac{T_2}{100} \right)^4 \right] F_1 \qquad (4.13\text{-}1)$$

式中　C_n——辐射系数［W/(m² · K⁴)］；

　　　T_1，T_2——两物体的温度（K）；

　　　F_1——辐射体的辐射表面积（m²）。

4.14　室内热环境评价指标

美国供暖、制冷和空气调节工程师学会（ASHRAE）把热舒适环境定义为：人在心理状态上感到满意的热环境。热舒适环境取决于 6 个主要因素，其中 4 个与环境有关：干球温度、空气中的水蒸气分压、空气速度和辐射温度，另外两个与人有关：新陈代谢率和服装。当然，热舒适还和其他一些次要因素有关系。例如大气压力、人的肥胖程度、人的汗腺功能等。这些因素对人舒适状态的影响可以分别进行研究，但是，人体对于某种外界条件的适应常常是一个综合过程。人体对许多共同作用的因素的反应是十分复杂的。

目前国内外使用最广泛的评价指标主要有 *PMV-PPD* 指标及热适应性模型。

4.14.1　*PMV-PPD* 指标

丹麦工业大学教授 Fanger 在热舒适方程的基础上建立了 *PMV*（Predicted Mean Vote）环境指标（表 4.14-1），综合考虑了 6 个客观物理因素的影响，包括 4 个环境因素（温度、湿度、风速、平均辐射温度）和 2 个人为因素（活动量、衣着量），将反映人体客观生理现象的人体热负荷与人的主观热感觉用一个指数函数联系起来，成为稳态空调环境下评价人体热感觉的国际通用指标和热舒适指标 ASHRAE 55 和 ISO 7730 的基础。

Fanger 的七级指标　　　　　　　　　　　　　　表 4.14-1

PMV 值	+3	+2	+1	0	−1	−2	−3
预测热感觉	热	暖	稍暖	舒适	稍凉	凉	冷

Fanger 人体热舒适评价指标预期平均评价 *PMV*（Predicted Mean Vote）计算式：

$$PMV = [0.303 \exp(-0.036M) + 0.0275] f(M, t_a, P_a, \theta_{mrt}, I_{cl}, v_a) \qquad (4.14\text{-}1)$$

即

$$PMV=[0.303\exp(-0.036M)+0.0275]\{M-W-0.0014M(34-t_{\mathrm{a}})-0.0173M(5.867-P_{\mathrm{a}})-$$
$$3.05[5.733-0.007(M-W)-P_{\mathrm{a}}]-0.42(M-W-58.15)-$$
$$3.96\times10^{-8}f_{\mathrm{cl}}[(t_{\mathrm{cl}}+273)^4-(\theta_{\mathrm{mrt}}+273)^4]-\alpha_{\mathrm{c}}f_{\mathrm{cl}}(t_{\mathrm{cl}}-t_{\mathrm{a}})\} \qquad (4.14\text{-}2)$$

式中　M——人体能量代谢率（W/m²），不同活动量对应的新陈代谢率见表 4.14-2；

　　　W——人体所做的机械功（W/m²）；

　　　P_{a}——水蒸气分压（kPa），$P_{\mathrm{a}}=pd/(0.622+d)$。其中 p 为总压力，一般取为标准大气压力，d 为含湿量 [kg/kg(DA)]；

　　　t_{a}——环境空气温度（℃）；

　　　f_{cl}——人体服装表面系数，按式（4.14-3）计算；

　　　t_{cl}——人体着装后外表面温度（℃），按式（4.14-4）计算；

　　　α_{c}——对流换热系数 [W/(m²·K)]，按式（4.14-5）计算。

人体新陈代谢率对照表　　　　　　　　　　　　　　　表 4.14-2

活动形式	代谢率(W/m²)(met)
睡眠	40(0.7)
躺着	46(0.8)
坐着休息	58.2(1.0)
坐着活动或立着休息(办公室、寓所、学校、实验室)	70(1.2)
站着,轻微活动量(商店、实验室、轻工业)	93(1.6)
站着,中等活动量(车工、家务、机械工)	116(2.0)
2km/h 时速步行	110(1.9)
3km/h 时速步行	140(2.4)
4km/h 时速步行	165(2.8)
5km/h 时速步行	200(3.4)

人体服装面积系数 f_{cl} 按式（4.14-3）计算，其中衣服热阻 I_{cl} 的取值与温度有关，按照表 4.14-3 选取。

$$f_{\mathrm{cl}}=\begin{cases}1.0+0.2I_{\mathrm{cl}} & I_{\mathrm{cl}}<0.5\mathrm{clo} \\ 1.05+0.1I_{\mathrm{cl}} & I_{\mathrm{cl}}<0.5\mathrm{clo}\end{cases} \qquad (4.14\text{-}3)$$

衣服热阻与室外温度的关系　　　　　　　　　　　　表 4.14-3

室外温度 t_{out}(℃)	≥30	[27,30)	[24,27)	[20,24)	[16,20)	[13,16)	[9,13)	[5,9)	≤5
衣服热阻 I_{cl}(clo)	0.4	0.5	0.6	0.8	1.0	1.3	1.6	1.8	2.0

人体着装后外表面温度 t_{cl} 的表达式为：

$$t_{\mathrm{cl}}=35.7-0.028(M-W)-I_{\mathrm{cl}}\{3.96\times10-8f_{\mathrm{cl}}[(t_{\mathrm{cl}}+273)^4-(\theta_{\mathrm{mrt}}+273)^4]-\alpha_{\mathrm{c}}f_{\mathrm{cl}}(t_{\mathrm{cl}}-t_{\mathrm{a}})\}$$
$$(4.14\text{-}4)$$

式中　t_a——环境空气温度（℃），根据具体参数逐时取值；

　　　θ_{mrt}——周围环境的平均辐射温度，工程中一般认为等于室外空气温度值，也可根据具体参数逐时取值。

对流换热系数 α_c 的表达式为：

$$\alpha_c = \begin{cases} 238(t_{cl} - t_a)^{0.25} & 238(t_{cl} - t_a)^{0.25} > 121\sqrt{v} \\ 121\sqrt{v} & 238(t_{cl} - t_a)^{0.25} < 121\sqrt{v} \end{cases} \tag{4.14-5}$$

式中　v——室外风速（m/s）。

利用式（4.14-2）估算出 PMV 值后就可以根据 $PMV\text{-}PPD$ 关系式估算 PPD 值：

$$PPD = 100 - 95\exp[-(0.03353PMV^4 + 0.2179PMV^2)] \tag{4.14-6}$$

$PMV\text{-}PPD$ 变化曲线如图 4.14-1 所示：

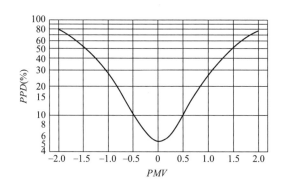

图 4.14-1　$PMV\text{-}PPD$ 关系图

ISO 7730 对 $PMV\text{-}PPD$ 的推荐值为 $PPD < 10\%$，PMV 值在 $-0.5 \sim +0.5$ 之间。相当于在人群中允许有 10% 的人感到不满意。

由于 PMV 在非空调环境及相对过热环境下与实际热舒适调查结果有显著差异，也随着国家和地区不同，PMV 值也有所差异。因此，Fanger 提出了 PMV 修正模型，引入了一个值为 $0.5 \sim 1$ 的修正因子 e 来修正 PMV 模型：

$$PMVe = e \times PMV \tag{4.14-7}$$

对于中国地区，e 值应为 0.7。这主要是由于在非空调环境下人们对于环境的期望值低造成的。在自然通风环境下的受试者觉得自己注定要生活在较热或较冷的环境中，所以容易满足，给出的 PMV 值的绝对值就较低。因此，由 Fanger 的 PMV 修正模型可得，在中国地区自然通风情况下，$PPD = 20\%$ 时，PMV 值应该为 $-0.85/0.7 \sim +0.85/0.7$，即 $-1.21 \sim +1.21$。

4.14.2　适应性模型

适应模型是指在实际环境情况下，人在更大的温度、环境范围内，改变行为或逐步调整自己的期望值以适应其热环境。主要有以下三种基本的适应。

① 生理适应：在长期特定的且相对残酷的热环境下形成的生物体反应。

② 行为适应：人们改变身体热量平衡所做的有意或无意的行动，比如换衣服、改变活动量、打开风扇等；适应模型认为在自然通风环境中，用户通常拥有更多的环境控制手

段，这也是用户感到更舒适的一个重要原因。

③ 对热环境的心理适应：由于自己的经历和期望而改变了的对客观环境的感受和反应。适应模型认为这是解释自然通风建筑中实际观测结果和 PMV 预测结果不同的主要原因。

适应模型提出将室内最优的舒适温度和月平均室外温度（月平均最高温度和最低温度的代数平均值）联系起来，并得到一个线性回归公式。De Dear 和 Bragae 给出的公式为：

$$t_{comf} = 0.31 t_{a,out} + 17.8 \qquad (4.14-8)$$

式中 t_{comf}——室内最优的舒适温度；

$t_{a,out}$——室外空气平均温度。

适应模型根据 90% 和 80% 可接受舒适度定义了一个室内舒适温度的范围，如图 4.14-2 所示。

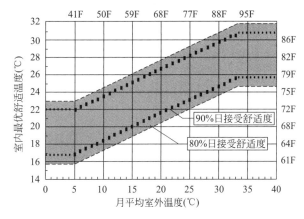

图 4.14-2 自然通风建筑的适应性热舒适标准

对于中国人来说，以 80% 可接受舒适度可通过下式确定舒适范围的上下限。

$$t_{upper} = \begin{cases} 22.85 & 0 \leqslant t_{a,out} < 5 \\ 0.31 t_{a,out} + 21.3 & 5 \leqslant t_{a,out} \leqslant 33 \\ 31.53 & 33 < t_{a,out} \leqslant 40 \end{cases} \qquad (4.14-9)$$

$$t_{lower} = \begin{cases} 15.85 & 0 \leqslant t_{a,out} < 5 \\ 0.31 t_{a,out} + 14.3 & 5 \leqslant t_{a,out} \leqslant 33 \\ 24.53 & 33 < t_{a,out} \leqslant 40 \end{cases} \qquad (4.14-10)$$

若室外月平均低于 0℃，则采用公式 $t_{comf} = 0.31 t_{a,out} + 17.8$ 计算出室内最优的舒适温度，其舒适范围为 $(t_{comf} - 3.5) \sim (t_{comf} + 3.5)$。

在具体计算时，我们可以将建筑热环境模拟模型计算出的自然室温数值和利用上式确定的数值进行比较，以确定利用自然通风是否能够达到舒适要求，或是否需要空调系统。

4.15 门窗和玻璃幕墙的热工计算及结露性能评价

建筑门窗、玻璃幕墙的热工性能、结露性能评价的计算条件和方法应满足现行行业标准《建筑门窗玻璃幕墙热工计算规程》JGJ/T 151 的相应规定。

4.15.1 门窗热工性能计算

门窗一般是由框架和玻璃板组成的，门窗玻璃板面积定义为门窗两侧可视面积中较小的面积，整樘窗的传热系数应按式（4.15-1）计算：

$$U_t = \frac{\sum U_g A_g + \sum U_f A_f + \sum I_\phi \psi}{A_t}$$ (4.15-1)

式中 U_t——整樘窗的传热系数 [W/(m^2·K)]；

$\quad A_g$——窗玻璃（或者其他镶嵌板）面积（m^2）；

$\quad A_f$——窗框面积（m^2）；

$\quad A_t$——窗面积（m^2）；

$\quad I_\phi$——玻璃区域（或者其他镶嵌板区域）的边缘长度（m）；

$\quad U_g$——窗玻璃（或者其他镶嵌板）的传热系数 [W/(m^2·K)]；

$\quad U_f$——窗框的传热系数 [W/(m^2·K)]；

$\quad \psi$——窗框和窗玻璃（或者其他镶嵌板）之间的线传热系数 [W/(m·K)]。

整樘窗的太阳光总透射比 g_t 应按式（4.15-2）计算：

$$g_t = \frac{\sum g_g A_g + \sum g_f A_f}{A_t}$$ (4.15-2)

式中 g_t——整樘窗的太阳光总透射比，也叫太阳得热系数 $SHGC$；

$\quad A_g$——玻璃或透明面板板面积（m^2）；

$\quad A_f$——窗框面积（m^2）；

$\quad g_g$——窗玻璃（或其他镶嵌板）区域太阳光总透射比；

$\quad g_f$——窗框的太阳光总透射比；

$\quad A_t$——窗面积（m^2）。

整樘窗的遮阳系数应按式（4.15-3）计算：

$$SC = \frac{g_t}{0.87}$$ (4.15-3)

式中 SC——整樘窗的遮阳系数；

$\quad g_t$——整樘窗的太阳光总透射比。

整樘窗的可见光透射比应按式（4.15-4）计算：

$$\tau_t = \frac{\sum \tau_v A_g}{A_t}$$ (4.15-4)

式中 τ_t——整樘窗的可见光透射比；

$\quad \tau_v$——窗玻璃（或其他镶嵌板）的可见光透射比；

$\quad A_g$——窗玻璃（或其他镶嵌板）面积（m^2）；

$\quad A_t$——窗面积（m^2）。

4.15.2 玻璃幕墙热工性能计算

单幅幕墙的传热系数 U_{cw} 按式（4.15-5）计算：

$$U_{\mathrm{CW}} = \frac{\sum U_{\mathrm{g}}A_{\mathrm{g}} + \sum U_{\mathrm{p}}A_{\mathrm{p}} + \sum U_{\mathrm{f}}A_{\mathrm{f}} + \sum \psi_{\mathrm{g}}I_{\mathrm{g}} + \sum \psi_{\mathrm{p}}I_{\mathrm{p}}}{\sum A_{\mathrm{g}} + \sum A_{\mathrm{p}} + \sum A_{\mathrm{f}}} \tag{4.15-5}$$

式中　U_{CW}——单幅幕墙的传热系数 [W/(m^2·K)]；

$\quad\quad A_{\mathrm{g}}$——玻璃或透明面板面积（m^2）；

$\quad\quad I_{\mathrm{g}}$——玻璃或透明面板边缘长度（m）；

$\quad\quad U_{\mathrm{g}}$——玻璃或透明面板中部的传热系数 [W/(m^2·K)]；

$\quad\quad \psi_{\mathrm{g}}$——玻璃或透明面板边缘的线传热系数 [W/(m·K)]；

$\quad\quad A_{\mathrm{p}}$——非透明面板面积（m^2）；

$\quad\quad I_{\mathrm{p}}$——非透明面板边缘长度（m）；

$\quad\quad U_{\mathrm{p}}$——非透明面板中部的传热系数 [W/(m^2·K)]；

$\quad\quad \psi_{\mathrm{p}}$——非透明面板边缘的线传热系数 [W/(m·K)]；

$\quad\quad A_{\mathrm{f}}$——框面积（m^2）；

$\quad\quad U_{\mathrm{f}}$——框的面传热系数 [W/(m^2·K)]。

单幅幕墙的太阳光总透射比 g_{CW} 应按式（4.15-6）计算：

$$g_{\mathrm{CW}} = \frac{\sum g_{\mathrm{g}}A_{\mathrm{g}} + \sum g_{\mathrm{p}}A_{\mathrm{p}} + \sum g_{\mathrm{f}}A_{\mathrm{f}}}{A} \tag{4.15-6}$$

式中　g_{CW}——单幅幕墙的太阳光总透射比；

$\quad\quad A_{\mathrm{g}}$——单玻璃或透明面板面积（m^2）；

$\quad\quad g_{\mathrm{g}}$——玻璃或透明面板的太阳光总透射比；

$\quad\quad A_{\mathrm{p}}$——非透明面板面积（m^2）；

$\quad\quad g_{\mathrm{p}}$——非透明面板的太阳光总透射比；

$\quad\quad A_{\mathrm{f}}$——框面积（m^2）；

$\quad\quad g_{\mathrm{f}}$——框的太阳光总透射比；

$\quad\quad A$——幕墙单元面积（m^2）。

单幅幕墙的遮阳系数 SC_{CW} 应按式（4.15-7）计算：

$$SC_{\mathrm{CW}} = \frac{g_{\mathrm{CW}}}{0.87} \tag{4.15-7}$$

式中　SC_{CW}——单幅幕墙的遮阳系数；

$\quad\quad g_{\mathrm{CW}}$——单幅幕墙的太阳光总透射比。

幕墙单元的可见光透射比应按式（4.15-8）计算：

$$\tau_{\mathrm{CW}} = \frac{\sum \tau_{\mathrm{v}}A_{\mathrm{g}}}{A} \tag{4.15-8}$$

式中　τ_{CW}——幕墙单元的可见光透射比；

$\quad\quad \tau_{\mathrm{v}}$——透光面板的可见光透射比；

$\quad\quad A$——幕墙单元面积（m^2）；

$\quad\quad A_{\mathrm{g}}$——透光面板面积（m^2）。

4.15.3　结露性能评价

水表面（高于0℃）的饱和水蒸气压应按式（4.15-9）计算：

$$E_s = E_0 \times 10^{\frac{a \cdot t}{b+t}} \tag{4.15-9}$$

式中　E_s——空气的饱和水蒸气压（hPa）；

　　　E_0——空气温度为0℃时的饱和水蒸气压，取$E_0 = 6.11$hPa；

　　　t——空气温度（℃）；

　　a，b——参数，$a = 7.5$，$b = 237.3$。

在一定空气相对湿度f下，空气的水蒸气压e可按式（4.15-10）计算：

$$e = f E_s \tag{4.15-10}$$

式中　e——空气的水蒸气压（hPa）；

　　　f——空气的相对湿度（%）；

　　　E_s——空气的饱和水蒸气压（hPa）。

空气的露点温度可按式（4.15-11）计算：

$$t_d = \frac{b}{\dfrac{a}{\lg\left(\dfrac{e}{6.11}\right)} - 1} \tag{4.15-11}$$

式中　t_d——空气的露点温度（℃）；

　　　e——空气的水蒸气压（hPa）；

　　a，b——参数，$a = 7.5$，$b = 237.3$。

采用产品的结露性能评价指标$T_{10,\min}$确定门窗、玻璃幕墙在实际工程中是否结露，应以内表面最低温度不低于室内露点温度为满足要求，可按式（4.15-12）计算判定：

$$(T_{10,\min} - T_{out,std}) \cdot \frac{T_{in} - T_{out}}{T_{in,std} - T_{out,std}} + T_{out} \geqslant t_d \tag{4.15-12}$$

式中　$T_{10,\min}$——产品的结露性能评价指标（℃）；

　　　$T_{in,std}$——结露性能计算时对应的室内标准温度（℃）；

　　　$T_{out,std}$——结露性能计算时对应的室外标准温度（℃）；

　　　T_{in}——实际工程对应的室内计算温度（℃）；

　　　T_{out}——实际工程对应的室外计算温度（℃）；

　　　t_d——室内设计环境条件对应的露点温度（℃）。

建筑外窗、玻璃幕墙结露计算时，计算节点应包括所有的框、面板边缘以及面板中部。面板中部的结露性能评价指标T_{10}应采用二维稳态传热计算得到的面板中部区域室内表面的温度值。

4.15.4　典型窗框及玻璃的热工参数计算

(1) 采用有限单元法进行数值计算得到窗框传热系数

传热系数的数值包括了外框面积的影响。计算传热系数的数值时取$h_{in} = 8.0$W/（m²·K）和$h_{out} = 23$W/（m²·K）。

1）塑钢窗框见表4.15-1。

2）木窗框见图4.15-1、图4.15-2。

木窗框的U_f值是在含水率为12%的情况下获得的，窗框厚度应根据框扇的不同构造，采用平均厚度。

带有金属钢衬的塑料窗框的传热系数　　　　表 4.15-1

窗框材料	窗框种类	$U_f[\text{W}/(\text{m}^2 \cdot \text{K})]$
聚氨酯	带有金属加强筋,型材壁厚的净厚度≥5mm	2.8
PVC腔体截面	从室内到室外为两腔结构,无金属加强筋	2.2
	从室内到室外为两腔结构,带金属加强筋	2.7
	从室内到室外为三腔结构,无金属加强筋	2.0

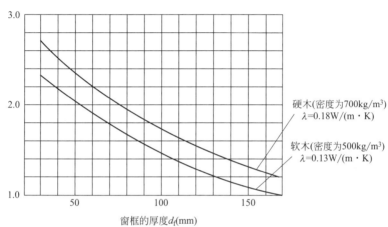

图 4.15-1　木窗框以及金属-木窗框的热传递与窗框厚度 d_f 的关系

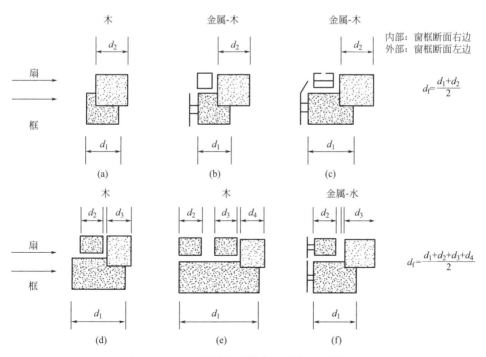

图 4.15-2　不同窗户系统窗框厚度 d_f 的定义

3) 金属窗框

框的传热系数 U_f 的数值可通过下列步骤计算获得:

金属窗框的传热系数 U_f 应按式 (4.15-13) 计算:

$$U_f = \frac{1}{\frac{A_{f,i}}{h_i A_{d,i}} + R_f + \frac{A_{f,e}}{h_e A_{d,e}}} \tag{4.15-13}$$

式中　$A_{d,i}$——框室内部分的表面积（m²）；

$A_{d,e}$——框室外部分的表面积（m²）；

$A_{f,i}$——框室内部分的投影面积（m²）；

$A_{f,e}$——框室外部分的投影面积（m²）；

h_i——窗框的内表面换热系数 [W/(m²·K)]；

h_e——窗框的外表面换热系数 [W/(m²·K)]；

R_f——窗框截面的热阻 [隔热条的导热系数为 0.2～0.3W/(m·K) 时] [m²·K/W]。

金属窗框截面的热阻 R_f 按式 (4.15-14) 计算:

$$R_f = \frac{1}{U_{f0}} - 0.17 \tag{4.15-14}$$

没有隔热的金属框，$U_{f0} = 5.9$W/(m²·K)。具有隔热的金属窗框，U_{f0} 的数值按图 4.15-3 中阴影区域上线的粗线选取。图 4.15-4、图 4.15-5 为两种不同的隔热金属框截面类型示意图。

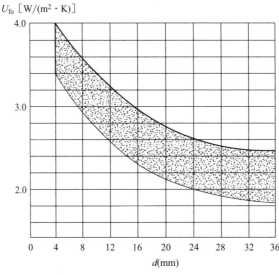

图 4.15-3　带隔热的金属窗框的传热系数值

d—热断桥对应的铝合金截面之间的最小距离（mm）

图 4.15-3 中，带隔热条的金属窗框使用的条件是:

$$\sum_j b_j \leqslant 0.2 b_f \tag{4.15-15}$$

式中　b_j——热断桥 j 的宽度（mm）；

$\quad\quad b_f$——窗框的宽度（mm）。

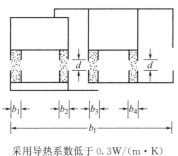

采用导热系数低于 $0.3\text{W}/(\text{m}\cdot\text{K})$

图 4.15-4　隔热金属框截面类型 1

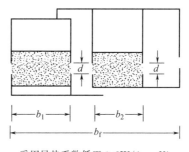

采用导热系数低于 $0.2\text{W}/(\text{m}\cdot\text{K})$

图 4.15-5　隔热金属框截面类型 2

图 4.15-3 中，采用泡沫材料隔热金属框的适用条件是：

$$\sum_j b_j \leqslant 0.3 b_f \tag{4.15-16}$$

式中　b_j——热断桥 j 的宽度（mm）；

$\quad\quad b_f$——窗框的宽度（mm）。

窗框与玻璃结合处的线传热系数 ψ，在没有精确计算的情况下，可采用表 4.15-2 中的估算值。

铝合金、钢（不包括不锈钢）与中空玻璃结合的线传热系数 ψ　　　表 4.15-2

窗框材料	双层或三层未镀膜中空玻璃 $\psi[\text{W}/(\text{m}\cdot\text{K})]$	双层 Low-E 镀膜或三层（其中两片 Low-E 镀膜）中空玻璃 $\psi[\text{W}/(\text{m}\cdot\text{K})]$
木窗框和塑料窗框	0.04	0.06
带热断桥的金属窗框	0.06	0.08
没有断桥的金属窗框	0	0.02

（2）近似取值

在没有精确计算的情况下，典型窗的传热系数可采用表 4.15-3～表 4.15-6 近似取值。

窗框面积占整樘窗面积 30% 的窗户传热系数　　　表 4.15-3

玻璃传热系数 K_f $[\text{W}/(\text{m}^2\cdot\text{K})]$	窗户传热系数 $K_f[\text{W}/(\text{m}^2\cdot\text{K})]$								
	1.0	1.4	1.8	2.2	2.6	3.0	3.4	3.8	7.0
5.7	4.3	4.4	4.5	4.6	4.8	4.9	5.0	5.1	6.1
3.3	2.7	2.8	2.9	3.1	3.2	3.4	3.5	3.6	4.4
3.1	2.6	2.7	2.8	2.9	3.1	3.2	3.3	3.5	4.3
2.9	2.4	2.5	2.7	2.8	3.0	3.1	3.2	3.3	4.1
2.7	2.3	2.4	2.5	2.6	2.8	2.9	3.1	3.2	4.0
2.5	2.2	2.3	2.4	2.6	2.7	2.8	3.0	3.1	3.9

玻璃传热系数 K_f [W/(m²·K)]	窗户传热系数 K_f[W/(m²·K)]								
	1.0	1.4	1.8	2.2	2.6	3.0	3.4	3.8	7.0
2.3	2.1	2.2	2.3	2.4	2.6	2.7	2.8	2.9	3.8
2.1	1.9	2.0	2.2	2.3	2.4	2.6	2.7	2.8	3.6
1.9	1.8	1.9	2.0	2.1	2.3	2.4	2.5	2.7	3.5
1.7	1.6	1.8	1.9	2.0	2.2	2.3	2.4	2.5	3.3
1.5	1.5	1.6	1.7	1.9	2.0	2.1	2.3	2.4	3.2
1.3	1.4	1.5	1.6	1.7	1.9	2.0	2.1	2.2	3.1
1.1	1.2	1.3	1.5	1.6	1.7	1.9	2.0	2.1	2.9
2.3	2.0	2.1	2.2	2.4	2.5	2.7	2.8	2.9	3.7
2.1	1.9	2.0	2.1	2.2	2.4	2.5	2.6	2.8	3.6
1.9	1.7	1.8	2.0	2.1	2.3	2.4	2.5	2.6	3.4
1.7	1.6	1.7	1.8	1.9	2.1	2.2	2.4	2.5	3.3
1.5	1.5	1.6	1.7	1.9	2.0	2.1	2.3	2.4	3.2
1.3	1.4	1.5	1.6	1.7	1.9	2.0	2.1	2.2	3.1
1.1	1.2	1.3	1.5	1.6	1.7	1.9	2.0	2.1	2.9
0.9	1.1	1.2	1.3	1.4	1.6	1.7	1.8	2.0	2.8
0.7	0.9	1.1	1.2	1.3	1.5	1.6	1.7	1.8	2.6
0.5	0.8	0.9	1.0	1.2	1.3	1.4	1.6	1.7	2.5

窗框面积占整樘窗面积20%的窗户传热系数　　表4.15-4

玻璃传热系数 K_f [W/(m²·K)]	窗户传热系数 K_f[W/(m²·K)]								
	1.0	1.4	1.8	2.2	2.6	3.0	3.4	3.8	7.0
5.7	4.8	4.8	4.9	5.0	5.1	5.2	5.2	5.3	5.9
3.3	2.9	3.0	3.1	3.2	3.3	3.4	3.4	3.5	4.0
3.1	2.8	2.8	2.9	3.0	3.1	3.2	3.3	3.4	3.9
2.9	2.6	2.7	2.8	2.8	3.0	3.0	3.1	3.2	3.7
2.7	2.4	2.5	2.6	2.7	2.8	2.9	3.0	3.0	3.6
2.5	2.3	2.1	2.5	2.6	2.7	2.7	2.8	2.9	3.4
2.3	2.1	2.2	2.3	2.4	2.5	2.6	2.7	2.7	3.3
2.1	2.0	2.1	2.2	2.2	2.3	2.4	2.5	2.6	3.1
1.9	1.8	1.9	2.0	2.1	2.2	2.3	2.3	2.4	3.0
1.7	1.7	1.8	1.8	1.9	2.0	2.1	2.2	2.3	2.8
1.5	1.5	1.6	1.7	1.8	1.9	1.9	2.0	2.1	2.6
1.3	1.4	1.4	1.5	1.6	1.7	1.8	1.9	2.0	2.5
1.1	1.2	1.3	1.4	1.4	1.5	1.6	1.7	1.8	2.3
2.3	2.1	2.2	2.3	2.4	2.5	2.6	2.6	2.7	3.2

续表

玻璃传热系数 K_f $[W/(m^2 \cdot K)]$	窗户传热系数 $K_f[W/(m^2 \cdot K)]$								
	1.0	1.4	1.8	2.2	2.6	3.0	3.4	3.8	7.0
2.1	2.0	2.0	2.1	2.2	2.3	2.4	2.5	2.6	3.1
1.9	1.8	1.9	2.0	2.0	2.2	2.2	2.3	2.4	2.9
1.7	1.6	1.7	1.8	1.9	2.0	2.1	2.2	2.2	2.8
1.5	1.5	1.6	1.7	1.8	1.9	1.9	2.0	2.1	2.6
1.3	1.4	1.4	1.5	1.6	1.7	1.8	1.9	2.0	2.5
1.1	1.2	1.3	1.4	1.4	1.5	1.6	1.7	1.8	2.3
0.9	1.0	1.1	1.2	1.3	1.4	1.5	1.6	1.6	2.2
0.7	0.9	1.0	1.0	1.1	1.2	1.3	1.4	1.5	2.0
0.5	0.7	0.8	0.9	1.0	1.1	1.2	1.2	1.3	1.8

典型玻璃的光学、热工性能参数

表 4.15-5

	玻璃品种	可见光透射比 T_v	太阳光总透射比 g_g	遮阳系数 SC	中部传热系数 K $[W/(m^2 \cdot K)]$	镀膜玻璃半球辐射率 ζ
透明	6mm 透明玻璃	0.87	0.82	0.94	5.36	—
热反射玻璃	6mm 高透光热反射玻璃	0.78	0.77	0.89	5.27	0.80
	6mm 中透光热反射玻璃	0.51	0.59	0.68	5.30	0.81
	6mm 低透光热反射玻璃	0.37	0.52	0.60	5.27	0.80
	6mm 特低透光热反射玻璃	0.22	0.40	0.46	5.36	0.58
Low-E 单片玻璃	6mm 在线型 Low-E 玻璃 1	0.80	0.69	0.79	3.54	0.18
	6mm 在线型 Low-E 玻璃 2	0.73	0.63	0.72	3.72	0.25
双玻中空玻璃	6 透明＋12A＋6 透明	0.77	0.71	0.82	2.80	—
	6 绿色吸热＋12A＋6 透明	0.66	0.47	0.54	2.80	—
	6 浅灰色吸热＋12A＋6 透明	0.38	0.45	0.52	2.80	—
	6 中透光热反射＋12A＋6 透明	0.45	0.49	0.56	2.64	0.81
	6 低透光热反射＋12A＋6 透明	0.34	0.41	0.47	2.63	0.80
	6 高透光 Low-E＋12A＋6 透明	0.68	0.56	0.64	1.88	0.15
	6 中透光 Low-E＋12A＋6 透明	0.49	0.39	0.45	1.81	0.11
	6 较低透光 Low-E＋12A＋6 透明	0.41	0.31	0.36	1.72	0.07
	6 低透光 Low-E＋12A＋6 透明	0.40	0.32	0.37	1.81	0.11
	6 高透光 Low-E＋12Ar＋6 透明	0.68	0.55	0.63	1.63	0.15
	6 中透光 Low-E＋12 Ar ＋6 透明	0.49	0.38	0.44	1.56	0.11
	6 高透光双银 Low-E＋9A/12A＋6 透明	0.60	0.38/0.37	0.44/0.43	1.89/1.69	0.05
	6 高透光双银 Low-E＋9Ar/12Ar＋6 透明	0.60	0.37/0.36	0.43/0.31	1.54/1.41	0.05
	6 中透光双银 Low-E＋9A/12A＋6 透明	0.49	0.36/0.35	0.41/0.40	1.92/1.72	0.06

玻璃品种	可见光透射比 T_v	太阳光总透射比 g_g	遮阳系数 SC	中部传热系数 K [W/(m²·K)]	镀膜玻璃半球辐射率 ζ
6 中透光双银 Low-E＋9Ar/12Ar＋6 透明	0.48	0.35/0.34	0.40/0.39	1.57/1.45	0.06
6 低透光双银 Low-E＋9A/12A＋6 透明	0.35	0.25/0.24	0.29/0.28	1.86/1.66	0.03
6 低透光双银 Low-E＋9Ar/12Ar＋6 透明	0.35	0.24/0.23	0.28/0.26	1.50/1.38	0.03
6 高透光三银 Low-E＋9A/12A＋6 透明	0.64	0.30	0.34	1.83/1.63	0.02
6 高透光三银 Low-E＋9Ar/12Ar＋6 透明	0.64	0.29	0.33	1.46/1.32	0.02
6 中透光三银 Low-E＋9A/12A＋6 透明	0.47	0.23	0.26	1.84/1.64	0.02
6 中透光三银 Low-E＋9Ar/12Ar＋6 透明	0.47	0.22	0.25	1.48/1.33	0.02
6 透明＋12A＋6 透明＋12A＋6 透明	0.69	0.62	0.71	1.76	—
6 中透光 Low-E＋6A＋6 透明＋6A＋6 透明	0.43	0.35	0.40	1.82	0.11
6 中透光 Low-E＋9A＋6 透明＋9A＋6 透明	0.43	0.35	0.40	1.49	0.11
6 高透光 Low-E＋12A＋6 透明＋12A＋6 透明	0.61	0.50	0.57	1.37	0.15
6 中透光 Low-E＋12A＋6 透明＋12A＋6 透明	0.44	0.34	0.39	1.33	0.11
6 低透光 Low-E＋12A＋6 透明＋12A＋6 透明	0.36	0.28	0.32	1.33	0.11
6 高透光 Low-E＋12Ar＋6 透明＋12A＋6 透明	0.61	0.50	0.57	1.23	0.15
6 中透光 Low-E＋12Ar＋6 透明＋12A＋6 透明	0.44	0.34	0.39	1.18	0.11
6 高透光双银 Low-E＋12A＋6 透明＋12A＋6 透明	0.53	0.33	0.38	1.25	0.05
6 中透光双银 Low-E＋12A＋6 透明＋12A＋6 透明	0.43	0.31	0.36	1.28	0.07
6 高透光三银 Low-E＋12A＋6 透明＋12A＋6 透明	0.56	0.27	0.31	1.22	0.02
6 中透光三银 Low-E＋12A＋6 透明＋12A＋6 透明	0.41	0.20	0.23	1.23	0.02
6 高透光双银 Low-E＋12Ar＋6 透明＋12A＋6 透明	0.53	0.33	0.38	1.09	0.05
6 中透光双银 Low-E＋12Ar＋6 透明＋12A＋6 透明	0.43	0.31	0.36	1.11	0.07
6 高透光三银 Low-E＋12Ar＋6 透明＋12A＋6 透明	0.56	0.26	0.30	1.04	0.02
6 中透光三银 Low-E＋12Ar＋6 透明＋12A＋6 透明	0.41	0.20	0.23	1.05	0.02

（双玻中空玻璃；三玻中空玻璃）

续表

玻璃品种		可见光透射比 T_v	太阳光总透射比 g_g	遮阳系数 SC	中部传热系数 K $[W/(m^2 \cdot K)]$	镀膜玻璃半球辐射率 ζ
真空玻璃	6 透明+12A+6 高透光双银 Low-E +0.2mm 真空层+6 透明	0.60	0.35	0.40	0.68	0.03
	6 中透光 Low-E+0.2mm 真空层+6 透明	0.52	0.40	0.46	0.9	0.15
气凝胶玻璃	1 级	0.70	0.28~0.65	0.32~0.75	1.0	—
	2 级	0.60	0.16~0.58	0.18~0.67	0.8	—
	6Low-E+9A+6 涂膜	0.65	0.26~0.35	0.30~0.40	1.9	—
	6Low-E+12A+6 涂膜	0.65	0.26~0.35	0.30~0.40	1.8	—
	6+9A+6 涂膜	0.75	0.30~0.39	0.34~0.45	2.6~3.0	—
	6+12A+6 涂膜	0.75	0.29~0.38	0.33~0.44	2.4~2.8	—
汽车	白玻璃(2.1mm)	0.90	0.87	1.00	5.47	—
	白玻璃(4mm)	0.90	0.85	0.98	5.41	—
	绿玻璃(2.1mm)	0.85	0.70	0.80	5.47	—
	绿玻璃(4mm)	0.78	0.55	0.64	5.41	—
	夹层玻璃(普通 PVB 4mm)	0.75	0.47	0.54	5.51	—
	钢化玻璃 VG10(5mm)	0.61	0.50	0.57	5.4	—
高铁	双层有机玻璃 6mm+12mm+6mm	0.92	0.77	0.89	3.06	—
	镀膜有机玻璃 6mm+12mm +6.5mm(膜厚 0.5mm)	0.87	0.50	0.57	2.44	0.86
	高寒地区:双层 low-E 玻璃 (5mm+12mmAr+5mm)	0.72	—	—	2.60	0.45

注：1. A 表示空气层，Ar 表示氩气；

2. 汽车车窗目前使用的玻璃多为单层玻璃，影响单层玻璃的传热系数的因素有玻璃厚度、玻璃镀膜表面辐射率、室外综合换热系数和室内综合换热系数；在其他三个条件一定时，玻璃厚度对传热系数的影响基本呈线性变化，即随玻璃厚度增加，传热系数逐渐降低；钢化玻璃仅仅改变玻璃力学、机械性能，热传导性能没有改变，因此将原片钢化制成的钢化玻璃传热系数基本可以认为不变。

典型玻璃配合不同窗框的整窗传热系数

表 4.15-6

	玻璃品种	玻璃中部传热系数 K_g [W/(m²·K)]	传热系数 K [W/(m²·K)]							
			不隔热金属型材 $K_f=10.8$ W/(m²·K)，窗框面积 15%	隔热金属型材 $K_f=5.8$ W/(m²·K)，窗框面积 20%	塑料型材 $K_f=2.7$ W/(m²·K)，窗框面积 25%	隔热金属型材多腔密封 $K_f=5.0$ W/(m²·K)，窗框面积 20%	多腔塑料型材 $K_f=2.2$ W/(m²·K)，窗框面积 25%	木框 $K_f=2.4$ W/(m²·K)，窗框面积 25%	多腔隔热金属型材多腔密封 $K_f=2.0$ W/(m²·K)，窗框面积 20%	多腔塑料型材 $K_f=2.0$ W/(m²·K)，窗框面积 25%
透明玻璃	3mm透明玻璃	5.8	6.6	5.8	5.0	5.6	4.9	5.0	5.0	4.9
	6mm透明玻璃	5.7	6.5	5.7	4.9	5.6	4.8	4.9	5.0	4.8
	12mm透明玻璃	5.5	6.3	5.6	4.8	5.4	4.7	4.7	4.8	4.6
吸热玻璃	5mm绿色吸热玻璃	5.7	6.5	5.7	4.9	5.6	4.8	4.9	5.0	4.8
	6mm蓝色吸热玻璃	5.7	6.5	5.7	4.9	5.6	4.8	4.9	5.0	4.8
	5mm茶色吸热玻璃	5.7	6.5	5.7	4.9	5.6	4.8	4.9	5.0	4.8
	5mm灰色吸热玻璃	5.7	6.5	5.7	4.9	5.6	4.8	4.9	5.0	4.8
热反射玻璃	6mm高透光热反射玻璃	5.7	6.5	5.7	4.9	5.6	4.8	4.9	5.0	4.8
	6mm中等透光热反射玻璃	5.4	6.2	5.5	4.7	5.3	4.6	4.7	4.7	4.6
	6mm低透光热反射玻璃	4.6	5.5	4.8	4.1	4.7	4.0	4.1	4.1	4.0
	6mm特低透光热反射玻璃	4.6	5.5	4.8	4.1	4.7	4.0	4.1	4.1	4.0
单片 Low-E	6mm高透光 Low-E玻璃	3.6	4.7	4.0	3.4	3.9	3.3	3.3	3.3	3.2
	6mm中等透光 Low-E玻璃	3.5	4.6	4.0	3.3	3.8	3.2	3.2	3.2	3.1
中空玻璃	6 透明+9A/12A/12A+6 透明	3.0/2.8	4.1/4.0	3.4/3.2	2.9/2.7	3.4/3.2	2.8/2.7	2.8/2.4	2.8/2.4	2.8/2.4
	6 透明+16A/20A+6 透明	2.7/2.4	3.9/3.7	3.2/3.1	2.7/2.5	3.2/2.9	2.6/2.4	2.4/2.3	2.4/2.3	2.4/2.3
	6 绿色吸热+9A/12A+6 透明	2.9/2.8	4.1/4.0	3.4/3.4	2.9/2.8	3.3/3.2	2.7/2.6	2.7/2.6	2.7/2.6	2.7/2.6
	6 灰色吸热+9A/12A+6 透明	2.9/2.8	4.1/4.0	3.4/3.4	2.9/2.8	3.3/3.2	2.7/2.6	2.7/2.6	2.7/2.6	2.7/2.6
	6 中等透光热反射+9A/12A+6 透明	2.6/2.4	3.9/3.7	3.3/3.1	2.7/2.5	3.1/2.9	2.5/2.4	2.5/2.3	2.5/2.3	2.5/2.3
	6 低透光热反射+9A/12A+6 透明	2.5/2.3	3.8/3.6	3.3/3.1	2.6/2.4	3.0/2.8	2.4/2.3	2.4/2.2	2.4/2.2	2.4/2.2

续表

传热系数 K [W/(m²·K)]

玻璃品种		玻璃中部 K_g [W/(m²·K)]	不隔热金属型材 $K_f=10.8$ W/(m²·K), 窗框面积 15%	隔热金属型材 $K_f=5.8$ W/(m²·K), 窗框面积 20%	塑料型材 $K_f=2.7$ W/(m²·K), 窗框面积 25%	隔热金属型材多腔腔密封 $K_f=5.0$ W/(m²·K), 窗框面积 20%	多腔塑料型材 $K_f=2.2$ W/(m²·K), 窗框面积 25%	木框 $K_f=2.4$ W/(m²·K), 窗框面积 25%	多腔隔热金属型材多腔腔密封 $K_f=2.0$ W/(m²·K), 窗框面积 20%	多腔塑料型材 $K_f=2.0$ W/(m²·K), 窗框面积 25%
中空玻璃	6高透光 Low-E+9A/12A+6透明	2.1/1.9	3.4/3.2	2.7/2.5	2.3/2.1	2.7/2.5	2.1/2.0	2.1/2.0	2.1/2.0	2.1/2.0
	6中透光 Low-E+9A/12A+6透明	2.0/1.8	3.4/3.2	2.6/2.4	2.2/2.0	2.6/2.4	2.1/1.9	2.1/1.9	2.1/1.9	2.1/1.9
	6较低透光 Low-E+9A/12A+6透明	2.0/1.8	3.4/3.2	2.6/2.4	2.2/2.0	2.6/2.4	2.1/1.9/	2.1/1.9	2.1/1.9	2.1/1.9
	6低透光 Low-E+9A/12A+6透明	2.0/1.8	3.4/3.2	2.6/2.4	2.2/2.0	2.6/2.4	2.1/1.9	2.1/1.9	2.1/1.9	2.1/1.9
	6高透光 Low-E+9Ar/12Ar+6透明	1.7/1.5	2.9/2.7	2.4/2.2	2.0/1.8	2.4/2.2	1.8/1.7	1.9/1.7	1.9/1.7	1.9/1.7
	6中透光 Low-E+9Ar/12Ar+6透明	1.6/1.4	3.0/2.8	2.3/2.1	1.9/1.7	2.3/2.1	1.8/1.6	1.8/1.6	1.8/1.6	1.8/1.6
三玻中空	6透明+6A+6透明+6A+6透明	2.1	3.4	2.8	2.3	2.7	2.1	2.1	2.1	2.1
	6透明+9A+6透明+9A+6透明	1.9	3.2	2.6	2.1	2.5	2.0	2.0	2.0	2.0
	6透明+12A+6透明+12A+6透明	1.8	3.1	2.5	2.0	2.4	1.9	1.8	1.8	1.8
	6高透光 Low-E+12A+6透明+12A+6透明	1.2	2.6	2.1	1.6	2.0	1.5	1.5	1.4	1.4
	6中透光 Low-E+12A+6透明+12A+6透明	1.3	2.7	2.2	1.7	2.0	1.5	1.6	1.4	1.5
	6中透光 Low-E+12A+6透明+12A+6透明	1.3	2.7	2.2	1.7	2.0	1.5	1.6	1.4	1.5
	6低透光 Low-E+12A+6透明+12A+6透明	1.4	2.8	2.3	1.7	2.1	1.6	1.7	1.5	1.6
	6高透光 Low-E+12Ar+6透明+12Ar+6透明	1.0	2.5	2.0	1.4	1.8	1.3	1.4	1.2	1.3
	6中透光 Low-E+12Ar+6透明+12Ar+6透明	1.1	2.6	2.0	1.5	1.9	1.4	1.4	1.3	1.3

续表

玻璃品种		玻璃中部传热系数 K_g [W/(m²·K)]	传热系数 K [W/(m²·K)]							
			不隔热金属型材 $K_f=10.8$ W/(m²·K), 窗框面积15%	隔热金属型材 $K_f=5.8$ W/(m²·K), 窗框面积20%	塑料型材 $K_f=2.7$ W/(m²·K), 窗框面积25%	隔热金属型材多腔密封 $K_f=5.0$ W/(m²·K), 窗框面积20%	多腔塑料型材 $K_f=2.2$ W/(m²·K), 窗框面积25%	木框 $K_f=2.4$ W/(m²·K), 窗框面积25%	多腔隔热金属型材多腔密封 $K_f=2.0$ W/(m²·K), 窗框面积20%	多腔塑料型材 $K_f=2.0$ W/(m²·K), 窗框面积25%
双银中空玻璃	6 高透光双银 Low-E+9A/12A+6 透明	1.9/1.7	3.2/3.1	2.7/2.5	2.1/1.9	2.5/2.4	2.0/1.8	2.0/1.9	1.9/1.8	1.9/1.8
	6 中透光双银 Low-E+9A/12A+6 透明	1.9/1.7	3.2/3.1	2.7/2.5	2.1/1.9	2.5/2.4	2.0/1.8	2.0/1.9	1.9/1.8	1.9/1.8
	6 低透光双银 Low-E+9A/12A+6 透明	1.9/1.7	3.2/3.1	2.7/2.5	2.1/1.9	2.5/2.4	2.0/1.8	2.0/1.9	1.9/1.8	1.9/1.8
三银中空玻璃	6 高透光三银 Low-E+9A/12A+6 透明	1.8/1.6	3.1/3.0	2.6/2.4	2.0/1.9	2.4/2.3	1.9/1.8	1.9/1.8	1.8/1.7	1.8/1.7
	6 中透光三银 Low-E+9A/12A+6 透明	1.8/1.6	3.1/3.0	2.6/2.4	2.0/1.9	2.4/2.3	1.9/1.8	1.9/1.8	1.8/1.7	1.8/1.7
双银双中空玻璃	6 高透光双银 Low-E+12A+6 透明+12A+6 透明	1.25	2.7	2.2	1.6	2.0	1.5	1.5	1.4	1.4
	6 中透光双银 Low-E+12A+6 透明+12A+6 透明	1.25	2.7	2.2	1.6	2.0	1.5	1.5	1.4	1.4
	6 较低透光双银 Low-E+12A+6 透明+12A+6 透明	1.27	2.7	2.2	1.6	2.0	1.6	1.5	1.4	1.5
三银双中空玻璃	6 中透光三银 Low-E+12A+6 透明+12A+6 透明	1.23	2.7	2.1	1.6	2.0	1.5	1.5	1.4	1.4
	6 较低透光三银 Low-E+12A+6 透明+12A+6 透明	1.25	2.7	2.2	1.6	2.0	1.5	1.5	1.4	1.4
双银双膜	6 中透光双银 Low-E+12A+6 保护膜	1.40	2.8	2.3	1.7	2.1	1.6	1.7	1.5	1.6

续表

玻璃品种		玻璃中部传热系数 K_g [W/(m²·K)]	传热系数 K [W/(m²·K)]							
			不隔热金属型材 K_f=10.8 W/(m²·K),窗框面积 15%	隔热金属型材 K_f=5.8 W/(m²·K),窗框面积 20%	塑料型材 K_f=2.7 W/(m²·K),窗框面积 25%	隔热金属型材多腔密封 K_f=5.0 W/(m²·K),窗框面积 20%	多腔塑料型材 K_f=2.2 W/(m²·K),窗框面积 25%	木框 K_f=2.4 W/(m²·K),窗框面积 25%	多腔隔热金属型材多腔密封 K_f=2.0 W/(m²·K),窗框面积 20%	多腔塑料型材 K_f=2.0 W/(m²·K),窗框面积 25%
双银双膜双中空	6 较低透光双银 Low-E＋12A＋6 透明＋12A＋6 保护膜	1.09	2.5	2.0	1.5	1.9	1.4	1.4	1.3	1.3
双银双膜双中空充氩气	6 较低透光双银 Low-E＋12Ar＋6 透明＋12Ar＋6 保护膜	0.95	2.4	1.9	1.4	1.8	1.3	1.3	1.2	1.2
三银双膜双中空	6 较低透光三银 Low-E＋12A＋6 保护膜＋12A＋6 保护膜	1.34	2.8	2.2	1.7	2.1	1.6	1.6	1.5	1.5
三银双膜双中空	6 较低透光三银 Low-E＋12A＋6 透明＋12A＋6 保护膜	1.06	2.5	2.0	1.5	1.8	1.3	1.4	1.2	1.3
三银双膜双中空充氩气	6 较低透光三银 Low-E＋12Ar＋6 透明＋12Ar＋6 保护膜	0.91	2.4	1.9	1.4	1.7	1.2	1.3	1.1	1.2

注：1. 双层中空玻璃的气体层厚度宜选定在 9～20mm；
2. 由 5mm 玻璃组成的不同品种及规格的整窗传热系数可参照 6mm 玻璃组成的整窗传热系数选用；
3. 隔热铝合金型材多腔密封是指由铝合金多腔型材采用隔热铝合金多腔型材，并在框、扇之间设置等压胶条而形成的多腔密封的门窗构造；隔热铝合金型材是指在热流方向由铝合金型材和隔热材料组成的具有独立封闭的腔室数不少于 3 层的隔热铝合金门窗框，扇型材；多腔塑钢型材是指在热流方向由具有独立封闭的腔室数不少于 3 层的塑料门窗框，扇型材。

4.15.5　算例

【例题】以青岛某工程项目为例，建筑玻璃幕墙采用横明竖隐结构形式，玻璃幕墙采用 12（超白）Low-E＋12Ar＋10＋2.28PVB＋8mm 双钢化夹胶中空双银玻璃，明框、隐框节点大样分别如图 4.15-6、图 4.15-7 所示，分别进行以下计算。

1）玻璃系统光学热工性能计算；

2）框二维传热有限元分析计算；

3）幕墙幅面热工性能计算；

4）幕墙结露性能计算。

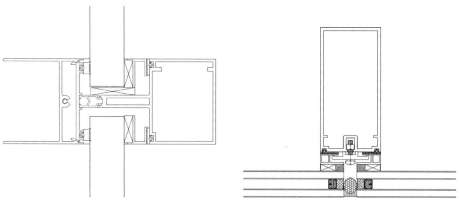

图 4.15-6　明框玻璃幕墙框节点　　　　图 4.15-7　隐框玻璃幕墙框节点

【解】采用由广东省建筑科学研究院编制粤建科 MQMC 建筑幕墙门窗热工性能计算软件进行计算。

（1）确定幅面

选取玻璃幕墙幅面，如图 4.15-8 所示，横框为明框，竖框为隐框，采用 12（超白）Low-E＋12Ar＋10＋2.28PVB＋8mm 双钢化夹胶中空双银玻璃。

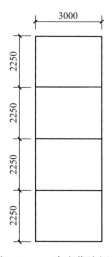

图 4.15-8　玻璃幕墙幅面

（2）确定热工性能计算边界条件（表 4.15-7）

计算边界条件 表 4.15-7

热工性能	冬季标准计算条件	夏季标准计算条件
室内空气温度 T_{in}	20.0℃	25.0℃
室外空气温度 T_{out}	−9.0℃	27.0℃
室内对流换热系数 $h_{c,in}$	3.60W/(m² · K)	2.50W/(m² · K)
室外对流换热系数 $h_{c,out}$	26.40W/(m² · K)	23.60W/(m² · K)
室内平均辐射温度 $T_{rm,in}$	20.0℃	25.0℃
室外平均辐射温度 $T_{rm,out}$	−13.0℃	27.0℃
太阳辐射照度 I	0W/m²	500.00W/m²

（3）幕墙框传热计算

1）明框节点见图 4.15-9、图 4.15-10。

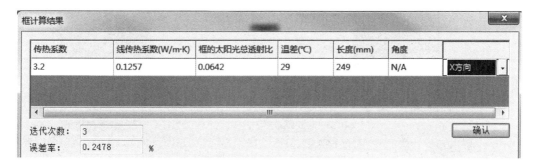

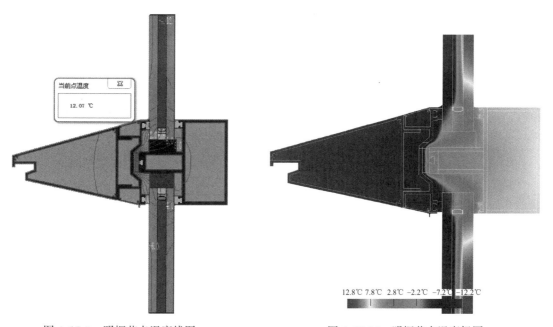

图 4.15-9　明框节点温度线图　　　　图 4.15-10　明框节点温度场图

2）隐框节点见图 4.15-11、图 4.15-12。

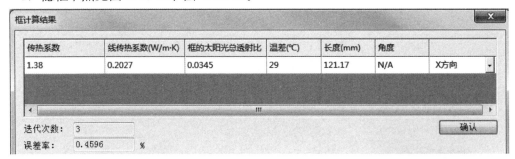

传热系数	线传热系数(W/m·K)	框的太阳光总透射比	温差(℃)	长度(mm)	角度	
1.38	0.2027	0.0345	29	121.17	N/A	X方向

迭代次数: 3
误差率: 0.4596 %

确认

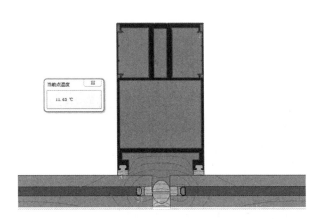

图 4.15-11　隐框节点温度线图

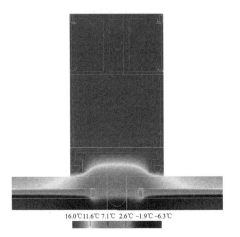

图 4.15-12　隐框节点温度场图

（4）幕墙热工性能计算（表 4.15-8）

幕墙典型分格传热系数计算	表 4.15-8

青岛某工程大板块玻璃幕墙典型分格

续表

框及接缝的传热系数及面积

名称	传热系数[W/(m²·K)]	面积(m²)	
MK01	3.2	0.216	0.6912
MK02	3.2	0.432	1.3824
MK03	3.2	0.432	1.3824
MK04	3.2	0.432	1.3824
MK05	3.2	0.216	0.6912
YK	1.38	1.08	1.4904
合计			7.02

框与面板接缝的线传热系数及边缘长度

名称	线传热系数[W/(m·K)]	边缘长度(m)	
MK01	0.1257	2.88	0.3620
MK02	0.1257	5.76	0.7240
MK03	0.1257	5.76	0.7240
MK04	0.1257	5.76	0.7240
MK05	0.1257	2.88	0.3620
YK01	0.2027	9.0	1.8243
合计			4.7204

玻璃的传热系数及面积

名称	传热系数[W/(m²·K)]	面积(m²)	
BL01	1.39	24.282	33.7520
此典型分格的传热系数[W/(m²·K)]	$U_{\mathrm{CW}}=(7.02+4.7204+33.7520)/27=1.69$		

本工程各向透明幕墙部分是由上述典型分格组成，故本工程玻璃幕墙的传热系数为 $1.69\mathrm{W}/(\mathrm{m}^2 \cdot \mathrm{K})$。

（5）幕墙结露性能计算

幕墙应考虑冬季的结露问题，即在冬季透明幕墙的内表面最低温度不得低于室内的空气露点温度。本工程结露计算的计算参数：冬季室内温度 20℃，相对湿度 45%；冬季室外温度 −9℃。

1）室内空气露点温度计算

① 水表面的饱和水蒸气压可按下式计算：

$$E_{\mathrm{s}}=E_0 \times 10^{\left(\frac{a \times t}{b+t}\right)}=6.11 \times 10^{\left(\frac{7.5 \times 20}{237.3+20}\right)}=23.39\mathrm{hPa}$$

其中　E_0——空气温度为 0℃时的饱和水蒸气，取 $E_0=6.11\mathrm{hPa}$；

　　　t——空气温度（℃）；

　　a，b——参数，对于水面（$t>0$℃），$a=7.5$，$b=237.3$；

　　　E_{s}——在 t 温度下，空气的饱和水蒸气压（hPa）。

② 在空气相对湿度 f 下，空气的水蒸气压可按下式计算：

$$e = f \times E_s = 45\% \times 23.39 = 10.526$$

其中　e——空气的水蒸气压（hPa）；

　　　f——空气的相对湿度，45%；

　　　E_s——空气的饱和水蒸气压（hPa）。

③ 空气露点温度 t_d 按式（4.15-11）计算：

$$t_d = \frac{237.3}{\dfrac{7.5}{\lg\left(\dfrac{10.526}{6.11}\right)} - 1} = 7.7℃$$

冬季该环境下的露点温度为 7.7℃。

2）结露性能分析

幕墙主要由面板和金属框组成，现分别对其内表面温度进行分析计算。

12 超白+12Ar+10+2.28PVC+8mm 中空玻璃，依据软件分析结果（详见图 4.15-11、图 4.15-12），内表面温度 $T_{\min} = 11.63℃ > t_d = 7.7℃$。幕墙的内表面温度均大于露点温度，不会结露，符合要求。

参考文献

[1] 杨世铭，陶文铨. 传热学（第四版）[M]. 北京：高等教育出版社，2006.

[2] V. S. 阿巴兹，P. S. 拉森. 对流换热[M]. 北京：高等教育出版社，1992.

[3] 余其铮. 辐射换热原理[M]. 哈尔滨：哈尔滨工业大学出版社，2000.

[4] 陈启高. 建筑热物理基础[M]. 西安：西安交通大学出版社，1991.

[5] 彦启森. 赵庆珠，建筑热过程[M]. 北京：中国建筑工业出版社，1986.

[6] 刘加平. 建筑物理（第四版）[M]. 北京：中国建筑工业出版社，2009.

[7] 中国建筑业协会建筑节能专业委员会. 建筑节能技术[M]. 北京：中国计划出版社，1994.

[8] 中华人民共和国国家标准. 民用建筑热工设计规范 GB 50176—2016[S]. 北京：中国建筑工业出版社，2016.

[9] 中华人民共和国行业标准. 建筑门窗玻璃幕墙热工计算规程 JGJ/T 151—2008[S]. 北京：中国建筑工业出版社，2009.

[10] 中华人民共和国国家标准. 民用建筑室内热湿环境评价标准 GB/T 50785—2012[S]. 北京：中国建筑工业出版社，2012.

第5章 建筑围护结构节能设计和计算参数

根据建筑的类型和气候分区，现行的国家及行业建筑节能设计标准有 5 部，分别为《公共建筑节能设计标准》GB 50189—2015、《严寒和寒冷地区居住建筑节能设计标准》JGJ 26—2018、《夏热冬冷地区居住建筑节能设计标准》JGJ 134—2010、《夏热冬暖地区居住建筑节能设计标准》JGJ 75—2012、《温和地区居住建筑节能设计标准》JGJ 475—2019。标准所采用的建筑节能设计方法包括规定性指标方法和性能化计算方法两种，根据不同建筑的使用情况、所处气候区的特点，分别提出相应的围护结构热工参数限值要求。此外，2022 年 4 月 1 日发布实施了国家标准《建筑节能与可再生能源利用通用规范》GB 55015—2021，作为强制性工程建设规范，全部条文必须严格执行，现行工程建设标准相关强制性条文同时废止。现行工程建设标准中有关规定与该规范不一致的，以该规范的规定为准。本章针对现行国家全文强条标准、国家及行业标准所采用的建筑围护结构节能设计方法、重点条文要求、常用的计算参数指标及方法展开介绍，地方标准与国家标准的体例基本相同，参数要求略有差别，因此，本章节未对各省市正在实施的地方标准进行说明。

5.1 建筑围护结构节能设计方法

建筑节能设计方法包括规定性指标方法和性能化计算方法，在工程设计过程中宜采用规定性方法进行建筑节能设计。

(1) 规定性指标方法

在工程设计中，按照现行国家或地方节能设计标准中规定的建筑围护结构（外墙、屋面、外窗、幕墙、外挑或架空楼板、地面、地下室外墙等）的热工参数限值指标进行设计时，当建筑围护结构满足标准所规定的限值要求时，即建筑满足节能设计标准中各项规定性指标，建筑为满足节能设计要求的建筑。

(2) 性能化计算方法

性能化计算方法即围护结构热工性能权衡判断，采用动态模拟软件计算参照建筑在规定条件下的全年供暖和空气调节能耗，然后计算所设计建筑在相同条件下的全年供暖和空气调节能耗，两者进行比较以判定围护结构的总体热工性能是否符合节能要求（图 5.1）。

参照建筑的形状、大小、朝向、内部的空间划分和使用功能应与所设计建筑完全一致。当所设计建筑的窗墙面积比大于规定时，参照建筑的每个窗户（透明幕墙）均应按比例缩小，使参照建筑的窗墙面积比符合标准的规定。当所设计建筑的屋顶透明部分的面积大于规定时，参照建筑的屋顶透明部分的面积应按比例缩小，使参照建筑的屋顶透明部分的面积符合标准的规定。因此参照建筑物是一个与设计建筑物一样的符合节能设计要求的建筑物。设计建筑物必须以参照建筑物来权衡判断自身在有关建筑参数改动后全年供暖和空调能耗是否还能达到或低于参照建筑物的能耗。

当建筑设计不能完全满足规定的围护结构热工设计要求时，计算并比较参照建筑和所设计建筑的全年供暖和空气调节能耗，判定围护结构的总体热工性能是否符合节能设计要求。

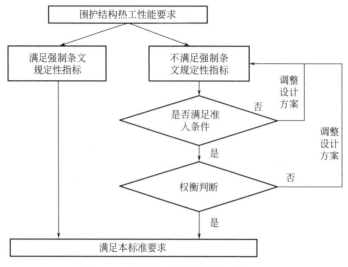

图 5.1　围护结构权衡判断基本流程

5.2　国家及行业建筑节能设计标准对建筑与建筑热工设计的要求

5.2.1　《公共建筑节能设计标准》GB 50189—2015 要求

《公共建筑节能设计标准》GB 50189—2015 中对甲、乙类公共建筑围护结构热工性能参数取值进行了限定。

公共建筑分类标准：单栋建筑面积大于 300m² 的建筑，或单栋建筑面积小于或等于 300m² 但总建筑面积大于 1000m² 的建筑群，为甲类公共建筑。单栋建筑面积小于或等于 300m² 的建筑，为乙类公共建筑。

1）严寒和寒冷地区公共建筑体形系数应符合表 5.2-1 的规定。

严寒和寒冷地区公共建筑体形系数　　　　　　　　　　　　表 5.2-1

单栋建筑面积 A（m²）	建筑体形系数
$300{<}A{\leqslant}800$	≤0.50
$A{>}800$	≤0.40

2）甲类公共建筑的屋顶透光部分面积不应大于屋顶总面积的 20%。当不能满足本条的规定时，必须按标准规定的方法进行围护结构权衡判断。

3）根据建筑热工设计的气候分区，甲类公共建筑的围护结构热工性能应分别符合表 5.2-2～表 5.2-7 的规定。当不能满足本条的规定时，必须按标准规定的方法进行围护结构权衡判断。

严寒 A、B 区甲类公共建筑围护结构热工性能限值　　表 5.2-2

围护结构部位		体形系数≤0.30	0.30<体形系数≤0.50
		传热系数 $K[\mathrm{W}/(\mathrm{m}^2\cdot\mathrm{K})]$	
屋面		≤0.28	≤0.25
外墙(包括非透光幕墙)		≤0.38	≤0.35
底面接触室外空气的架空或外挑楼板		≤0.38	≤0.35
地下车库与供暖房间之间的楼板		≤0.50	≤0.50
非供暖楼梯间与供暖房间之间的隔墙		≤1.2	≤1.2
单一立面外窗 (包括透光幕墙)	窗墙面积比≤0.20	≤2.7	≤2.5
	0.20<窗墙面积比≤0.30	≤2.5	≤2.3
	0.30<窗墙面积比≤0.40	≤2.2	≤2.0
	0.40<窗墙面积比≤0.50	≤1.9	≤1.7
	0.50<窗墙面积比≤0.60	≤1.6	≤1.4
	0.60<窗墙面积比≤0.70	≤1.5	≤1.4
	0.70<窗墙面积比≤0.80	≤1.4	≤1.3
	窗墙面积比>0.80	≤1.3	≤1.2
屋面透光部分(屋顶透光部分面积≤20%)		≤2.2	
围护结构部位		保温材料层热阻 $R(\mathrm{m}^2\cdot\mathrm{K}/\mathrm{W})$	
周边地面		≥1.1	
供暖地下室与土壤接触的外墙		≥1.1	
变形缝(两侧墙内保温时)		≥1.2	

严寒 C 区甲类公共建筑围护结构热工性能限值　　表 5.2-3

围护结构部位		体形系数≤0.30	0.30<体形系数≤0.50
		传热系数 $K[\mathrm{W}/(\mathrm{m}^2\cdot\mathrm{K})]$	
屋面		≤0.35	≤0.28
外墙(包括非透光幕墙)		≤0.43	≤0.38
底面接触室外空气的架空或外挑楼板		≤0.43	≤0.38
地下车库与供暖房间之间的楼板		≤0.70	≤0.70
非供暖楼梯间与供暖房间之间的隔墙		≤1.5	≤1.5
单一立面外窗 (包括透光幕墙)	窗墙面积比≤0.20	≤2.9	≤2.7
	0.20<窗墙面积比≤0.30	≤2.6	≤2.4
	0.30<窗墙面积比≤0.40	≤2.3	≤2.1
	0.40<窗墙面积比≤0.50	≤2.0	≤1.7
	0.50<窗墙面积比≤0.60	≤1.7	≤1.5
	0.60<窗墙面积比≤0.70	≤1.7	≤1.5
	0.70<窗墙面积比≤0.80	≤1.5	≤1.4
	窗墙面积比>0.80	≤1.4	≤1.3
屋面透光部分(屋顶透光部分面积≤20%)		≤2.3	

续表

围护结构部位	保温材料层热阻 $R(\mathrm{m^2 \cdot K/W})$
周边地面	≥1.1
供暖地下室与土壤接触的外墙	≥1.1
变形缝(两侧墙内保温时)	≥1.2

寒冷地区甲类公共建筑围护结构热工性能限值　　　　表 5.2-4

围护结构部位		体形系数≤0.30		0.30<体形系数≤0.50	
		传热系数 K $[\mathrm{W/(m^2 \cdot K)}]$	太阳得热系数 $SHGC$ (东、南、西向/北向)	传热系数 K $[\mathrm{W/(m^2 \cdot K)}]$	太阳得热系数 $SHGC$ (东、南、西向/北向)
屋面		≤0.45	—	≤0.40	—
外墙(包括非透光幕墙)		≤0.50	—	≤0.45	—
底面接触室外空气的架空或外挑楼板		≤0.50	—	≤0.45	—
地下车库与供暖房间之间的楼板		≤1.0	—	≤1.0	—
非供暖楼梯间与供暖房间之间的隔墙		≤1.5	—	≤1.5	—
单一立面外窗 (包括透光幕墙)	窗墙面积比≤0.20	≤3.0	—	≤2.8	—
	0.20<窗墙面积比≤0.30	≤2.7	≤0.52/—	≤2.5	≤0.52/—
	0.30<窗墙面积比≤0.40	≤2.4	≤0.48/—	≤2.2	≤0.48/—
	0.40<窗墙面积比≤0.50	≤2.2	≤0.43/—	≤1.9	≤0.43/—
	0.50<窗墙面积比≤0.60	≤2.0	≤0.40/—	≤1.7	≤0.40/—
	0.60<窗墙面积比≤0.70	≤1.9	≤0.35/0.60	≤1.7	≤0.35/0.60
	0.70<窗墙面积比≤0.80	≤1.6	≤0.35/0.52	≤1.5	≤0.35/0.52
	窗墙面积比>0.80	≤1.5	≤0.30/0.52	≤1.4	≤0.30/0.52
屋面透光部分(屋顶透光部分面积≤20%)		≤2.4	≤0.44	≤2.4	≤0.35

围护结构部位	保温材料层热阻 $R(\mathrm{m^2 \cdot K/W})$
周边地面	≥0.60
供暖地下室与土壤接触的外墙	≥0.60
变形缝(两侧墙内保温时)	≥0.90

夏热冬冷地区甲类公共建筑围护结构热工性能限值　　　　表 5.2-5

围护结构部位		传热系数 K $[\mathrm{W/(m^2 \cdot K)}]$	太阳得热系数 $SHGC$ (东、南、西向/北向)
屋面	围护结构热惰性指标 D≤2.5	≤0.40	—
	围护结构热惰性指标 D>2.5	≤0.50	
外墙(包括非透光幕墙)	围护结构热惰性指标 D≤2.5	≤0.60	—
	围护结构热惰性指标 D>2.5	≤0.80	

围护结构部位		传热系数 K [W/(m²·K)]	太阳得热系数 $SHGC$ (东、南、西向/北向)
底面接触室外空气的架空或外挑楼板		≤0.70	—
单一立面外窗 (包括透光幕墙)	窗墙面积比≤0.20	≤3.5	—
	0.20<窗墙面积比≤0.30	≤3.0	≤0.44/0.48
	0.30<窗墙面积比≤0.40	≤2.6	≤0.40/0.44
	0.40<窗墙面积比≤0.50	≤2.4	≤0.35/0.40
	0.50<窗墙面积比≤0.60	≤2.2	≤0.35/0.40
	0.60<窗墙面积比≤0.70	≤2.2	≤0.30/0.35
	0.70<窗墙面积比≤0.80	≤2.0	≤0.26/0.35
	窗墙面积比>0.80	≤1.8	≤0.24/0.30
屋面透光部分(屋顶透光部分面积≤20%)		≤2.6	≤0.30

夏热冬暖地区甲类公共建筑围护结构热工性能限值　　　　表 5.2-6

围护结构部位		传热系数 K [W/(m²·K)]	太阳得热系数 $SHGC$ (东、南、西向/北向)
屋面	围护结构热惰性指标 D≤2.5	≤0.50	—
	围护结构热惰性指标 D>2.5	≤0.80	
外墙 (包括非透光幕墙)	围护结构热惰性指标 D≤2.5	≤0.80	—
	围护结构热惰性指标 D>2.5	≤1.5	
底面接触室外空气的架空或外挑楼板		≤1.5	—
单一立面外窗 (包括透光幕墙)	窗墙面积比≤0.20	≤5.2	≤0.52/—
	0.20<窗墙面积比≤0.30	≤4.0	≤0.44/0.52
	0.30<窗墙面积比≤0.40	≤3.0	≤0.35/0.44
	0.40<窗墙面积比≤0.50	≤2.7	≤0.35/0.40
	0.50<窗墙面积比≤0.60	≤2.5	≤0.26/0.35
	0.60<窗墙面积比≤0.70	≤2.5	≤0.24/0.30
	0.70<窗墙面积比≤0.80	≤2.5	≤0.22/0.26
	窗墙面积比>0.80	≤2.0	≤0.18/0.26
屋面透光部分(屋顶透光部分面积≤20%)		≤3.0	≤0.30

温和地区甲类公共建筑围护结构热工性能限值　　　　表 5.2-7

围护结构部位		传热系数 K [W/(m²·K)]	太阳得热系数 $SHGC$ (东、南、西向/北向)
屋面	围护结构热惰性指标 D≤2.5	≤0.50	
	围护结构热惰性指标 D>2.5	≤0.80	
外墙 (包括非透光幕墙)	围护结构热惰性指标 D≤2.5	≤0.80	
	围护结构热惰性指标 D>2.5	≤1.5	

围护结构部位		传热系数 K $[W/(m^2 \cdot K)]$	太阳得热系数 $SHGC$（东、南、西向/北向）
底面接触室外空气的架空或外挑楼板		≤1.5	—
单一立面外窗（包括透光幕墙）	窗墙面积比≤0.20	≤5.2	—
	0.20＜窗墙面积比≤0.30	≤4.0	≤0.44/0.48
	0.30＜窗墙面积比≤0.40	≤3.0	≤0.40/0.44
	0.40＜窗墙面积比≤0.50	≤2.7	≤0.35/0.40
	0.50＜窗墙面积比≤0.60	≤2.5	≤0.35/0.40
	0.60＜窗墙面积比≤0.70	≤2.5	≤0.30/0.35
	0.70＜窗墙面积比≤0.80	≤2.5	≤0.26/0.35
	窗墙面积比＞0.80	≤2.0	≤0.24/0.30
屋面透光部分（屋顶透光部分面积≤20%）		≤3.0	≤0.30

注：传热系数 K 只适用于温和 A 区，温和 B 区的传热系数 K 不作要求。

乙类公共建筑的围护结构热工性能应符合表 5.2-8 和表 5.2-9 的规定。

乙类公共建筑屋面、外墙、楼板热工性能限值　　　　表 5.2-8

围护结构部位	传热系数 $K[W/(m^2 \cdot K)]$				
	严寒 A、B 区	严寒 C 区	寒冷地区	夏热冬冷地区	夏热冬暖地区
屋面	≤0.35	≤0.45	≤0.55	≤0.70	≤0.90
外墙（包括非透光幕墙）	≤0.45	≤0.50	≤0.60	≤1.0	≤1.5
底面接触室外空气的架空或外挑楼板	≤0.45	≤0.50	≤0.60	≤1.0	—
地下车库与供暖房间之间的楼板	≤0.50	≤0.70	≤1.0	—	—

乙类公共建筑外窗（包括透光幕墙）热工性能限值　　　　表 5.2-9

围护结构部位	传热系数 $K[W/(m^2 \cdot K)]$					太阳得热系数 $SHGC$		
外窗（包括透光幕墙）	严寒 A、B 区	严寒 C 区	寒冷地区	夏热冬冷地区	夏热冬暖地区	寒冷地区	夏热冬冷地区	夏热冬暖地区
单一立面外窗（包括透光幕墙）	≤2.0	≤2.2	≤2.5	≤3.0	≤4.0	—	≤0.52	≤0.48
屋面透光部分（屋顶透光部分面积≤20%）	≤2.0	≤2.2	≤2.5	≤3.0	≤4.0	≤0.44	≤0.35	≤0.30

　　4）进行围护结构热工性能权衡判断前，应对设计建筑的热工性能进行核查；围护结构权衡判断需满足以下基本要求：

屋面的传热系数基本要求应符合表 5.2-10 的规定。

屋面的传热系数基本要求　　　　　　　　　　　　表 5.2-10

传热系数 K $[W/(m^2 \cdot K)]$	严寒 A、B 区	严寒 C 区	寒冷地区	夏热冬冷地区	夏热冬暖地区
	≤0.35	≤0.45	≤0.55	≤0.70	≤0.90

外墙（包括非透光幕墙）的传热系数基本要求应符合表 5.2-11 的规定。

外墙（包括非透光幕墙）的传热系数基本要求　　　　表 5.2-11

传热系数 K $[W/(m^2 \cdot K)]$	严寒 A、B 区	严寒 C 区	寒冷地区	夏热冬冷地区	夏热冬暖地区
	≤0.45	≤0.50	≤0.60	≤1.0	≤1.5

当单一立面的窗墙面积比大于或等于 0.40 时，外窗（包括透光幕墙）的传热系数和综合太阳得热系数基本要求应符合表 5.2-12 的规定。

外窗（包括透光幕墙）的传热系数和太阳得热系数基本要求　　　表 5.2-12

气候分区	窗墙面积比	传热系数 $K[W/(m^2 \cdot K)]$	太阳得热系数 $SHGC$
严寒 A、B 区	0.40<窗墙面积比≤0.60	≤2.5	—
	窗墙面积比>0.60	≤2.2	
严寒 C 区	0.40<窗墙面积比≤0.60	≤2.6	—
	窗墙面积比>0.60	≤2.3	
寒冷地区	0.40<窗墙面积比≤0.70	≤2.7	—
	窗墙面积比>0.70	≤2.4	
夏热冬冷地区	0.40<窗墙面积比≤0.70	≤3.0	≤0.44
	窗墙面积比>0.70	≤2.6	
夏热冬暖地区	0.40<窗墙面积比≤0.70	≤4.0	≤0.44
	窗墙面积比>0.70	≤3.0	

5）计算设计建筑全年累计耗冷量和累计耗热量时，建筑的空气调节和供暖系统运行时间、室内温度、照明功率密度值及开关时间、房间人均占有的使用面积及在室率、人均新风量及新风机组运行时间表、电气设备功率密度及使用率应按表 5.2-13～表 5.2-22 设置。

空气调节和供暖系统日运行时间　　　　　　　　　表 5.2-13

类别	系统工作时间	
办公建筑	工作日	7：00～18：00
	节假日	—
宾馆建筑	全年	1：00～24：00
商场建筑	全年	8：00～21：00
医疗建筑—门诊楼	全年	8：00～21：00
学校建筑—教学楼	工作日	7：00～18：00
	节假日	—

供暖空调区室内温度（℃） 表 5.2-14

建筑类别	运行时段	运行模式	时段（时）											
			1	2	3	4	5	6	7	8	9	10	11	12
办公建筑、教学楼	工作日	空调	37	37	37	37	37	37	28	26	26	26	26	26
		供暖	5	5	5	5	5	12	18	20	20	20	20	20
	节假日	空调	37	37	37	37	37	37	37	37	37	37	37	37
		供暖	5	5	5	5	5	5	5	5	5	5	5	5
宾馆建筑、住院部	全年	空调	25	25	25	25	25	25	25	25	25	25	25	25
		供暖	22	22	22	22	22	22	22	22	22	22	22	22
商场建筑、门诊楼	全年	空调	37	37	37	37	37	37	37	28	25	25	25	25
		供暖	5	5	5	5	5	5	12	16	18	18	18	18

建筑类别	运行时段	运行模式	时段（时）											
			13	14	15	16	17	18	19	20	21	22	23	24
办公建筑、教学楼	工作日	空调	26	26	26	26	26	26	37	37	37	37	37	37
		供暖	20	20	20	20	20	20	18	12	5	5	5	5
	节假日	空调	37	37	37	37	37	37	37	37	37	37	37	37
		供暖	5	5	5	5	5	5	5	5	5	5	5	5
宾馆建筑、住院部	全年	空调	25	25	25	25	25	25	25	25	25	25	25	25
		供暖	22	22	22	22	22	22	22	22	22	22	22	22
商场建筑、门诊楼	全年	空调	25	25	25	25	25	25	25	25	37	37	37	37
		供暖	18	18	18	18	18	18	18	18	12	5	5	5

照明功率密度值（W/m²） 表 5.2-15

建筑类别	照明功率密度
办公建筑	9.0
宾馆建筑	7.0
商场建筑	10.0
医院建筑—门诊楼	9.0
学校建筑—教学楼	9.0

照明开关时间（%） 表 5.2-16

建筑类别	运行时段	时段（时）											
		1	2	3	4	5	6	7	8	9	10	11	12
办公建筑、教学楼	工作日	0	0	0	0	0	0	10	50	95	95	95	80
	节假日	0	0	0	0	0	0	0	0	0	0	0	0
宾馆建筑、住院部	全年	10	10	10	10	10	10	30	30	30	30	30	30
商场建筑、门诊楼	全年	10	10	10	10	10	10	10	50	60	60	60	60

续表

建筑类别	运行时段	时段（时）											
		13	14	15	16	17	18	19	20	21	22	23	24
办公建筑、教学楼	工作日	80	95	95	95	95	30	30	0	0	0	0	0
	节假日	0	0	0	0	0	0	0	0	0	0	0	0
宾馆建筑、住院部	全年	30	30	50	50	60	90	90	90	90	80	10	10
商场建筑、门诊楼	全年	60	60	60	60	80	90	100	100	100	10	10	10

不同类型房间人均占有的建筑面积（m²/人）　　　　　　表 5.2-17

建筑类别	人均占有的建筑面积
办公建筑	10
宾馆建筑	25
商场建筑	8
医院建筑—门诊楼	8
学校建筑—教学楼	6

房间人员逐时在室率（%）　　　　　　表 5.2-18

建筑类别	运行时段	时段（时）											
		1	2	3	4	5	6	7	8	9	10	11	12
办公建筑、教学楼	工作日	0	0	0	0	0	0	10	50	95	95	95	80
	节假日	0	0	0	0	0	0	0	0	0	0	0	0
宾馆建筑、住院部	全年	70	70	70	70	70	70	70	70	50	50	50	50
	全年	95	95	95	95	95	95	95	95	95	95	95	95
商场建筑、门诊楼	全年	0	0	0	0	0	0	20	50	80	80	80	
	全年	0	0	0	0	0	0	20	50	95	80	40	

建筑类别	运行时段	时段（时）											
		13	14	15	16	17	18	19	20	21	22	23	24
办公建筑、教学楼	工作日	80	95	95	95	95	30	30	0	0	0	0	0
	节假日	0	0	0	0	0	0	0	0	0	0	0	0
宾馆建筑、住院部	全年	50	50	50	50	50	50	70	70	70	70	70	70
	全年	95	95	95	95	95	95	95	95	95	95	95	95
商场建筑、门诊楼	全年	80	80	80	80	80	80	80	70	50	0	0	0
	全年	20	50	60	60	20	20	0	0	0	0	0	0

不同类型房间的人均新风量 [m³/(h·人)]　　　　　　表 5.2-19

建筑类别	新风量
办公建筑	30
宾馆建筑	30

续表

建筑类别	新风量
商场建筑	30
医院建筑—门诊楼	30
学校建筑—教学楼	30

新风运行情况（1 表示新风开启，0 表示新风关闭）　　　表 5.2-20

建筑类别	运行时段	时段(时)											
		1	2	3	4	5	6	7	8	9	10	11	12
办公建筑、教学楼	工作日	0	0	0	0	0	0	1	1	1	1	1	1
	节假日	0	0	0	0	0	0	0	0	0	0	0	0
宾馆建筑、住院部	全年	1	1	1	1	1	1	1	1	1	1	1	1
	全年	1	1	1	1	1	1	1	1	1	1	1	1
商场建筑、门诊楼	全年	0	0	0	0	0	0	0	1	1	1	1	1
	全年	0	0	0	0	0	0	0	1	1	1	1	1

建筑类别	运行时段	时段(时)											
		13	14	15	16	17	18	19	20	21	22	23	24
办公建筑、教学楼	工作日	1	1	1	1	1	1	1	0	0	0	0	0
	节假日	0	0	0	0	0	0	0	0	0	0	0	0
宾馆建筑、住院部	全年	1	1	1	1	1	1	1	1	1	1	1	1
	全年	1	1	1	1	1	1	1	1	1	1	1	1
商场建筑、门诊楼	全年	1	1	1	1	1	1	1	1	0	0	0	0
	全年	1	1	1	1	1	1	0	0	0	0	0	0

不同类型房间的电器设备功率密度（W/m²）　　　表 5.2-21

建筑类别	电气设备功率
办公建筑	15
宾馆建筑	15
商场建筑	13
医院建筑—门诊楼	20
学校建筑—教学楼	5

电气设备逐时使用率（%）　　　表 5.2-22

建筑类别	运行时段	时段(时)											
		1	2	3	4	5	6	7	8	9	10	11	12
办公建筑、教学楼	工作日	0	0	0	0	0	0	10	50	95	95	95	50
	节假日	0	0	0	0	0	0	0	0	0	0	0	0
宾馆建筑、住院部	全年	0	0	0	0	0	0	0	0	0	0	0	0
	全年	95	95	95	95	95	95	95	95	95	95	95	95

续表

建筑类别	运行时段	时段(时)											
		1	2	3	4	5	6	7	8	9	10	11	12
商场建筑、门诊楼	全年	0	0	0	0	0	0	0	30	50	80	80	80
	全年	0	0	0	0	0	0	0	20	50	95	80	40

建筑类别	运行时段	时段(时)											
		13	14	15	16	17	18	19	20	21	22	23	24
办公建筑、教学楼	工作日	50	95	95	95	95	30	30	0	0	0	0	0
	节假日	0	0	0	0	0	0	0	0	0	0	0	0
宾馆建筑、住院部	全年	0	0	0	0	0	80	80	80	80	80	0	0
	全年	95	95	95	95	95	95	95	95	95	95	95	95
商场建筑、门诊楼	全年	80	80	80	80	80	80	80	70	50	0	0	0
	全年	20	50	60	60	20	20	0	0	0	0	0	0

6）计算设计建筑和参照建筑全年供暖和空调总耗电量时，空气调节系统冷热源应采用电驱动冷水机组；严寒地区、寒冷地区供暖系统热源应采用燃煤锅炉；夏热冬冷地区、夏热冬暖地区和温和地区供暖系统热源应采用燃气锅炉，并应符合下列规定：

① 全年供暖和空调总耗电量应按下式计算：

$$E = E_H + E_C \tag{5.2-1}$$

式中　E——全年供暖和空调总耗电量（kWh/m²）；

　　E_C——全年空调耗电量（kWh/m²）；

　　E_H——全年供暖耗电量（kWh/m²）。

② 全年空调耗电量应按下式计算：

$$E_C = \frac{Q_C}{A \times SCOP_T} \tag{5.2-2}$$

式中　Q_C——全年累计耗冷量（通过动态模拟软件计算得到）（kWh）；

　　A——总建筑面积（m²）；

　　$SCOP_T$——供冷系统综合性能系数，取 2.50。

③ 严寒地区和寒冷地区全年供暖耗电量应按下式计算：

$$E_H = \frac{Q_H}{A \eta_1 q_1 q_2} \tag{5.2-3}$$

式中　Q_H——全年累计耗热量（通过动态模拟软件计算得到）（kWh）；

　　η_1——热源为燃煤锅炉的供暖系统综合效率，取 0.60；

　　q_1——标准煤热值，取 8.41kWh/kgce；

　　q_2——发电煤耗，取 0.360kgce/kWh。

④ 夏热冬冷、夏热冬暖和温和地区全年供暖耗电量应按下式计算：

$$E_H = \frac{Q_H}{A \eta_2 q_3 q_2} \varphi \tag{5.2-4}$$

式中　η_2——热源为燃气锅炉的供暖系统综合效率，取 0.75；

q_3——标准天然气热值，取 $9.87kWh/m^3$；

φ——天然气与标煤折算系数，取 $1.21kgce/m^3$。

5.2.2 《严寒和寒冷地区居住建筑节能设计标准》JGJ 26—2018 要求

《严寒和寒冷地区居住建筑节能设计标准》JGJ 26—2018 从体形系数、外围护结构（屋顶、外墙、外窗、架空或外挑楼板、周边地面、地下室外墙等）、内围护结构（阳台门下部门芯板，非供暖地下室顶板，分隔供暖与非供暖空间的隔墙、楼板、户门等）等方面提出要求，当规定性指标不满足标准要求时，采用对比评定法对建筑围护结构热工性能进行权衡判断。

（1）建筑体形系数

严寒和寒冷地区居住建筑的体形系数不应大于表 5.2-23 规定的限值。当体系系数大于表 5.2-23 规定的限值时，必须按照《严寒和寒冷地区居住建筑节能设计标准》JGJ 26—2018 中第 4.3 节的要求进行围护结构热工性能的权衡判断。

体形系数限值 表 5.2-23

气候区	建筑层数	
	≤3 层	≥4 层
严寒地区（1 区）	0.55	0.30
寒冷地区（2 区）	0.57	0.33

（2）建筑窗墙面积比

严寒和寒冷地区居住建筑的窗墙面积比不应大于表 5.2-24 规定的限值。当窗墙面积比大于表 5.2-24 规定的限值时，必须按照《严寒和寒冷地区居住建筑节能设计标准》JGJ 26—2018 中第 4.3 节的要求进行围护结构热工性能权衡判断。

严寒和寒冷地区居住建筑的窗墙面积比限值 表 5.2-24

朝向	窗墙面积比	
	严寒地区（1 区）	寒冷地区（2 区）
北	0.25	0.30
东、西	0.30	0.35
南	0.45	0.50

注：1. 敞开式阳台的阳台门上部透光部分应计入窗户面积，下部不透光部分不应计入窗户面积；

2. 表中的窗墙面积比应按开间计算。

（3）严寒居住建筑的屋面天窗与该房间屋面面积的比值不应大于 0.10，寒冷地区不应大于 0.15

（4）围护结构的热工性能限值指标

根据建筑物所处城市的气候分区区属不同，建筑外围护结构的传热系数不应大于表 5.2-25～表 5.2-29 规定的限值，周边地面和地下室外墙的保温材料层热阻不应小于表 5.2-25～表 5.2-29 规定的限值。当建筑外围护结构的热工性能参数不满足上述规定时，必须按照《严寒和寒冷地区居住建筑节能设计标准》JGJ 26—2018 第 4.3 节的规定进行围护结构热工性能的权衡判断。

严寒 A 区（1A 区）外围护结构热工性能参数限值　　　　表 5.2-25

围护结构部位		传热系数 $K[W/(m^2 \cdot K)]$	
		≤3 层建筑	≥4 层
屋面		0.15	0.15
外墙		0.25	0.35
架空或外挑楼板		0.25	0.35
外窗	窗墙面积比≤0.30	1.4	1.6
	0.30＜窗墙面积比≤0.45	1.4	1.6
屋面天窗		1.4	
围护结构部位		保温材料层热阻 $R(m^2 \cdot K/W)$	
周边地面		2.00	2.00
地下室外墙（与土壤接触的外墙）		2.00	2.00

严寒 B 区（1B 区）外围护结构热工性能参数限值　　　　表 5.2-26

围护结构部位		传热系数 $K[W/(m^2 \cdot K)]$	
		≤3 层建筑	≥4 层
屋面		0.20	0.20
外墙		0.25	0.35
架空或外挑楼板		0.25	0.35
外窗	窗墙面积比≤0.30	1.4	1.8
	0.30＜窗墙面积比≤0.45	1.4	1.6
屋面天窗		1.4	
围护结构部位		保温材料层热阻 $R(m^2 \cdot K/W)$	
周边地面		1.80	1.80
地下室外墙（与土壤接触的外墙）		2.00	2.00

严寒 C 区（1C 区）围护结构热工性能参数限值　　　　表 5.2-27

围护结构部位		传热系数 $K[W/(m^2 \cdot K)]$	
		≤3 层建筑	≥4 层
屋面		0.20	0.20
外墙		0.30	0.40
架空或外挑楼板		0.30	0.40
外窗	窗墙面积比≤0.30	1.6	2.0
	0.30＜窗墙面积比≤0.45	1.4	1.8
屋面天窗		1.6	
围护结构部位		保温材料层热阻 $R(m^2 \cdot K/W)$	
周边地面		1.80	1.80
地下室外墙（与土壤接触的外墙）		2.00	2.00

寒冷 A 区（2A 区）围护结构热工性能参数限值　　　表 5.2-28

围护结构部位		传热系数 $K[\mathrm{W}/(\mathrm{m}^2 \cdot \mathrm{K})]$	
		≤3 层建筑	≥4 层
屋面		0.25	0.25
外墙		0.35	0.45
架空或外挑楼板		0.35	0.45
外窗	窗墙面积比≤0.30	1.8	2.2
	0.30＜窗墙面积比≤0.50	1.5	2.0
屋面天窗		1.8	
围护结构部位		保温材料层热阻 $R(\mathrm{m}^2 \cdot \mathrm{K}/\mathrm{W})$	
周边地面		1.60	1.60
地下室外墙（与土壤接触的外墙）		1.80	1.80

寒冷 B 区（2B 区）围护结构热工性能参数限值　　　表 5.2-29

围护结构部位		传热系数 $K[\mathrm{W}/(\mathrm{m}^2 \cdot \mathrm{K})]$	
		≤3 层建筑	≥4 层
屋面		0.30	0.30
外墙		0.35	0.45
架空或外挑楼板		0.35	0.45
外窗	窗墙面积比≤0.30	1.8	2.2
	0.30＜窗墙面积比≤0.50	1.5	2.0
屋面天窗		1.8	
围护结构部位		保温材料层热阻 $R(\mathrm{m}^2 \cdot \mathrm{K}/\mathrm{W})$	
周边地面		1.50	1.50
地下室外墙（与土壤接触的外墙）		1.60	1.60

注：1. 周边地面和地下室外墙的保温材料层不包括土壤和其他构造层；

　　2. 外墙（含地下室外墙）保温层应深入室外地坪以下，并超过当地冻土层的深度。

根据建筑物所处城市的气候分区区属不同，建筑内围护结构的传热系数不应大于表 5.2-30 规定的限值；寒冷 B 区（2B 区）夏季外窗太阳得热系数不应大于表 5.2-31 规定的限值，夏季天窗的太阳得热系数不应大于 0.45。

内围护结构热工性能参数限值　　　表 5.2-30

围护结构部位	传热系数 $K[\mathrm{W}/(\mathrm{m}^2 \cdot \mathrm{K})]$			
	严寒 A 区（1A 区）	严寒 B 区（1B 区）	严寒 C 区（1C 区）	寒冷 A、B 区（2A、2B 区）
阳台门下部门芯板	1.2	1.2	1.2	1.7
非供暖地下室顶板（上部为供暖房间时）	0.35	0.40	0.45	0.50
分隔供暖与非供暖空间的隔墙、楼板	1.2	1.2	1.5	1.5
分隔供暖非供暖空间的户门	1.5	1.5	1.5	2.0
分隔供暖设计温度差大于 5K 的隔墙、楼板	1.5	1.5	1.5	1.5

寒冷 2B 区（2B 区）夏季外窗太阳得热系数的限值　　　　表 5.2-31

外窗的窗墙面积比	夏季太阳得热系数(东、西向)
0.2＜窗墙面积比≤0.3	—
0.3＜窗墙面积比≤0.4	0.55
0.4＜窗墙面积比≤0.45	0.50

（5）围护结构热工性能权衡判断

建筑围护结构热工性能的权衡判断应采用对比评定法。当设计建筑的供暖能耗不大于参照建筑时，应判定围护结构的热工性能符合本标准的要求。当设计建筑的供暖能耗大于参照建筑时，应调整围护结构热工性能重新计算，直至设计建筑的供暖能耗不大于参照建筑。进行权衡判断时的设计建筑，参照建筑及围护结构的热工性能不得低于以下基本要求：

① 窗墙面积比最大值不应超过表 5.2-32 的限值；

窗墙面积比最大值　　　　表 5.2-32

朝向	严寒地区(1 区)	寒冷地区(2 区)
北	0.35	0.40
东、西	0.40	0.45
南	0.55	0.60

② 屋面、地面、地下室外墙的热工性能应满足表 5.2-25～表 5.2-29 规定的限值；

③ 外墙、架空或外挑楼板和外窗传热系数最大值不应超过表 5.2-33 的限值。

外墙、架空或外挑楼板和外窗传热系数 K 最大值　　　　表 5.2-33

热工区划	外墙 K $[W/(m^2 \cdot K)]$	架空或外挑楼板 K $[W/(m^2 \cdot K)]$	外窗 K $[W/(m^2 \cdot K)]$
严寒 A 区(1A 区)	0.40	0.40	2.0
严寒 B 区(1B 区)	0.45	0.45	2.2
严寒 C 区(1C 区)	0.50	0.50	2.2
寒冷 A 区(2A 区)	0.60	0.60	2.5
寒冷 B 区(2B 区)	0.60	0.60	2.5

建筑物供暖能耗的计算应符合以下基本规定：

① 能耗计算的时间步长不应大于 1 个月，应计算全年的供暖能耗；

② 应计算围护结构（包括热桥部位）传热、太阳辐射得热、建筑内部得热、通风热损失四部分形成的负荷，计算中应考虑建筑热惰性对负荷的影响；

③ 围护结构材料的物理性能参数、空气间层热阻、保温材料导热系数的修正系数应按照现行国家标准《民用建筑热工设计规范》GB 50176 的规定取值；

④ 参照建筑与设计建筑的能耗计算应采用相同软件和气象参数；

⑤ 建筑面积应按各层外墙外包线围成的平面面积的总和计算，包括半地下室的面积，不包括地下室的面积。

用于权衡判断计算的软件应具有下列功能：

① 考虑建筑围护结构蓄热性能的影响；

② 可以计算换气次数对负荷的影响；

③ 计算 10 个以上建筑空间。

主要计算参数的设置应符合以下规定：

① 室外计算参数按照现行行业标准《建筑节能气象参数标准》JGJ/T 346 中典型气象年取值；

② 室内计算温度：18℃；

③ 换气次数：0.5 次/h；

④ 供暖系统运行时间：0：00～24：00；

⑤ 照明功率密度：5W/m²；

⑥ 设备功率密度：3.8W/m²；

⑦ 人员设置：卧室 2 人、起居室 3 人，其他房间 1 人；

⑧ 人员在室率、照明使用率设备使用率符合表 5.2-34～表 5.2-36 的规定；

人员在室率（%） 表 5.2-34

房间类型	时段(时)											
	1	2	3	4	5	6	7	8	9	10	11	12
卧室	1.0	1.0	1.0	1.0	1.0	1.0	0.5	0.5	0	0	0	0
起居室	0	0	0	0	0	0	0.5	0.5	1.0	1.0	1.0	1.0
厨房	0	0	0	0	0	0	1.0	0	0	0	0	1.0
卫生间	0	0	0	0	0	0.5	0.5	0.1	0.1	0.1	0.1	0.1
辅助房间	0	0	0	0	0	0.1	0.1	0.1	0.1	0.1	0.1	0.1

房间类型	时段(时)											
	13	14	15	16	17	18	19	20	21	22	23	24
卧室	0	0	0	0	0	0	0	0	0.5	1.0	1.0	1.0
起居室	1.0	1.0	1.0	1.0	1.0	1.0	1.0	1.0	0.5	0	0	0
厨房	0	0	0	0	0	1.0	0	0	0	0	0	0
卫生间	0.1	0.1	0.1	0.1	0.1	0.1	0.1	0.5	0.5	0	0	0
辅助房间	0.1	0.1	0.1	0.1	0.1	0.1	0.1	0.1	0.1	0	0	0

照明使用率（%） 表 5.2-35

房间类型	时段(时)											
	1	2	3	4	5	6	7	8	9	10	11	12
卧室	0	0	0	0	0	1.0	0.5	0	0	0	0	0
起居室	0	0	0	0	0	0.5	1.0	0	0	0	0	0
厨房	0	0	0	0	0	0	1.0	0	0	0	0	0
卫生间	0	0	0	0	0	0.5	0.5	0.1	0.1	0.1	0.1	0.1
辅助房间	0	0	0	0	0	0.1	0.1	0.1	0.1	0.1	0.1	0.1

房间类型	时段(时)											
	13	14	15	16	17	18	19	20	21	22	23	24
卧室	0	0	0	0	0	0	0	0	1.0	1.0	0	0
起居室	0	0	0	0	0	0	1.0	1.0	0.5	0	0	0
厨房	0	0	0	0	0	1.0	0	0	0	0	0	0
卫生间	0.1	0.1	0.1	0.1	0.1	0.1	0.1	0.5	0.5	0	0	0
辅助房间	0.1	0.1	0.1	0.1	0.1	0.1	0.1	0.1	0.1	0	0	0

设备使用率（%）　　　　　　　　　　　　　　　　表 5.2-36

房间类型	时段(时)											
	1	2	3	4	5	6	7	8	9	10	11	12
卧室	0	0	0	0	0	0	1.0	1.0	0	0	0	0
起居室	0	0	0	0	0	0	0.5	1.0	1.0	0.5	0.5	1.0
厨房	0	0	0	0	0	0	1.0	0	0	0	0	0
卫生间	0	0	0	0	0	0	0	0	0	0	0	0
辅助房间	0	0	0	0	0	0	0	0	0	0	0	0

房间类型	时段(时)											
	13	14	15	16	17	18	19	20	21	22	23	24
卧室	0	0	0	0	0	0	0	0	1.0	1.0	0	0
起居室	1.0	0.5	0.5	0.5	0.5	1.0	1.0	1.0	0.5	0	0	0
厨房	0	0	0	0	0	1.0	0	0	0	0	0	0
卫生间	0	0	0	0	0	0	0	0	0	0	0	0
辅助房间	0	0	0	0	0	0	0	0	0	0	0	0

5.2.3 《夏热冬冷地区居住建筑节能设计标准》JGJ 134—2010 要求

（1）建筑体形系数

夏热冬冷地区居住建筑的体形系数不应大于表 5.2-37 规定的限值。当体形系数大于表 5.2-37 规定的限值时，必须按照《夏热冬冷地区居住建筑节能设计标准》JGJ 134—2010 第 5 章的要求进行围护结构热工性能的综合判断。

夏热冬冷地区居住建筑的体形系数限值　　　　　表 5.2-37

建筑层数	≤3 层建筑	4~11 层	≥12 层
建筑体形系数	0.55	0.40	0.35

（2）建筑窗墙面积比

不同朝向外窗（包括阳台门的透明部分）的窗墙面积比不应大于表 5.2-38 规定的值。当设计建筑的窗墙面积比不符合表 5.2-38 的规定时，必须按照《夏热冬冷地区居住建筑节能设计标准》JGJ 134—2010 第 5 章的规定进行围护结构热工性能的综合判断。

不同朝向外窗的窗墙面积比限值　　　　　　　　表 5.2-38

朝向	窗墙面积比
北	0.40
东、西	0.35
南	0.45
每套房间允许一个房间(不分朝向)	0.60

注：计算窗墙面积比时，外窗的面积应按洞口面积计算。

(3) 非透明围护结构热工性能限值指标

建筑围护结构各部分的传热系数和热惰性指标不应大于表 5.2-39 规定的限值。当设计建筑的屋面、外墙、架空或外挑楼板不符合表 5.2-39 的规定时，必须按照《夏热冬冷地区居住建筑节能设计标准》JGJ 134—2010 第 5 章的规定进行建筑围护结构热工性能的综合判断。

建筑围护结构各部位的传热系数（K）和热惰性指标（D）的限值　　表 5.2-39

围护结构部位		传热系数 $K[W/(m^2 \cdot K)]$	
		热惰性指标 $D \leqslant 2.5$	热惰性指标 $D > 2.5$
体形系数 ≤0.40	屋面	0.8	1.0
	外墙	1.0	1.5
	底面接触室外空气的架空或外挑楼板	1.5	
	分户墙、楼板、楼梯间隔墙、外走廊隔墙	2.0	
	户门	3.0(通往封闭空间) 2.0(通往非封闭空间或户外)	
	外窗(含阳台门透明部分)	应符合表 5.2-38、表 5.2-40 的规定	
体形系数 >0.40	屋面	0.5	0.6
	外墙	0.8	1.0
	底面接触室外空气的架空或外挑楼板	1.0	
	分户墙、楼板、楼梯间隔墙、外走廊隔墙	2.0	
	户门	3.0(通往封闭空间) 2.0(通往非封闭空间或户外)	
	外窗(含阳台门透明部分)	应符合表 5.2-38、表 5.2-40 的规定	

(4) 透明围护结构热工性能限值指标

建筑不同朝向、不同窗墙面积比的外窗传热系数和综合遮阳系数应符合表 5.2-40 规定的限值要求。当设计建筑的窗墙面积比或传热系数、遮阳系数不符合表 5.2-40 规定时，必须按照《夏热冬冷地区居住建筑节能设计标准》JGJ 134—2010 第 5 章的规定进行建筑围护结构热工性能的综合判断。

当外窗采用凸窗时，应符合下列规定：

① 窗的传热系数限值应比表 5.2-40 中的相应值小 10%；

② 计算窗墙面积比时，凸窗的面积按窗洞口面积计算；

③ 对凸窗不透明的上顶板、下底板和侧板，应进行保温处理，且板的传热系数不应低于外墙的传热系数的限值要求。

不同朝向、不同窗墙面积比的外窗传热系数和综合遮阳系数限值　　　　表 5.2-40

建筑	窗墙面积比	传热系数 K [W/(m² · K)]	外窗综合遮阳系数 SC_W （东、西向/南向）
体形系数≤0.40	窗墙面积比≤0.20	4.7	—/—
	0.20<窗墙面积比≤0.30	4.0	—/—
	0.30<窗墙面积比≤0.40	3.2	夏季≤0.40/夏季≤0.45
	0.40<窗墙面积比≤0.45	2.8	夏季≤0.35/夏季≤0.40
	0.45<窗墙面积比≤0.60	2.5	东、西、南向设置外遮阳夏季≤0.25 冬季≥0.60
体形系数>0.40	窗墙面积比≤0.20	4.0	—/—
	0.20<窗墙面积比≤0.30	3.2	—/—
	0.30<窗墙面积比≤0.40	2.8	夏季≤0.40/夏季≤0.45
	0.40<窗墙面积比≤0.45	2.5	夏季≤0.35/夏季≤0.40
	0.45<窗墙面积比≤0.60	2.3	东、西、南向设置外遮阳夏季≤0.25 冬季≥0.60

注：1. 表中的"东、西"代表从东或西偏北 30°（含 30°）至偏南 60°（含 60°）的范围；"南"代表从南偏东 30°至偏西 30°的范围；
　　2. 楼梯间、外走廊的窗不按本表规定执行。

(5) 外窗及敞开式阳台门的气密性要求

建筑物 1～6 层的外窗及敞开式阳台门的气密性等级，不应低于表 5.3-3 中的 4 级；7 层及 7 层以上的外窗及敞开式阳台门的气密性等级，不应低于表 5.3-3 中的 6 级。

(6) 围护结构热工性能综合判断

当设计建筑不符合表 5.2-37～表 5.2-40 中的各项规定时，应对设计建筑进行围护结构热工性能的综合判断，设计建筑在规定条件下计算得到的供暖耗电量和空调耗电量之和，不应超过参照建筑在同样条件下计算得出的供暖耗电量和空调耗电量之和。

5.2.4　《夏热冬暖地区居住建筑节能设计标准》JGJ 75— 2012 要求

本标准以 1 月份平均温度 11.5℃为分界线，将夏热冬暖地区划分为南北两个气候区（表 5.2-41）。北区内建筑节能设计应主要考虑夏季空调，兼顾冬季供暖。南区建筑节能设计应考虑夏季空调，可不考虑冬季供暖。

夏热冬暖地区中划入北区的主要城市　　　　表 5.2-41

省份	划入北区的主要城市
福建	福州市、莆田市、龙岩市
广东	梅州市、兴宁市、龙川县、新丰县、英德市、怀集县
广西	河池市、柳州市、贺州市

（1）建筑窗墙面积比

各朝向的单一朝向窗墙面积比，南、北向不应大于 0.40；东、西向不应大于 0.30。当设计建筑的外窗不符合上述规定时，其空调供暖年耗电指数（或耗电量）不应超过参照建筑的空调供暖年耗电指数（或耗电量）。

建筑的卧室、书房、起居室等主要房间的房间窗地面积比不应小于 1/7。当房间窗地面积比小于 1/5 时，外窗玻璃的可见光透射比不应小于 0.40。

（2）透明围护结构的热工性能限值指标

居住建筑的天窗面积不应大于屋顶总面积的 4%，传热系数不应大于 4.0W/(m²·K)，遮阳系数不应大于 0.40。当设计建筑的天窗不符合上述规定时，其空调供暖年耗电指数（或耗电量）不应超过参照建筑的空调供暖年耗电指数（或耗电量）。

居住建筑外窗的平均传热系数和平均综合遮阳系数应符合表 5.2-42 和表 5.2-43 的规定。当设计建筑的外窗不符合表 5.2-42 和表 5.2-43 的规定时，建筑的空调供暖年耗电指数（或耗电量）不应超过参照建筑的空调供暖年耗电指数（或耗电量）。

北区居住建筑建筑物外窗平均传热系数和平均综合遮阳系数限值　　　　表 5.2-42

外墙平均指标	外窗平均传热系数 $K[W/(m^2·K)]$	外窗加权平均综合遮阳系数 S_W			
		平均窗地面积比 $C_{MF}≤0.25$ 或平均窗墙面积比 $C_{MW}≤0.25$	平均窗地面积比 $0.25<C_{MF}≤0.30$ 或平均窗墙面积比 $0.25<C_{MW}≤0.30$	平均窗地面积比 $0.30<C_{MF}≤0.35$ 或平均窗墙面积比 $0.30<C_{MW}≤0.35$	平均窗地面积比 $0.35<C_{MF}≤0.40$ 或平均窗墙面积比 $0.35<C_{MW}≤0.40$
$K≤2.0$, $D≥2.8$	4.0	≤0.3	≤0.2	—	—
	3.5	≤0.5	≤0.3	≤0.2	—
	3.0	≤0.7	≤0.5	≤0.4	≤0.3
	2.5	≤0.8	≤0.6	≤0.6	≤0.4
$K≤1.5$, $D≥2.5$	6.0	≤0.6	≤0.3	—	—
	5.5	≤0.8	≤0.4	—	—
	5.0	≤0.9	≤0.6	≤0.3	—
	4.5	≤0.9	≤0.7	≤0.5	≤0.2
	4.0	≤0.9	≤0.8	≤0.6	≤0.4
	3.5	≤0.9	≤0.9	≤0.7	≤0.5
	3.0	≤0.9	≤0.9	≤0.8	≤0.6
	2.5	≤0.9	≤0.9	≤0.9	≤0.7
$K≤1.0$, $D≥2.5$ 或 $K≤0.7$	6.0	≤0.9	≤0.9	≤0.6	≤0.2
	5.5	≤0.9	≤0.9	≤0.7	≤0.4
	5.0	≤0.9	≤0.9	≤0.8	≤0.6
	4.5	≤0.9	≤0.9	≤0.8	≤0.7
	4.0	≤0.9	≤0.9	≤0.9	≤0.7
	3.5	≤0.9	≤0.9	≤0.9	≤0.8

南区居住建筑建筑物外窗平均传热系数和平均综合遮阳系数限值　　表 5.2-43

外墙平均指标 ($\rho \leqslant 0.8$)	外窗加权平均综合遮阳系数 S_W				
	平均窗地面积比 $C_{MF} \leqslant 0.25$ 或平均窗墙面积比 $C_{MW} \leqslant 0.25$	平均窗地面积比 $0.25 < C_{MF} \leqslant 0.30$ 或平均窗墙面积比 $0.25 < C_{MW} \leqslant 0.30$	平均窗地面积比 $0.30 < C_{MF} \leqslant 0.35$ 或平均窗墙面积比 $0.30 < C_{MW} \leqslant 0.35$	平均窗地面积比 $0.35 < C_{MF} \leqslant 0.40$ 或平均窗墙面积比 $0.35 < C_{MW} \leqslant 0.40$	平均窗地面积比 $0.40 < C_{MF} \leqslant 0.45$ 或平均窗墙面积比 $0.40 < C_{MW} \leqslant 0.45$
$K \leqslant 2.5$, $D \geqslant 3.0$	$\leqslant 0.5$	$\leqslant 0.4$	$\leqslant 0.3$	$\leqslant 0.2$	—
$K \leqslant 2.0$, $D \geqslant 2.8$	$\leqslant 0.6$	$\leqslant 0.5$	$\leqslant 0.4$	$\leqslant 0.3$	$\leqslant 0.2$
$K \leqslant 1.5$, $D \geqslant 2.5$	$\leqslant 0.8$	$\leqslant 0.7$	$\leqslant 0.6$	$\leqslant 0.5$	$\leqslant 0.4$
$K \leqslant 1.0$, $D \geqslant 2.5$ 或 $K \leqslant 0.7$	$\leqslant 0.9$	$\leqslant 0.8$	$\leqslant 0.7$	$\leqslant 0.6$	$\leqslant 0.5$

注：ρ 为外墙外表面的太阳辐射吸收系数。

居住建筑的东、西向外窗必须采取建筑外遮阳措施，建筑外遮阳系数 SD 不应大于 0.8。外窗（包含阳台门）的通风开口面积不应小于房间地面面积的 10% 或外窗面积的 45%。

（3）非透明围护结构的热工性能限值指标

居住建筑屋顶和外墙的传热系数和热惰性指标应符合表 5.2-44 的规定。当设计建筑的南、北外墙不符合表 5.2-44 的规定时，其空调供暖年耗电指数（或耗电量）不应超过参照建筑的空调供暖耗电指数（或耗电量）。

屋顶和外墙的传热系数 K ［W/(m² · K)］、热惰性指标 D　　表 5.2-44

屋顶	外墙
$0.4 < K \leqslant 0.9$, $D \geqslant 2.5$	$2.0 < K \leqslant 2.5$, $D \geqslant 3.0$ 或 $1.5 < K \leqslant 2.0$, $D \geqslant 2.8$ 或 $0.7 < K \leqslant 1.5$, $D \geqslant 2.5$
$K \leqslant 0.4$	$K \leqslant 0.7$

注：1. $D < 2.5$ 的轻质屋顶和东、西墙，还应满足现行国家标准《民用建筑热工设计规范》GB 50176 所规定的隔热要求；

2. 外墙传热系数 K 和热惰性指标 D 要求中，$2.0 < K \leqslant 2.5$，$D \geqslant 3.0$ 这一档仅适用于南区。

（4）围护结构热工性能综合评价

夏热冬暖地区居住建筑的节能设计可采用"对比评定法"进行综合评价。当所设计建筑不能完全符合上述规定时，必须采用"对比评定法"对其进行综合评价。综合评价的指标采用空调供暖年耗电指数，也可直接采用空调供暖年耗电量，并应符合下列规定。

1）当采用空调供暖年耗电指数作为综合评定指标时，所设计建筑的空调供暖年耗电指数不得超过参照建筑的空调供暖年耗电指数，即应符合下式的规定：

$$ECF \leqslant ECF_{\text{ref}} \tag{5.2-5}$$

式中 ECF——所设计建筑的空调供暖年耗电指数；

ECF_{ref}——参照建筑的空调供暖年耗电指数。

2）当采用空调供暖年耗电量指标作为综合评定指标时，在相同的计算条件下，用相同的计算方法，所设计建筑的空调供暖年耗电量不得超过参照建筑的空调供暖年耗电量，即应符合下式的规定：

$$EC \leqslant EC_{\text{ref}} \tag{5.2-6}$$

式中 EC——所设计建筑的空调供暖年耗电量；

EC_{ref}——参照建筑的空调供暖年耗电量。

3）对节能设计进行综合评价的建筑，其天窗的遮阳系数和传热系数应符合《夏热冬暖地区居住建筑节能设计标准》JGJ 75—2012 第 4.0.6 条的规定，屋顶、东西墙的传热系数和热惰性指标应符合《夏热冬暖地区居住建筑节能设计标准》JGJ 75—2012 第 4.0.7 条的规定。

建筑的空调供暖耗电量应采用动态逐时模拟的方法计算。空调供暖年耗电量应为计算所得到的单位建筑面积空调年耗电量与供暖年耗电量之和。南区内的建筑物可忽略供暖年耗电量。

5.2.5 《温和地区居住建筑节能设计标准》JGJ 475—2019 要求

1）温和地区建筑热工设计分区应符合表 5.2-45 的规定，并应符合现行国家标准《民用建筑热工设计规范》GB 50176 的规定。

温和地区建筑热工设计分区　　　　　　　　　　表 5.2-45

温和地区气候子区	分区指标		典型城镇（按 $HDD18$ 值排序）
温和 A 区	$CDD26 < 10$	$700 \leqslant HDD18 < 2000$	会泽、丽江、贵阳、独山、曲靖、兴义、会理、泸西、大理、广南、腾冲、昆明、西昌、保山、楚雄
温和 B 区		$HDD18 < 700$	临沧、蒙自、江城、耿马、普洱、澜沧、瑞丽

注：气候相近城镇可参照典型城镇分区。

2）体形系数

温和 A 区居住建筑的体形系数限值不应大于表 5.2-46 的规定。当体形系数限值大于表 5.2-46 的规定时，应进行建筑围护结构热工性能的权衡判断，并应符合《温和地区居住建筑节能设计标准》JGJ 475—2019 第 5 章的规定。

温和 A 区建筑建筑体形系数限值　　　　　　　　表 5.2-46

建筑层数	≤3 层	4~6 层	7~11 层	≥12 层
建筑的体形系数	0.55	0.45	0.40	0.35

3）温和 A 区居住建筑非透光围护结构各部位的平均传热系数（K_{m}）、热惰性指标（D）应符合表 5.2-47 的规定；当指标不符合规定的限值时，必须按本标准第 5 章的规定

进行建筑围护结构热工性能的全能判断。温和 B 区居住建筑非透光围护结构各部位的平均传热系数（K_m）必须符合表 5.2-48 的规定。

温和 A 区居住建筑围护结构各部位平均传热系数（K_m）和热惰性指标（D）限值

表 5.2-47

围护结构部位		平均传热系数 $K_m[W/(m^2 \cdot K)]$	
		热惰性指标 $D \leqslant 2.5$	热惰性指标 $D > 2.5$
体形系数≤0.45	屋面	0.8	1.0
	外墙	1.0	1.5
体形系数>0.45	屋面	0.5	0.6
	外墙	0.8	1.0

温和 B 区居住建筑围护结构各部位平均传热系数（K_m）限值　　表 5.2-48

围护结构部位	平均传热系数 $K_m[W/(m^2 \cdot K)]$
屋面	1.0
外墙	2.0

4）温和 A 区不同朝向外窗（包括阳台门的透明部分）的窗墙面积比不应大于表 5.2-49 规定的限值。不同朝向、不同窗墙面积比的外窗传热系数不应大于表 5.2-50 规定的限值。当外窗为凸窗时，凸窗的传热系数限值应比表 5.2-50 规定提高一档；计算窗墙面积比时，凸窗的面积应按洞口面积计算。当设计建筑的窗墙面积比或传热系数不符合表 5.2-49 和表 5.2-50 的规定时，应按本标准第 5 章的规定进行建筑围护结构热工性能的权衡判断。温和 B 区居住建筑外窗的传热系数应小于 4.0W/($m^2 \cdot K$)。温和地区的外窗综合遮阳系数必须符合本标准第 4.4.3 条的规定。

温和 A 区不同朝向外窗的窗墙面积比限值　　　　　　　表 5.2-49

朝向	窗墙面积比
北	0.40
东、西	0.35
南	0.50
水平(天窗)	0.10
每套允许一个房间(非水平向)	0.60

温和 A 区不同朝向、不同窗墙面积比的外窗传热系数限值　　表 5.2-50

建筑	窗墙面积比	传热系数 $K[W/(m^2 \cdot K)]$
体形系数≤0.45	窗墙面积比≤0.30	3.8
	0.30<窗墙面积比≤0.40	3.2
	0.40<窗墙面积比≤0.45	2.8
	0.45<窗墙面积比≤0.60	2.5

续表

建筑	窗墙面积比	传热系数 $K[\text{W}/(\text{m}^2 \cdot \text{K})]$
体形系数＞0.45	窗墙面积比≤0.20	3.8
	0.20＜窗墙面积比≤0.30	3.2
	0.30＜窗墙面积比≤0.40	2.8
	0.40＜窗墙面积比≤0.45	2.5
	0.45＜窗墙面积比≤0.60	2.3
水平向（天窗）		3.5

注：1. 标准的"东、西"代表从东或西偏北30°（含30°）至偏南60°（含60°）的范围；"南"代表从南偏东30°至偏西30°的范围；

2. 楼梯间、外走廊的窗可不按本表规定执行。

5）温和B区居住建筑的卧室、起居室（厅）应设置外窗，窗地面积比不应小于1/7，其外窗有效通风面积不应小于外窗所在房间地面面积的10%。

6）当温和A区设计建筑不符合2）、3）、4）的规定时，应对设计建筑进行围护结构热工性的权衡判断。进行权衡判断的温和A区居住建筑围护结构热工性能基本要求应符合表5.2-51的规定。

温和A区居住建筑围护结构热工性能基本要求　　表5.2-51

围护结构部位		传热系数 $K[\text{W}/(\text{m}^2 \cdot \text{K})]$	
		热惰性指标 D≤2.5	热惰性指标 D＞2.5
屋面		0.8	1.0
外墙		1.2	1.8
外窗	窗墙面积比≤0.3	3.8	
	窗墙面积比＞0.3	3.2	
天窗		3.5	

7）建筑围护结构热工性能的权衡判断应以供暖年耗电量为依据。

8）设计建筑在规定条件下计算得出的供暖年耗电量不应超过参照建筑在相同条件下计算得出的供暖年耗电量。

9）设计建筑和参照建筑在规定条件下的供暖年耗电量应采用动态方法计算，并应采用同一版本计算软件。

10）设计建筑和参照建筑的供暖年耗电量的计算应符合下列规定：

① 室外气象计算参数应符合现行行业标准《建筑节能气象参数标准》JGJ/T 346的规定；

② 供暖额定能效比应取1.9；

③ 室内得热应为3.8W/m²。

5.2.6 《建筑节能与可再生能源利用通用规范》GB 55015—2021要求

《建筑节能与可再生能源利用通用规范》GB 55015—2021自2022年4月1日起实施，该规范为强制性工程建设规范，全部条文必须严格执行。现行工程建设标准相关强制性条文同时废止。现行工程建设标准中有关规定与该规范不一致的，以该规范的规定为准。

该规范规定新建居住建筑和公共建筑平均设计能耗水平应在 2016 年执行的节能设计标准的基础上分别降低 30％和 20％。不同气候区平均节能率应符合下列规定：

① 严寒和寒冷地区居住建筑平均节能率应为 75％；

② 除严寒和寒冷地区外，其他气候区居住建筑平均节能率应为 65％；

③ 公共建筑平均节能率应为 72％。

1）体形系数。

居住建筑体形系数应符合表 5.2-52 的规定。

居住建筑体形系数限值　　　　　　　　　　　　表 5.2-52

热工区划	建筑层数	
	≤3 层	>3 层
严寒地区	≤0.55	≤0.30
寒冷地区	≤0.57	≤0.33
夏热冬冷 A 区	≤0.60	≤0.40
温和 A 区	≤0.60	≤0.45

严寒和寒冷地区公共建筑体形系数应符合表 5.2-53 的规定。

严寒和寒冷地区公共建筑体形系数限值　　　　　　表 5.2-53

单栋建筑面积 $A(\mathrm{m}^2)$	建筑体形系数
$300<A≤800$	≤0.50
$A>800$	≤0.40

2）窗墙面积比。

居住建筑的窗墙面积比应符合表 5.2-54 的规定，其中每套住宅应允许一个房间在一个朝向上的窗墙面积比不大于 0.6。

居住建筑窗墙面积比限值　　　　　　　　　　表 5.2-54

朝向	窗墙面积比				
	严寒地区	寒冷地区	夏热冬冷地区	夏热冬暖地区	温和 A 区
北	≤0.25	≤0.30	≤0.40	≤0.40	≤0.40
东、西	≤0.30	≤0.35	≤0.35	≤0.30	≤0.35
南	≤0.45	≤0.50	≤0.45	≤0.40	≤0.50

居住建筑的屋面天窗与所在房间屋面面积的比值应符合表 5.2-55 的规定。

居住建筑屋面天窗与所在房间屋面面积比值的限值　　　表 5.2-55

严寒地区	寒冷地区	夏热冬冷地区	夏热冬暖地区	温和 A 区
≤10％	≤15％	≤6％	≤4％	≤10％

甲类公共建筑的屋面透光部分面积不应大于屋面总面积的 20％。

3）居住建筑围护结构热工性能指标。

居住建筑非透光围护结构的热工性能指标应符合表 5.2-56～表 5.2-66 的规定。

严寒 A 区居住建筑围护结构热工性能参数限值 表 5.2-56

围护结构部位	传热系数 $K[W/(m^2 \cdot K)]$	
	≤3 层	>3 层
屋面	≤0.15	≤0.15
外墙	≤0.25	≤0.35
架空或外桃楼板	≤0.25	≤0.35
阳台门下部芯板	≤1.20	≤1.20
非供暖地下室顶板（上部为供暖房间时）	≤0.35	≤0.35
分隔供暖与非供暖空间的隔墙、楼板	≤1.20	≤1.20
分隔供暖与非供暖空间的户门	≤1.50	≤1.50
分隔供暖设计温度温差大于 5K 的隔墙、楼板	≤1.50	≤1.50
围护结构部位	保温材料层热阻 $R(m^2 \cdot K/W)$	
周边地面	≥2.00	≥2.00
地下室外墙（与土壤接触的外墙）	≥2.00	≥2.00

严寒 B 区居住建筑围护结构热工性能参数限值 表 5.2-57

围护结构部位	传热系数 $K[W/(m^2 \cdot K)]$	
	≤3 层	>3 层
屋面	≤0.20	≤0.20
外墙	≤0.25	≤0.35
架空或外桃楼板	≤0.25	≤0.35
阳台门下部芯板	≤1.20	≤1.20
非供暖地下室顶板（上部为供暖房间时）	≤0.40	≤0.40
分隔供暖与非供暖空间的隔墙、楼板	≤1.20	≤1.20
分隔供暖与非供暖空间的户门	≤1.50	≤1.50
分隔供暖设计温度温差大于 5K 的隔墙、楼板	≤1.50	≤1.50
围护结构部位	保温材料层热阻 $R(m^2 \cdot K/W)$	
周边地面	≥1.80	≥1.80
地下室外墙（与土壤接触的外墙）	≥2.00	≥2.00

严寒 C 区居住建筑围护结构热工性能参数限值 表 5.2-58

围护结构部位	传热系数 $K[W/(m^2 \cdot K)]$	
	≤3 层	>3 层
屋面	≤0.20	≤0.20
外墙	≤0.30	≤0.40

续表

围护结构部位	传热系数 $K[\text{W}/(\text{m}^2 \cdot \text{K})]$	
	≤3 层	>3 层
架空或外挑楼板	≤0.30	≤0.40
阳台门下部芯板	≤1.20	≤1.20
非供暖地下室顶板(上部为供暖房间时)	≤0.45	≤0.45
分隔供暖与非供暖空间的隔墙、楼板	≤1.50	≤1.50
分隔供暖与非供暖空间的户门	≤1.50	≤1.50
分隔供暖设计温度温差大于 5K 的隔墙、楼板	≤1.50	≤1.50
围护结构部位	保温材料层热阻 $R(\text{m}^2 \cdot \text{K}/\text{W})$	
周边地面	≥1.80	≥1.80
地下室外墙(与土壤接触的外墙)	≥2.00	≥2.00

寒冷 A 区居住建筑围护结构热工性能参数限值　　　　表 5.2-59

围护结构部位	传热系数 $K[\text{W}/(\text{m}^2 \cdot \text{K})]$	
	≤3 层	>3 层
屋面	≤0.25	≤0.25
外墙	≤0.35	≤0.45
架空或外挑楼板	≤0.35	≤0.45
阳台门下部芯板	≤1.70	≤1.70
非供暖地下室顶板(上部为供暖房间时)	≤0.50	≤0.50
分隔供暖与非供暖空间的隔墙、楼板	≤1.50	≤1.50
分隔供暖与非供暖空间的户门	≤2.00	≤2.00
分隔供暖设计温度温差大于 5K 的隔墙、楼板	≤1.50	≤1.50
围护结构部位	保温材料层热阻 $R(\text{m}^2 \cdot \text{K}/\text{W})$	
周边地面	≥1.60	≥1.60
地下室外墙(与土壤接触的外墙)	≥1.80	≥1.80

寒冷 B 区居住建筑围护结构热工性能参数限值　　　　表 5.2-60

围护结构部位	传热系数 $K[\text{W}/(\text{m}^2 \cdot \text{K})]$	
	≤3 层	>3 层
屋面	≤0.30	≤0.30
外墙	≤0.35	≤0.45
架空或外挑楼板	≤0.35	≤0.45
阳台门下部芯板	≤1.70	≤1.70
非供暖地下室顶板(上部为供暖房间时)	≤0.50	≤0.50
分隔供暖与非供暖空间的隔墙、楼板	≤1.50	≤1.50
分隔供暖与非供暖空间的户门	≤2.00	≤2.00

围护结构部位	传热系数 $K[W/(m^2 \cdot K)]$	
	≤3 层	>3 层
分隔供暖设计温度温差大于 5K 的隔墙、楼板	≤1.50	≤1.50
围护结构部位	保温材料层热阻 $R(m^2 \cdot K/W)$	
周边地面	≥1.50	≥1.50
地下室外墙（与土壤接触的外墙）	≥1.60	≥1.60

夏热冬冷 A 区居住建筑围护结构热工性能参数限值　　　　表 5.2-61

围护结构部位	传热系数 $K[W/(m^2 \cdot K)]$	
	热惰性指标 D≤2.5	热惰性指标 D>2.5
屋面	≤0.40	≤0.40
外墙	≤0.60	≤1.00
底面接触室外空气的架空或外挑楼板	≤1.00	
分户墙、楼梯间隔墙、外走廊隔墙	≤1.50	
楼板	≤1.80	
户门	≤2.00	

夏热冬冷 B 区居住建筑围护结构热工性能参数限值　　　　表 5.2-62

围护结构部位	传热系数 $K[W/(m^2 \cdot K)]$	
	热惰性指标 D≤2.5	热惰性指标 D>2.5
屋面	≤0.40	≤0.40
外墙	≤0.80	≤1.20
底面接触室外空气的架空或外挑楼板	≤1.20	
分户墙、楼梯间隔墙、外走廊隔墙	≤1.50	
楼板	≤1.80	
户门	≤2.00	

夏热冬暖 A 区居住建筑围护结构热工性能参数限值　　　　表 5.2-63

围护结构部位	传热系数 $K[W/(m^2 \cdot K)]$	
	热惰性指标 D≤2.5	热惰性指标 D>2.5
屋面	≤0.40	≤0.40
外墙	≤0.70	≤1.50

夏热冬暖 B 区居住建筑围护结构热工性能参数限值　　　　表 5.2-64

围护结构部位	传热系数 $K[W/(m^2 \cdot K)]$	
	热惰性指标 D≤2.5	热惰性指标 D>2.5
屋面	≤0.40	≤0.40
外墙	≤0.70	≤1.50

温和 A 区居住建筑围护结构热工性能参数限值　　　　　表 5.2-65

围护结构部位	传热系数 $K[W/(m^2 \cdot K)]$	
	热惰性指标 $D \leqslant 2.5$	热惰性指标 $D > 2.5$
屋面	$\leqslant 0.40$	$\leqslant 0.40$
外墙	$\leqslant 0.60$	$\leqslant 1.00$
底面接触室外空气的架空或外挑楼板	$\leqslant 1.00$	
分户墙、楼梯间隔墙、外走廊隔墙	$\leqslant 1.50$	
楼板	$\leqslant 1.80$	
户门	$\leqslant 2.00$	

温和 B 区居住建筑围护结构热工性能参数限值　　　　　表 5.2-66

围护结构部位	传热系数 $K[W/(m^2 \cdot K)]$
屋面	$\leqslant 1.00$
外墙	$\leqslant 1.80$

居住建筑透光围护结构的热工性能指标应符合表 5.2-67～表 5.2-71 的规定。

严寒地区居住建筑透光围护结构热工性能参数限值　　　　　表 5.2-67

外窗		传热系数 $K[W/(m^2 \cdot K)]$	
		$\leqslant 3$ 层建筑	> 3 层建筑
严寒 A 区	窗墙面积比 $\leqslant 0.30$	$\leqslant 1.40$	$\leqslant 1.60$
	$0.30 < $ 窗墙面积比 $\leqslant 0.45$	$\leqslant 1.40$	$\leqslant 1.60$
	天窗	$\leqslant 1.40$	$\leqslant 1.40$
严寒 B 区	窗墙面积比 $\leqslant 0.30$	$\leqslant 1.40$	$\leqslant 1.80$
	$0.30 < $ 窗墙面积比 $\leqslant 0.45$	$\leqslant 1.40$	$\leqslant 1.60$
	天窗	$\leqslant 1.40$	$\leqslant 1.40$
严寒 C 区	窗墙面积比 $\leqslant 0.30$	$\leqslant 1.60$	$\leqslant 2.00$
	$0.30 < $ 窗墙面积比 $\leqslant 0.45$	$\leqslant 1.60$	$\leqslant 1.80$
	天窗	$\leqslant 1.60$	$\leqslant 1.60$

寒冷地区居住建筑透光围护结构热工性能参数限值　　　　　表 5.2-68

外窗		传热系数 $K[W/(m^2 \cdot K)]$		太阳得热系数 $SHGC$
		$\leqslant 3$ 层建筑	> 3 层建筑	
寒冷 A 区	窗墙面积比 $\leqslant 0.30$	$\leqslant 1.80$	$\leqslant 2.20$	—
	$0.30 < $ 窗墙面积比 $\leqslant 0.50$	$\leqslant 1.50$	$\leqslant 2.00$	—
	天窗	$\leqslant 1.80$	$\leqslant 1.80$	—
寒冷 B 区	窗墙面积比 $\leqslant 0.30$	$\leqslant 1.80$	$\leqslant 2.20$	—
	$0.30 < $ 窗墙面积比 $\leqslant 0.50$	$\leqslant 1.50$	$\leqslant 2.00$	夏季东西向 $\leqslant 0.55$
	天窗	$\leqslant 1.80$	$\leqslant 1.80$	$\leqslant 0.45$

夏热冬冷地区居住建筑透光围护结构热工性能参数限值　　　　表 5.2-69

外窗		传热系数 $K[\mathrm{W}/(\mathrm{m}^2 \cdot \mathrm{K})]$	太阳得热系数 $SHGC$（东、西向/南向）
夏热冬冷A区	窗墙面积比≤0.25	≤2.80	—/—
	0.25<窗墙面积比≤0.40	≤2.50	夏季≤0.40/—
	0.40<窗墙面积比≤0.60	≤2.00	夏季≤0.25/冬季≥0.50
	天窗	≤2.80	夏季≤0.20/—
夏热冬冷B区	窗墙面积比≤0.25	≤2.80	—/—
	0.25<窗墙面积比≤0.40	≤2.80	夏季≤0.40/—
	0.40<窗墙面积比≤0.60	≤2.50	夏季≤0.25/冬季≥0.50
	天窗	≤2.80	夏季≤0.20/—

夏热冬暖区居住建筑透光围护结构热工性能参数限值　　　　表 5.2-70

外窗		传热系数 $K[\mathrm{W}/(\mathrm{m}^2 \cdot \mathrm{K})]$	太阳得热系数 $SHGC$（西向/东、南向/北向）
夏热冬暖A区	窗墙面积比≤0.25	≤3.00	≤0.35/≤0.35/≤0.35
	0.25<窗墙面积比≤0.35	≤3.00	≤0.30/≤0.30/≤0.35
	0.35<窗墙面积比≤0.40	≤2.50	≤0.20/≤0.30/≤0.35
	天窗	≤3.00	≤0.20
夏热冬暖B区	窗墙面积比≤0.25	≤3.50	≤0.30/≤0.35/≤0.35
	0.25<窗墙面积比≤0.35	≤3.50	≤0.25/≤0.30/≤0.30
	0.35<窗墙面积比≤0.40	≤3.00	≤0.20/≤0.30/≤0.30
	天窗	≤3.50	≤0.20

温和地区居住建筑透光围护结构热工性能参数限值　　　　表 5.2-71

外窗		传热系数 $K[\mathrm{W}/(\mathrm{m}^2 \cdot \mathrm{K})]$	太阳得热系数 $SHGC$（东、西向/南向）
温和A区	窗墙面积比≤0.20	≤2.80	—/—
	0.20<窗墙面积比≤0.40	≤2.50	—/冬季≥0.50
	0.40<窗墙面积比≤0.50	≤2.00	—/冬季≥0.50
	天窗	≤2.80	夏季≤0.30/冬季≥0.50
温和B区	东西向外窗	≤4.00	夏季≤0.40/—
	天窗	—	夏季≤0.30/冬季≥0.50

4）甲类公共建筑的围护结构热工性能应符合表 5.2-72～表 5.2-77 的规定。

严寒 A、B 区甲类公共建筑围护结构热工性能限值　　　表 5.2-72

围护结构部位		体形系数≤0.30	0.30<体形系数≤0.50
		传热系数 $K[\text{W}/(\text{m}^2 \cdot \text{K})]$	
屋面		≤0.25	≤0.20
外墙(包括非透光幕墙)		≤0.35	≤0.30
底面接触室外空气的架空或外挑楼板		≤0.35	≤0.30
地下车库与供暖房间之间的楼板		≤0.50	≤0.50
非供暖楼梯间与供暖房间之间的隔墙		≤0.80	≤0.80
单一立面外窗(包括透光幕墙)	窗墙面积比≤0.20	≤2.50	≤2.20
	0.20<窗墙面积比≤0.30	≤2.30	≤2.00
	0.30<窗墙面积比≤0.40	≤2.00	≤1.60
	0.40<窗墙面积比≤0.50	≤1.70	≤1.50
	0.50<窗墙面积比≤0.60	≤1.40	≤1.30
	0.60<窗墙面积比≤0.70	≤1.40	≤1.30
	0.70<窗墙面积比≤0.80	≤1.30	≤1.20
	窗墙面积比>0.80	≤1.20	≤1.10
屋顶透光部分(屋顶透光部分面积≤20%)		≤1.80	
围护结构部位		保温材料层热阻 $R(\text{m}^2 \cdot \text{K/W})$	
周边地面		≥1.10	
供暖地下室与土壤接触的外墙		≥1.50	
变形缝(两侧墙内保温时)		≥1.20	

严寒 C 区甲类公共建筑围护结构热工性能限值　　　表 5.2-73

围护结构部位		体形系数≤0.30	0.30<体形系数≤0.50
		传热系数 $K[\text{W}/(\text{m}^2 \cdot \text{K})]$	
屋面		≤0.30	≤0.25
外墙(包括非透光幕墙)		≤0.38	≤0.35
底面接触室外空气的架空或外挑楼板		≤0.38	≤0.35
地下车库与供暖房间之间的楼板		≤0.70	≤0.70
非供暖楼梯间与供暖房间之间的隔墙		≤1.00	≤1.00
单一立面外窗(包括透光幕墙)	窗墙面积比≤0.20	≤2.70	≤2.50
	0.20<窗墙面积比≤0.30	≤2.40	≤2.00
	0.30<窗墙面积比≤0.40	≤2.10	≤1.90
	0.40<窗墙面积比≤0.50	≤1.70	≤1.60
	0.50<窗墙面积比≤0.60	≤1.50	≤1.50
	0.60<窗墙面积比≤0.70	≤1.50	≤1.50
	0.70<窗墙面积比≤0.80	≤1.40	≤1.40
	窗墙面积比>0.80	≤1.30	≤1.20

续表

围护结构部位	体形系数≤0.30	0.30＜体形系数≤0.50
	传热系数 K[W/(m²·K)]	
屋顶透光部分(屋顶透光部分面积≤20%)	≤2.30	
围护结构部位	保温材料层热阻 R(m²·K/W)	
周边地面	≥1.10	
供暖地下室与土壤接触的外墙	≥1.50	
变形缝(两侧墙内保温时)	≥1.20	

寒冷地区甲类公共建筑围护结构热工性能限值　　　　表 5.2-74

围护结构部位	体形系数≤0.30		0.30＜体形系数≤0.50	
	传热系数 K [W/(m²·K)]	太阳得热系数 $SHGC$(东、南、西向/北向)	传热系数 K [W/(m²·K)]	太阳得热系数 $SHGC$(东、南、西向/北向)
屋面	≤0.40	—	≤0.35	—
外墙(包括非透光幕墙)	≤0.50	—	≤0.45	—
底面接触室外空气的架空或外挑楼板	≤0.50	—	≤0.45	—
地下车库与供暖房间之间的楼板	≤1.00	—	≤1.00	—
非供暖楼梯间与供暖房间之间的隔墙	≤1.20	—	≤1.20	—
单一立面外窗(包括透光幕墙) 窗墙面积比≤0.20	≤2.50	—	≤2.50	—
0.20＜窗墙面积比≤0.30	≤2.50	≤0.48/—	≤2.40	≤0.48/—
0.30＜窗墙面积比≤0.40	≤2.00	≤0.40/—	≤1.80	≤0.40/—
0.40＜窗墙面积比≤0.50	≤1.90	≤0.40/—	≤1.70	≤0.40/—
0.50＜窗墙面积比≤0.60	≤1.80	≤0.35/—	≤1.60	≤0.35/—
0.60＜窗墙面积比≤0.70	≤1.70	≤0.30/≤0.40	≤1.60	≤0.30/≤0.40
0.70＜窗墙面积比≤0.80	≤1.50	≤0.30/≤0.40	≤1.40	≤0.30/≤0.40
窗墙面积比＞0.80	≤1.30	≤0.25/≤0.40	≤1.30	≤0.25/≤0.40
屋顶透光部分(屋顶透光部分面积≤20%)	≤2.40	≤0.35	≤2.40	≤0.35
围护结构部位	保温材料层热阻 R(m²·K/W)			
周边地面	≥0.60			
供暖地下室与土壤接触的外墙	≥0.90			
变形缝(两侧墙内保温时)	≥0.90			

夏热冬冷地区甲类公共建筑围护结构热工性能限值　　　　表 5.2-75

围护结构部位		传热系数 K [W/(m²·K)]	太阳得热系数 $SHGC$(东、南、西向/北向)
屋面		≤0.40	—
外墙(包括非透光幕墙)	围护结构热惰性指标 D≤2.5	≤0.60	—
	围护结构热惰性指标 D＞2.5	≤0.80	—

围护结构部位		传热系数 K $[W/(m^2 \cdot K)]$	太阳得热系数 $SHGC$ （东、南、西向/北向）
底面接触室外空气的架空或外挑楼板		≤0.70	—
单一立面外窗 （包括透光幕墙）	窗墙面积比≤0.20	≤3.00	≤0.45
	0.20＜窗墙面积比≤0.30	≤2.60	≤0.40/0.45
	0.30＜窗墙面积比≤0.40	≤2.20	≤0.35/≤0.40
	0.40＜窗墙面积比≤0.50	≤2.20	≤0.30/≤0.35
	0.50＜窗墙面积比≤0.60	≤2.10	≤0.30/≤0.35
	0.60＜窗墙面积比≤0.70	≤2.10	≤0.25/≤0.30
	0.70＜窗墙面积比≤0.80	≤2.00	≤0.25/≤0.30
	窗墙面积比＞0.80	≤1.80	≤0.20
屋顶透光部分(屋顶透光部分面积≤20%)		≤2.20	≤0.30

夏热冬暖地区甲类公共建筑围护结构热工性能限值　　　表 5.2-76

围护结构部位		传热系数 K $[W/(m^2 \cdot K)]$	太阳得热系数 $SHGC$ （东、南、西向/北向）
屋面		≤0.40	—
外墙（包括 非透光幕墙）	围护结构热惰性指标 D≤2.5	≤0.70	—
	围护结构热惰性指标 D＞2.5	≤1.50	
单一立面外窗 （包括透光幕墙）	窗墙面积比≤0.20	≤4.00	≤0.40
	0.20＜窗墙面积比≤0.30	≤3.00	≤0.35/≤0.40
	0.30＜窗墙面积比≤0.40	≤2.50	≤0.30/≤0.35
	0.40＜窗墙面积比≤0.50	≤2.50	≤0.25/≤0.30
	0.50＜窗墙面积比≤0.60	≤2.40	≤0.20/≤0.25
	0.60＜窗墙面积比≤0.70	≤2.40	≤0.20/≤0.25
	0.70＜窗墙面积比≤0.80	≤2.40	≤0.18/≤0.24
	窗墙面积比＞0.80	≤2.00	≤0.18
屋顶透光部分(屋顶透光部分面积≤20%)		≤2.50	≤0.25

温和 A 区甲类公共建筑围护结构热工性能限值　　　表 5.2-77

围护结构部位		传热系数 K $[W/(m^2 \cdot K)]$	太阳得热系数 $SHGC$ （东、南、西向/北向）
屋面	围护结构热惰性指标 D≤2.5	≤0.50	—
	围护结构热惰性指标 D＞2.5	≤0.80	
外墙（包括 非透光幕墙）	围护结构热惰性指标 D≤2.5	≤0.80	—
	围护结构热惰性指标 D＞2.5	≤1.50	
底面接触室外空气的架空或外挑楼板		≤1.50	—

续表

围护结构部位		传热系数 K $[W/(m^2 \cdot K)]$	太阳得热系数 $SHGC$ (东、南、西向/北向)
单一立面外窗 (包括透光幕墙)	窗墙面积比≤0.20	≤5.20	—
	0.20＜窗墙面积比≤0.30	≤4.00	≤0.40/≤0.45
	0.30＜窗墙面积比≤0.40	≤3.00	≤0.35/≤0.40
	0.40＜窗墙面积比≤0.50	≤2.70	≤0.30/≤0.35
	0.50＜窗墙面积比≤0.60	≤2.50	≤0.30/≤0.35
	0.60＜窗墙面积比≤0.70	≤2.50	≤0.25/≤0.30
	0.70＜窗墙面积比≤0.80	≤2.50	≤0.25/≤0.30
	窗墙面积比＞0.80	≤2.00	≤0.20
屋顶透光部分(屋顶透光部分面积≤20%)		≤3.00	≤0.30

乙类公共建筑的围护结构热工性能应符合表 5.2-78 和表 5.2-79 的规定。

乙类公共建筑屋面、外墙、楼板热工性能限值　　　　表 5.2-78

围护结构部位	传热系数 $K[W/(m^2 \cdot K)]$				
	严寒 A、B 区	严寒 C 区	寒冷地区	夏热冬冷地区	夏热冬暖地区
屋面	≤0.35	≤0.45	≤0.55	≤0.60	≤0.60
外墙(包括非透光幕墙)	≤0.45	≤0.50	≤0.60	≤1.00	≤1.50
底面接触室外空气的架空或外挑楼板	≤0.45	≤0.50	≤0.60	≤1.00	—
地下车库和供暖房间之间的楼板	≤0.50	≤0.70	≤1.00	—	—

乙类公共建筑外窗（包括透光幕墙）热工性能限值　　　　表 5.2-79

围护结构部位	传热系数 $K[W/(m^2 \cdot K)]$					太阳得热系数 $SHGC$		
外墙(包括透光幕墙)	严寒 A、B 区	严寒 C 区	寒冷地区	夏热冬冷地区	夏热冬暖地区	寒冷地区	夏热冬冷地区	夏热冬暖地区
单一立面外窗(包括透光幕墙)	≤2.00	≤2.20	≤2.50	≤3.00	≤4.00	—	≤0.45	≤0.40
屋顶透光部分 (屋顶透光部分面积≤20%)	≤2.00	≤2.20	≤2.50	≤3.00	≤4.00	≤0.40	≤0.35	≤0.30

5）当公共建筑入口大堂采用全玻幕墙时，全玻幕墙中非中空玻璃的面积不应超过该建筑同一立面透光面积（门窗和玻璃幕墙）的 15%，且应按同一立面透光面积（含全玻幕墙面积）加权计算平均传热系数。

6）外窗的通风开口面积应符合下列规定：

①夏热冬暖、温和 B 区居住建筑外窗的通风开口面积不应小于房间地面面积的 10% 或外窗面积的 45%，夏热冬冷、温和 A 区居住建筑外窗的通风开口面积不应小于房间地面面积的 5%；

②公共建筑中主要功能房间的外窗（包括透光幕墙）应设置可开启窗扇或通风换气装置。

7）建筑遮阳措施应符合下列规定：

① 夏热冬暖、夏热冬冷地区，甲类公共建筑南、东、西向外窗和透光幕墙应采取遮阳措施；

② 夏热冬暖地区，居住建筑的东、西向外窗的建筑遮阳系数不应大于 0.8。

8）居住建筑幕墙、外窗及敞开阳台的门在 10Pa 压差下，每小时每米缝隙的空气渗透量 q_1 不应大于 1.5m³，每小时每平方米面积的空气渗透量 q_2 不应大于 4.5m³。

9）居住建筑外窗玻璃的可见光透射比不应小于 0.40。

10）居住建筑的主要使用房间（卧室、书房、起居室等）的房间窗地面积比不应小于 1/7。

11）不同气候区新建建筑平均能耗指标。

标准工况下，各类新建居住建筑供暖与供冷平均能耗指标应符合表 5.2-80 的规定。

各类新建居住建筑平均能耗指标　　　　　　　　　表 5.2-80

热工区划		供暖耗热量 $[MJ/(m^2 \cdot a)]$	供暖耗电量 $[kWh/(m^2 \cdot a)]$	供冷耗电量 $[kWh/(m^2 \cdot a)]$
严寒	A 区	223	—	—
	B 区	178	—	—
	C 区	138	—	—
寒冷	A 区	82	—	—
	B 区	67	—	7.1
夏热冬冷	A 区	—	6.9	10.0
	B 区	—	3.3	12.5
夏热冬暖	A 区	—	2.2	14.1
	B 区	—	—	23.0
温和	A 区	—	4.4	—
	B 区	—	—	—

标准工况下，各类新建公共建筑供暖、供冷与照明平均能耗指标应符合表 5.2-81 的规定。

各类新建公共建筑供暖、供冷与照明平均能耗指标 $[kWh/(m^2 \cdot a)]$　　表 5.2-81

热工区划		建筑面积 <20000m² 的办公建筑	建筑面积 ≥20000m² 的办公建筑	建筑面积 <20000m² 的旅馆建筑	建筑面积 ≥20000m² 的馆建筑	商业建筑	医院建筑	学校建筑
严寒	A、B 区	59	59	87	87	118	181	32
	C 区	50	53	81	74	95	164	29
寒冷地区		39	50	75	68	95	158	28
夏热冬冷地区		36	53	78	70	106	142	28
夏热冬暖地区		34	58	95	94	148	146	31
温和地区		25	40	55	60	70	90	25

12) 围护结构权衡判断。

进行权衡判断的设计建筑，其围护结构的热工性能应符合下列规定。

① 围护结构传热系数基本要求不得低于表 5.2-82 的规定。

围护结构传热系数基本要求　　　　表 5.2-82

热工区划	外墙 K [W/(m²·K)]		外窗 K [W/(m²·K)]		架空或外挑楼板 K [W/(m²·K)]	屋面 K，周边地面和地下室外墙的 R
	公共建筑	居住建筑	公共建筑	居住建筑	居住建筑	公共建筑、居住建筑
严寒 A 区	0.40	0.40	2.5	2.0	0.40	不得降低
严寒 B 区	0.40	0.45	2.5	2.2	0.45	
严寒 C 区	0.45	0.50	2.6	2.2	0.50	
寒冷 A 区	0.55	0.60	2.7	2.5	0.60	
寒冷 B 区	0.55	0.60	2.7	2.5	0.60	
夏热冬冷 A 区	0.8	不得降低	3.0	不得降低	—	
夏热冬冷 B 区	0.8	不得降低	3.0	不得降低	—	
夏热冬暖 A 区	1.50	1.50(仅南北向外墙,东西向不得降低)	4.0	不得降低	—	
夏热冬暖 B 区	1.50	2.0(仅南北向外墙,东西向不得降低)	4.0	不得降低	—	
温和 A 区	1.00	1.00	3.0	3.2	—	
温和 B 区	—	不得降低	—	—	—	

② 透光围护结构传热系数和太阳得热系数基本要求应符合下列规定：

a. 当公共建筑单一立面的窗墙比大于或等于 0.40 时，透光围护结构的传热系数和太阳得热系数的基本要求应符合表 5.2-83 的规定。

公共建筑透光围护结构传热系数和太阳得热系数的基本要求　　　表 5.2-83

气候分区	窗墙面积比	单一立面外面(包括透光幕墙) 传热系数 K[W/(m²·K)]	综合太阳得热系数 SHGC
严寒 A、B 区	0.40<窗墙面积比≤0.60	≤2.0	—
	窗墙面积比>0.60	≤1.5	
严寒 C 区	0.40<窗墙面积比≤0.60	≤2.1	—
	窗墙面积比>0.60	≤1.7	
寒冷地区	0.40<窗墙面积比≤0.70	≤2.0	—
	窗墙面积比>0.70	≤1.7	
夏热冬冷地区	0.40<窗墙面积比≤0.70	≤2.2	≤0.40
	窗墙面积比>0.70	≤2.1	
夏热冬暖地区	0.40<窗墙面积比≤0.70	≤2.5	≤0.35
	窗墙面积比>0.70	≤2.3	

b. 居住建筑透光围护结构太阳得热系数的基本要求应符合表 5.2-84 的规定。

居住建筑透光围护结构太阳得热系数基本要求　　　　表 5.2-84

热工区划	太阳得热系数 $SHGC$（东、西）
寒冷 B 区	不可权衡
夏热冬冷 A 区	≤0.40（夏）
夏热冬冷 B 区	≤0.40（夏）
夏热冬暖 A 区	≤0.35（夏）
夏热冬暖 B 区	≤0.35（夏）
温和 A 区	不得降低
温和 B 区	不得降低

③ 居住建筑窗墙面积比基本要求应符合下列规定：

a. 严寒和寒冷地区居住建筑窗墙面积比的基本要求应符合表 5.2-85 的规定。

严寒和寒冷地区居住建筑窗墙面积比基本要求　　　　表 5.2-85

热工区划	居住建筑窗墙面积比		
	南	北	东、西
严寒 A 区	0.55	0.35	0.40
严寒 B 区	0.55	0.35	0.40
严寒 C 区	0.55	0.35	0.40
寒冷 A 区	0.60	0.40	0.45
寒冷 13 区	0.60	0.40	0.45

b. 夏热冬冷、夏热冬暖地区居住建筑窗墙面积比大于或等于 0.6 时，其外窗传热系数的基本要求应符合表 5.2-86 的规定。

夏热冬冷和夏热冬暖地区居住建筑窗墙面积比及对应外窗传热系数基本要求　表 5.2-86

热工区划	居住建筑窗墙面积比	相应的外窗 $K[\mathrm{W}/(\mathrm{m}^2 \cdot \mathrm{K})]$
夏热冬冷 A 区	0.60	≤2.0
	0.70	≤1.8
	0.80	≤1.5
夏热冬冷 B 区	0.60	≤2.2
	0.70	≤2.0
	0.80	≤1.8
夏热冬暖 A 区	0.60	≤2.2
	0.70	≤2.0
	0.80	≤2.0
夏热冬暖 B 区	0.60	≤2.8
	0.70	≤2.5
	0.80	≤2.2

建筑围护结构热工性能的权衡判断采用对比评定法，公共建筑和居住建筑判断指标为总耗电量，并应符合下列规定：

总耗电量应为全年供暖和供冷总耗电量；

当设计建筑总耗电量不大于参照建筑时，应判定围护结构的热工性能符合规范要求；

当设计建筑的总能耗大于参照建筑时，应调整围护结构的热工性能重新计算，直至设计建筑的总能耗不大于参照建筑。

13）计算设计建筑全年供暖和供冷总耗电量时，建筑的空气调节和供暖系统日运行时间、室内温度、照明功率密度值及开关时间、房间人均占有的建筑面积及在室率、人均新风量及新风机组运行时间表、电气设备功率密度及使用率等应按表 5.2-87～表 5.2-98 设置。

空气调节和供暖系统日运行时间 表 5.2-87

类别		系统工作时间
办公建筑	工作日	7:00～18:00
	节假日	—
旅馆建筑	全年	1:00～24:00
商业建筑	全年	8:00～21:00
医疗建筑—门诊楼	全年	8:00～21:00
医疗建筑—住院楼	全年	1:00～24:00
学校建筑—教学楼	工作日	7:00～18:00
	节假日	—
居住建筑	全年	1:00～24:00

供暖空调区室内温度（℃） 表 5.2-88

建筑类别			运行时段	运行模式	时间(时)											
					1	2	3	4	5	6	7	8	9	10	11	12
办公建筑、教学楼			工作日	空调	—	—	—	—	—	—	28	26	26	26	26	26
				供暖	5	5	5	5	5	12	18	20	20	20	20	20
			节假日	空调	—	—	—	—	—	—	—	—	—	—	—	—
				供暖	5	5	5	5	5	5	5	5	5	5	5	5
旅馆建筑、住院部			全年	空调	26	26	26	26	26	26	26	26	26	26	26	26
				供暖	22	22	22	22	22	22	22	22	22	22	22	22
商业建筑、门诊楼			全年	空调	—	—	—	—	—	—	28	26	26	26	26	26
				供暖	5	5	5	5	5	5	12	16	18	18	18	18
居住建筑	严寒、寒冷地区	卧室、起居室、厨房、卫生间	全年	空调	26	26	26	26	26	26	26	26	26	26	26	26
			全年	供暖	18	18	18	18	18	18	18	18	18	18	18	18
		辅助房间	全年	空调												
			全年	供暖												

续表

建筑类别		运行时段	运行模式	时间(时)											
				1	2	3	4	5	6	7	8	9	10	11	12
居住建筑	夏热冬冷、夏热冬暖、温和地区	卧室	全年	空调	26	26	26	26	26	26	26	—	—	—	—	—
			全年	供暖	18	18	18	18	18	18	18	—	—	—	—	—
		起居室	全年	空调	—	—	—	—	—	—	—	—	26	26	26	26	26
			全年	供暖	—	—	—	—	—	—	—	—	18	18	18	18	18
		厨房、卫生间、辅助房间	全年	空调												
			全年	供暖												

建筑类别		运行时段	运行模式	时间(时)											
				13	14	15	16	17	18	19	20	21	22	23	24
办公建筑、教学楼		工作日	空调	26	26	26	26	26	26	—	—	—	—	—	—
			供暖	20	20	20	20	20	20	18	12	5	5	5	5
		节假日	空调	—	—	—	—	—	—	—	—	—	—	—	—
			供暖	5	5	5	5	5	5	5	5	5	5	5	5
铝馆建筑、住院部		全年	空调	26	26	26	26	26	26	26	26	26	26	26	26
			供暖	22	22	22	22	22	22	22	22	22	22	22	22
商业建筑、门诊楼		全年	空调	25	25	25	25	25	25	25	25	—	—	—	—
			供暖	18	18	18	18	18	18	18	18	12	5	5	5
居住建筑	严寒、寒冷地区	卧室、起居室、厨房、卫生间	全年	空调	26	26	26	26	26	26	26	26	26	26	26	26
			全年	供暖	18	18	18	18	18	18	18	18	18	18	18	18
		辅助房间	全年	空调	—	—	—	—	—	—	—	—	—	—	—	—
			全年	供暖												
	夏热冬冷、夏热冬暖、温和地区	卧室	全年	空调	—	—	—	—	—	—	—	—	26	26	26	26
			全年	供暖	—	—	—	—	—	—	—	—	18	18	18	18
		起居室	全年	空调	26	26	26	26	26	26	26	26	—	—	—	—
			全年	供暖	18	18	18	18	18	18	18	18	—	—	—	—
		厨房、卫生间、辅助房间	全年	空调	—	—	—	—	—	—	—	—	—	—	—	—
			全年	供暖	—	—	—	—	—	—	—	—	—	—	—	—

照明功率密度值（W/m²） 表 5.2-89

建筑类别	照明功率密度
办公建筑	8.0
旅馆建筑	6.0

续表

建筑类别	照明功率密度
商业建筑	9.0
医院建筑—门诊楼	8.0
医院建筑—住院楼	6.0
学校建筑—教学楼	8.0
居住建筑	5.0

照明开关时间（%） 表 5.2-90

建筑类别		运行时段	时间（时）											
			1	2	3	4	5	6	7	8	9	10	11	12
办公建筑、教学楼		工作日	0	0	0	0	0	0	10	50	95	95	95	80
		节假日	0	0	0	0	0	0	0	0	0	0	0	0
旅馆建筑、住院部		全年	10	10	10	10	10	10	30	30	30	30	30	30
商业建筑、门诊楼		全年	10	10	10	10	10	10	10	50	60	60	60	60
居住建筑	卧室	全年	0	0	0	0	0	100	50	0	0	0	0	0
	起居室	全年	0	0	0	0	0	50	100	0	0	0	0	0
	厨房	全年	0	0	0	0	0	0	100	0	0	0	0	0
	卫生间	全年	0	0	0	0	0	50	50	10	10	10	10	10
	辅助房间	全年	0	0	0	0	0	10	10	10	10	10	10	10

建筑类别		运行时段	时间（时）											
			13	14	15	16	17	18	19	20	21	22	23	24
办公建筑、教学楼		工作日	80	95	95	95	95	30	30	0	0	0	0	0
		节假日	0	0	0	0	0	0	0	0	0	0	0	0
宾馆建筑、住院部		全年	30	30	50	50	60	90	90	90	90	80	10	10
商场建筑、门诊楼		全年	60	60	60	60	80	90	100	100	100	10	10	10
居住建筑	卧室	全年	0	0	0	0	0	0	0	0	100	100	0	0
	起居室	全年	0	0	0	0	0	0	100	100	50	0	0	0
	厨房	全年	0	0	0	0	0	100	0	0	0	0	0	0
	卫生间	全年	10	10	10	10	10	10	10	50	50	0	0	0
	辅助房间	全年	10	10	10	10	10	10	10	10	10	0	0	0

不同类型房间人均占有的建筑面积（m²/人） 表 5.2-91

建筑类别	人均占有的建筑面积
办公建筑	10
旅馆建筑	25
商业建筑	8
医院建筑—门诊楼	8
医院建筑—住院部	25

续表

建筑类别	人均占有的建筑面积
学校建筑—教学楼	6
居住建筑	25

房间人员逐时在室率（%）　　　　　　　　表 5.2-92

建筑类别		运行时段	时间（时）											
			1	2	3	4	5	6	7	8	9	10	11	12
办公建筑、教学楼		工作日	0	0	0	0	0	0	10	50	95	95	95	80
		节假日	0	0	0	0	0	0	0	0	0	0	0	0
宾馆建筑		全年	70	70	70	70	70	70	70	70	50	50	50	50
商业建筑		全年	0	0	0	0	0	0	0	20	50	80	80	80
住院部		全年	95	95	95	95	95	95	95	95	95	95	95	95
门诊楼		全年	0	0	0	0	0	0	0	20	50	95	80	40
居住建筑	卧室	全年	100	100	100	100	100	100	50	50	0	0	0	0
	起居室	全年	0	0	0	0	0	0	50	50	100	100	100	100
	厨房	全年	0	0	0	0	0	0	100	0	0	0	0	100
	卫生间	全年	0	0	0	0	0	50	50	10	10	10	10	10
	辅助房间	全年	0	0	0	0	0	10	10	10	10	10	10	10

建筑类别		运行时段	时间（时）											
			13	14	15	16	17	18	19	20	21	22	23	24
办公建筑、教学楼		工作日	80	95	95	95	95	30	30	0	0	0	0	0
		节假日	0	0	0	0	0	0	0	0	0	0	0	0
宾馆建筑、		全年	50	50	50	50	50	50	70	70	70	70	70	70
商场建筑		全年	80	80	80	80	80	80	80	70	50	0	0	0
住院部		全年	95	95	95	95	95	95	95	95	95	95	95	95
门诊楼		全年	20	50	60	60	20	20	0	0	0	0	0	0
居住建筑	卧室	全年	0	0	0	0	0	0	0	0	50	100	100	100
	起居室	全年	100	100	100	100	100	100	100	100	50	0	0	0
	厨房	全年	0	0	0	0	0	100	0	0	0	0	0	0
	卫生间	全年	10	10	10	10	10	10	10	50	50	0	0	0
	辅助房间	全年	10	10	10	10	10	10	10	10	0	0	0	0

不同类型房间的人均新风量 [m³/（h·人）]　　　　　　表 5.2-93

建筑类别	新风量
办公建筑	30
旅馆建筑	30
商业建筑	30
医院建筑-门诊楼	30

续表

建筑类别	新风量
医院建筑-住院部	30
学校建筑-教学楼	30

新风运行情况（1 表示新风开启，0 表示新风关闭）　　表 5.2-94

建筑类别	运行时段	时间(时)											
		1	2	3	4	5	6	7	8	9	10	11	12
办公建筑、教学楼	工作日	0	0	0	0	0	0	1	1	1	1	1	1
	节假日	0	0	0	0	0	0	0	0	0	0	0	0
宾馆建筑、住院部	全年	1	1	1	1	1	1	1	1	1	1	1	1
商业建筑	全年	0	0	0	0	0	0	0	1	1	1	1	1
门诊楼	全年	0	0	0	0	0	0	0	1	1	1	1	1

建筑类别	运行时段	时间(时)											
		13	14	15	16	17	18	19	20	21	22	23	24
办公建筑、教学楼	工作日	1	1	1	1	1	1	1	0	0	0	0	0
	节假日	0	0	0	0	0	0	0	0	0	0	0	0
宾馆建筑、住院部	全年	1	1	1	1	1	1	1	1	1	1	1	1
商场建筑	全年	1	1	1	1	1	1	1	1	0	0	0	0
门诊楼	全年	1	1	1	1	1	1	0	0	0	0	0	0

居住建筑的换气次数　　表 5.2-95

气候区	严寒	寒冷	夏热冬冷	夏热冬暖	温和
换气次数(h^{-1})	0.50	0.50	1.0	1.0	1.0

不同类型房间的电器设备功率密度（W/m²）　　表 5.2-96

建筑类别	电气设备功率
办公建筑	15
旅馆建筑	15
商业建筑	13
医院建筑—门诊楼	20
医院建筑—住院部	15
学校建筑—教学楼	5
居住建筑	3.8

电气设备逐时使用率（%）　　表 5.2-97

建筑类别	运行时段	时间(时)											
		1	2	3	4	5	6	7	8	9	10	11	12
办公建筑、教学楼	工作日	0	0	0	0	0	0	10	50	95	95	95	50
	节假日	0	0	0	0	0	0	0	0	0	0	0	0

续表

建筑类别		运行时段	时间(时)											
			1	2	3	4	5	6	7	8	9	10	11	12
宾馆建筑		全年	0	0	0	0	0	0	0	0	0	0	0	0
商业建筑		全年	0	0	0	0	0	0	0	30	50	80	80	80
住院部		全年	95	95	95	95	95	95	95	95	95	95	95	95
门诊楼		全年	0	0	0	0	0	0	0	20	50	95	80	40
居住建筑	卧室	全年	0	0	0	0	0	0	100	100	0	0	0	0
	起居室	全年	0	0	0	0	0	0	50	100	100	50	50	100
	厨房	全年	0	0	0	0	0	0	0	100	0	0	0	100
	卫生间	全年	0	0	0	0	0	0	0	0	0	0	0	0
	辅助房间	全年	0	0	0	0	0	0	0	0	0	0	0	0

建筑类别		运行时段	时间(时)											
			13	14	15	16	17	18	19	20	21	22	23	24
办公建筑、教学楼		工作日	50	95	9	95	95	30	30	0	0	0	0	0
		节假日	0	0	0	0	0	0	0	0	0	0	0	0
宾馆建筑		全年	0	0	0	0	0	80	80	80	80	80	0	0
商场建筑		全年	80	80	80	80	80	80	80	70	50	0	0	0
住院部		全年	95	9	95	95	95	9	95	95	95	9	95	95
门诊楼		全年	20	50	60	60	20	20	0	0	0	0	0	0
居住建筑	卧室	全年	0	0	0	0	0	0	0	0	100	100	0	0
	起居室	全年	100	50	50	50	50	100	100	100	50	0	0	0
	厨房	全年	0	0	0	0	0	100	0	0	0	0	0	0
	卫生间	全年	0	0	0	0	0	0	0	0	0	0	0	0
	辅助房间	全年	0	0	0	0	0	0	0	0	0	0	0	0

活动遮阳装置遮挡比例（%）　　　　　　　表 5.2-98

控制方式	供暖季	供冷季
手动控制	20	60
自动控制	20	65

14）全年供暖和供冷总耗电量计算。

居住建筑和公共建筑的设计建筑和参照建筑全年供暖和供冷总耗电量计算应符合下列规定：

① 全年供暖和供冷总耗电量应按下式计算：

$$E = E_H + E_C \tag{5.2-7}$$

式中　E——全年供暖和供冷总耗电量（kWh/m^2）；

E_C ——全年供冷耗电量（kWh/m²）；

E_H ——全年供暖耗电量（kWh/m²）。

② 全年供冷耗电量应按下式计算：

$$E_C = \frac{Q_C}{A \times COP_C} \tag{5.2-8}$$

式中 Q_C ——全年累计耗冷量（kWh），通过动态模拟软件计算得到；

A ——总建筑面积（m²）；

COP_C ——公共建筑供冷系统综合性能系数，取 3.50；寒冷 B 区、夏热冬冷、夏热冬暖地区居住建筑取 3.60。

③ 严寒地区和寒冷地区全年供暖耗电量应按下式计算：

$$E_H = \frac{Q_H}{A \eta_1 q_1 q_2} \tag{5.2-9}$$

式中 Q_H ——全年累计耗热量（kWh），通过动态模拟软件计算得到；

η_1 ——热源为燃煤锅炉的供暖系统综合效率，取 0.81；

q_1 ——标准煤热值，取 8.14kWh/kgce；

q_2 ——综合发电煤耗 kgce/kWh，取 0.330kgce/kWh；

④ 夏热冬暖 A 区、夏热冬冷、夏热冬暖和温和地区公共建筑全年供暖耗电量应按下式计算：

$$E_H = \frac{Q_H}{A \eta_2 q_3 q_2} \varphi \tag{5.2-10}$$

式中：η_2 ——热源为燃气锅炉的供暖系统综合效率，取 0.85；

q_3 ——标准天然气热值，取 9.87kWh/m³；

φ ——天然气与标煤折算系数，取 1.21kgce/m³；

⑤ 夏热冬暖 A 区、夏热冬冷和温和地区居住建筑全年供暖耗电量应按下式计算：

$$E_H = \frac{Q_H}{A \times COP_H} \tag{5.2-11}$$

式中：Q_H ——全年累计耗热量（kWh）；

A ——总建筑面积（m²）；

COP_H ——供暖系统综合性能系数，取 2.6。

⑥ 居住建筑应计入全年的供暖能耗；供冷能耗只计入日平均温度高于 26℃时的能耗。严寒、寒冷 A、温和 A 区只计入供暖能耗；寒冷 B、夏热冬冷、夏热冬暖 A 区计入供暖和供冷能耗，夏热冬暖 B 区只计入供冷能耗。

5.3 建筑节能常用计算参数指标及方法

5.3.1 面积和体积

面积和体积的计算见表 5.3-1。

面积和体积的计算　　　　　　　　　　　　　　　表 5.3-1

序号	指标与参数	计算方法
1	建筑面积(A_0)	按各层外墙外包线围成的平面面积的总和计算,包括半地下室的面积,不包括地下室的面积
2	建筑外表面积	建筑物与室外大气接触的外表面积,包括外墙、屋面、架空楼板,不包括地面
3	建筑体积(V_0)	按与计算建筑面积所对应的建筑物外表面和底层地面所围成的体积计算
4	换气体积(V)	当楼梯间及外廊不供暖时,应按 $V=0.60V_0$ 计算;当楼梯间及外廊供暖时,应按 $V=0.65V_0$ 计算
5	屋面或顶棚面积	按支撑屋顶的外墙外包线围成的面积计算
6	外墙面积	按不同朝向分别计算。某一朝向的外墙面积应由该朝向的外表面积减去外窗面积构成
7	外窗(包括阳台门上部透明部分)面积	按不同朝向和有无阳台分别计算,取洞口面积
8	外门面积	按不同朝向分别计算,取洞口面积
9	阳台门下部不透明部分面积	按不同朝向分别计算,取洞口面积
10	地面面积	按外墙内侧围成的面积计算
11	地板面积	按外墙内侧围成的面积计算,并应区分为接触室外空气的楼板和不供暖地下室上部的地板

注：1. 当某朝向有外凸部分时,应符合下列规定,当凸出部分的长度（垂直于该朝向的尺寸）小于或等于 1.5m 时,该凸出部分的全部外墙面积应计入该朝向的外墙总面积;当凸出部分的长度大于 1.5m 时,该凸出部分应按各自实际朝向计入各朝向的外墙总面积;

　　2. 当某朝向有内凹部分时,应符合下列规定,当凹入部分的宽度（平行于该朝向的尺寸）小于 5m,且凹入部分的长度小于或等于凹入部分的宽度时,该凹入部分的全部外墙面积应计入该朝向的外墙总面积;当凹入部分的宽度（平行于该朝向的尺寸）小于 5m,且凹入部分的长度大于凹入部分的宽度时,该凹入部分的两个侧面外墙面积应计入北向的外墙总面积,该凹入部分的正面外墙面积应计入该朝向的外墙总面积;当凹入部分的宽度大于或等于 5m 时,该凹入部分应按各实际朝向计入各自向的外墙总面积;

　　3. 内天井墙面的朝向归属应符合下列规定,当内天井的高度大于等于内天井最宽边长的 2 倍时,内天井的全部外墙面积应计入北向的外墙总面积;当内天井的高度小于内天井最宽边长的 2 倍时,内天井的外墙应按实际朝向计入各自朝向的外墙总面积。

5.3.2　朝向划分

建筑朝向的划分见图 5.3-1,通常"北"代表从北偏西 60°至北偏东 60°的范围;"东"代表从东偏北 30°（包括等于 30°）至东偏南 60°（包括等于 60°）的范围;"西"代表从西偏北 30°（包括等于 30°）至西偏南 60°（包括等于 60°）的范围;"南"代表从南偏东 30°至偏西 30°的范围。

此外,若外围护结构为拱形,按照节能设计标准进行节能设计规则,需要明确何处为屋顶（天窗）何处为外墙（外窗）,参考 DOE-2 的计算手册,按照国际通用做法,当弧形的切线与水平面夹角大于 45°时为外墙,当弧形的切线与水平面夹角小于等于 45°时为屋顶。

5.3.3　体形系数

体形系数 S 指建筑物与室外空气直接接触的外表面积与其所包围的体积的比值,外表面积不包括地面和不供暖楼梯间内墙的面积。即单位建筑体积所占有的外表面积。体形系数不

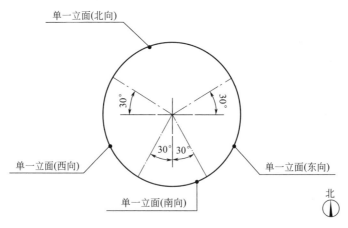

图 5.3-1　朝向的划分

仅影响外围护结构的传热损失，它还与建筑造型、平面布局、采光通风等紧密相关。体形系数过小，将制约建筑师的创造性，造成建筑造型呆板，平面布局困难，甚至损害建筑功能。

　　体积小、体形复杂的建筑，以及平房和低层建筑，体形系数较大，对节能不利；体积大、体形简单的建筑，以及多层和高层建筑，体形系数较小，对节能较为有利。建筑体形系数与建筑物的节能有直接关系；体形系数越大，说明同样建筑体积的外表面积越大，散热面积越大，建筑能耗就越高，对建筑节能越不利（表 5.3-2）。

建筑平面与建筑体形系数的关系　　　　　　　　表 5.3-2

	正方形	长方形	细长方形	L 形	回字形	U 字形
建筑平面形状						
体积 V(m³)	44800	5200	7700	4300	7360	5560
体形系数 $\sum F/V$	0.156	0.18	0.268	0.174	0.256	0.193

注：1. 当建筑物高度和长度一定时，宽度越大，体形系数越小，而且减小的幅度比较大；

　　　2. 当建筑物周长减小（减少建筑立面凹凸变化），体形系数减小；

　　　3. 建筑面积相同，总高度相同时，建筑长宽比例越小体形越小，建筑长宽比例越大，朝向对最大冷负荷影响就越明显；

　　　4. 体形系数不能满足规范要求时，改变底面长度和底面宽度的比例，增大建筑物进深（宽度），可控制体形系数。

通常控制体形系数的大小可采用以下方法：

1）合理控制建筑面宽，采用适宜的面宽与进深比例；

2）增加建筑层数以减小平面展开；

3）合理控制建筑体形及立面变化。

5.3.4　窗墙面积比

（1）窗墙面积比计算

窗墙面积比通常是指某一朝向的外窗（包括透明幕墙）总面积，与同朝向墙面总面积（包括窗面积在内）之比。某一朝向的外墙面积应与该建筑体形系数计算时认定相应朝向的外表面积一致。计算时以建筑的立面图为标准，窗墙比中的墙指一层室内地坪线至屋面高度线之间的墙体，不包括女儿墙高度。凸窗的侧板、窗台板、窗顶板对节能影响较大，外墙面积不考虑增加，但窗面积按展开面积计算。

（2）单一立面窗墙面积比计算

为更严格要求建筑围护结构的热工性能，确保功能房间所在外墙、外窗的保温隔热，《公共建筑节能设计标准》GB 50189—2015 中提出单一立面窗墙面积比，即以单一立面为对象，同一朝向不同立面不能合并计算窗墙面积比。不同建筑形态的单一立面的划分如图 5.3-2 所示。

单一立面窗墙面积比的计算应符合下列规定：

1）凸凹立面朝向应按其所在立面的朝向计算；

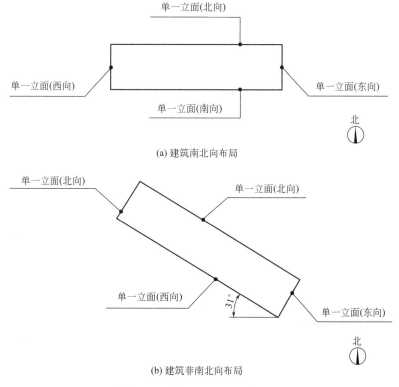

(a) 建筑南北向布局

(b) 建筑非南北向布局

图 5.3-2　单一立面的划分（一）

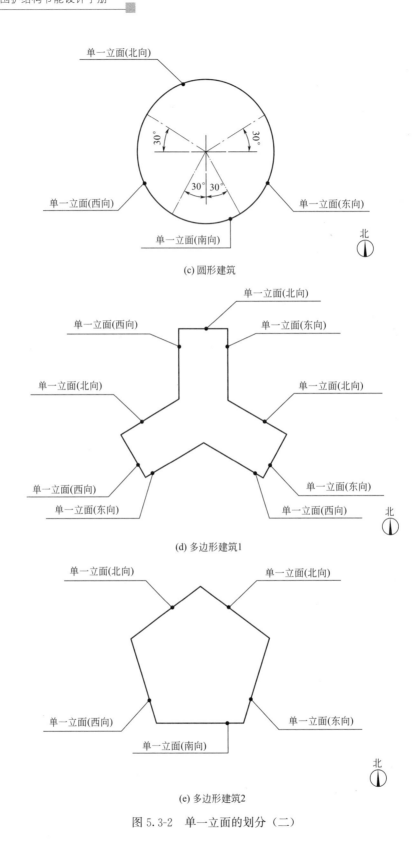

(c) 圆形建筑

(d) 多边形建筑1

(e) 多边形建筑2

图 5.3-2 单一立面的划分（二）

2）楼梯间和电梯间的外墙和外窗均应参与计算；

3）外凸窗的顶部、底部和侧墙的面积不应计入外墙面积；

4）当外墙上的外窗、顶部和侧面为不透光构造的凸窗时，窗面积应按窗洞口面积计算；当凸窗顶部和侧面透光时，外凸窗面积应按透光部分实际面积计算。

5.3.5　窗地比

窗地面积比指所在房间外墙面上的门窗洞口的总面积与房间地面面积之比，简称窗地比。常用采光系数评价住宅是否获取了足够的天然采光，但采光系数需要通过直接测量或复杂的计算才能得到，一般情况下，住宅各房间的采光系数与窗地面积比密切相关，因此标准中提出了窗地面积比的概念。

在夏热冬暖地区，体形系数不受限制，用"窗墙面积比"作为参数时，体形系数越大，单位建筑面积对应的外墙面积越大，窗墙面积比就越小，即使窗很大，对窗遮阳系数的要求仍然不高。该地区建筑的空调能耗主要是由太阳辐射得热引起的空调能耗，建筑遮阳性能很重要。因此，标准采用"窗地面积比"来确定遮阳系数的限值参数，同时控制建筑自然采光设计与自然通风设计这两方面的参数。

《夏热冬暖地区居住建筑节能设计标准》JGJ 75—2012 中规定："建筑的卧室、书房、起居室等主要房间的房间窗地面积比不应小于 1/7。当房间窗地面积比小于 1/5 时外窗玻璃的可见光透射比不应小于 0.40"。

5.3.6　遮阳系数及太阳得热系数

(1) 遮阳系数

1）外遮阳

外窗的综合遮阳系数按式（5.3-1）计算：

$$SC = SC_C \times SD = SC_B \times (1 - F_K / F_C) \times SD \tag{5.3-1}$$

式中　SC——窗的综合遮阳系数；

　　SC_C——窗本身的遮阳系数；

　　SC_B——玻璃的遮阳系数；

　　F_K——窗框的面积；

　　F_C——窗的面积，F_K / F_C 为窗框面积比，PVC 塑钢窗或木窗窗框面积比可取 0.30，铝合金窗窗框面积比可取 0.20；

　　SD——外遮阳的遮阳系数。

2）中置遮阳

中置式遮阳的遮阳设施通常位于双层玻璃的中间，和窗框及玻璃组合成为整扇窗户，有着较强的整体性，一般是由工厂一体生产成型的，遮阳系数可手动或自动调节。中置遮阳与外窗（玻璃幕墙）组合后的综合遮阳系数、传热系数应按《建筑门窗玻璃幕墙热工计算规程》JGJ/T 151—2008 的规定计算。

3）内遮阳

内遮阳仅作为遮阳措施，改善室内阳光直射和眩光，不计其遮阳系数。

（2）太阳得热系数 *SHGC*

太阳得热系数 *SHGC* 指透过玻璃的太阳辐射总能量（包括太阳直接照射透过玻璃的能量和玻璃吸收后向室内二次辐射的能量）与入射的太阳辐射能量之比，也称为太阳得热因子或太阳因子。也就是太阳能总透射比。

遮阳系数与太阳得热系数的换算关系为：

$$SHGC = 0.87SC \tag{5.3-2}$$

5.3.7 气密性

（1）建筑外门窗气密性能分级（表5.3-3）

建筑外门窗气密性能分级 　　　　表5.3-3

分级	1	2	3	4	5	6	7	8
单位缝长分级指标值 q_1 $[m^3/(m \cdot h)]$	$4.0 \geqslant q_1$ >3.5	$3.5 \geqslant q_1$ >3.0	$3.0 \geqslant q_1$ >2.5	$2.5 \geqslant q_1$ >2.0	$2.0 \geqslant q_1$ >1.5	$1.5 \geqslant q_1$ >1.0	$1.0 \geqslant q_1$ >0.5	$q_1 \leqslant 0.5$
单位面积分级指标值 q_2 $[m^3/(m^2 \cdot h)]$	$12 \geqslant q_2$ >10.5	$10.5 \geqslant q_2$ >9.0	$9.0 \geqslant q_2$ >7.5	$7.5 \geqslant q_2$ >6.0	$6.0 \geqslant q_2$ >4.5	$4.5 \geqslant q_2$ >3.0	$3.0 \geqslant q_2$ >1.5	$q_2 \leqslant 1.5$

注：本表摘自《建筑外门窗气密、水密、抗风压性能分级及检测方法》GB/T 7106—2008。本标准已更新为《建筑外门窗气密、水密、抗风压性能检测方法》GB/T 7106—2019，取消了气密性分级，考虑目前国家或地方标准中对气密性等级的要求，故保留此表格。

（2）建筑外门窗保温性能分级（表5.3-4）

建筑外门、外窗保温性能分级 　　　　表5.3-4

分级	1	2	3	4	5
分级指标值 K $[W/(m^2 \cdot K)]$	$K \geqslant 5.0$	$5.0 > K \geqslant 4.0$	$4.0 > K \geqslant 3.5$	$3.5 > K \geqslant 3.0$	$3.0 > K \geqslant 2.5$
分级	6	7	8	9	10
分级指标值 K $[W/(m^2 \cdot K)]$	$2.5 > K \geqslant 2.0$	$2.0 > K \geqslant 1.6$	$1.6 > K \geqslant 1.3$	$1.3 > K \geqslant 1.1$	$K < 1.1$

注：本表摘自《建筑外门窗保温性能分级及检测方法》GB/T 8484—2008。本标准已更新为《建筑外门窗保温性能检测方法》GB/T 8484—2020，取消了保温性能分级，考虑目前国家或地方标准中对保温性能分级的要求，故保留此表格。

（3）建筑幕墙气密性（表5.3-5～表5.3-7）

建筑幕墙气密性能设计指标一般规定 　　　　表5.3-5

地区分类	建筑层数、高度	气密性能分级	气密性能指标(小于)	
			开启部分 q_L $m^3/(m \cdot h)$	幕墙整体 q_A $m^3/(m^2 \cdot h)$
夏热冬暖地区	10层以下	2	2.5	2.0
	10层及以上	3	1.5	1.2

续表

地区分类	建筑层数、高度	气密性能分级	气密性能指标(小于)	
			开启部分 q_L $m^3/(m \cdot h)$	幕墙整体 q_A $m^3/(m^2 \cdot h)$
其他地区	7 层以下	2	2.5	2.0
	7 层及以上	3	1.5	1.2

注：开放式建筑幕墙的气密性能不作要求。

建筑幕墙开启部分气密性能分级　　　　　　　　　　　　表 5.3-6

分级代号	1	2	3	4
分级指标值 q_L $[m^3/(m \cdot h)]$	$4.0 \geqslant q_L > 2.5$	$2.5 \geqslant q_L > 1.5$	$1.5 \geqslant q_L > 0.5$	$q_L \leqslant 0.5$

建筑幕墙整体气密性能分级　　　　　　　　　　　　　　表 5.3-7

分级代号	1	2	3	4
分级指标值 q_A $[m^3/(m^2 \cdot h)]$	$4.0 \geqslant q_A > 2.0$	$2.0 \geqslant q_A > 1.2$	$1.2 \geqslant q_A > 0.5$	$q_L \leqslant 0.5$

(1) 居住建筑

严寒、寒冷及夏热冬冷地区：建筑物 1~6 层的外窗及敞开式阳台门的气密性等级不应低于《建筑外门窗气密、水密、抗风压性能分级及检测方法》GB/T 7106—2008 中规定的 4 级；7 层及 7 层以上的外窗及敞开式阳台门的气密性等级，不应低于该标准规定的 6 级。

夏热冬暖地区：建筑物 1~9 层外窗的气密性能不应低于《建筑外门窗气密、水密、抗风压性能分级及检测方法》GB/T 7106—2008 中规定的 4 级水平；10 层及 10 层以上的外窗的气密性不应低于该标准规定的 6 级水平。

(2) 公共建筑

建筑外门、外窗的气密性分级应符合《建筑外门窗气密、水密、抗风压性能分级及检测方法》GB/T 7106—2008 中第 4.1.2 条的规定，并应满足下列要求：

1) 10 层及以上建筑外窗的气密性不应低于 7 级；

2) 10 层以下建筑外窗的气密性不应低于 6 级；

3) 严寒和寒冷地区外门的气密性不应低于 4 级。

建筑幕墙的气密性应符合《建筑幕墙》GB/T 21086—2007 中第 5.1.3 条的规定且不应低于 3 级。

5.3.8　地面传热系数

周边地面传热系数由二维非稳态传热计算程序计算确定。地面传热系数应分成周边地面和非周边地面两种传热系数，周边地面为外墙内表面 2m 以内的地面，周边地面以外的地面为非周边地面（表 5.3-8、表 5.3-9、图 5.3-3）。

周边地面当量传热系数　表 5.3-8

保温层热阻 (m²·K/W)	地面构造 1					地面构造 2				
	供暖期室外平均温度					供暖期室外平均温度				
	西安 2.1℃	北京 0.1℃	长春 −6.7℃	哈尔滨 −8.5℃	海拉尔 −12.0℃	西安 2.1℃	北京 0.1℃	长春 −6.7℃	哈尔滨 −8.5℃	海拉尔 −12.0℃
3.00	0.05	0.06	0.08	0.08	0.08	0.05	0.06	0.08	0.08	0.08
2.75	0.05	0.07	0.09	0.08	0.09	0.05	0.07	0.09	0.08	0.09
2.50	0.06	0.07	0.10	0.09	0.11	0.06	0.07	0.10	0.09	0.11
2.25	0.08	0.07	0.11	0.10	0.11	0.08	0.07	0.11	0.10	0.11
2.00	0.09	0.08	0.12	0.11	0.12	0.08	0.07	0.11	0.11	0.12
1.75	0.10	0.09	0.14	0.13	0.14	0.09	0.08	0.12	0.11	0.12
1.50	0.11	0.11	0.15	0.14	0.15	0.10	0.09	0.14	0.13	0.14
1.25	0.12	0.12	0.16	0.15	0.17	0.11	0.11	0.15	0.14	0.15
1.00	0.14	0.14	0.19	0.17	0.20	0.12	0.12	0.16	0.15	0.17
0.75	0.17	0.17	0.22	0.20	0.22	0.14	0.14	0.19	0.17	0.20
0.50	0.20	0.20	0.26	0.24	0.26	0.17	0.17	0.22	0.20	0.22
0.25	0.27	0.26	0.32	0.29	0.31	0.24	0.23	0.29	0.25	0.27
0	0.34	0.38	0.38	0.40	0.41	0.31	0.34	0.34	0.36	0.37

非周边地面当量传热系数　表 5.3-9

保温层热阻 (m²·K/W)	地面构造 1					地面构造 2				
	供暖期室外平均温度					供暖期室外平均温度				
	西安 2.1℃	北京 0.1℃	长春 −6.7℃	哈尔滨 −8.5℃	海拉尔 −12.0℃	西安 2.1℃	北京 0.1℃	长春 −6.7℃	哈尔滨 −8.5℃	海拉尔 −12.0℃
3.00	0.02	0.03	0.08	0.06	0.07	0.02	0.03	0.08	0.06	0.07
2.75	0.02	0.03	0.08	0.06	0.07	0.02	0.03	0.08	0.06	0.07
2.50	0.03	0.03	0.09	0.06	0.08	0.03	0.03	0.09	0.06	0.08
2.25	0.03	0.04	0.09	0.07	0.07	0.03	0.04	0.09	0.07	0.07
2.00	0.03	0.04	0.10	0.07	0.08	0.03	0.04	0.10	0.07	0.08
1.75	0.03	0.04	0.10	0.07	0.08	0.03	0.04	0.10	0.07	0.08
1.50	0.03	0.04	0.11	0.07	0.09	0.03	0.04	0.11	0.07	0.09
1.25	0.04	0.05	0.11	0.08	0.09	0.04	0.05	0.11	0.08	0.09
1.00	0.04	0.05	0.12	0.08	0.10	0.04	0.05	0.12	0.08	0.10
0.75	0.04	0.06	0.13	0.09	0.10	0.04	0.06	0.13	0.09	0.10
0.50	0.05	0.06	0.14	0.09	0.11	0.05	0.06	0.14	0.09	0.11
0.25	0.06	0.07	0.15	0.10	0.11	0.06	0.07	0.15	0.10	0.11
0	0.08	0.10	0.17	0.19	0.21	0.08	0.10	0.17	0.19	0.21

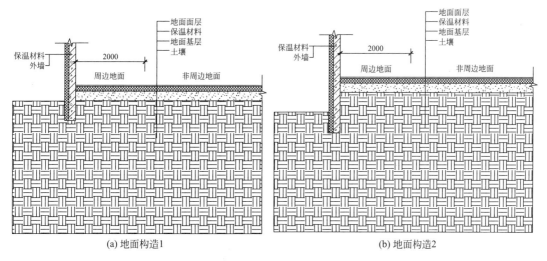

(a) 地面构造1　　　　　　　　　　　　　(b) 地面构造2

图 5.3-3　典型地面构造示意图

5.3.9　建筑物耗热量指标

1) 建筑物的耗热量指标计算应按式（5.3-3）计算：

$$q_H = q_{HT} + q_{INF} - q_{IH} \tag{5.3-3}$$

式中　q_H——建筑物耗热量指标（W/m^2）；

　　　q_{HT}——折合到单位建筑面积上单位时间内通过建筑围护结构的传热量（W/m^2）；

　　　q_{INF}——折合到单位建筑面积上单位时间内通过建筑物的空气渗透传热量（W/m^2）；

　　　q_{IH}——折合到单位建筑面积上单位时间内建筑物内部得热量，取 $3.8W/m^2$。

2) 折合到单位建筑面积上单位时间内通过建筑围护结构的传热量应按式（5.3-4）计算：

$$q_{HT} = q_{Hq} + q_{Hw} + q_{Hd} + q_{Hmc} + q_{Hy} \tag{5.3-4}$$

式中　q_{Hq}——折合到单位建筑面积上单位时间内通过外墙的传热量（W/m^2）；

　　　q_{Hw}——折合到单位建筑面积上单位时间内通过屋面的传热量（W/m^2）；

　　　q_{Hd}——折合到单位建筑面积上单位时间内通过地面的传热量（W/m^2）；

　　　q_{Hmc}——折合到单位建筑面积上单位时间内通过门、窗的传热量（W/m^2）；

　　　q_{Hy}——折合到单位建筑面积上单位时间内非供暖封闭阳台的传热量（W/m^2）。

3) 折合到单位建筑面积上单位时间内通过外墙的传热量应按式（5.3-5）计算：

$$q_{Hq} = \frac{\sum q_{Hqi}}{A_0} = \frac{\sum \varepsilon_{qi} K_{mqi} F_{qi}(t_n - \bar{t}_e)}{A_0} \tag{5.3-5}$$

式中　q_{Hq}——折合到单位建筑面积上单位时间内通过外墙的传热量（W/m^2）；

　　　t_n——室内计算温度，取 18℃；当外墙内侧是楼梯间时，则取 12℃；

　　　$\bar{t}_e$——供暖期室外平均温度（℃），根据附录 A 表 A.1 确定；

　　　ε_{qi}——外墙传热系数修正系数，根据附录 B 确定；

　　　K_{mqi}——外墙平均传热系数［$W/(m^2 \cdot K)$］；

　　　F_{qi}——外墙的面积（m^2）；

A_0——建筑的面积（m^2）。

4）折合到单位建筑面积上单位时间内通过屋面的传热量应按式（5.3-6）计算：

$$q_{Hw} = \frac{\sum q_{Hwi}}{A_0} = \frac{\sum \varepsilon_{wi} K_{wi} F_{wi}(t_n - \bar{t}_e)}{A_0} \quad (5.3\text{-}6)$$

式中　q_{Hw}——折合到单位建筑面积上单位时间内通过屋面的传热量（W/m^2）；

ε_{wi}——屋面传热系数修正系数，根据附录 B 确定；

K_{wi}——屋面传热系数 $[W/(m^2 \cdot K)]$；

F_{wi}——屋面的面积（m^2）。

5）折合到单位建筑面积上单位时间内通过地面的传热量应按式（5.3-7）计算：

$$q_{Hd} = \frac{\sum q_{Hdi}}{A_0} = \frac{\sum \varepsilon_{di} K_{di} F_{di}(t_n - \bar{t}_e)}{A_0} \quad (5.3\text{-}7)$$

式中　q_{Hd}——折合到单位建筑面积上单位时间内通过地面的传热量（W/m^2）；

K_{di}——地面传热系数 $[W/(m^2 \cdot K)]$，根据 5.3.8 节的规定计算确定；

F_{di}——地面的面积（m^2）。

6）折合到单位建筑面积上单位时间内通过外窗（门）的传热量应按式（5.3-8）计算：

$$q_{Hmc} = \frac{\sum q_{Hmc}}{A_0} = \frac{\sum [K_{mci} F_{mcj}(t_n - t_e) - I_{tyi} C_{mci} F_{mci}]}{A_0} \quad (5.3\text{-}8)$$

$$C_{mci} = 0.87 \times 0.70 \times SC \quad (5.3\text{-}9)$$

式中　q_{Hmc}——折合到单位建筑面积上单位时间内通过外窗（门）的传热量（W/m^2）；

K_{mci}——窗（门）的传热系数 $[W/(m^2 \cdot K)]$；

F_{mci}——窗（门）的面积（m^2）；

I_{tyi}——窗（门）外表面供暖期平均太阳辐射热（W/m^2），根据附录 A.2 确定；

C_{mci}——窗（门）的太阳辐射修正系数；

SC——窗的遮阳系数，按 5.3.6 节的规定计算；

0.87——3mm 普通玻璃的太阳辐射透过率；

0.70——折减系数。

7）折合到单位建筑面积上单位时间内通过非供暖封闭阳台的传热量应按式（5.3-10）计算：

$$q_{Hy} = \frac{\sum q_{Hyi}}{A_0} = \frac{\sum [K_{qmci} F_{qmci} \xi_i (t_n - t_e) - I_{tyi} C'_{mci} F_{mci}]}{A_0} \quad (5.3\text{-}10)$$

$$C'_{mci} = (0.87 \times SC_W) \times (0.87 \times 0.70 \times SC_N) \quad (5.3\text{-}11)$$

式中　q_{Hy}——折合到单位建筑面积上单位时间内通过非供暖封闭阳台的传热量（W/m^2）；

K_{qmci}——分隔封闭阳台和室内的墙、窗（门）的平均传热系数 $[W/(m^2 \cdot K)]$；

F_{qmci}——分隔封闭阳台和室内的墙、窗（门）的面积（m^2）；

ξ_i——阳台温差修正系数，根据附录 B 表 B.2 确定；

I_{tyi}——封闭阳台外表面供暖期平均太阳辐射热（W/m^2），根据附录 A.2 确定；

C'_{mci}——分隔封闭阳台和室内的窗（门）的太阳辐射修正系数；

SC_W——外侧窗的综合遮阳系数，按 5.3.6 节的规定计算；

SC_N——内侧窗的综合遮阳系数，按 5.3.6 节的规定计算。

8）折合到单位建筑面积上单位时间内通过非供暖封闭阳台的传热量应按式（5.3-12）计算：

$$q_{INF} = \frac{(t_n - \bar{t}_e)(C_P \rho N V)}{A_0} \qquad (5.3\text{-}12)$$

式中　q_{INF}——折合到单位建筑面积上单位时间内建筑物空气换气传热量（W/m²）；

C_P——空气的比热容，取 0.28Wh/(kg・K)；

ρ——空气的密度（kg/m³），取供暖期室外平均温度 $\bar{t}_e$ 下的值；

N——换气次数，取 0.5 次/h；

V——换气体积（m³）。

5.3.10　严寒、寒冷地区供暖年累计热负荷和能耗值

累计热负荷是典型建筑单位面积热负荷全年的累计值，反映在《严寒和寒冷地区居住建筑节能设计标准》JGJ 26—2018 限定的围护结构热工性能要求下，不同城镇居住建筑的供暖负荷水平；能耗值是按照集中供暖系统的管网效率 0.92，锅炉效率 0.88 计算得到的。反映了采用燃煤锅炉的集中供暖系统的能耗水平。新建居住建筑设计供暖年累计热负荷和能耗值见表 5.3-10。

新建居住建筑设计供暖年累计热负荷和能耗值　　　　　　表 5.3-10

城镇	气候区	累计负荷 [kW・h/(m²・a)]	供暖能耗 [kW・h/(m²・a)]	城镇	气候区	累计负荷 [kW・h/(m²・a)]	供暖能耗 [kW・h/(m²・a)]
直辖市							
北京	2B	18.6	23.0	天津	2B	17.4	21.5
河北省							
石家庄	2B	11.1	13.7	唐山	2A	16.7	20.6
邢台	2B	11.5	14.2	保定	2B	12.9	15.9
张家口	2A	20.7	25.6	承德	2A	20.4	25.2
山西省							
太原	2A	19.4	23.9	大周	1C	25.8	31.9
介休	2A	16.7	20.7	运城	2B	13.2	16.3
离石	2A	23.9	29.6	阳城	2A	14.2	17.5
原平	2A	17.3	21.3				
内蒙古自治区							
呼和浩特	1C	22.7	28.1	赤峰	1C	23.5	29.0
通辽	1C	40.6	50.1	东胜	1C	25.9	32.0
海拉尔	2A	54.1	66.8	临河	2A	22.6	27.9
集宁	1C	31.4	38.8	二连浩特	1B	39.7	49.0

城镇	气候区	累计负荷 [kW·h/(m²·a)]	供暖能耗 [kW·h/(m²·a)]	城镇	气候区	累计负荷 [kW·h/(m²·a)]	供暖能耗 [kW·h/(m²·a)]
辽宁省							
沈阳	1C	30.4	37.5	大连	2A	30.4	37.5
本溪	1C	30.8	38.0	丹东	2A	24.3	30.1
锦州	2A	25.4	31.3	营口	2A	30.8	38.0
朝阳	2A	21.3	26.3				
吉林省							
长春	1C	40.8	50.4	四平	1C	30.2	37.3
长岭	1C	37.3	46.0	敦化	1B	30.3	37.4
延吉	1C	25.7	31.8	桦甸	1B	31.6	39.1
黑龙江省							
哈尔滨	1B	34.7	42.8	齐齐哈尔	1B	39.2	48.4
鸡西	1B	37.9	46.8	牡丹江	1B	31.3	38.7
黑河	1A	41.3	51.0	伊春	1A	36.5	45.1
江苏省							
徐州	2B	10.8	13.3	赣榆	2A	11.2	13.8
安徽省							
亳州	2B	10.5	13.0				
山东省							
济南	2B	14.1	17.5	青岛	2A	20.4	25.2
潍坊	2A	19.7	24.4	日照	2A	14.2	17.5
兖州	2B	13.0	16.1	定陶	2B	14.5	18.0
河南省							
郑州	2B	10.3	12.7	安阳	2B	11.8	14.6
孟津	2A	11.0	13.6	西华	2B	10.1	12.5
湖北省							
房县	2A	8.0	9.9				
四川省							
马尔康	2A	13.4	16.5	康定	1C	19.9	24.6
贵州省							
威宁	2A	15.9	19.6	毕节	2A	7.5	9.3

续表

城镇	气候区	累计负荷 [kW·h/(m²·a)]	供暖能耗 [kW·h/(m²·a)]	城镇	气候区	累计负荷 [kW·h/(m²·a)]	供暖能耗 [kW·h/(m²·a)]
云南省							
德钦	1C	23.7	29.3	昭通	2A	9.9	12.3
西藏自治区							
拉萨	2A	15.5	19.1	日喀则	1C	15.4	19.1
昌都	2A	14.1	17.5	林芝	2A	17.1	21.1
那曲	1A	37.1	45.8	狮泉河	1A	30.7	37.9
陕西省							
西安	2B	11.3	13.9	宝鸡	2A	10.1	12.4
榆林	2A	19.8	24.4	延安	2A	17.8	22.0
甘肃省							
兰州	2A	13.5	16.7	天水	2A	11.2	13.8
张掖	1C	21.0	25.9	平凉	2A	18.7	23.1
酒泉	1C	19.2	23.7	敦煌	2A	20.7	25.6
合作	1B	22.5	27.8	西峰镇	2A	22.0	27.2
青海省							
西宁	1C	16.1	19.9	刚察	1A	47.3	58.5
玉树	1B	18.3	22.6	格尔木	1C	27.6	34.1
德令哈	1C	25.8	31.9	玛多	1A	55.4	68.4
宁夏回族自治区							
银川	2A	19.8	24.4	中宁	2A	23.6	29.2
盐池	2A	25.5	31.5				
新疆维吾尔自治区							
乌鲁木齐	1C	23.0	28.4	克拉玛依	1C	26.9	33.3
吐鲁番	2B	12.0	14.9	哈密	2B	18.0	22.2
库尔勒	2B	17.5	21.6	喀什	2A	15.5	19.1
和田	2A	13.1	16.2	伊宁	2A	20.2	24.9
塔城	1C	22.0	27.1	阿勒泰	1B	25.0	30.9

5.3.11　夏热冬暖地区建筑物空调供暖年耗电指数

建筑物空调供暖年耗电指数应按式（5.3-13）进行计算：

$$ECF = ECF_{C} + ECF_{H} \tag{5.3-13}$$

式中　ECF_{C}——空调年耗电指数；

$\quad\quad ECF_{H}$——供暖年耗电指数。

建筑物空调年耗电指数应按下列公式计算：

$$ECF_{C} = \left[\frac{(ECF_{C,R} + ECF_{C,WL} + ECF_{C,WD})}{A} + C_{C,N} \cdot h \cdot N + C_{C,0} \right] \cdot C_{C} \tag{5.3-14}$$

$$C_{C} = C_{qC} \cdot C_{FA}^{-0.147} \tag{5.3-15}$$

$$ECF_{C,R} = C_{C,R} \sum_{i} K_i F_i \rho_i \tag{5.3-16}$$

$$ECF_{C,WL} = C_{C,WL,E} \sum_{i} K_i F_i \rho_i + C_{C,WL,S} \sum_{i} K_i F_i \rho_i + C_{C,WL,W} \sum_{i} K_i F_i \rho_i +$$
$$C_{C,WL,N} \sum_{i} K_i F_i \rho_i \tag{5.3-17}$$

$$ECF_{C,WD} = C_{C,WDL,E} \sum_{i} F_i SC_i SD_{C,i} + C_{C,WDL,S} \sum_{i} F_i SC_i SD_{C,i} +$$
$$C_{C,WD,W} \sum_{i} F_i SC_i SD_{C,i} + C_{C,WDL,N} \sum_{i} F_i SC_i SD_{C,i} +$$
$$C_{C,SK} \sum_{i} F_i SC_i \tag{5.3-18}$$

式中　A——总建筑面积（m^2）；

$\quad\quad N$——换气次数（次/h）；

$\quad\quad h$——按建筑面积进行加权平均的楼层高度（m）；

$\quad\quad C_{C,N}$——空调年耗电指数与换气次数有关的系数，$C_{C,N}$ 取 4.16；

$\quad C_{C,0}$，C_{C}——空调年耗电指数的有关系数，$C_{C,0}$ 取 -4.47；

$\quad\quad ECF_{C,R}$——空调年耗电指数与屋面有关的参数；

$\quad\quad ECF_{C,WL}$——空调年耗电指数与墙体有关的参数；

$\quad\quad ECF_{C,WD}$——空调年耗电指数与外门窗有关的参数；

$\quad\quad F_i$——各个围护结构的面积（m^2）；

$\quad\quad K_i$——各个围护结构的传热系数 $[W/(m^2 \cdot K)]$；

$\quad\quad \rho_i$——各个墙面的太阳辐射吸收系数；

$\quad\quad SC_i$——各个外门窗的遮阳系数；

$\quad\quad SD_{C,i}$——各个窗的夏季建筑外遮阳系数，参照 5.3.6 节计算；

$\quad\quad C_{FA}$——外围护结构的总面积（不包括室内地面）与总建筑面积之比；

$\quad\quad C_{qC}$——空调年耗电指数与地区有关的系数，南区取 1.13，北区取 0.64。

式（5.3-16）～式（5.3-18）中的其他有关系数应符合表 5.3-11 的规定。

空调耗电指数计算的有关系数　　　　　　　　　　　　　　　　表 5.3-11

系数	所在墙面的朝向			
	东	南	西	北
$C_{C,WL}$（重质）	18.6	16.6	20.4	12.0
$C_{C,WL}$（轻质）	29.2	33.2	40.8	24.0

续表

系数	所在墙面的朝向			
	东	南	西	北
$C_{C,WD}$	137	173	215	131
$C_{C,R}$（重质）	35.2			
$C_{C,R}$（轻质）	70.4			
$C_{C,SK}$	363			

注：重质是指热惰性指标大于等于 2.5 的墙体和屋顶；轻质是指热惰性指标小于 2.5 的墙体和屋顶。

建筑物供暖年耗电指数应按下列公式计算：

$$ECF_H = \left[\frac{(ECF_{H,R} + ECF_{H,WL} + ECF_{H,WD})}{A} + C_{H,N} \cdot h \cdot N + C_{H,0} \right] \cdot C_H$$

(5.3-19)

$$C_H = C_{qH} \cdot C_{FA}^{0.370}$$

(5.3-20)

$$ECF_{H,R} = C_{H,R,K} \sum_i K_i F_i + C_{H,R} \sum_i K_i F_i \rho_i$$

(5.3-21)

$$ECF_{H,WL} = C_{H,WL,E} \sum_i K_i F_i \rho_i + C_{H,WL,S} \sum_i K_i F_i \rho_i + C_{H,WL,W} \sum_i K_i F_i \rho_i +$$
$$C_{H,WL,N} \sum_i K_i F_i \rho_i + C_{H,WL,K,E} \sum_i K_i F_i + C_{H,WL,K,S} \sum_i K_i F_i +$$
$$C_{H,WL,K,W} \sum_i K_i F_i + C_{H,WL,K,N} \sum_i K_i F_i$$

(5.3-22)

$$ECF_{H,WD} = C_{H,WDL,E} \sum_i F_i SC_i SD_{C,i} + C_{H,WDL,S} \sum_i F_i SC_i SD_{C,i} +$$
$$C_{H,WD,W} \sum_i F_i SC_i SD_{C,i} + C_{H,WDL,N} \sum_i F_i SC_i SD_{C,i} +$$
$$C_{H,WD,K,E} \sum_i F_i K_i + C_{H,WD,K,S} \sum_i F_i K_i +$$
$$C_{H,WD,K,W} \sum_i F_i K_i + C_{H,WD,K,N} \sum_i F_i K_i +$$
$$C_{H,SK} \sum_i F_i SC_i SD_{H,i} + C_{H,SK,K} \sum_i F_i K_i$$

(5.3-23)

式中　　A——总建筑面积（m^2）；

$\quad\quad N$——换气次数（次/h）；

$\quad\quad h$——按建筑面积进行加权平均的楼层高度（m）；

$\quad\quad C_{H,N}$——供暖年耗电指数与换气次数有关的系数，$C_{C,N}$ 取 4.61；

$C_{H,0}$，C_H——供暖年耗电指数的有关系数，$C_{H,0}$ 取 2.60；

$\quad ECF_{H,R}$——供暖年耗电指数与屋面有关的参数；

$\quad ECF_{H,WL}$——供暖年耗电指数与墙体有关的参数；

$\quad ECF_{H,WD}$——供暖年耗电指数与外门窗有关的参数；

$\quad\quad F_i$——各个围护结构的面积（m^2）；

$\quad\quad K_i$——各个围护结构的传热系数 ［W/(m^2 · K)］；

$\quad\quad \rho_i$——各个墙面的太阳辐射吸收系数；

SC_i——各个窗的遮阳系数；

$SD_{C,i}$——各个窗的冬季建筑外遮阳系数，参照 5.3.6 节计算；

C_{FA}——外围护结构的总面积（不包括室内地面）与总建筑面积之比；

C_{qH}——供暖年耗电指数与地区有关的系数，南区取 0，北区取 0.7。

式（5.3-21）～式（5.3-23）中的其他有关系数应符合表 5.3-12 的规定。

供暖耗电指数计算的有关系数 　　　　　表 5.3-12

系数	所在墙面的朝向			
	东	南	西	北
$C_{H,WL}$（重质）	−3.6	−9.0	−10.8	−3.6
$C_{H,WL}$（轻质）	−7.2	−18.0	−21.6	−7.2
$C_{H,WL,K}$（重质）	14.4	15.1	23.4	14.6
$C_{H,WL,K}$（轻质）	28.8	30.2	46.8	29.2
$C_{H,WD}$	−32.5	−103.2	−141.1	−32.7
$C_{H,WD,K}$	8.3	8.5	14.5	8.5
$C_{H,R}$（重质）	−7.4			
$C_{H,R}$（轻质）	−14.8			
$C_{H,R,K}$（重质）	21.4			
$C_{H,R,K}$（轻质）	42.8			
$C_{H,SK}$	−97.3			
$C_{H,SK,K}$	13.3			

注：重质是指热惰性指标大于等于 2.5 的墙体和屋顶；轻质是指热惰性指标小于 2.5 的墙体和屋顶。

参考文献

[1] 中华人民共和国国家标准. 民用建筑热工设计规范 GB 50176—2016[S]. 北京：中国建筑工业出版社，2016.

[2] 中华人民共和国国家标准. 公共建筑节能设计标准 GB 50189—2015[S]. 北京：中国建筑工业出版社，2015.

[3] 中华人民共和国行业标准. 严寒和寒冷地区居住建筑节能设计标准 JGJ 26—2018[S]. 北京：中国建筑工业出版社，2018.

[4] 中华人民共和国行业标准. 夏热冬冷地区居住建筑节能设计标准 JGJ 134—2010[S]. 北京：中国建筑工业出版社，2010.

[5] 中华人民共和国行业标准. 夏热冬暖地区居住建筑节能设计标准 JGJ 75—2012[S]. 北京：中国建筑工业出版社，2012.

[6] 中华人民共和国行业标准. 温和地区居住建筑节能设计标准 JGJ 475—2019[S]. 北京：中国建筑工业出版社，2012.

[7] 中华人民共和国国家标准. 民用建筑供暖通风与空气调节设计规范 GB 50736—2012[S]. 北京：中国建筑工业出版社，2012.

[8] 中华人民共和国国家标准. 建筑幕墙 GB/T 21086—2007[S]. 北京：中国标准出版社，2008.

［9］　中华人民共和国国家标准. 建筑外门窗气密、水密、抗风压性能检测方法 GB/T 7106—2019［S］. 北京：中国标准出版社，2008.

［10］杨善勤. 民用建筑节能设计手册［M］. 北京：中国建筑工业出版社，1997.

［11］中国建筑业协会建筑节能专业委员会. 建筑节能技术［M］. 北京：中国计划出版社，1996.

［12］Fengya. Defining the thermal design conditions in design standard for energy efficiency of residential in hot summer and cold winter zone［J］. Energy and Buildings February，2004，ENB1747，1-5.

［13］中华人民共和国国家标准. 建筑节能与可再生能源利用通用规范 GB 55015—2021［S］. 北京：中国建筑工业出版社，2022.

第6章 建筑与围护结构节能设计原则

建筑节能设计应贯彻"遵循气候、因地制宜"的设计原则，在满足建筑功能、造型等基本需求的条件下，注重地域性特点，尽可能地将生态、可持续建筑设计理念融入整个建筑设计过程中，从而达到降低能源消耗，改善室内环境的目的。本章给出不同气候分区建筑与围护结构节能设计的基本原则，供设计参考。

6.1 不同气候区建筑围护结构节能设计基本原则

6.1.1 严寒、寒冷地区设计原则

我国严寒地区的气候特点是冬季严寒而漫长，夏季短暂而凉爽。严寒地区建筑节能设计的基本原则是充分满足冬季保温要求，最大限度地减少建筑与外环境之间的热交换，尽可能利用太阳辐射热，夏季防热一般不考虑。寒冷地区和严寒地区气候特征接近，设计原则基本一致，部分寒冷地区需要兼顾夏季防热设计。严寒、寒冷地区建筑节能设计重点可从以下几个方面进行考虑。

（1）采用合理的建筑布局和朝向，充分利用太阳能

1）建筑布局。建筑群体布局应考虑周边环境、局部气候特征、建筑用地条件、群体组合和空间环境等因素，尤其应着重注意太阳能的利用。单体建筑平面布局应有利于冬季避风，建筑长轴避免与当地冬季主导风向正交，或尽量减少冬季主导风向与建筑物长边的入射角度，以避开冬季寒流风向，不使建筑大面积外表面朝向冬季主导风向。

2）建筑间距。决定建筑间距的因素很多，如日照、通风、防视线干扰等。合理的日照间距是保证建筑利用太阳能供暖的前提，控制建筑日照间距应至少保证冬至日有效日照时间为2小时。其中，对于南北向建筑，由于正午前后太阳高度角较高，易满足日照要求，为了保证足够的日射，争取较大的太阳能节能率，规定日照间距取正午前后2小时。非南北向建筑不易达到正午前后2小时的要求，但也应争取足够的日照，规定了冬至日全天有效时间段内日照时间应达到2小时。

3）建筑朝向。朝向选择应遵循以下原则：

① 冬季尽可能使阳光射入室内；

② 夏季尽量避免太阳直射室内以及室外墙面；

③ 建筑长立面尽量迎向夏季主导风向，短立面朝向冬季主导风向；

④ 充分利用地形，节约用地；

⑤ 充分考虑建筑组合布局的需要，并积极利用组合方式达到冬季防风需要。

表6.1-1为严寒、寒冷地区部分城市建筑朝向。

严寒、寒冷地区部分城市建筑朝向 表 6.1-1

气候分区	地区	最佳朝向	适宜朝向	不宜朝向
严寒地区	哈尔滨	南偏东 15°～20°	南～南偏东 15° 南～南偏西 15°	西、西北、北
	长春	南偏西 15°～南偏东 15°	南偏东 15°～45° 南偏西 10°～45°	东北、西北、北
	沈阳	南～南偏东 20°	南偏东 20°～东 南～南偏西 45°	东北东～西北西
	乌鲁木齐	南偏东 40°～南偏西 30°	南偏东 40°～东 南偏西 30°～西	西北、北
	呼和浩特	南偏东 30°～南偏西 30°	南偏东 30°～东 南偏西 30°～西	北、西北
	大连	南偏西 15°～南偏东 10°	南偏西 15°～45° 南偏东 10°～45°	北、东北、西北
	银川	南偏西 10°～南偏东 25°	南偏西 10°～30° 南偏东 25°～45°	西、西北
寒冷地区	北京	南偏西 30°～南偏东 30°	南偏西 30°～45° 南偏东 30°～45°	北、西北
	石家庄	南偏西 10°～南偏东 20°	南偏东 20°～45°	西、北
	太原	南偏西 10°～南偏东 20°	南偏东 20°～45°	西北
	济南	南～南偏东 20°	南偏东 20°～45°	西、西北
	郑州	南～南偏东 10°	南偏东 10°～30°	西北
	西安	南～南偏东 10°	南～南偏西 30°	西、西北
	拉萨	南偏西 15°～南偏东 15°	南偏西 15°～30° 南偏东 15°～30°	西、北

（2）控制体形系数与建筑热形态系数

1）建筑物体形系数

建筑物体形系数即建筑物与室外大气接触的外表面积与其所包围的体积的比值。外表面积中，不包括地面和地下室外墙面积，体积中不包括地下室体积。

$$S = F/V = \frac{\text{建筑物与室外空气直接接触的外表面积}}{\text{建筑物包围的体积}} \qquad (6.1\text{-}1)$$

体形系数是表征建筑物形态特性的一个重要指标，与建筑物的层数、体量、形状等因素有关。体形系数越大，则表现出建筑的外围护结构面积大，体形系数越小则表现出建筑外围护结构面积小。在其他条件相同情况下，建筑物耗热量指标随体形系数的增大而增大。

依据严寒地区气象条件，体形系数以 0.3 为基础每增加 0.01，能耗增加 1.8％～2.8％，可见，建筑物耗热量随体形系数的增长而增加。从有利节能出发，严寒、寒冷地区的建筑应综合考虑建筑造型、平面布局、建筑的长宽比、朝向和日辐射得热量、采光和通风的要求，采用紧凑的体形，缩小体形系数，从而减少热损失。居住建筑和公共建筑节能设计标准分别对体形系数进行了限定，如表 6.1-2 所示。当体形系数不满足标准规定时，必须按相应的标准进行围护结构热工性能的权衡判断。

节能设计标准对建筑体形系数 S 限值的规定　　　　　　　　　　表 6.1-2

气候区	建筑物体形系数			
	居住建筑		公共建筑	
	≤3 层	≥4 层	300m²＜单栋建筑面积≤800m²	单栋建筑面积＞800m²
严寒地区	0.55	0.30	0.50	0.40
寒冷地区	0.57	0.33	0.50	0.40

2）建筑热形态系数

体形系数是影响建筑能耗的重要因素之一，但即使建筑体形系数相同，建筑的能耗也未必相同，尤其在我国高海拔（3000m 以上）和太阳能丰富的地区，并不是所有的建筑外围护结构表面都是散热面，受建筑造型、建筑的长宽比、朝向等影响，实际耗热量差别很大，准确讲应采用建筑热形态系数来确定建筑的形态。工程中定义为热当量体形系数 S'。热当量体形系数相关参数的物理意义见表 6.1-3。

$$S' = (F - F_y)/V = \frac{\text{与室外空气直接接触的外表面积} - \text{有效得热面积}}{\text{与其所包围的体积}} \quad (6.1-2)$$

$$F_y = F_{cy} + F_{qy} = F_{cy} + K_y F_{cy} = (1 + K_y)F_{cy} \quad (6.1-3)$$

$$S' = [F - (1 + K_y)F_{cy}]/V \quad (6.1-4)$$

式中　S'——热当量体形系数；

　　F——建筑物与室外直接接触的外表面积（m²）；

　　F_y——有效得热面对应的有效面积（m²）；

　　F_{cy}——集热窗的面积（m²）；

　　F_{qy}——净得热量等于外围护结构失热量时所对应的面积（m²）；

　　K_y——有效面积修正系数，大小与墙体的平均传热系数、平均蓄热性能以及朝向有关，无量纲；

　　V——建筑物体积（m³）。

热当量体形系数相关参数的物理意义　　　　　　　　　　表 6.1-3

参数	物理意义
$S'＞0$	净得热量可抵消部分非透明外围护结构热损失
$S'=0$	净得热量可抵消全部非透明外围护结构热损失
$S'＜0$	净得热量可抵消全部非透明外围护结构热损失及部分冷风渗透负荷
$K_y＞0$	集热窗存在净得热量，建议集热面采用大窗墙比设计
$K_y≤0$	建筑朝向不利于被动太阳能利用，建议根据采光等需要设置窗户，尽量采用小的窗墙比设计

在进行工程设计时，对式（6.1-4）进行简化处理：

$$S' = \frac{\sum_{i=1}^{5} A_i \varepsilon_{si}}{V} \quad (6.1-5)$$

式中　A_i——各朝向围护结构面积（m^2）；

　　　ε_{si}——各朝向围护结构面积修正系数，根据朝向和辐射照度按表 6.1-4 取值。

各朝向围护结构面积修正系数 ε_{si}　　　　　表 6.1-4

朝向（南向辐射照度 W/m^2）	ε_{si}
南（<150）	0.65
南（150~200）	0.55
南（≥250）	0.45
东、西（<150）	1.25
东、西（150~200）	1.35
东、西（≥250）	1.55
北向	1.00
屋面、架空楼板	1.00

(3) 合理设计入口

严寒、寒冷地区对入口的设计应以减小对流热损失为主要目标。在入口的设计中应既不使室外的冷空气直接吹入建筑中，又要最大限度地防止建筑室内热量的散失。

1) 入口的位置和朝向

在满足功能要求的基础上，建筑入口的朝向应避开当地冬季的主导风向，以减少冷风渗透，降低能耗，同时又要考虑创造良好的热工环境。

2) 入口的形式

严寒和寒冷地区建筑入口的设计应采取防止冷风渗透及保温的措施，可采取以下做法。

① 设门斗。设置门斗后大大减弱了风力，门斗外门的位置与开启方向对于气流的流动有很大的影响。设计门斗时应根据当地主导风向，确定外门在门斗中的位置和朝向以及外门的开启方向，以达到使冷风渗透最小的目的。外门的位置及开启方向设置应充分考虑气流组织的影响，详见图 6.1-1、图 6.1-2。

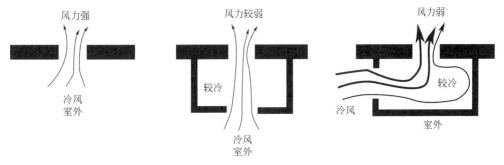

图 6.1-1　外门的位置对入口热工环境的影响与气流的关系

② 设挡风门廊。挡风门廊适于冬季主导风向与入口成一定角度的建筑，其角度越小效果越好。在严寒地区应设置挡风门廊，如图 6.1-3 所示。

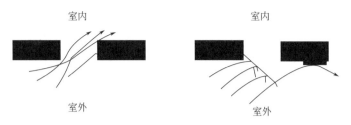

图 6.1-2　外门的开启方向对入口气流的影响

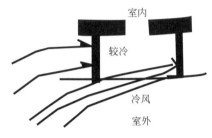

图 6.1-3　挡风门廊

（4）合理控制开窗面积

窗的传热系数远远大于墙的传热系数，因此窗户面积越大，建筑的传热耗热量也越大。对严寒、寒冷地区建筑的设计应在满足室内采光和通风的前提下，合理限定窗面积的大小，这对降低建筑能耗是非常必要的。我国《公共建筑节能设计标准》GB 50189—2015、《严寒和寒冷地区居住建筑节能设计标准》JGJ 26—2018中分别对严寒、寒冷地区的窗墙面积比进行了限定，如果开窗面积大于标准规定限值，必须通过提高窗户的热工性能或者加大墙体、屋面的保温性能来补偿，否则就必须减小窗户面积。

从节能，降低供暖能耗的角度考虑，除非特殊功能需求，例如机场航站楼、车站站厅、会展博览建筑等，严寒、寒冷地区建筑不应设计大面积玻璃幕墙。

（5）围护结构的保温设计

严寒、寒冷地区建筑能耗大部分是由围护结构传热造成的，围护结构保温性能的好坏，直接影响到建筑能耗的大小，提高围护结构的保温性能，通常采取以下技术措施。

1）合理选择保温材料与保温构造型式

优先选用高效保温材料，如聚苯乙烯泡沫塑料、挤塑聚苯乙烯板、岩棉、玻璃棉等可以提高围护结构构件的保温性能。材料的选择要综合考虑建筑物的使用性质，尤其必须满足防火性能要求，应考虑围护结构的构造方案、施工方法、材料来源以及经济指标等因素，按材料的热物理指标及相关物理化学性质，进行具体分析。

围护结构的保温构造形式主要分为外保温、内保温、夹芯保温三种类型，严寒、寒冷地区在保证围护结构安全性、耐候性的前提下，优先选用外保温体系，但是不排除内保温结构及夹芯墙的应用。内保温的结构墙体与保温层之间的界面容易结露，因此采用内保温时，应在围护结构内适当位置设置隔汽层，并保证结构墙体依靠自身的热工性能做到不结露。

2）避免热桥

在建筑结构中，由于承重、防震、沉降等各方面的要求，致使在建筑结构中形成的建筑热桥形式多种多样，最常见的热桥形式如图 6.1-4 所示。

热桥部位的传热系数比邻近部位大，不仅导致建筑能耗的增加，而且还恶化围护结构内表面的温度环境，出现结露发霉现象。为了避免和减轻热桥的影响，首先应避免嵌入构件内外贯通，其次应对这些部位采取局部保温措施，如增设保温材料等，以切断热桥。

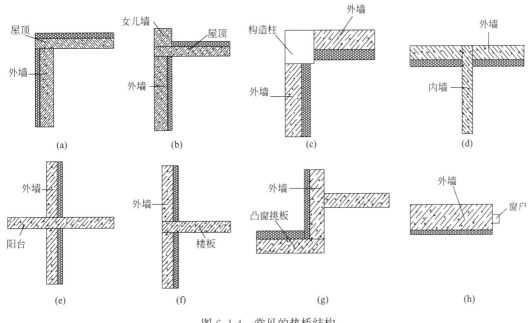

图 6.1-4 常见的热桥结构

3）防止冷风渗透

防止冷风渗透，可以采用以下技术措施。

① 提高门窗的气密性。改善加工工艺、增加密封材料以及提高安装技术等手段。门窗框周边与墙之间的间隙应采用塞入聚苯乙烯或聚氨酯泡沫塑料条，或喷注泡沫聚氨酯材料入内，作为衬底，然后再抹上或挤注密封材料。

② 提高窗框保温性能。窗框的热损失主要取决于窗框材料的导热系数。以木材和塑料作窗框，或采用复合型框如钢塑型、钢木型、木塑型窗框时，保温性能较好；采用钢或铝合金作窗框时，热损失会大大增加。为提高金属窗框的保温能力，最好做成空心断面或采用导热系数小的材料截断金属框的热桥。

③ 改善玻璃的保温性能。严寒、寒冷地区门窗玻璃建议采用中空玻璃、三玻双中空或真空玻璃等高效节能玻璃。

4）地面及地下室外墙

严寒、寒冷地区建筑外墙内侧 0.5～1.0m 范围内的地面，由于冬季受室外冷空气和建筑周围低温或冻土的影响，将有大量的热量从该部位传递出去。因此，在外墙内侧 0.5～1.0m 范围内地面应铺设保温层。

为避免外墙内侧分区设置保温层造成的地面开裂，建议整个地面全部进行保温，有利于提高底层用户的地面温度，还可避免在非供暖期造成底层地面结露。

地下室应根据用途确定设置保温层的热工指标：

① 当地下室作为车库时，其与土壤接触的外墙保温要求是控制表面不结露；

② 当地下室有供暖和空调要求时，其与土壤接触的外墙保温热工性能应按照节能标准的要求进行设计；

③ 地下车库与首层供暖房间之间的楼板应作保温要求；

④ 当地下水位高于地下室地面时，地下室外墙和保温系统需要采取防水措施。

地下室外墙保温隔热基本构造见图 6.1-5。

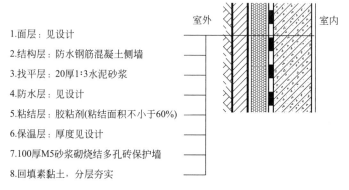

1.面层：见设计
2.结构层：防水钢筋混凝土侧墙
3.找平层：20厚1:3水泥砂浆
4.防水层：见设计
5.粘结剂：胶粘剂(粘结面积不小于60%)
6.保温层：厚度见设计
7.100厚M5砂浆砌结烧结多孔砖保护墙
8.回填素黏土，分层夯实

图 6.1-5　地下室外墙保温隔热基本构造

6.1.2　夏热冬冷地区设计原则

我国夏热冬冷地区的气候特点是夏季炎热，空气潮湿，昼夜温差小，持续时间长。冬季最冷月平均气温大于 0℃，日照率低，阴冷潮湿。这一地区建筑与围护结构节能设计的基本原则是：必须充分满足夏季防热要求，重视自然通风，冬季应有适当的保温要求。重点从以下方面进行考虑。

（1）合理的建筑形态和布局

在建筑设计中应合理地选择建筑的朝向和建筑群的布局，防止日晒（表 6.1-5）。同时要绿化周围环境，以降低环境辐射和空气温度。对外围护结构的表面，应采用浅色以减少对太阳辐射的吸收，从而减少进入围护结构的传热量。冬季充分利用太阳能。

夏热冬冷地区部分代表性城市的建筑朝向　　　　表 6.1-5

气候分区	地区	最佳朝向	适宜朝向	不宜朝向
夏热冬冷地区	上海	南～南偏东 15°	南偏东 15°～30° 南～南偏西 30°	北、西北
	南京	南～南偏东 15°	南偏东 15°～30° 南～南偏西 30°	西、北
	杭州	南～南偏东 15°	南偏东 15°～30°	西、北
	合肥	南偏东 5°～15°	南偏东 15°～35° 南～南偏西 15°	西
	武汉	南～南偏东 10°	南偏东 10°～35° 南偏西 10°～30°	西、西北

续表

气候分区	地区	最佳朝向	适宜朝向	不宜朝向
夏热冬冷地区	长沙	南偏东 10°～南偏西 10°	南～南偏西 10°	西、西北
	南昌	南～南偏东 15°	南偏东 15°～25° 南～南偏西 10°	西、西北
	重庆	南偏东 10°～南偏西 10°	南偏东 10°～30° 南偏西 10°～20°	西、东
	成都	南偏东 10°～南偏西 20°	南偏东 10°～30° 南偏西 20°～45°	西、东、北

（2）有效地组织建筑的自然通风

夏热冬冷地区的过渡季节一般 5～6 个月，加强过渡季节的自然通风是排出房间余热，改善室内热湿环境的主要途径之一。建筑节能设计应注意以下问题。

1）有效组织风压通风的建筑平面空间布局

单廊式、小进深的建筑空间可获得理想的穿堂风；

大进深的内廊式建筑通过组织有效进、出风口，导风口或导风墙获得穿堂风（图 6.1-6）。

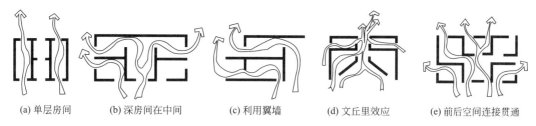

（a）单层房间　　（b）深房间在中间　　（c）利用翼墙　　（d）文丘里效应　　（e）前后空间连接贯通

图 6.1-6　组织风压通风的建筑平面空间布局

2）有效组织热压通风的建筑剖面空间布局

利用现有竖向空间如楼梯间和烟囱、风塔进行热压通风（图 6.1-7a、图 6.1-7e）；

通过提高室内竖向通高空间产生热压拔风效应（图 6.1-7b）；

通过室内通风横截面积渐缩获得文丘里效应，加大热压拔风效果（图 6.1-7c、图 6.1-7d）。

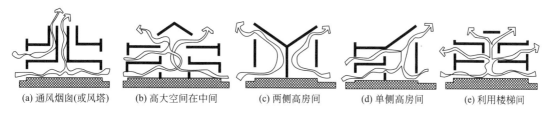

（a）通风烟囱（或风塔）　（b）高大空间在中间　（c）两侧高房间　（d）单侧高房间　（e）利用楼梯间

图 6.1-7　组织热压通风的建筑剖面空间布局

3）适宜的建筑开口位置及面积

开窗位置直接影响气流路线，若进、出风口正对风向，主导气流由进口直接到出口，形成的气流路线较短，室内的空气流动更为畅通。可错开进、出风口的位置，使进、出口分设在相邻的两个墙面上，且相隔的距离较远，使气流路线较长，利用气流的惯性作用，使气流在室内改变方向，可获得良好的室内通风条件，如图 6.1-8 所示。

① 当开口宽度为开间宽度的 1/3～1/2、开口面积为地板面积的 15%～20% 时，通风效果最佳。

② 要获得较好的通风效果，建筑进深应小于 2.5 倍净高，外墙面最小开口面积不小于 5%。

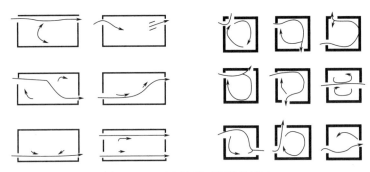

图 6.1-8　开窗位置对通风的影响

4）建筑导风措施

门窗、挑檐、挡风板、通风屋脊、镂空的隔断等构造措施都会影响室内自然通风的效果。建筑剖面的开口应尽量使气流从房间中下部流过，见图 6.1-9～图 6.1-11。

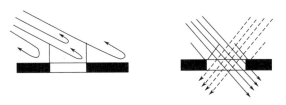

图 6.1-9　窗扇的导风作用

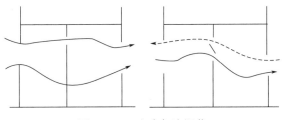

图 6.1-10　室内气流调节

(3) 建筑遮阳设计

遮阳的作用是阻挡直射阳光从窗口进入室内，减少对人体的辐射，防止室内墙面、地面和家具表面受到日晒而导致室温升高。遮阳的方式是多种多样的，结合建筑构件处理（如出檐、雨篷、外廊等），或采用临时性的篷布和活动的百叶，或采用专门的遮阳板设施等。

建筑遮阳设计原则。

① 应兼顾采光、视野、通风、隔热和散热，并根据建筑类型、建筑功能、建筑造型、

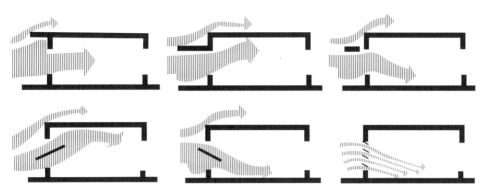

图 6.1-11 建筑剖面影响气流方向

透明围护结构朝向等因素，选择适宜的遮阳形式，优先选择活动外遮阳。

② 建筑不同部位、不同朝向遮阳设计的优先次序可根据其所受太阳辐射照度，依次选择采光屋顶、西向、东向、南向窗，北回归线以南的地区必要时还宜对北向窗进行遮阳。

③ 采用内遮阳和中间遮阳时，遮阳装置面向室外侧宜采用能反射太阳辐射的材料，并可根据太阳辐射情况调节角度和位置。

④ 外遮阳设计应与建筑立面设计相结合，并进行一体化设计。遮阳装置构造简洁、经济适用、耐久美观，便于维护和清洁，并应与建筑物整体及周边环境相协调。

不同构件外遮阳形式特点见表 6.1-6。

不同遮阳类型的比较 表 6.1-6

类型	简图	技术特点	适用范围
水平遮阳		太阳高度角较大时,能有效遮挡从窗口上前方透射下来的直射阳光	宜布置在北回归线以北地区南向及接近南向的窗口和北回归线以南地区的南向及北向窗口
垂直遮阳		太阳高度角较小时,能有效遮挡从窗侧面照射过来的直射阳光;当垂直遮阳布置于东、西向窗口时,板面应向南适当倾斜	宜布置在北向、东北向、西北向窗口
综合遮阳		能有效遮挡从窗前、侧向照射进来的直射阳光,遮阳效果比较均匀	宜布置在从东南向到西南向范围内的窗口

类型	简图	技术特点	适用范围
挡板遮阳		1. 能有效遮挡从窗口正前方射来的直射阳光。 2. 挡板式遮阳使用时应减少对视线、通风的干扰	宜布置在东、西向及其附近方向的窗口
遮阳百叶		水平式百叶,活动外遮阳,活动方式有旋转和收放两种	适宜于各方向外窗
		垂直式百叶,活动外遮阳,活动方式有旋转和收放两种	适宜于各方向外窗
中间遮阳		位于玻璃系统的内部或两层门窗、幕墙之间,易于调节,不易被污染	适宜于各方向外窗
内遮阳		将入射室内的直射光漫反射,降低了室内阳光直射区的太阳辐射,对改善室内温度不平衡状况及避免眩光具有积极作用,操作维护方便、安全,不破坏建筑外立面,但遮阳效果不佳	适宜于各方向外窗
电机系统活动遮阳		可选择手控、红外线遥控、无线电遥控及智能化控制	公共建筑的采光顶

(4) 外围护结构的隔热和散热

减少传进室内的热量和降低围护结构的内表面温度，达到节能和室内热环境标准所要求的热工指标是隔热设计的核心，其中屋面隔热最为重要，其次是东、西墙。因此，要合理地选择外围护结构的材料和构造形式，最理想的是白天隔热好而夜间散热又快的构造型式。

透明围护结构（外窗、玻璃幕墙）的隔热除通过遮阳外，还可采用低辐射镀膜玻璃（单银 Low-E、双银 Low-E、三银 Low-E 等），既有建筑改造也可采用涂膜或贴膜形式，降低玻璃的遮阳系数 SC，从而降低进入室内的太阳辐射量。但采用镀膜、涂膜或贴膜形式应综合考虑夏季与冬季对太阳辐射量的不同需求，从降低总能耗的角度确定膜形式和遮阳系数 SC。

(5) 防止地面墙面泛潮

在我国长江中、下游五、六月间的梅雨季节，气候受热带气团控制，湿空气吹向大陆且骤然增加，在房间开窗情况下，较湿的空气流过地面和墙面，当地面、墙面温度低于室内空气露点温度时，就会在地面和墙面上产生结露现象，俗称围护结构泛潮。

可通过以下措施控制和防止地面（墙面）的泛潮。

1）控制室内空气湿度不宜过高，地表面温度不宜过低。

2）采用蓄热系数小的材料和多孔吸湿材料作为地面的表面材料。地面面层应尽量避免采用水泥、磨石子、瓷砖和水泥花砖等材料，白色防潮砖、黄色防潮砖、多孔的地面或墙面饰面材料对水分具有一定的吸收作用，可以减轻泛潮所引起的危害。

3）采用建筑构造和管理办法，防止地面泛潮。在房屋上安装便于调节的门窗，方便进行间歇通风。房间尽量争取日照，在梅雨季节，室外空气较干燥时，开启门窗进行通风；当外界湿度大时则及时关闭门窗，防止湿空气大量侵入室内，保持室内干燥。

4）加强地面保温，防止地面泛潮。利用炉渣、挤塑聚苯板 XPS 等保温材料，加强地面保温处理，使地面表面温度提高，高于地面露点温度，从而避免地面泛潮现象。

5）在地下水位高的地区，采用加粗砂垫层或防水、防潮层，对防止和控制泛潮有一定作用。

6）地面（外墙）设置空气间层。通过保持空气层的温差，防止或避免梅雨季节的结露现象，架空地面有通风口和无通风口可采用如图 6.1-12 所示的两种形式。

(6) 提高围护结构的热特性

房间的热特性应适合其使用功能和性质，注意以下原则。

1）全天使用的房间应有较大的热稳定性，采用蓄热性能好的围护结构材料，提高围护结构的热惰性，以防室外温度或太阳辐射剧烈波动或间断供暖空调时，建筑室温波动太大。

2）采用间歇式供暖、空调的建筑，围护结构除应具有良好的保温隔热性能外，还要求建筑具有良好的快速热反应特性，在开始供热或供冷后，室温能较快地上升到所需的环境标准，因此，建筑围护结构宜采用内保温技术。

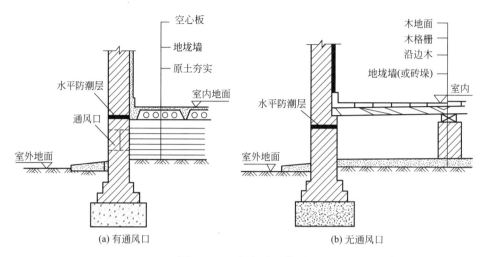

(a) 有通风口   (b) 无通风口

图 6.1-12 架空地面类型

6.1.3 夏热冬暖地区设计原则

我国夏热冬暖地区的气候特点是夏季漫长而湿热，冬季短暂而温和，寒冷的时间非常短，几乎长夏无冬。长年气温高、气温的年较差和日较差都很小，太阳辐射强烈、雨量充沛，空气湿度大。夏热冬暖地区建筑节能设计的基本原则是必须充分满足夏季的防热要求，一般可不考虑冬季保温。重点从以下几个方面进行设计。

(1) 优化建筑规划设计，加强自然通风

建筑布局、形态与单体设计时应尽量减少对风的阻挡，保证建筑布局中风流顺畅。建筑布局中常见的布置方式分为：并列式、错列式、斜列式、自由式、周边式等，如图 6.1-13 所示。一般来讲，错列式、斜列式以及自由式可使得风较顺畅地通过建筑群，比并列式和周边式更有利于通风。斜列式和自由式在有利通风下可以兼顾地形和朝向等因素进行灵活布置；并列式可使建筑群与主导风向角度布置，从而利于整体通风；周边式的布局方式总会存在部分建筑形成负压区，影响通风效果。

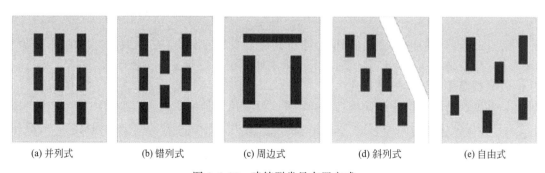

(a) 并列式   (b) 错列式   (c) 周边式   (d) 斜列式   (e) 自由式

图 6.1-13 建筑群常见布置方式

建筑总体规划、单体设计和构造处理宜开敞通透，充分利用自然通风，建筑的朝向要求能获得良好的自然通风和日照，尽量避免东西晒，避暑降湿，夏热冬暖地区部分城市建筑朝向见表 6.1-7。

夏热冬暖地区部分城市建筑朝向　　　　　表 6.1-7

气候分区	地区	最佳朝向	适宜朝向	不宜朝向
夏热冬暖	厦门	南~南偏东 15°	南~南偏西 10° 南偏东 15°~30°	西南、西、西北
	福州	南~南偏东 10°	南偏东 15°~30°	西
	广州	南偏西 5°~南偏东 15°	南偏西 5°~30° 南偏东 15°~30°	西
	南宁	南~南偏东 15°	南偏东 15°~25° 南~南偏西 10°	东、西

（2）建筑遮阳设计

夏热冬暖地区外遮阳是最有效的节能措施，除常规的水平遮阳、垂直遮阳、综合遮阳、挡板遮阳、活动外遮阳等遮阳类型外，还可以通过以下措施进行遮阳设计。

1）通过采用低辐射 Low-E 镀膜玻璃，降低玻璃自身的太阳得热系数 $SHGC$，降低夏季太阳辐射对室内负荷的影响。多层 Low-E 镀膜的确定应根据建筑功能、室内热环境标准和建筑能耗指标确定，也可采用玻璃隔热涂料，减少红外热量进入室内。

2）绿化外遮阳是一种既有效又经济美观的遮阳措施，常见的绿化遮阳形式包括：

① 在窗外一定距离种植树木；

② 在窗外或者阳台、外廊、墙面等种植攀缘植物，适用于低层、多层建筑。

3）檐廊遮阳：建筑的挑檐大致相当于建筑的水平遮阳构件，适于遮挡南向的阳光。

（3）围护结构隔热设计

夏热冬暖地区建筑围护结构以防热为主要目的，外墙、屋面、外窗作为外围护结构的主要部位，应采取相应的技术措施。

1）屋面、外墙采用浅色饰面（浅色涂层等）、热反射隔热涂料等，减少屋顶、外墙表面对太阳辐射的吸收；

2）屋面、外墙采用含水多孔材料做的外饰面层，形成被动蒸发屋面（墙体），利用水蒸发相变传热降低围护结构内表面温度。

3）屋面选用导热系数小、蓄热系数大的保温隔热材料，并保持开敞通透，诸如采用架空屋面、种植屋面、蓄水屋面等屋面类型；

4）夏热冬暖地区的建筑窗墙面积比也需要控制，大面积的开窗会使得更多的太阳辐射进入室内，造成热环境的不舒适，夏热冬暖地区建筑的开窗面积不宜超过 50%；

5）采用高效节能的玻璃，在满足玻璃等透明围护结构节能要求的条件下，提高玻璃的遮阳性能，如热反射玻璃，三银 Low-E 中空玻璃。

（4）防潮设计

高温高湿是夏热冬暖地区显著的气候特点，围护结构防潮设计应遵循以下基本原则：

1）室内空气湿度不宜过高；

2）地面、外墙表面温度不宜过低；

3）提高建筑外窗、外门的气密性，控制好在华南沿海地区"回南天"高湿空气进入室内；

4）采用具有吸湿、解湿等调节空气湿度功能的围护结构材料；

5）合理设置保温层，防止围护结构内部冷凝；

6）与室外雨水或土壤接触的围护结构应设置防水（潮）层。

6.1.4 温和地区建筑节能设计原则

温和地区处于东亚季风和南亚季风交汇区域，西北又受青藏高原大地形影响，其气候条件复杂多样，立体气候特征明显。气候特点为全年太阳辐射强，昼夜温差大，夏季日平均温度不高，冬季寒冷时间短，大部分地区冬温夏凉，干湿季分明；常年有雷暴，多雾，气温的年较差偏小。贵阳、云南丽江等部分地区冬季气温偏低。温和地区建筑节能设计的基本原则是部分地区应考虑冬季保温，一般可不考虑夏季防热。重点从以下几个方面进行考虑。

（1）采用合理的建筑布局和朝向，充分利用太阳能

温和地区大部分处于低纬高原地区，常年太阳高度角大，大气透明度高，太阳辐射强烈，尤其应注重被动太阳能建筑设计，建筑物的朝向以正南、南偏东30°、南偏西30°的朝向为最佳；东南向、西南向的建筑物能接受较多的太阳辐射。

（2）建筑遮阳

温和地区夏季阳光调节的主要任务是避免阳光的直接照射以及防止过多的阳光进入到室内。避免阳光的直接照射及防止过多阳光进入到室内最直接的方法就是设置遮阳设施。需要设置遮阳的部位主要是门、窗以及屋顶。

1）门窗遮阳

温和地区全年的太阳高度角都比较大，所以建筑宜采用水平可调式遮阳或者水平遮阳结合百叶的方式。合理确定水平遮阳尺寸，在夏季能够有效地挡住高度角较大的、从窗口上方投射下来的阳光；冬季太阳高度角较小时，阳光可以直接射入室内，不会被遮阳遮挡。

2）屋顶

屋顶遮阳可以通过屋顶遮阳构架来实现，或者在屋面上铺设太阳能集热板，将太阳能集热板作为一种特殊的遮阳设施。

（3）自然通风设计

温和地区夏季昼夜温差大，白天空气温湿度比较理想，晚上气温比较低，故白天打开室内门和外窗组织穿堂风进行全面通风；夜间外窗可打开，关闭部分房间的门，降低室内风速，避免穿堂风和大范围通风。

建筑单体设计中应考虑下列因素。

1）布置住宅建筑的房间时，最好将老人用卧室布置在南偏东和南偏西之间，夏天可以减少积聚的室外热，冬天又可获得较多的阳光；儿童用房宜南向布置；起居室宜南或南偏西布置，其他卧室可朝北；厕所、卫生间及楼梯间等辅助房应朝北。

2）房间的面积以满足使用要求为宜，不宜过大。

3）门窗洞口的开启位置处除有利于提高居室的面积利用率与合理布置家居外，最好能注意有利于组织穿堂风，避免"口袋屋"的平面布局。

4）厨房和卫生间进出排风口的设置主要考虑主导风向和相邻室的不利影响，避免强风倒灌现象和油烟等对周围环境的污染。

5）从照明节能角度考虑，单面采光房间的进深不宜超过 6m。

（4）围护结构设计

1）温和 A 区（5A）围护结构应满足冬季保温的要求，可不考虑建筑的防热要求。

2）温和 B 区（5B）围护结构宜满足冬季保温设计要求。

3）温和 A、B 区均应优先采用被动式节能技术，外墙保温应优先选择自保温隔热技术体系。

6.1.5 高原高寒地区建筑节能设计原则

高原地区的气候点是太阳辐射强、年平均气温较低，供暖度日数长，日温差大，春秋两季较短，冬夏两季较长；冬季气候严寒或寒冷，对建筑保温和供暖性能要求高；夏季凉爽，一般无空调制冷要求。高原地区建筑节能设计的基本原则是应被动太阳能利用优先，主动太阳能利用为辅，不考虑夏季防热。重点从以下方面进行考虑：

（1）优先利用被动太阳能技术

我国高原地区太阳能资源极为丰富，而可供使用的化石能源匮乏，运输成本高，建筑供暖期长，供暖能耗占建筑能耗的比例较高，建筑节能应优先利用被动式太阳技术，根据建筑的类型和功能，采用不同的集热形式，设计中应注意以下原则：

1）高原地区太阳能具有强波动、非连续特点，应注意太阳能被动构件与建筑用能需求在时序上的匹配问题；

2）注重建筑空间形态、表皮、外窗、地板和墙体集蓄热/放热方式与构造形式对建筑热过程特性的影响，尽可能采用建筑墙、地板等蓄热/放热一体化围护结构；

3）南向集热窗应设置夏季遮阳和采用防眩光的装置；

4）提高围护结构高效蓄放热速率和蓄热性能，采用相变蓄热等新型蓄热材料等；

5）被动建筑供暖集热方式应根据被动建筑气候分区、太阳能利用效率和房间热环境设计指标，选用不同的集热方式（表 6.1-8）。

不同被动太阳能建筑供暖气候分区供暖方式选用参考表 表 6.1-8

被动式太阳能建筑供暖气候分区		推荐选用的单项或组合式供暖方式
最佳气候区	最佳气候 A 区	集热蓄热墙式、附加阳光间式、直接受益式、对流环路式、蓄热屋顶式
	最佳气候 B 区	集热蓄热墙式、附加阳光间式、对流环路式、蓄热屋顶式
适宜气候区	适宜气候 A 区	直接受益式、集热蓄热墙式、附加阳光间式、蓄热屋顶式
	适宜气候 B 区	集热蓄热墙式、附加阳光间式、直接受益式、蓄热屋顶式

（2）建筑平面布局设计

1）建筑的最佳朝向为南偏东至南偏西 15°，无遮挡，获取足够阳光；

2）平面宜规则，造型不宜有大的凹凸变化；

3）平面功能进行合理分区，主要房间宜避开冬季主导风向，对热环境要求较高的房间宜布置在南侧；

4）在满足天然采光与室内热环境要求的前提下，应控制北向开窗面积，在结构安全限制条件内尽可能地增大南向外窗（集热窗）面积，窗墙面积比宜大于 50%；

5）建筑的主要出入口应设置防风门斗；

6）房间的进深不宜过大。进深一般不宜大于层高的 2.5 倍；

7）大型公共建筑宜设置白天集热良好的阳光中庭，并有夏季遮阳、通风、冬季夜间保温的措施。

（3）建筑围护结构设计

1）围护结构热工性能应满足建筑所在地区建筑节能设计标准规定的限值要求；

2）对屋面、外墙、地面应进行保温处理，应采用重质材料，如砖、石、混凝土、土坯等，并增设保温层，选用蓄热性能良好的建筑材料和围护结构；

3）建筑外窗应采用保温性能、透光性能较好的中空玻璃窗，不宜采用单层玻璃。外窗、外门宜设活动保温装置（如保温窗帘等）或其他保温措施。

6.1.6 热带与亚热带海洋性建筑气候区建筑节能设计原则

热带与亚热带海洋性建筑气候区主要指我国南沙、西沙及东南沿海岛屿等地区。该地区气候特点是长夏无冬，高温高湿，气温年较差和日较差均小。年较差在 3～10℃，1 月平均气温高于 10℃，7 月平均气温 25～29℃，年平均相对湿度 80％左右，春秋极短，雨量充沛，多热带风暴和台风袭击，太阳高度角大，日照较少，太阳辐射强，风速大。热带与亚热带海洋性建筑气候区在全国建筑热工分区中同属于夏热冬暖地区，但热带与亚热带海洋性建筑气候区同夏热冬暖地区的气候条件又有着显著区别。热带与亚热带海洋性气候受海洋影响大，海洋性特征显著。该气候区建筑节能设计的基本原则是充分满足防热、通风、防雨、防潮要求，冬季不考虑防寒、保温。重点从以下方面进行考虑。

（1）规划布局

在规划布局中应选择合理的建筑朝向，减少东、西向阳光对建筑的照射，引夏季的主导风向入室。在群体布局中注重改善室外热环境，控制热岛效应，减少太阳辐射，争取自然通风。合理确定房屋的间距和布局形式。

（2）建筑设计

建筑设计以满足夏季自然通风、隔热、降温、遮阳为目标，从建筑环境总体规划、个体设计到构造处理，各个阶段采取多种防热措施以改善室内外热环境。具体措施包括：

1）采用底层架空、中空、连廊、骑楼等形式；

2）窗口遮阳；

3）屋顶、墙体隔热；

4）周围环境绿化和房间自然通风等综合技术措施。

（3）自然通风设计

热带与亚热带海洋性气候，最热月平均气温 25～29℃，太阳辐射强，故白天建筑不宜通风；夜间因风速大有利于自然通风，建筑设计中应考虑门窗洞口的开启位置，注意有利于组织穿堂风，但应降低室内风速，避免组织穿堂风和进行大范围通风，避免"口袋屋"的平面布局。

（4）建筑防潮设计

受南方靠海，受空气湿度接近饱和的影响，该地区回南天现象比较严重，墙壁、地面出现冷凝水，防潮设计采取以下措施：

1）加强墙体、地面整体保温性能；

2）选用蓄热系数小的微孔吸湿材料作为地板面层，如微孔地面砖、大阶砖；三合土、木地面；

3）采用空气层控制地面泛潮；

4）若建筑底层处于高地下水位地区，须设置防潮层；

5）加强通风，降低室内湿度；

6）房间争取日照，加速水分蒸发，提高地面温度。

6.2　太阳能建筑设计

6.2.1　基本规定

被动太阳能建筑设计应遵循因地制宜的原则，结合所在地区的气候特征、资源条件、技术水平、经济条件和建筑的使用功能等要素，选择适宜的方式。

（1）被动式太阳房技术主要是通过建筑朝向和周围环境的布置，内部空间和外部形体处理，以及建筑材料和结构、构造选择，使在冬季能采集、保持、贮存和分配太阳能为建筑供暖；在夏季又能遮挡太阳辐射、散逸室内热量，从而使建筑物降温，达到冬暖夏凉的目的。

（2）被动式太阳能供暖方式应根据房间的使用性质选择适宜的集热方式。对主要在白天使用的房间，宜选用直接受益窗或附加阳光间式。对于以夜间使用为主的房间，宜选用具有较大蓄热能力的集热蓄热墙式。应避免对南窗的遮挡，合理确定窗格的划分、窗扇的开启方式与开启方向，减少窗框与窗扇的遮挡。

（3）被动太阳能供暖为主的建筑，南向窗墙比及外窗的传热系数应符合表 6.2-1 的规定。当南向窗墙比不符合表 6.2-1 的规定时，应进行计算，保证在冬季通过窗户的太阳得热量大于通过窗户向外散发的热量。

被动太阳能供暖南向开窗面积大小及外窗的传热系数限值　　　　表 6.2-1

集热方式	冬季日照率	建筑热工参数	规定限值
直接受益式	日照率≥70%	窗墙比	≥0.5
		传热系数限值[W/(m²·K)]	≤2.5
	70%>日照率≥55%	窗墙比	≥0.55
		传热系数限值[W/(m²·K)]	≤2.5
集热蓄热墙	日照率≥70%	传热系数限值[W/(m²·K)]	≤6.0
	70%>日照率≥55%		≤6.0
附加阳光间式	日照率≥70%	窗墙比	≥0.6
		传热系数限值[W/(m²·K)]	≤4.7
	70%>日照率≥55%	窗墙比	≥0.7
		传热系数限值[W/(m²·K)]	≤4.7

（4）被动太阳能供暖的房间室内应对蓄热体进行设计，以减少室温波动。蓄热体应满

足以下规定。

1）采用成本低、比热容大，且性能稳定、无毒、无害，吸热放热容易的蓄热材料。

2）墙体、地面应采用比热容大的材料，如砖、石、密实混凝土。有条件时宜设置专用的水墙或相变材料蓄热。

3）蓄热体应直接接收阳光照射，蓄热地面、墙面不宜铺设地毯、挂毯等织物。

4）蓄热体表面积宜为 3～5 倍的集热窗面积。

5）太阳能热水系统和太阳能光伏发电系统的设计应纳入建筑工程设计，统一规划、同步设计、同步施工并与建筑工程同时投入使用。

6.2.2 被动式太阳房类型及设计要点

被动式太阳房按照集热方式分为直接受益式、集热蓄热墙式、附加阳光间式和蓄热屋顶式。设计中选用的太阳能集热方式应根据不同地区的气候、技术经济条件及管理维护水平来确定。

（1）直接受益式太阳房

直接受益式太阳房就是让冬天阳光通过较大面积的南向窗户，直接照射至室内的地面墙壁和家具上，使其吸收大部分热量，温度升高；所吸收的太阳能，一部分以辐射、对流方式在室内空间传递，一部分导入蓄热体内，然后逐渐释放出热量，使房间在晚上和阴天也能保持一定温度（图 6.2-1）。

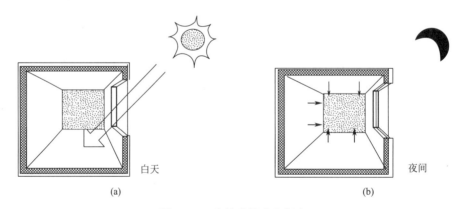

图 6.2-1 直接受益式太阳房

直接受益式被动式太阳房设计要点如下。

1）建筑外形应规则，以正方形和接近正方形的矩形为宜。

2）室内净高不宜大于 2.9m。南向房间的进深不宜超过净高的 1.5 倍，且集热面积与房间面积之比大于或等于 30%。

3）建筑的围护结构有良好的保温性能，应至少达到当地节能设计标准要求。

4）集热窗应有保温窗帘或采取有效的保温隔热措施，常用的活动保温装置有移动硬质保温板、保温卷帘装置、有框架的铰接折叠保温板、活动保温百叶等，活动保温装置与窗周边需采取密闭措施，防止空气间层对流散热，造成热损耗。

5）根据建筑的热工要求，确定合理的窗口面积，采用中空玻璃窗；南向集热窗的窗墙面积比不小于 50%；有条件时宜采用屋面天窗集热。

直接受益式窗基本形式 表 6.2-2

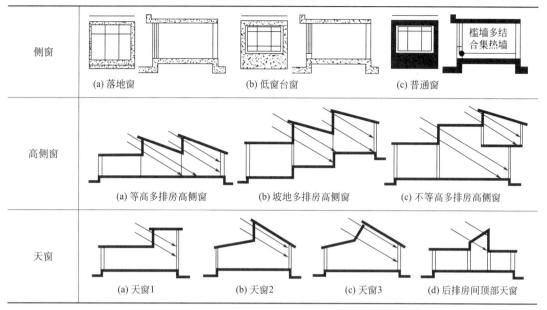

侧窗	(a) 落地窗	(b) 低窗台窗	(c) 普通窗
高侧窗	(a) 等高多排房高侧窗	(b) 坡地多排房高侧窗	(c) 不等高多排房高侧窗
天窗	(a) 天窗1	(b) 天窗2	(c) 天窗3	(d) 后排房间顶部天窗

6）窗口应设置防止眩光的装置；屋面天窗应考虑防风、雨、雪，防止夏季室内过热的遮阳措施。

（2）附加阳光间式太阳房

附加阳光间式太阳房是直接获得太阳辐射能量的空间，白天太阳辐射加热附加阳光间，加热的空气通过热压对流传热到相邻房间，夜间通风口关闭，通过蓄热隔墙传热到相邻房间（图 6.2-2）。同时附加阳光间式太阳房可以作为一个冬季全天气温较高的生活空间来使用。

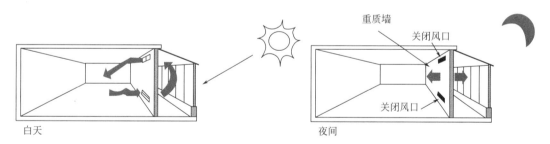

图 6.2-2 附加阳光间式太阳房

附加阳光间式被动式太阳房设计要点如下。

1）附加阳光间应设置在南向或南偏东至南偏西夹角不大于30°范围内的外墙外侧，如能够得到南向日照，也可设置于东墙或西墙上；

2）阳光间进深不宜大于 1.5m；

3）组织好阳光间内热空气与室内的循环，阳光间与供暖房间之间的公共墙上的开孔率宜大于20%，并设置启闭开关；

4）集热面积应进行建筑热工设计计算，合理确定透光玻璃的层数，并进行有效的夜间保温措施；

5）阳光间内应用混凝土、砖石等厚重密实材料做地面和隔墙；

6）阳光间内隔墙上部和下部应设置可开启、关闭的通风口，中部应设采光窗；设置通风口时，上风口设在顶部，下风口接近地面、风门或开扇顺气流方向设置（图 6.2-3）；

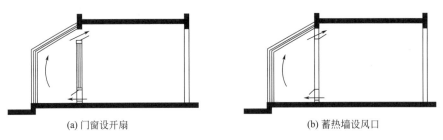

(a) 门窗设开扇　　　　　　　　　　(b) 蓄热墙设风口

图 6.2-3　通风口位置示意图

7）阳光间的地面和墙面应采用深色表面；

8）阳光间的窗玻璃应采用有两层空气间层的中空玻璃，窗外有保温、活动遮阳设施；

9）应考虑夏季阳光间的遮阳和通风设计，防止夏季过热；

10）建筑的其他围护结构应有良好的保温性能，应至少达到当地节能设计标准要求；

11）为进一步组织好阳光间内热空气与供暖房间的循环，可采用辅助动力手段加强空气换流，如图 6.2-4 所示。

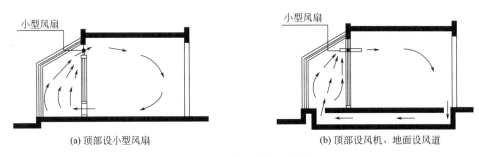

(a) 顶部设小型风扇　　　　　　(b) 顶部设风机、地面设风道

图 6.2-4　辅助动力示意图

（3）集热蓄热墙式太阳房

在透明玻璃窗后砌一道重型结构墙作为集热装置的太阳房，称为集热蓄热墙式太阳房，也称为特朗勃式太阳房。按照有无通风孔又可分为有通风口集热墙式与无通风口集热墙式。对于有通风口集热墙，白天阳光加热墙体，主要通过上下开口的对流向室内传热；夜间，通风口关闭，通过墙体的传热向室内供热。无通风口集热墙主要通过墙体传热向室内供热（图 6.2-5）。

集热蓄热墙式被动式太阳房设计要点：

1）集热墙向阳面应有较大的太阳辐射吸收系数，如涂黑色、深蓝色、墨绿色和深棕色等，集热墙类型见图 6.2-6，蓄热体与建筑位置关系见图 6.2-7；

2）集热墙向阳面外侧应安装玻璃或透明塑料板，并应保留 150mm 以上的空间，玻璃宜采用中空玻璃，透明塑料板宜采用保温的双层结构；

3）集热蓄热墙的材料应选择吸收率高、耐久性强的吸热材料，应有较大的热容量和导热系数，诸如 200～400mm 厚的混凝土墙、石墙、土坯墙等墙体；

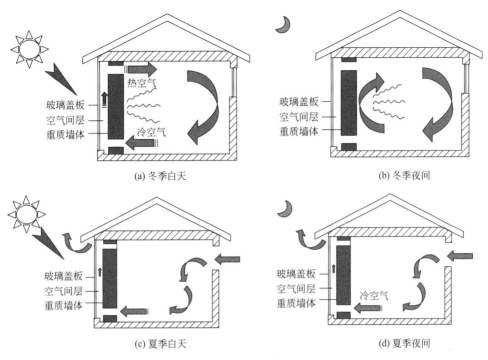

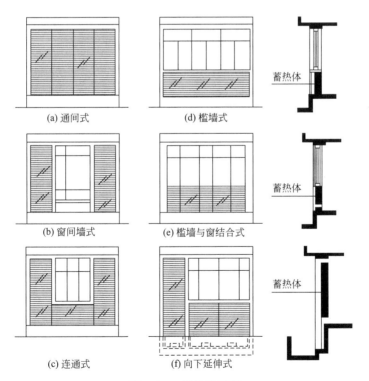

图 6.2-5　集热墙式太阳房工况示意图

图 6.2-6　集热墙类型

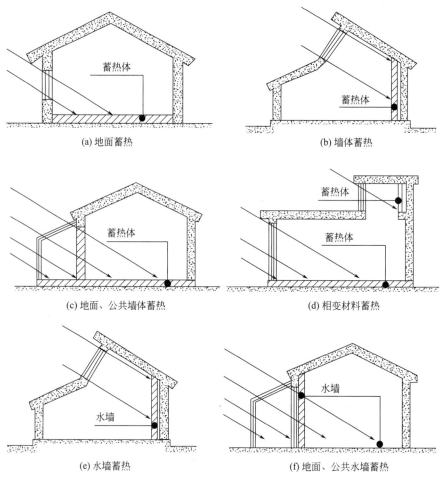

图 6.2-7　蓄热体与建筑位置关系示意图

4）集热蓄热墙应设置通风口。风口的位置应保证气流通畅，并设置手动开关，并便于日常维修与管理；在总辐射强度大于 $300W/m^2$ 时，有通风孔的实体墙式效率最高，其效率比无通风口的实体墙式高出一倍以上，集热效率大小随通风口面积与空气间层截面面积的比值增大略有增加，适宜比值为 0.80 左右；

5）建筑的其他围护结构应有良好的保温性能，应至少达到当地节能设计标准要求。

（4）蓄热屋顶式被动式太阳房

蓄热屋顶式被动太阳房是将装满水的透明密封塑料袋作为贮热体置于屋顶上，其上设置可开启的保温盖板。冬季白天晴天时，将保温盖板敞开，水袋吸收太阳辐射热，水袋所储热量通过辐射和对流传至室内；夜间则关闭保温盖板，阻止向外的热损失。夏季保温盖板启闭情况与冬季相反，白天关闭保温盖板，隔绝阳光和室外热空气，较凉的水袋吸收下面房间的人，使室温下降；夜间打开保温盖板，让水袋冷却。保温盖板还可根据房间温度、水袋内水温和太阳辐射照度，进行自动调节启闭。

蓄热屋顶式被动式太阳房设计要点：

1）屋顶保温盖板宜采用轻质、防水、耐候的保温构件；

2）保温盖板应能根据房间温度、水袋内水温和室外太阳辐射照度进行灵活调节和启闭；

3）保温板下方设置储热体的空间高度宜为 200～300mm；

4）建筑的其他围护结构应有良好的保温性能，应至少达到当地节能设计标准要求；

5）兼有冬季供暖和夏季降温的功能，适合于冬季不寒冷而夏季较热的地区。

参考文献

[1] 中国建筑业协会建筑节能专业委员会. 建筑节能技术[M]. 北京：中国计划出版社，1996.

[2] 齐康，杨维菊. 绿色建筑设计与技术[M]. 南京：东南大学出版社，2011.

[3] 中国建筑学会. 建筑设计资料集（第三版）第 1 分册　建筑总论[M]. 北京：中国建筑工业出版社，2017.

[4] 中国建筑学会. 建筑设计资料集（第三版）第 8 分册　建筑专题[M]. 北京：中国建筑工业出版社，2017.

[5] 中国建筑标准设计研究院. 全国民用建筑工程设计技术措施节能专篇（建筑）[M]. 北京：中国计划出版社，2007.

[6] 中国建筑标准设计研究院. 公共建筑节能构造（严寒和寒冷地区）06J908—1[S]. 北京：中国计划出版社，2006.

[7] 中国建筑标准设计研究院. 公共建筑节能构造（夏热冬冷和夏热冬暖地区）17J908—2[S]. 北京：中国计划出版社，2017.

[8] 中华人民共和国行业标准. 被动式太阳能建筑技术规范 JGJ/T 267—2012[S]. 北京：中国建筑工业出版社，2012.

[9] 冯雅. 遵循生态环境的建筑设计[J]. 建筑学报，1996（4）.

[10] 四川省工程建设地方标准. 四川省居住建筑节能设计标准 DB51/5027—2019[S]. 成都：西南交通大学出版社，2019.

[11] 四川省工程建设地方标准. 四川省公共建筑节能设计标准 DBJ51/143—2020[S]. 成都：西南交通大学出版社，2020.

第7章 建筑保温设计

建筑保温是建筑热工设计的重要内容，建筑保温设计是节约能耗、改善室内热环境的有效措施。随着建筑节能工作的不断发展，围护结构保温设计中新材料、新产品、新构造体系日渐丰富，本手册结合我国现有技术标准、规程及工程应用情况，遵循"技术先进、经济合理、适用可行"的指导原则，对保温设计的基本规定、常用围护结构保温体系的构造做法、设计要点进行汇总整理，并针对建筑节能设计中出现的难点、技术问题进行论述，对今后的建筑保温节能设计提供设计依据。

7.1 基本规定

现行国家标准《民用建筑热工设计规范》GB 50176 中将围护结构内表面温度与室内计算温度的温差作为设计指标。设计目标确定为围护结构不结露和基本热舒适两档，设计时根据建筑的具体情况选用。

7.1.1 墙体

1）墙体的内表面温度 $\theta_{i \cdot w}$ 与室内计算温度 t_i 的温差 Δt_w 应符合表 7.1-1 的要求。

墙体内表面温度与室内计算温度温差的限值   表 7.1-1

房间设计要求	防结露	基本热舒适
允许温差 $\Delta t_w(K)$	$\leqslant t_i - t_d$	$\leqslant 3$

注：$\Delta t_w = t_i - \theta_{i \cdot w}$。

2）未考虑密度和温差修正的墙体内表面温度可按式（7.1-1）计算。

$$\theta_{i \cdot w} = t_i - \frac{R_i}{R_{0 \cdot w}}(t_i - t_e) \tag{7.1-1}$$

式中 $\theta_{i \cdot w}$——墙体内表面温度（℃）；

      t_i——室内计算温度（℃），应按 4.1 节的规定取值；

      t_e——室外计算温度（℃），应按 4.1 节的规定取值；

      R_i——内表面换热阻（m² · K/W），应按 4.2 节的规定取值；

      $R_{0 \cdot w}$——墙体传热阻（m² · K/W）。

3）不同地区符合表 7.1-1 要求的墙体热阻最小值 $R_{\min \cdot w}$ 应按下式计算或按表 7.1-2 选用。

$$R_{\min \cdot w} = \frac{(t_i - t_e)}{\Delta t_w}R_i - (R_i + R_e) \tag{7.1-2}$$

式中 $R_{\min \cdot w}$——满足 Δt_w 要求的墙体热阻最小值（m² · K/W）；

R_e——外表面换热阻（$m^2 \cdot K/W$），应按 4.2 节的规定取值。

外墙、屋面热阻最小值表（$m^2 \cdot K/W$）　　　　　　　表 7.1-2

室内外温差 $t_i - t_e$（℃）	允许温差 Δt_w（℃）			
	1.9	3.0	4.0	7.9
6	0.20	0.07	0.02	—
7	0.26	0.11	0.04	—
8	0.31	0.14	0.07	—
9	0.37	0.18	0.10	—
10	0.43	0.22	0.13	—
11	0.49	0.25	0.15	—
12	0.54	0.29	0.18	0.02
13	0.60	0.33	0.21	0.03
14	0.66	0.36	0.24	0.04
15	0.72	0.40	0.26	0.06
16	0.78	0.44	0.29	0.07
17	0.83	0.47	0.32	0.09
18	0.89	0.51	0.35	0.10
19	0.95	0.55	0.37	0.11
20	1.01	0.58	0.40	0.13
21	1.07	0.62	0.43	0.14
22	1.12	0.66	0.46	0.16
23	1.18	0.69	0.48	0.17
24	1.24	0.73	0.51	0.18
25	1.30	0.77	0.54	0.20
26	1.36	0.80	0.57	0.21
27	1.41	0.84	0.59	0.23
28	1.47	0.88	0.62	0.24
29	1.53	0.91	0.65	0.25
30	1.59	0.95	0.68	0.27
31	1.64	0.99	0.70	0.28
32	1.70	1.02	0.73	0.30
33	1.76	1.06	0.76	0.31
34	1.82	1.10	0.79	0.32
35	1.88	1.13	0.81	0.34
36	1.93	1.17	0.84	0.35
37	1.99	1.21	0.87	0.37

室内外温差 $t_i - t_e$（℃）	允许温差 Δt_w（℃）			
	1.9	3.0	4.0	7.9
38	2.05	1.24	0.90	0.38
39	2.11	1.28	0.92	0.39
40	2.17	1.32	0.95	0.41
41	2.22	1.35	0.98	0.42
42	2.28	1.39	1.01	0.43
43	2.34	1.43	1.03	0.45
44	2.40	1.46	1.06	0.46
45	2.46	1.50	1.09	0.48
46	2.51	1.54	1.12	0.49
47	2.57	1.57	1.14	0.50
48	2.63	1.61	1.17	0.52
49	2.69	1.65	1.20	0.53
50	2.74	1.68	1.23	0.55
51	2.80	1.72	1.25	0.56
52	2.86	1.76	1.28	0.57
53	2.92	1.79	1.31	0.59
54	2.98	1.83	1.34	0.60
55	3.03	1.87	1.36	0.62
56	3.09	1.90	1.39	0.63
57	3.15	1.94	1.42	0.64
58	3.21	1.98	1.45	0.66
59	3.27	2.01	1.47	0.67
60	3.32	2.05	1.50	0.69

4）不同材料和建筑不同部位的墙体热阻最小值应按式（7.1-3）进行修正计算。

$$R_w = \varepsilon_1 \varepsilon_2 R_{min \cdot w} \qquad (7.1-3)$$

式中　R_w——修正后的墙体热阻最小值（$m^2 \cdot K/W$）；

　　　ε_1——热阻最小值的密度修正系数，按表 7.1-3 选用；

　　　ε_2——热阻最小值的温差修正系数，按表 7.1-4 选用。

热阻最小值的密度修正系数 ε_1　　　　　　　　表 7.1-3

密度（kg/m³）	$\rho \geqslant 1200$	$1200 > \rho \geqslant 800$	$800 > \rho \geqslant 500$	$\rho < 500$
修正系数 ε_1	1.0	1.2	1.3	1.4

注：ρ 为围护结构的平均密度。

热阻最小值的温差修正系数 ε_2 表 7.1-4

部位	修正系数 ε_2
与室外空气直接接触的围护结构	1.0
与有外窗的不供暖房间相邻的围护结构	0.8
与无外窗的不供暖房间相邻的围护结构	0.5

5）提高墙体热阻值可采取的措施。

① 采用轻质高效保温材料与砖、混凝土、钢筋混凝土、砌块等主墙体材料组成复合保温墙体构造。

② 采用低导热系数的新型墙体材料。

③ 采用带有封闭空气间层的复合墙体构造设计。

6）外墙宜采用热惰性大的材料和构造，提高墙体热稳定性可采取下列措施：

① 采用内侧为重质材料的复合节能墙体，如外保温和夹芯保温墙体；

② 采用蓄热性能好的墙体材料或相变材料复合在墙体内侧。

7.1.2 屋面

1）屋面的内表面温度与室内计算温度的温差 Δt_r 应符合表 7.1-5 的要求。

屋面内表面温度与室内计算温度温差的限值 表 7.1-5

房间设计要求	防结露	基本热舒适
允许温差 $\Delta t_r (K)$	$\leqslant t_i - t_d$	$\leqslant 4$

注：$\Delta t_r = t_i - \theta_{i,r}$。

2）未考虑密度和温差修正的屋面内表面温度可按式（7.1-4）计算。

$$\theta_{i \cdot r} = t_i - \frac{R_i}{R_{0 \cdot r}}(t_i - t_e) \tag{7.1-4}$$

式中　$\theta_{i \cdot r}$——屋面内表面温度（℃）；

　　　$R_{0 \cdot r}$——屋面传热阻（$m^2 \cdot K/W$）。

3）不同地区，符合表 7.1-5 要求的屋面热阻最小值 $R_{min \cdot r}$ 应按式（7.1-5）计算或按表 7.1-2 选用。

$$R_{min \cdot r} = \frac{(t_i - t_e)}{\Delta t_r} R_i - (R_i + R_e) \tag{7.1-5}$$

式中　$R_{min \cdot r}$——满足 Δt_r 要求的屋面热阻最小值（$m^2 \cdot K/W$）。

4）不同材料和建筑不同部位的屋面热阻最小值应按式（7.1-6）进行修正计算。

$$R_r = \varepsilon_1 \varepsilon_2 R_{min \cdot r} \tag{7.1-6}$$

式中　R_r——修正后的屋面热阻最小值（$m^2 \cdot K/W$）；

　　　ε_1——热阻最小值的密度修正系数，按表 7.1-3 选用；

　　　ε_2——热阻最小值的温差修正系数，按表 7.1-4 选用。

5）屋面保温设计应符合下列规定：

① 屋面保温材料应选择密度小、导热系数小的材料；

② 屋面保温材料应严格控制吸水率。

7.1.3 楼地面

1）楼面内表面温度与室内计算温度温差的限值要求、内表面温度计算及楼面热阻最小值 $R_{\min \cdot r}$ 的计算与屋面相近，区别在于屋面中 t_e 指室外温度，而楼地面中 t_e 指低温侧房间的室内温度。

2）建筑中与土壤接触的地面内表面温度与室内计算温度的温差 Δt_g 应符合表 7.1-6 的要求。

地面内表面温度与室内计算温度温差的限值   表 7.1-6

房间设计要求	防结露	基本热舒适
允许温差 Δt_g(K)	$\leqslant t_i - t_d$	$\leqslant 2$

注：$\Delta t_g = t_i - \theta_{i \cdot g}$。

3）地面内表面温度应按下式计算。

$$\theta_{i \cdot g} = \frac{t_i \cdot R_g + \theta_e \cdot R_i}{R_g + R_i} \tag{7.1-7}$$

式中 $\theta_{i \cdot g}$——地面内表面温度（℃）；

       R_g——地面热阻（m^2·K/W）；

       θ_e——地面层与土体接触面的温度（℃），应按本手册附录 A 表 A.1 中的最冷月平均温度取值。

4）不同地区，符合表 7.1-6 要求的地面层热阻最小值 $R_{\min \cdot g}$ 可按下式计算或按表 7.1-7 选用。

$$R_{\min \cdot g} = \frac{(\theta_{i \cdot g} - \theta_e)}{\Delta t_g} R_i \tag{7.1-8}$$

式中 $R_{\min \cdot g}$——满足 Δt_g 要求的地面热阻最小值（m^2·K/W）；

5）地面层热阻的计算只计入结构层、保温层和面层。

6）地面保温材料应选用吸水率小、抗压强度高、不宜变形的材料。

地面、地下室热阻最小值表（m^2·K/W）   表 7.1-7

最冷月温度(℃)	室内计算温度 12℃			室内计算温度 18℃		
	允许温差 Δt_w(℃)			允许温差 Δt_w(℃)		
	1.7	2.0	4.0	2.0	4.0	7.9
10	—	—	—	0.29	0.07	—
9	0.02	0.02	—	0.35	0.10	—
8	0.08	0.07	—	0.40	0.13	—
7	0.14	0.13	—	0.46	0.15	—
6	0.20	0.18	0.02	0.51	0.18	0.02

续表

最冷月温度(℃)	室内计算温度 12℃			室内计算温度 18℃		
	允许温差 Δt_w(℃)			允许温差 Δt_w(℃)		
	1.7	2.0	4.0	2.0	4.0	7.9
5	0.26	0.24	0.04	0.57	0.21	0.03
4	0.31	0.29	0.07	0.62	0.24	0.04
3	0.37	0.35	0.10	0.68	0.26	0.06
2	0.43	0.40	0.13	0.73	0.29	0.07
1	0.49	0.46	0.15	0.79	0.32	0.09
0	0.54	0.51	0.18	0.84	0.35	0.10
−1	0.60	0.57	0.21	0.90	0.37	0.11
−2	0.66	0.62	0.24	0.95	0.40	0.13
−3	0.72	0.68	0.26	1.01	0.43	0.14
−4	0.78	0.73	0.29	1.06	0.46	0.16
−5	0.83	0.79	0.32	1.12	0.48	0.17
−6	0.89	0.84	0.35	1.17	0.51	0.18
−7	0.95	0.90	0.37	1.23	0.54	0.20
−8	1.01	0.95	0.40	1.28	0.57	0.21
−9	1.07	1.01	0.43	1.34	0.59	0.23
−10	1.12	1.06	0.46	1.39	0.62	0.24
−11	1.18	1.12	0.48	1.45	0.65	0.25
−12	1.24	1.17	0.51	1.50	0.68	0.27
−13	1.30	1.23	0.54	1.56	0.70	0.28
−14	1.36	1.28	0.57	1.61	0.73	0.30
−15	1.41	1.34	0.59	1.67	0.76	0.31
−16	1.47	1.39	0.62	1.72	0.79	0.32
−17	1.53	1.45	0.65	1.78	0.81	0.34
−18	1.59	1.50	0.68	1.83	0.84	0.35
−19	1.64	1.56	0.70	1.89	0.87	0.37
−20	1.70	1.61	0.73	1.94	0.90	0.38
−21	1.76	1.67	0.76	2.00	0.92	0.39
−22	1.82	1.72	0.79	2.05	0.95	0.41
−23	1.88	1.78	0.81	2.11	0.98	0.42

续表

最冷月温度(℃)	室内计算温度12℃			室内计算温度18℃		
	允许温差Δt_w(℃)			允许温差Δt_w(℃)		
	1.7	2.0	4.0	2.0	4.0	7.9
−24	1.93	1.83	0.84	2.16	1.01	0.43
−25	1.99	1.89	0.87	2.22	1.03	0.45
−26	2.05	1.94	0.90	2.27	1.06	0.46
−27	2.11	2.00	0.92	2.33	1.09	0.48
−28	2.17	2.05	0.95	2.38	1.12	0.49
−29	2.22	2.11	0.98	2.44	1.14	0.50
−30	2.28	2.16	1.01	2.49	1.17	0.52

7.1.4　地下室外墙

1）距地面小于 0.5m 的地下室外墙保温设计要求同外墙；距地面超过 0.5m、与土体接触的地下室外墙内表面温度与室内空气温度的温差 Δt_b 应符合表 7.1-8 的规定。

地下室外墙内表面温度与室内空气温度温差的限值　　　　表 7.1-8

房间设计要求	防结露	基本热舒适
允许温差 $\Delta t_b(K)$	$\leqslant t_i - t_d$	$\leqslant 4$

注：$\Delta t_b = t_i - \theta_{i \cdot b}$。

2）地下室外墙内表面温度应按式（7.1-9）计算。

$$\theta_{i \cdot b} = \frac{t_i \cdot R_b + \theta_e \cdot R_i}{R_b + R_i} \tag{7.1-9}$$

式中　$\theta_{i \cdot b}$——地下室外墙内表面温度（℃）；

R_b——地下室外墙热阻（m²·K/W）；

θ_e——地下室外墙与土体接触面的温度（K），应按本手册附录 A 表 A.1 中的最冷月平均温度取值。

3）不同地区，符合表 7.1-8 要求的地下室外墙热阻最小值 $R_{min \cdot b}$ 可按式（7.1-10）计算或按表 7.1-7 选用。

$$R_{min \cdot b} = \frac{(\theta_{i \cdot b} - \theta_e)}{\Delta t_b} R_i \tag{7.1-10}$$

式中　$R_{min \cdot b}$——满足 Δt_b 要求的地下室外墙热阻最小值（m²·K/W）；

4）地下室外墙热阻的计算只计入结构层、保温层和面层。

7.1.5　门窗、幕墙、采光顶

1）各个气候区建筑室内对热环境有要求的房间，其外门窗、玻璃幕墙、采光顶的传热系数宜符合表 7.1-9 的规定。并应按表 7.1-9 的要求进行冬季的抗结露验算。严寒地区、寒冷 A 区、温和地区门窗、透光幕墙、采光顶的冬季综合遮阳系数不宜小于 0.37。

建筑外门窗、透光幕墙、采光顶传热系数的限值和抗结露验算要求　　表 7.1-9

序号	气候区	传热系数 $K[\mathrm{W}/(\mathrm{m}^2 \cdot \mathrm{K})]$	抗结露验算要求
1	严寒 A 区	≤2.0	验算
2	严寒 B 区	≤2.2	验算
3	严寒 C 区	≤2.5	验算
4	寒冷 A 区	≤3.0	验算
5	寒冷 B 区	≤3.0	验算
6	夏热冬冷 A 区	≤3.5	验算
7	夏热冬冷 B 区	≤4.0	不验算
8	夏热冬暖地区	—	不验算
9	温和 A 区	≤3.5	验算
10	温和 B 区	—	不验算

　　2）严寒地区、寒冷地区建筑应采用木窗、塑料窗、铝木复合门窗、铝塑复合门窗、钢塑复合门窗和断热桥铝合金门窗等保温性能好的门窗。严寒地区建筑采用断热桥金属门窗时宜采用双层窗。夏热冬冷地区、温和 A 区建筑宜采用保温性能好的门窗。

　　3）严寒地区、寒冷地区、夏热冬冷地区、温和 A 区的玻璃幕墙应采用有断热桥构造的玻璃幕墙系统，非透光的玻璃幕墙部分、金属幕墙、石材幕墙和其他人造板材幕墙等幕墙面板背后应采用高效保温材料保温。幕墙与围护结构平壁间（除结构连接部位外）不应形成热桥，并宜对跨越室内外的金属构件或连接部位采取断热桥措施。

　　4）有保温要求的门窗、玻璃幕墙、采光顶采用的玻璃系统应为中空玻璃、Low-E 中空玻璃、充惰性气体 Low-E 中空玻璃等保温性能良好的玻璃，保温要求高时还可采用三玻两腔、真空玻璃等。传热系数较低的中空玻璃宜采用"暖边"中空玻璃间隔条。

　　5）严寒地区、寒冷地区、夏热冬冷地区、温和 A 区的门窗、透光幕墙、采光顶周边与墙体、屋面板或其他围护结构连接处应采取保温、密封构造；当采用非防潮型保温材料填塞时，缝隙应采用密封材料或密封胶密封。其他地区应采取密封构造。

　　6）严寒、寒冷地区可采用空气内循环的双层幕墙，夏热冬冷和夏热冬暖地区不宜采用双层幕墙。

7.1.6　建筑保温的防火设计要求

　　根据《建筑设计防火规范》GB 50016—2014（2018 版）的规定，建筑外墙、屋面保温材料的使用要求为：

　　1）建筑的内、外保温系统，宜采用燃烧性能为 A 级的保温材料，不宜采用 B2 级的保温材料，严禁采用 B3 级保温材料；

　　2）建筑外墙采用保温材料和两侧墙体构成无空腔复合保温结构体，当保温材料的燃烧性能为 B1、B2 级时，保温材料两侧的墙体应采用不燃材料且厚度均不应小于 50mm；

　　3）建筑外墙内保温、外墙外保温以及屋面保温的防火设计应满足表 7.1-10～表 7.1-12 的要求。

外墙内保温防火要求 表 7.1-10

类型	A 级保温材料	不低于 B1 级保温材料
外墙内保温	人员密集场所,用火、燃油、燃气等具有火灾危险性的场所	其他场所,应采用低烟、低毒且燃烧性能不低于 B1 级
	各类建筑的疏散楼梯间、避难走道、避难间、避难层等场所或部位	保温系统应采用不燃材料做防护层。当采用 B1 级的保温材料时,防护层厚度不应小于 10mm

外墙外保温防火要求 表 7.1-11

类型		A 级保温材料	不低于 B1 级保温材料	不低于 B2 级保温材料	备注
外墙外保温	保温系统与基层墙体、装饰层之间无空腔	设置人员密集场所的建筑	27m<住宅建筑高度≤100m	住宅建筑高度≤27m	1. 其他建筑指除住宅建筑和人员密集场所建筑外的建筑; 2. 当建筑采用燃烧性能为 B1、B2 级的保温材料时,除采用 B1 级保温材料且建筑高度不大于 24m 的公共建筑或采用 B1 级保温材料且建筑高度不大于 27m 的住宅建筑外,建筑外墙上门、窗的耐火完整性不应低于 0.50h;且应在保温系统中每层设置水平防火隔离带
		住宅建筑高度>100m	24m<其他建筑高度≤50m	其他建筑高度≤24m	
		其他建筑高度>50m	—	—	
	保温系统与基层墙体、装饰层之间有空腔	设置人员密集场所的建筑	其他建筑高度≤24m	—	1. 其他建筑指除人员密集场所建筑外的建筑; 2. 每层楼板处采用防火封堵材料封堵
		建筑高度>24m	—	—	

注:"—"表示此项空缺。

屋面外保温防火要求 表 7.1-12

类型	不低于 B2 级保温材料	不低于 B1 级保温材料
屋面外保温	当屋面板的耐火极限不低于 1.00h	当屋面板的耐火极限低于 1.00h
	采用 B1、B2 级保温材料的外保温系统应采用不燃材料做防护层,防护层厚度不应小于 10mm	

建筑防火隔离带的设置,应满足:

1)设置在可燃类保温材料外墙外保温系统中,按水平方向,采用不燃烧保温缝阻止火灾沿外墙而上或在外墙外保温系统中蔓延的建筑外墙外保温防火构造工程;

2)应采用燃烧性能为 A 级的材料;

3)当外墙保温为 B1、B2 级材料时,应每层设置水平防火隔离带,隔离带高度不小于 300mm;

4)当屋面、外墙保温均为 B1、B2 级材料时,屋面和外墙之间应设置水平防火隔离带,隔离带宽度不小于 500mm;

5）防火隔离带应与基层墙体可靠连接，能够适应外保温系统的正常变形而不产生渗透、裂缝和空鼓，能承受自重、风荷载和室外气候的反复作用而不产生破坏。

常见建筑保温材料种类及燃烧性能分级见表7.1-13。

常见建筑保温材料种类及不同标准对材料燃烧性能分级的对应关系　　　表7.1-13

序号	《建筑材料及制品燃烧性能分级》GB 8624—2012	欧盟标准	常见建筑保温材料	备注
1	A级	A1级、A2级	发泡陶瓷、发泡混凝土、玻璃棉、岩棉、泡沫玻璃、无机轻集料保温浆料、水泥发泡保温板、憎水型膨胀珍珠岩板、超薄绝热板（STP）等	
2	B1级	B级、C级	特殊处理后的挤塑聚苯板XPS、模塑石墨聚苯板EPS、特殊处理后的硬泡聚氨酯、酚醛板、胶粉聚苯颗粒等	
3	B2级	D级、E级	聚苯板、挤塑聚苯板、聚氨酯硬泡、聚乙烯等	
4	B3级	F级	以聚苯泡沫为主材的保温材料	淘汰

常见水平防火隔离带材料：憎水型膨胀珍珠岩板、超薄绝热板、发泡水泥板、泡沫玻璃；

常见的防火封堵材料：保温棉（矿棉、岩棉）；

常见不燃材料防护层：抗裂砂浆；

常见不燃材料覆盖层：细石混凝土。

7.2　墙体保温

外墙按其保温层所在的位置分类，目前主要有外墙外保温、外墙内保温、外墙夹芯保温、外墙自保温等几种类型。

7.2.1　外墙外保温节能技术

外墙外保温系统性能要求见表7.2-1。

外墙外保温系统性能要求　　　表7.2-1

项目	性能要求
拉伸粘结强度	经耐候性试验后，不得出现空鼓、剥落或脱落、开裂等破坏，不得产生裂缝或出现渗水。外保温系统拉伸粘结强度应符合如下规定，且破坏部位位于保温层内。 粘贴保温板薄抹灰外保温系统：≥0.10MPa； EPS板现浇混凝土外保温系统：≥0.10MPa； 胶粉聚苯颗粒保温浆料外保温系统：≥0.06MPa； 胶粉聚苯颗粒浆料贴砌EPS板外保温系统：≥0.10MPa； 现场喷涂硬泡聚氨酯外保温系统：≥0.10MPa

项目	性能要求
耐冻融性	30 次冻融循环后，系统无空鼓、剥落，无可见裂缝。拉伸粘结强度符合上述规定
抗冲击性	建筑物首层墙面以及门窗口等易受碰撞部位:10J 级; 建筑物二层及以上墙面:3J 级
吸水量	≤500g/m²
抹面层不透水性	2h 不透水
热阻、保护层水蒸气渗透阻	符合设计要求

注：1. 当需要检验外保温系统抗风荷载性能时，性能指标和试验方法由供需双方协商确定；

2. 本表摘自《外墙外保温工程技术标准》JGJ 144—2019。

（1）非透明幕墙式外墙外保温系统

非透明幕墙式外墙外保温系统基本构造见表 7.2-2。

非透明幕墙式外墙外保温系统基本构造　　　　　　表 7.2-2

基层墙体 1	系统基本构造					构造示意
	找平层 2	保温层 3	连接件 4	龙骨 5	饰面层 6	
混凝土墙体，砌体墙体	水泥砂浆	岩棉或玻璃棉板(毡)	镀锌 T 金属连接件	竖向钢龙骨	石材装饰幕墙	

设计要点

1）本体系是在墙体外部设垂直和水平龙骨，安装饰板，中间有空气层，墙外表放置保温隔热材料，在保温隔热层内或外设防水汽膜，表面挂装饰材料，可用石材、金属、陶磁、塑料板或其他板材。

2）不同形式的幕墙，对保温隔热层的保护形式有所不同。如开放幕墙，则在保温隔热层外应设防水透气膜，在南方地区则设防水反射膜（如铝箔）。

3）对易于吸水吸潮的棉类产品，根据不同气候条件应放置防水透气膜。寒冷和严寒地区设置在内侧，其他地区设置在外侧。

（2）模塑聚苯板薄抹灰外墙外保温系统

模塑聚苯板薄抹灰外墙外保温基本构造见表 7.2-3。

模塑聚苯板薄抹灰外墙外保温基本构造 表 7.2-3

基层墙体 1	系统基本构造						构造示意
	粘结层 2	保温层 3	网格布 4	抹面层 5	饰面层 6	固定件 7	
混凝土墙体，砌体墙体	水泥砂浆	EPS保温板、XPS保温板	耐碱玻纤网格布	薄抹灰层	涂料饰面	锚栓	

设计要点

1）EPS 板宽度不宜大于 1200mm，高度不宜大于 600mm。

2）抹面层的厚度应不小于 3mm 并且不宜大于 6mm。

3）薄抹灰层施工时，玻纤网不得直接铺在保温层表面，不得干搭接，不得外露。

4）建筑物高度在 20m 以上时，在受负风压作用较大的部位宜使用锚栓辅助固定。

5）EPS 板薄抹灰系统的基层表面应清洁，无油污、隔离剂等妨碍粘结的附着物。凸起、空鼓和疏松部位应剔除并找平。找平层应与墙体粘结牢固，不得有脱层、空鼓、裂缝，面层不得有粉化、起皮、爆灰等现象。

6）粘贴 EPS 板时，应将胶粘剂涂在 EPS 板背面，涂胶粘剂面积不得小于 EPS 板面积的 40%。EPS 板应按顺砌方式粘贴，竖缝应逐行错缝。EPS 板应粘贴牢固，不得有松动和空鼓。墙角处 EPS 板应交错互锁。门窗洞口四角处 EPS 板不得拼接，应采用整块 EPS 板切割成形，EPS 板接缝应离开角部至少 200mm。

7）应做好系统在檐口、勒脚处的包边处理。装饰缝、门窗四角和阴阳角等处应做好局部加强网施工。变形缝处应做好防水和保温构造处理。

（3）胶粉 EPS 颗粒保温浆料外墙外保温系统

胶粉 EPS 颗粒保温浆料外墙外保温基本构造见表 7.2-4。

胶粉 EPS 颗粒保温浆料外墙外保温基本构造 表 7.2-4

基层墙体 1	系统基本构造					构造示意
	粘结层 2	保温层 3	抹面层 4	网格布 5	饰面层 6	
混凝土墙体，砌体墙体	界面砂浆	胶粉 EPS 颗粒保温浆料	抗裂砂浆薄抹灰	耐碱玻纤网格布	涂料饰面	

设计要点

1）胶粉 EPS 颗粒保温浆料保温层设计厚度不宜超过 100mm；保温层的厚度大于 60mm 或建筑高度大于 30m 时，应做加强措施。

2）抹面层的厚度应不小于 3mm 并且不宜大于 6mm。

3）胶粉 EPS 颗粒保温浆料干密度不应大于 $250kg/m^3$，并且不应小于 $180kg/m^3$，压缩性能 $\geqslant 250kPa$。

4）胶粉 EPS 颗粒保温浆料宜分遍抹灰，每遍间隔时间应在 24h 以上，每遍厚度不宜超过 20mm。后一遍施工厚度应比前一遍施工厚度应小，最后一遍施工厚度不能大于 10mm。第一遍抹灰应压实，最后一遍应找平，并用大杠搓平。

5）建筑首层的阳角，应在双层玻纤网之间加专用金属防护角，护角高度一般为 2m，其他同 EPS 板薄抹灰外墙外保温系统。

（4）无机轻集料保温浆料外墙外保温系统

无机轻集料保温浆料外墙外保温基本构造见表 7.2-5。

无机轻集料保温浆料外墙外保温基本构造　　　　表 7.2-5

基层墙体 1	系统基本构造					构造示意
	界面层 2	保温层 3	抗裂面层 4	网格布 5	饰面层 6	
混凝土墙体，砌体墙体	界面砂浆	无机轻集料保温砂浆	抗裂砂浆	耐碱玻纤网（有加强要求的增设一道玻纤网）	柔性腻子＋涂料饰面	

设计要点

1）无机轻集料砂浆保温系统宜用于外保温系统，且外墙外保温厚度不宜大于 50mm；当采用单一的外墙外保温或外墙内保温层较厚、影响安全时，可选用外墙内外双层保温体系。

2）抗裂面层中应设置玻纤网，应严格控制抗裂面层厚度，抗裂面层厚度宜为 3～5mm。

3）在外墙外保温饰面系统的抗裂面层中，必要时应设置抗裂分格缝，并应做好分格缝的防水处理。

4）玻纤网单位面积质量 $\geqslant 130g/m^3$。耐碱拉伸断裂强力（经、纬向）$\geqslant 750N/50mm$，耐碱拉伸断裂强力保留率不得小于 50％。

5）无机轻集料砂浆外墙外保温系统应进行密封和防水构造设计，应确保水不应渗入保温层及基层、重要部位应有详图。水平或倾斜的出挑部位及延伸至楼地面以下的部位应做好防水处理。在墙体上安装的设备或管道应固定于基层墙体上，并应做好密封和防水处理。

6）外墙宜采用涂料饰面。

（5）模塑聚苯板现浇混凝土外墙外保温系统

模塑聚苯板现浇混凝土外墙外保温基本构造见表7.2-6。

模塑聚苯板现浇混凝土外墙外保温基本构造　　　表7.2-6

基层墙体 1	系统基本构造					构造示意
	保温层 2	抹面层/固定件 3	抹面层/固定件 4	饰面层 5	固定件 6	
现浇混凝土墙	EPS板	辅助固定件	抹面胶浆复合耐碱网格布	涂料饰面	—	 EPS板现浇混凝土外保温系统
	EPS钢丝网架板	掺外加剂的水泥砂浆抹灰层	斜插腹丝	涂料饰面	锚栓	 EPS钢丝网架板现浇混凝土外保温系统

设计要点

1）EPS板现浇混凝土外墙外保温系统应以现浇混凝土外墙作为基层墙体，EPS板为保温层，EPS板内表面（与现浇混凝土接触的表面）开有凹槽，EPS板内外表面应预喷刷界面砂浆。施工时应将EPS板置于外模板内侧，并安装辅助固定件。EPS板表面应做抹面胶浆抹面层，抹面层中满铺玻纤网。

2）EPS 板钢丝网架现浇混凝土外墙外保温系统应以现浇混凝土外墙作为基层墙体，EPS 钢丝网架板中的 EPS 板外侧开有凹槽，EPS 钢丝网架板内外表面及钢丝网架上均应预喷刷界面砂浆。施工时应将钢丝网架板置于外墙外模板内侧，并在 EPS 板上安装辅助固定件。钢丝网架板表面应涂抹掺外加剂的水泥砂浆抹面层。

3）每平方米 EPS 板现浇混凝土外保温系统宜设置辅助固定件 2～3 个；每平方米 EPS 板钢丝网架现浇混凝土外保温系统中的辅助固定件不应少于 4 个，锚固深度不得小于 50mm。

4）EPS 板现浇混凝土外保温系统水平分隔缝宜按楼层设置。垂直分隔缝宜按墙面面积设置，在板式建筑中不宜大于 $30m^2$，在塔式建筑中宜留在阴角部位；EPS 板钢丝网架现浇混凝土外墙外保温系统在每层层间宜留设水平分隔缝，宽度为 15～20mm。分隔缝处的钢丝网和 EPS 板应断开，抹灰前应嵌入塑料分隔条或泡沫塑料棒，外表应用建筑密封膏嵌缝。垂直分隔缝宜按墙面面积设置，在板式建筑中不宜大于 $30m^2$，在塔式建筑中宜留在阴角部位。

5）每平方米 EPS 板钢丝网架板应斜插腹丝 100 根，钢丝均应采用低碳热多镀锌钢丝。

6）混凝土一次浇筑高度不宜大于 1m。混凝土应振捣密实均匀，墙面及接槎处应光滑、平整。

7）混凝土结构验收后，保温层中的穿墙螺栓孔洞应使用保温材料填塞，EPS 板、EPS 钢丝网架板缺损或表面不平整处宜使用胶粉聚苯颗粒保温浆料修补和找平。

8）玻纤网经向和纬向耐碱拉伸断裂强力均不得小于 750N/50mm，耐碱拉伸断裂强力保留率均不得小于 50％。

（6）硬泡聚氨酯外墙外保温系统

硬泡聚氨酯外墙外保温基本构造见表 7.2-7。

硬泡聚氨酯外墙外保温基本构造　　　　　　　　　　表 7.2-7

基层墙体 1	系统基本构造					构造示意
	找平层 2	保温层 3	找平层 4	抹面层 5	饰面层 6	
混凝土墙体或砌体墙体	水泥砂浆找平	现场喷涂硬泡聚氨酯保温材料	聚苯颗粒保温砂浆找平层	耐碱玻纤网格布增强抹面层	涂料饰面	喷涂硬泡聚氨酯外墙外保温

基层墙体	系统基本构造					构造示意
1	找平层 2	保温层 3	找平层 4	抹面层 5	饰面层 6	
混凝土墙体或砌体墙体	水泥砂浆	胶粘剂	硬泡聚氨酯复合保温板	耐碱玻纤网格布增强抹面层	涂料饰面	硬泡聚氨酯复合板外墙外保温
			带面层的硬泡聚氨酯板	—		带抹面层(或饰面层)硬泡聚氨酯外墙外保温

设计要点

1) 喷涂硬泡聚氨酯采用抹面胶浆时，抹面层厚度控制：普通型 3~5mm；加强型 5~7mm。饰面层的材料宜采用柔性腻子和弹性涂料。普通型指建筑物二层及其以上墙面等不易受撞击，抹面层满铺单层耐碱玻纤网格布；加强型指建筑物首层墙面以及门窗口等易受碰撞部位，抹面层中应满铺双层耐碱玻纤网格布。

2) 硬泡聚氨酯板宜采用带抹面层或饰面层的系统。建筑物高度在 20m 以上时，在受负风压作用较大的部位，应使用锚栓辅助固定。

3) 建筑物首层或 2m 以下墙体，应采用双层耐碱网格布，即在先铺一层加强耐碱玻纤网格布的基础上，再满铺一层标准耐碱玻纤网格布。加强耐碱玻纤网格布在墙体转角及阴阳角处的接缝应搭接，其搭接宽度不得小于 200mm，在其他部位的接缝宜采用对接。

4) 建筑物二层或 2m 以上墙体，应采用标准耐碱玻纤网格布满铺，耐碱玻纤网格布的接缝应搭接，其搭接宽度不宜小于 100mm。在门窗洞口、管道穿墙洞口、勒脚、阳台、变形缝、女儿墙等保温系统的收头部位，耐碱玻纤网格布应翻包，包边宽度不应小于 100mm。

(7) 岩棉板外墙外粘（锚）保温隔热板系统

岩棉板涂料外墙外粘（锚）保温隔热板系统见表 7.2-8。

岩棉板涂料外墙外保温系统基本构造 表 7.2-8

基层墙体 1	系统基本构造				构造示意
	粘结层 2	保温层 3	防护层		
			抹面层 4	饰面层 5	
混凝土墙体或砌体墙	胶粘剂锚栓	垂直纤维岩棉板	抹面胶浆复合双层耐碱玻纤网，辅以锚固件	涂料饰面	

设计要点

1）岩棉板薄抹灰外墙外保温系统宜采用涂料外饰面，不得采用面砖、文化石等作饰面材料。

2）岩棉板薄抹灰外墙外保温的工程设计中，不得更改系统构造和组成材料，岩棉板薄抹灰外墙外保温系统保温材料应选用垂直纤维岩棉板。

3）岩棉板薄抹灰外墙外保温工程应做好密封和防水构造设计，确保水不会渗入保温层及基层。

4）基层墙体应采用水泥砂浆找平，其抗拉粘结强度应不小于 0.2MPa，并喷涂界面砂浆处理。

5）岩棉板应采用机械锚固为主、粘结为辅的方式与基层墙体固定，每平方米墙面的锚固点数不应少于 6 个，不超过 14 个，每张板的锚固点数不少于 4 个，锚固点应规则分布。同时采用胶粘剂粘结，其有效粘结面积不应小于岩棉板面积的 50%，有效锚固深度 ≥25mm。

6）保温系统的收头部位，耐碱玻纤网格布应翻包，包边宽度不应小于 100mm。

7）该保温体系应考虑多雨、潮湿、台风等对体系安全性的影响。不宜在夏热冬冷地区和夏热冬暖地区应用。

(8) 改性发泡水泥保温板外墙外保温系统

改性发泡水泥保温板外墙外保温系统见表 7.2-9。

改性发泡水泥保温板外墙外保温系统基本构造　　　表 7.2-9

基层墙体 1	系统基本构造					构造示意
	找平层 2	粘结层 3	保温层 4	抹面层 5	饰面层 6	
混凝土墙或砌体墙体	水泥砂浆抹灰	胶粘剂	改性发泡水泥保温板	抹面胶浆复合双层耐碱玻纤网	涂料饰面或软瓷	

设计要点

1) 改性发泡水泥保温板保温层厚度应根据国家或地方现行建筑节能设计标准的规定进行热工计算确定，且最小厚度不应小于 20mm。

2) 薄抹灰外墙外保温系统抹面层平均厚度宜控制在 5～7mm，厚抹灰外墙外保温抹面层平均厚度宜控制在 15～20mm。

3) 墙面铺设改性发泡水泥保温板采用粘贴与锚栓锚固结合的方式固定。

4) 改性发泡水泥保温板用于外墙外保温时应设置分隔缝，水平分隔缝宜按楼层设置，垂直分隔缝宜按墙面面积设置，不宜大于 36m²，并宜留在阴角部位，分隔缝应做好防水设计。

5) 改性发泡水泥保温板为低强度脆性材料，故该保温体系应考虑多雨、潮湿、台风等对体系安全性的影响。

(9) 真空隔热保温板外墙外保温系统

真空隔热保温板外墙外保温系统基本构造见表 7.2-10。

真空隔热保温板外墙外保温系统基本构造　　　表 7.2-10

基层墙体 1	系统基本构造					构造示意
	找平层 2	粘结层 3	保温层 4	抹面层 5	饰面层 6	
混凝土墙或砌体墙体	水泥抹灰砂浆	专用胶粘剂	真空隔热保温板，辅以无机保温砂浆填缝	抹面胶浆复合双层耐碱玻纤网	涂料(饰面砂浆、柔性饰面块材)	

设计要点

1）真空隔热保温板薄抹灰外墙外保温系统不得粘贴面砖、文化石等饰面材料。

2）真空隔热保温板薄抹灰外墙外保温系统，抹面层内宜铺设双层 $160g/m^2$ 耐碱玻纤网。

3）真空隔热保温板板缝及不能采用真空隔热保温板的保温特殊部位应采用无机保温砂浆找平。

4）水平分隔缝应结合建筑物外立面的设计按楼层设置，竖向分隔缝间距不宜超过 12m。分隔缝宽度宜为 15mm，应采用燃烧性能等级不低于 A 级的保温材料进行填塞，且做好密封和防水设计。

（10）保温装饰复合板外墙外保温系统

保温装饰复合板外墙外保温系统基本构造见表 7.2-11。

保温装饰复合板外墙外保温系统基本构造　　　　表 7.2-11

基层墙体 1	系统基本构造						构造示意
	界面层 2	找平层 3	粘结层 4	固定件 5	嵌缝材料 6	复合保温一体板 7	
混凝土墙或砌体墙体	界面层	水泥抹灰砂浆	粘结层	锚固件	嵌缝材料	复合保温一体板（保温材料＋装饰饰面）	

设计要点

1）该保温体系可应用于建筑高度不超过 100m 的建筑。

2）复合板与基层墙体的连接应采用粘锚结合的固定方式，并且以粘贴为主。

3）对于有机复合板，锚固件应固定在复合板的装饰面板或者装饰面板的副框上。

4）复合板的单板面积不宜大于 $1m^2$，有机复合板的装饰面板厚度不宜小于 5mm，无机面板厚度不宜大于 10mm。

5）复合板的板缝不宜超过 15mm，且板缝应使用弹性背衬材料进行填充，并宜采用硅酮密封胶或柔性勾缝腻子嵌缝。

6）复合板锚固件的数量根据设计要求确定，锚固件锚入钢筋混凝土墙体的有效深度不应小于 30mm，进入其他实心砌体基层的有效锚固深度不应小于 50mm。对于空心砌块、多孔砖等砌体宜采用回拧打结型锚固件。

7）复合板外墙外保温系统应做好系统在檐口、勒脚处的包边处理。装饰缝、门窗四角和阴阳角等处应设置局部增强网。基层墙体变形缝处应做好防水和保温构造处理。

8）有机复合板外墙外保温系统中需设置防火隔离带时，应符合现行行业标准《建筑外墙外保温防火隔离带技术规程》JGJ 289 的有关规定。

9）复合板外墙外保温系统应做好密封和防水构造设计，重要部位应有详图。水平或倾斜的出挑部位以及延伸至地面以下的部位应做防水处理。在外保温系统上安装的设备或管道应穿透保温层固定于基层墙体上，并应采取密封和防水措施。

（11）微晶发泡保温装饰一体板外墙外保温系统

微晶发泡保温装饰一体板外墙外保温系统基本构造见表 7.2-12。

微晶发泡保温装饰一体板外墙外保温系统基本构造　　　　　　表 7.2-12

系统基本构造						结构体系
饰面层 1	连接系统			嵌缝材料 5	基层墙体 6	
	2	3	4			
微晶发泡保温装饰一体板	断桥挂件	转接件	锚栓	专用材料	混凝土、实心砖、多孔砖	点挂体系
	断桥挂件	横梁	立柱	专用材料	混凝土	龙骨体系

设计要点

1）依据连接构造方式的不同，可分为点挂接和框支承两种形式。点挂接是指面板通过挂件直接与建筑外墙结构点式连接的形式；框支承是指在建筑主体结构上先设置支承框架构件（立柱、横梁），再通过连接件把面板安装在框架构件上的形式。

2）微晶发泡陶瓷保温装饰一体板系统的各种组成材料应配套使用。配套材料应与微晶发泡陶瓷保温装饰一体板系统性能相容，并应符合现行国家和地方标准的有关规定。

3）微晶发泡陶瓷保温装饰一体板系统应满足冻融交替、干湿循环等相关要求。

4）微晶发泡陶瓷保温装饰一体板系统的抗风压、气密、水密等性能分级，应符合现行国家标准《建筑幕墙》GB/T 21086 的规定。

5）微晶发泡陶瓷保温装饰一体板系统应做好密封和防水构造处理，重要部位应有详细的节点大样。

6）微晶发泡陶瓷保温装饰一体板系统在基层墙体变形缝处应做好适应主体建筑位移能力及防水和保温的构造处理。

7）微晶发泡陶瓷保温装饰一体板系统每间隔一层楼板及防火分区隔墙处的建筑缝隙应采用防火封堵材料封堵，防火封堵用材料和阻燃密封胶应符合现行国家标准《防火封堵材料》GB 23864 和《建筑用阻燃密封胶》GB/T 24267 的规定。

（12）防火隔离带做法

外墙外保温防火隔离带做法基本构造见表 7.2-13。

外墙外保温防火隔离带基本构造   表 7.2-13

基层墙体 1	系统基本构造					构造示意
	2	3	保温层 4/5	抹面层 6	饰面层 7	
混凝土墙或砌体墙体	锚栓	胶粘剂	防火隔离带 A 级/保温材料	抹面胶浆＋玻璃纤维网格布	饰面材料	

外墙与屋面均采用 B1、B2 级保温材料时防火隔离带做法见图 7.2-1。

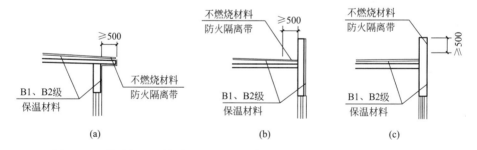

图 7.2-1　外墙与屋面均采用 B1、B2 级保温材料时防火隔离带做法示意图

设计要点

1）外墙防火隔离带的宽度不应小于 300mm。

2）防火隔离带的厚度与外墙外保温系统厚度、屋面保温系统厚度相同。

3）防火隔离带保温板应与基层墙体全面积粘贴。

4）防火隔离带和外墙外保温系统应使用相同的抹面胶浆，且抹面胶浆应将保温材料和锚栓完全覆盖。

5）严寒、寒冷地区的建筑外墙保温材料防火隔离带，其热阻不得小于外墙外保温系统热阻的 50%；夏热冬冷地区的建筑外墙保温材料防火隔离带，其热阻不得小于外墙外保温系统热阻的 40%。

6）防火隔离带部位的墙体内表面温度不得低于室内空气设计温湿度条件下的露点温度。

7）采用防火隔离带外墙外保温系统的墙体及保温屋面，其平均传热系数、热惰性指标应符合有关建筑节能设计现行国家标准的规定。

7.2.2　外墙内保温节能技术

外墙内保温技术也是墙体保温的一种典型形式。对于采用间歇式供暖、空调方式的建筑，选用外墙内保温做法可以缩短热响应时间，利于节能。

外墙采用内保温系统在设计时应做好热桥部位节点构造保温设计，避免内表面结露，传热系数取外墙平均传热系数。采用内保温时应对保温层内部冷凝和热桥部位结露进行验算，必要时采取相应措施，通常情况下根据不同墙体材料，将外墙内保温转折后向内墙部分延伸一定距离，延伸距离不应小于墙厚的 2 倍。

外墙内保温系统性能要求见表 7.2-14。

外墙内保温系统性能要求　　　　　表 7.2-14

项目	性能要求		
系统拉伸粘结强度（MPa）[1]	≥0.035		
抗冲击性（次）	≥10		
吸水量（kg/m²）	系统在水中浸泡 1h 后的吸水量应小于 1.0		
抹面层不透水性	2h 不透水		
热阻、保护层水蒸气渗透阻[2]	符合设计要求		
燃烧性能	不低于 B1 级		
燃烧性能附加分级	产烟量	不低于 s2 级	s1＝SMOGRA≤30m²/S² 且 TSP$_{600S}$≤50m² s2＝SMOGRA≤180m²/S² 且 TSP$_{600S}$≤200m² s3＝未达到 s2
	燃烧滴落物/微粒	不低于 d1 级	d0：600s 内无燃烧滴落物/微粒； d1：600s 内燃烧滴落物/微粒持续时间不超过 10s； d2：未达到 d1
	产烟毒性	不低于 t1 级	t0：达到 ZA₁ 级（烟气浓度≥25.0mg/L）； t1：达到 ZA₃ 级（烟气浓度≥6.5mg/L）； t2：未达到 t1

[1]　对于玻璃棉、岩棉、喷涂聚氨酯龙骨固定内保温系统，当玻璃棉板（毡）和岩棉板（毡）主要依靠塑料锚固定在基层墙体上时，可不做系统拉伸粘结强度试验；

[2]　仅用于厨房、卫生间等潮湿环境时，吸水量、抹面层不透水性和防护层水蒸气渗透阻应满足该表的规定。

（1）复合板内保温系统

复合板内保温系统采用粘锚结合方式固定于基层墙体，基本构造见表 7.2-15。

复合板内保温系统基本构造   表 7.2-15

基层墙体 1	系统基本构造				构造示意
	粘结层 2	复合板 3		饰面层 5	
		保温层 3	面板 4		
混凝土墙或砌体墙体	胶粘剂或粘结石膏＋锚栓	EPS 板、XPS 板、PU 板、纸蜂窝填充憎水型膨胀珍珠岩保温板	纸面石膏板、无石棉纤维水泥平板、无石棉硅酸钙板	腻子层＋涂料或墙纸（布）或面砖	

注：1. 当面砖带饰面时，不再做饰面层；
    2. 面砖饰面不做腻子层。

设计要点

1）复合板一般宽度为 600mm、900mm、1200mm、1220mm、1250mm。

2）涂料饰面时，粘贴面积不小于复合板面积的 30%；面砖饰面时，粘贴面积不应小于复合板面积的 40%。

（2）有机保温板内保温系统

有机保温板内保温系统基本构造见表 7.2-16。

有机保温板内保温系统基本构造   表 7.2-16

基层墙体 1	系统基本构造				构造示意
	粘结层 2	保温层 3	防护层		
			抹面层 4	饰面层 5	
混凝土墙或砌体墙体	胶粘剂或粘结石膏	EPS 板、XPS 板、PU 板	做法一：6mm 抹面胶浆复合耐碱网格布 做法二：用粉刷石膏 8～10mm 厚压入耐碱网格布；涂刷 2mm 厚专用胶粘剂压入 B 型中碱玻璃纤维网布	腻子层＋涂料或墙纸（布）或面砖	

注：1. 做法二不适用面砖饰面和厨房、卫生间等潮湿环境；
    2. 面砖饰面不做腻子层。

设计要点

1）有机保温板宽度不宜大于 1200mm，高度不宜大于 600mm。

2）施工时，宜先在基层墙体上做水泥砂浆找平层，采用粘结方式将有机板固定于垂直墙面。

3）当保温层为 XPS 板和 PU 板时，在粘贴及抹面层施工前应做界面处理。XPS 板面应涂刷表面处理剂，表面处理剂 pH 值应为 6～9，聚合物含量不应小于 35％；PU 板应采用水泥基材料做界面处理，界面层厚度不宜大于 1mm。

4）涂料饰面时，粘贴面积不小于有机保温板面积的 30％；面砖饰面时，不得小于有机保温板面积的 40％。

5）有机保温材料应采用不燃材料或难燃材料做防护层，且防护层厚度不应小于 6mm。

（3）无机保温板内保温系统

无机保温板内保温系统基本构造见表 7.2-17。

无机保温板内保温系统基本构造　　表 7.2-17

基层墙体 1	系统基本构造				构造示意
	粘结层 2	保温层 3	防护层		
			抹面层 4	饰面层 5	
混凝土墙或砌体墙体	胶粘剂	无机保温板	抹面胶浆＋耐碱玻璃纤维网布	腻子层＋涂料或墙纸（布）或面砖	1 2 3 4 5

注：面砖饰面不做腻子层。

设计要点

1）无机保温板的规格尺寸宜为 300mm×300mm、300mm×450mm、300mm×600mm、450mm×450mm、450mm×600mm，厚度不宜大于 50mm。

2）无机保温板粘贴前，应清除板表面的碎屑浮尘。

3）在外墙的阳角、阴角以及门窗洞口周边采用满粘法，其余部位可采用条粘法或点粘法，总的粘贴面积不应小于保温板面积的 40％。

4）适用于夏热冬冷、夏热冬暖及温和气候区，不宜应用在严寒、寒冷气候区。

（4）保温砂浆内保温系统

保温砂浆内保温系统基本构造见表 7.2-18。

保温砂浆内保温系统基本构造 表 7.2-18

基层墙体 1	系统基本构造				构造示意
	粘结层 2	保温层 3	防护层		
			抹面层 4	饰面层 5	
混凝土墙或砌体墙体	界面砂浆	保温砂浆	抹面胶浆＋耐碱纤维网格布	腻子层＋涂料或墙纸（布）或面砖	

注：面砖饰面不做腻子层。

设计要点

1）界面砂浆应均匀涂刷于基层墙体。

2）应分层施工，每层厚度不应大于 20mm。后一层保温砂浆施工应在前一层保温砂浆终凝后进行（一般为 24h）。

3）应预先将抹面胶浆均匀涂抹在保温层上，再将耐碱玻璃纤维网格布埋入抹面胶浆层中，不得先将耐碱玻璃纤维网布直接铺在保温层面上，再用砂浆涂布粘结。

4）耐碱玻璃纤维网布搭接宽度不应小于 100mm，两层搭接耐碱玻璃纤维网布之间必须满布抹面胶浆，严禁干茬搭接。

5）抹面胶浆层厚度：保温层为无机轻集料保温砂浆时，涂料饰面不应小于 3mm，面砖饰面不应小于 5mm，保温层为聚苯颗粒保温砂浆时，不应小于 6mm。

6）适用于夏热冬冷、夏热冬暖及温和气候区，不宜应用在严寒、寒冷气候区。

（5）喷涂硬泡聚氨酯内保温系统

喷涂硬泡聚氨酯内保温系统基本构造见表 7.2-19。

喷涂硬泡聚氨酯内保温系统基本构造 表 7.2-19

基层墙体 1	系统基本构造						构造示意
	界面层 2	保温层 3	界面层 4	找平层 5	防护层		
					抹面层 6	饰面层 7	
混凝土墙或砌体墙体	水泥砂浆聚氨酯防潮底漆	喷涂硬泡聚氨酯	专用界面砂浆或专用界面剂	保温砂浆或聚合物水泥砂浆	抹面胶浆复合耐碱网格布	腻子层＋涂料或墙纸（布）或面砖	

注：面砖饰面不做腻子层。

设计要点

1）喷涂聚氨酯应分层喷涂，每遍厚度不宜大于 15mm。当日的施工作业面应在当日连续喷涂完毕。

2）喷涂过程中应保证硬泡聚氨酯保温层表面平整度，喷涂完毕后保温层平整度偏差不宜大于 6mm。

3）硬泡聚氨酯喷涂完工 24 小时后，再进行下道工序施工。

（6）玻璃棉、岩棉、喷涂硬泡聚氨酯龙骨固定内保温系统

玻璃棉、岩棉、喷涂硬泡聚氨酯龙骨固定内保温系统基本构造见表 7.2-20。

玻璃棉、岩棉、喷涂硬泡聚氨酯龙骨固定内保温系统基本构造　　表 7.2-20

基层墙体 1	系统基本构造						构造示意
	保温层 2	隔汽层 3	龙骨 4	龙骨固定件 5	防护层		
					面板 6	饰面层 7	
混凝土墙或砌体墙	离心法玻璃棉板（或毡）或摆锤法岩棉板（或毡）或喷涂硬泡聚氨酯	PVC\聚丙烯薄膜、铝箔等	建筑用轻钢龙骨或复合龙骨	敲击式或旋入式塑料锚栓	纸面石膏板或无石棉硅酸钙板或无石棉纤维水泥平板＋自攻螺钉	腻子层＋涂料或墙纸（布）或面砖	

注：1. 玻璃棉、岩棉应设隔汽层，喷涂硬泡聚氨酯可不设隔汽层；

2. 面砖饰面不做腻子层。

设计要点

1）当保温材料为玻璃棉板（毡）、岩棉板（毡）时，应在靠近室内的一侧，连续铺设隔汽层，且隔汽层应完整、严密，锚栓穿透隔汽层处应采取密封措施。

2）龙骨采用专用固定件与基层墙体连接，面板与龙骨应采用螺钉连接。当保温材料为玻璃棉板（毡）、岩棉板（毡）时，应采用塑料钉将保温材料固定在基层墙体上。

（7）外墙内保温热桥处理

当采用外墙内保温时，墙体转角处热桥处理可参照图 7.2-2 做法。

设计要点

1）严寒、寒冷地区采用外墙内保温系统时，对于内墙与外墙相交处冷热桥的处理，可根据不同墙体材料，将外墙内保温转折后向内墙部分延伸 300～600mm 或延伸距离不应

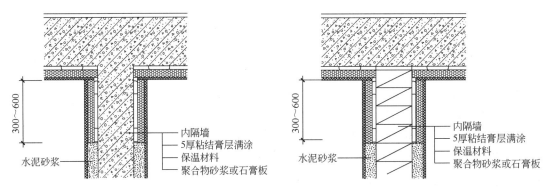

图 7.2-2　外墙内保温热桥部位处理做法示意图

低于墙厚的两倍。

2）夏热冬冷地区、夏热冬暖地区及温和地区采用外墙内保温系统时，在外墙平均传热系数满足节能相关标准要求时，对于内墙与外墙相交处冷热桥可不进行翻转延伸处理。

7.2.3　外墙夹芯保温节能技术

夹芯保温做法与外墙内保温技术相同，在设计时应做好热桥部位节点构造保温设计，避免内表面结露，充分考虑热桥部位的影响，传热系数取外墙平均传热系数。

（1）保温混凝土夹芯墙体保温系统

保温混凝土夹芯墙体保温系统基本构造见表 7.2-21。

保温混凝土夹芯墙体保温系统基本构造　　　　　　表 7.2-21

基层墙体 1	系统基本构造			构造示意
	保温层 2	墙体 3	连接件 4	
结构内墙体（砖墙、混凝土砌块等）	挤塑聚苯板 XPS、EPS 板、岩棉板	外墙体（砖墙、混凝土砌块等）	连接件	1 2 3 4

设计要点

1）适用于寒冷地区、夏热冬冷、夏热冬暖及温和气候区。

2）外叶墙和内叶墙可采用不同的厚度，诸如外叶墙 240mm 厚砖墙，内叶墙 120mm 厚砖墙，内外叶墙体可以互换，两页墙之间留出空腔，夹层厚度不宜大于 120mm。砌墙填充保温材料，两叶墙之间采用砖拉接或钢筋拉接，并设钢筋混凝土构造柱和圈梁连接内外叶墙。

3）保温层与外叶墙之间可以留出空气间层，如 20mm 厚空气层，在圈梁部位按一定间距用混凝土挑梁连接内外叶墙。

4）保温混凝土夹芯砌块砌筑墙体应注意墙体的开裂，设计时需采取加强措施和防止雨水渗透措施，建议采用专用抗裂砂浆进行找平抹灰。

（2）木框架轻质墙体夹芯保温系统

木框架轻质墙体夹芯保温系统基本构造见表 7.2-22。

木框架轻质墙体夹芯保温系统基本构造 表 7.2-22

基层墙体 1	系统基本构造					构造示意
	保温层 2	保温层 3	挂板 4	隔汽层 5	饰面层 6	
木框架	玻璃棉	挤塑聚苯板 XPS、EPS 板	外围护挂板	隔汽层	石膏板	

设计要点：

墙体的保温防湿性能不足，在木框架之间填充玻璃棉毡，可以明显提高墙体保温效果。

（3）保温中空墙夹芯保温系统

保温中空墙夹芯保温系统基本构造见表 7.2-23。

保温中空墙夹芯保温系统基本构造 表 7.2-23

基层墙体 1	系统基本构造				构造示意
	保温层 2	连接件 3	空气层 4	外饰面 5	
混凝土砌块	岩棉板、发泡陶瓷保温板等	钢筋连接件	空气层	外装饰砖墙	

设计要点

1）空气层的厚度宜预留 25～50mm，将外界湿空气隔绝在主体结构之外。

2）保温层应选择燃烧性能为 A 级的保温材料，如铝箔覆面岩棉板、发泡陶瓷保温板等。

（4）墙/钢框架夹芯保温系统

墙/钢框架夹芯保温系统基本构造见表 7.2-24。

墙/钢框架夹芯保温系统基本构造 表 7.2-24

基层墙体	系统基本构造							构造示意
1	2	3	4	5	6	7	8	
混凝土砌块	玻璃棉毡	挤塑聚苯板 XPS、EPS 板	密封胶带	连接器	外装饰砖墙	隔汽层	石膏板	

设计要点

1）钢框架具有可靠性和耐燃性，且不受白蚁的侵蚀。

2）钢框架提供了保温用的玻璃棉毡间隙，安装简便。

3）用挤塑聚苯板外保温可消除各热桥部位传热，大大提高墙体保温性能。

4）墙体和保温板之间的间隙提高墙体抗湿性能使内墙保持干燥。

7.2.4 外墙自保温技术

常用的自保温墙体材料有加气混凝土制品、泡沫混凝土砌块、自保温砖以及轻集料混凝土空心砌块、自保温砖等，常用自保温构造见表 7.2-25。外墙自保温隔热体系主要适用于框架结构的填充外墙，在严寒地区、寒冷地区不宜采用该保温体系。

常用外墙自保温构造做法 表 7.2-25

类型		构造形式	备注
自保温系统	混凝土空心砌块夹心保温系统	1—外抹灰层 2—加气混凝土砌块/自保温砖 3—内抹灰层	适用于夏热冬冷、夏热冬暖及温和地区

续表

类型	构造形式		备注
自保温系统	混凝土空心砌块夹心保温系统	1—外抹灰层 2—混凝土空心砌块 3—内抹灰层 4—夹心保温材料	适用于夏热冬冷、夏热冬暖及温和地区
	加气混凝土自保温体系	1—外装饰层 2—加气混凝土 3—内抹灰层 4—断热桥保温材料层（XPS板、EPS板、酚醛板等）	
	复合保温隔热墙板系统	1—外饰面 2—空气层 3—纸面石膏板 4—轻钢龙骨 5—保温层（岩棉、玻璃棉） 6—纸面石膏板	

设计要点

1）当外墙采用自保温技术体系时，外墙中的钢筋混凝土梁、柱等热桥部位应做保温处理，经处理后该部位的热阻值大于或等于外墙主体部位的热阻值时，则可取外墙主体部位的传热系数作为外墙平均传热系数，否则，应按线传热系数方法计算外墙平均传热系数。

2）自保温外墙工程中的结构性热桥部位的传热阻应符合现行国家标准《民用建筑热工设计规范》GB 50176 规定的最小传热阻计算值的要求。

3）自保温砌块砌体宜采用专用砂浆砌筑。

4）当自保温砌块用于外墙时，其强度等级不应低于 MU5.0；当用于内墙时，其强度等级不应低于 MU3.5。

7.2.5　其他墙体保温节能技术

（1）分隔供暖空调房间与非供暖空调房间的隔墙、分户墙

严寒、寒冷地区的公共建筑和居住建筑分隔供暖空调房间与非供暖空调房间的隔墙、夏热冬冷地区居住建筑的分户墙、楼梯间隔墙、外走廊隔墙应做好保温节能措施。保温层常置于隔墙一侧，保温材料选用保温砂浆类产品或板材类产品，具体做法与外墙内保温技术相同，厚度根据节能标准的要求计算确定。

（2）变形缝的节能措施

建筑中变形缝是伸缩缝、沉降缝和抗震缝的总称。虽然所处部位的墙体不会直接面向室外寒冷空气，但这部位墙体是保温的薄弱环节，必须对其进行保温处理。此处保温层置于室内一侧，做法与墙体内保温相同。

（3）房中房型精密机房墙体节能措施

对于房中房型精密机房，机房环境必须保证恒温恒湿，空调全年 365d 不间断运转。若机房内热源引起的热负荷在 $350W/m^2$ 以上，则精密机房常年处于制冷状态。为使机房内热量易于排出，精密机房墙体宜采用钢筋混凝土结构，且不做保温处理。

对于内热源小的精密机房，为保证室内温度恒定，减少能耗，围护结构宜根据全年能耗分析确定围护结构的热工性能参数。

7.3 屋面保温

屋面节能的原理基本与墙体节能一样，通过改善屋面的热工性能阻止热量的传递而减少围护结构的能耗。主要措施有保温隔热屋面（用高效保温隔热材料做外保温隔热或内保温隔热）、加贴绝热反射膜的"凉帽"屋面、绿化屋面以及平改坡形成阁楼缓冲层屋面等。

7.3.1 钢筋混凝土屋面

钢筋混凝土屋面保温构造形式主要有表 7.3-1 所列几种形式。

钢筋混凝土屋面构造形式 表 7.3-1

类型	构造形式	备注
正铺法钢筋混凝土平屋面	1—面层 2—细石混凝土 3—防水层 4—找坡层 5—保温层 6—隔汽层 7—水泥砂浆找平层 8—屋面板	1. 适宜各类气候区； 2. 不适合室内湿度大的建筑
倒铺法钢筋混凝土平屋面	1—面层 2—细石混凝土 3—保温层 4—防水层 5—水泥砂浆找平层 6—找坡层 7—屋面板	1. 适宜各类气候区； 2. 既有建筑节能改造； 3. 室内空气湿度大的建筑； 4. 不适应金属屋面

续表

类型	构造形式		备注
钢筋混凝土坡屋面		1—面层 2—防水层 3—水泥砂浆找平层 4—保温层 5—隔汽层 6—水泥砂浆找平层 7—屋面板	适宜各类气候区
钢筋混凝土屋面保温吊顶		1—保护层 2—防水层 3—水泥砂浆找平层 4—找坡层 5—屋面板 6—空气层 7—轻钢龙骨岩棉或玻璃棉板保温吊顶	1. 适宜夏热冬冷、夏热冬暖以及温和地区; 2. 适宜于体育场看台下房间的保温

设计要点

1）正置式屋面应在防水层上加一层保护层，避免防水层直接与大气接触，在表面产生较大的温度应力，造成破坏。

2）倒置式屋面的保温隔热层，应采用吸水率低且长期浸水不腐烂的保温隔热材料，例如挤塑聚苯板 XPS、泡沫玻璃，不宜采用模塑聚苯板、酚醛泡沫板、泡沫混凝土板。

3）倒置式屋面保温层的设计厚度应按计算厚度增加 25％取值，且最小厚度不得小于 25mm。

4）保温屋面的天沟、檐沟，应铺设保温层；天沟、檐沟、檐口与屋面交接处，有挑檐的保温屋面保温层的铺设至少应延伸到墙体位置，其伸入墙体位置的长度不应小于墙厚的 1/2。

7.3.2 种植屋面

（1）普通种植屋面

种植屋面是我国普遍采用的一种保温隔热屋面，构造形式见表 7.3-2。

设计要点

1）倒置式屋面不得做种植屋面。

2）种植屋面的屋面板必须是现浇混凝土屋面板，种植土厚度不得小于 100mm。

3）种植屋面工程应做二道防水设防。

4）种植屋面的布置应使屋面热应力均匀、减少热桥，未覆土部分的屋面应采取保温隔热措施使其热阻与覆土部分接近。

5）在寒冷地区应根据种植屋面的类型，确定是否设置保温隔热层。保温隔热层的厚度，应根据屋面的热工性能要求，经计算确定。

种植屋面构造形式 表 7.3-2

类型	构造形式	备注
种植屋面	1—种植土 2—土木布过滤层 3—凹凸型排(蓄)水板 4—防水保护层 5—耐根穿刺防水层 6—普通防水层 7—找平兼找坡层 8—保温层 9—屋面板	1. 适宜于夏热冬冷、夏热冬暖地区，严寒地区不宜采用； 2. 服务性建筑如宾馆类或地下建筑顶板等宜采用各类培植方法和类型的植被； 3. 坡屋面、高层及超高层建筑的平屋面宜采用草皮及地被植物

6）种植屋面所用材料及植物等应符合环境保护要求。

7）种植屋面根据植物及环境布局的需要，可分区布置，也可整体布置。分区布置应设挡墙（板），其形式应根据需要确定。

8）排水层材料应根据屋面功能、建筑环境、经济条件等进行选择。

9）介质层材料应根据种植植物的要求，选择综合性能良好的材料。介质层厚度应根据不同介质和植物种类等确定。

10）种植屋面可用于平屋面或坡屋面。屋面坡度较大时，其排水层、种植介质应采取防滑措施。

种植屋面的热阻和热惰性指标可按下列公式计算：

$$R = \frac{1}{A} \sum_i R_{\text{green},i} A_i + \sum_j R_{\text{soil},j} + \sum_k R_{\text{roof},k} \tag{7.3-1}$$

$$D = \sum_j D_{\text{soil},j} + \sum_k D_{\text{roof},k} \tag{7.3-2}$$

式中 R——种植屋面热阻（$m^2 \cdot K/W$）；

A——种植屋面的面积（m^2）；

$R_{\text{green},i}$——种植屋面各种绿化植被层附加热阻（$m^2 \cdot K/W$），按表 7.3-3 的规定取值；

A_i——种植屋面各种绿化植被层在屋面上的覆盖面积（m^2）；

$R_{\text{soil},j}$——种植屋面绿化材料构造层各层热阻（$m^2 \cdot K/W$），其中种植材料层的热阻按表 7.3-5 取值计算，排（蓄）水层的热阻（导热系数）按表 7.3-4 取值计算。

$R_{\text{roof},k}$——屋面构造层各层热阻（$m^2 \cdot K/W$）；

D——种植屋面热惰性指标，无量纲；

$D_{\text{soil},j}$——绿化构造层各层热惰性指标，无量纲，其中种植材料层的蓄热系数按表 7.3-3 取值计算，排（蓄）水层的蓄热系数按表 7.3-4 取值计算；

$D_{\text{roof},k}$——屋面构造层各层热惰性指标，无量纲。

种植屋面在进行热工计算时，各材料层的热工参数及附加热阻值参照《民用建筑热工设计规范》GB 50176—2016 的相关规定，参照表 7.3-3～表 7.3-5。

植被层附加热阻

表 7.3-3

适用季节	植被特征	$R_{green}(m^2 \cdot K/W)$
夏季	叶面积指数不小于 4 的草本、地被植物,如佛甲草等	0.4
	一般草本、地被植物	0.3
	灌木茂密,被其覆盖的屋面无光斑面	0.5
	灌木较茂密,被其覆盖的屋面光斑面低于 30%	0.4
	灌木较稀疏,被其覆盖的屋面光斑面大于 50%	0.3
	乔木树冠茂密,爬藤棚架茂密	0.4
	乔木树冠较茂密,爬藤棚架较茂密	0.3
冬季	覆土种植层上所有植被层	0.1

种植材料热工参数

表 7.3-4

类别	湿密度 ρ (kg/m^3)	导热系数 $\lambda[W/(m \cdot K)]$		蓄热系数 S $[W/(m^2 \cdot K)]$
		夏季	冬季	
改良土	750~1300	0.51	0.61	7.28
无机复合种植土(基质)	450~650	0.25	0.30	4.42

排(蓄)水层热工参数

表 7.3-5

类别	湿密度 ρ (kg/m^3)	导热系数 λ $[W/(m \cdot K)]$	蓄热系数 S $[W/(m^2 \cdot K)]$	热阻 R ($m^2 \cdot K/W$)
凹凸型排(蓄)水板	—	—	0	0.1
陶粒	500~700	0.32	5.78	—

(2) 单元式种植屋面

指由工业化生产,一体化制成,可直接安装的屋面绿化材料基本单元。一般有两种,第一种由过滤层、种植基质层、植被层组成,常指毯毡式、基质模块式等屋面绿化材料;第二种由阻根层、排(蓄)水层、过滤层、种植基质层和植被层组成,常指容器式屋面绿化材料。单元式屋面绿化材料基本构造如图 7.3-1 所示。

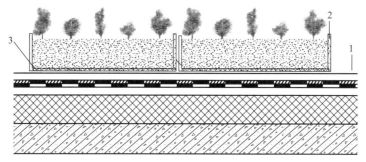

图 7.3-1 单元式种植屋面(容器种植)
1—屋面保护层;2—种植容器;3—排水孔

单元式种植屋面热阻计算

屋面绿化材料热阻是表征围护结构本身或其中某层材料阻抗传热能力的物理量，单位为 $m^2 \cdot K/W$。按式（7.3-3）计算：

$$R_{p,roof} = R_{green} + R_{soil} \qquad (7.3-3)$$

$$R_{green} = \frac{d_1}{\lambda_1} \times 100\%$$

$$R_{soil} = \frac{d_2}{\lambda_2} \times 100\%$$

式中　d_1——绿化植被层厚度（m），以冬、夏季屋面植物覆盖情况为准；

　　　λ_1——植被层的导热系数 [$W/(m \cdot K)$]，以冬、夏季屋面植物覆盖情况为准；

　　R_{green}——屋面植被层附加热阻（$m^2 \cdot K/W$），夏季为 0.3，冬季 0；

　　　d_2——屋面绿化材料构造层厚度（m），厚度为 0.1m；

　　　λ_2——屋面绿化材料构造层的导热系数 [$W/(m \cdot K)$]，无机复合种植土夏季 0.25、冬季 0.30，改良土夏季 0.50、冬季 0.60；

　　R_{soil}——屋面绿化材料构造层热阻（$m^2 \cdot K/W$），无机复合种植土夏季 0.40、冬季 0.33，改良土夏季 0.20、冬季 0.16；

　$R_{p,roof}$——屋面绿化材料热阻（屋面植被层附加热阻与屋面绿化材料构造层热阻之和）。

屋面植被层附加热阻（R_{green}）表示遮阳和蒸发散热共同作用的等效热工性能。数值见表 7.3-6。

表 7.3-6

屋面植被层附加热阻

种植屋面上的植物状况		屋面植被层附加热阻（$m^2 \cdot K/W$）
植物覆盖情况	茂密	0.5
	较茂密	0.4
	较稀疏	0.3
	无覆盖	0

表中植物覆盖状况分为"茂密""较茂密"以及"较稀疏"三种情况，分别对应"种植乔木植物""种植灌木植物"以及"种植草本植物"的三种植被覆盖情况。

屋面绿化材料构造层热阻（R_{soil}）也可通过计算得到。

7.3.3　木屋架坡屋面

木屋架坡屋面是我国传统木结构建筑典型屋面，屋面有带空气间层的阁楼空间，因此，具有良好的保温隔热性能，基本构造形式见表 7.3-7。

设计要点

1）施工简单且经济，可以因地制宜，利用当地木材。

2）屋面保温隔热层厚度须按相关标准计算确定。

3）保温层宜选用燃烧性能为 A 级的保温材料，满足防火要求。

木屋架坡屋面的构造形式　　　　　　　　　　　　　　　表 7.3-7

类型	构造形式		备注
木屋架坡屋面	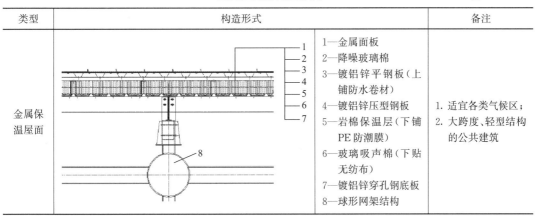	1—屋面饰面层 2—防水层 3—木结构面层 4—木屋架结构层 5—保温层 6—棚板 7—吊顶层	1. 适宜各类气候区； 2. 适宜于既有建筑屋面节能改造（平屋面改坡屋面）

4）该屋面为轻质围护结构体系，除应满足相应节能标准的热工性能要求外，还应满足现行国家标准《民用建筑热工设计规范》GB 50176 中的隔热性能要求。

7.3.4　金属保温屋面

金属屋面是大型公共建筑如机场航站楼、车站站厅、会展博览建筑的主要构造形式，具有现代、跨度大、工业化生产与施工等优点，金属屋面的基本构造形式见表 7.3-8。

金属屋面的构造形式　　　　　　　　　　　　　　　表 7.3-8

类型	构造形式		备注
金属保温屋面		1—金属面板 2—降噪玻璃棉 3—镀铝锌平钢板（上铺防水卷材） 4—镀铝锌压型钢板 5—岩棉保温层（下铺PE 防潮膜） 6—玻璃吸声棉（下贴无纺布） 7—镀铝锌穿孔钢底板 8—球形网架结构	1. 适宜各类气候区； 2. 大跨度、轻型结构的公共建筑

设计要点

1）屋面各类节点构造中必须充分考虑保温措施，以避免热桥。

2）填充材料或芯材主要采用岩棉、超细玻璃棉等燃烧性能为 A 级的绝热材料。

3）考虑降噪玻璃棉、吸音玻璃棉受潮后，保温材料热工性能下降，故在对该部分材料进行热工计算时，应考虑受潮对热工性能的影响。

4）该金属屋面为轻质围护结构体系，除应满足相应节能标准的热工性能要求外，还应满足现行国家标准《民用建筑热工设计规范》GB 50176 中的隔热性能要求。

7.4　楼地面

良好的建筑楼地面构造设计，不但可以提高室内热舒适度，而且有助于建筑的保温节能，同时也可提高楼层的隔声效果。根据楼地面的位置不同，可以分为底面接触室外空气的架空楼板、层间楼板和底层地面。

7.4.1 底面接触室外空气的架空楼板

底面接触室外空气的架空或外挑楼板构造做法见表 7.4-1，可以在楼板上方做保温处理，也在楼板下部做保温吊顶，一般情况下宜采用外保温系统。

常用架空楼板构造做法 表 7.4-1

类型	构造形式		备注
架空楼板 1		1—水泥砂浆找平层 2—钢筋混凝土楼板 3—保温板 4—3mm 聚合物砂浆（网格布）	保温板为 EPS 或 XPS 等
架空楼板 2		1—实木地板 2—木龙骨（岩棉或玻璃棉板） 3—水泥砂浆找平层 4—钢筋混凝土楼板	
架空楼板 3		1—水泥砂浆找平层 2—钢筋混凝土楼板 3—空气层 4—轻钢龙骨岩棉或玻璃棉板吊顶	
架空楼板 4		1—细石混凝土保护层 2—保温层 3—水泥砂浆找平层 4—钢筋混凝土楼板	保温层为 XPS 等

设计要点

1) 底面接触室外空气的架空或外挑楼板应根据施工难易程度，在保证工程质量的前提下，确定内、外保温形式。

2）铺设木龙骨的空铺木地板，宜在木龙骨间嵌填板状保温材料，比如岩棉、玻璃棉板等。

3）楼板上部保温时，保温层上方应设置刚性保护层，保护层应采用至少 35mm 厚的 C20 细石混凝土（内配双向 $\phi 4@150$）或 LC15 轻集料混凝土等；当保护层兼敷管层要求时，厚度不应小于 50mm。

7.4.2　层间楼板

层间楼板可采取保温层直接设置在楼板上表面或楼板底面，也可采取铺设木格栅（空铺）或无木格栅的实铺木地板，基本构造见表 7.4-2。

常用层间楼板构造做法　　　　　　　　　　　　　　　　　　　表 7.4-2

类型	构造形式		备注
层间楼板 1		1—细石混凝土保护层 2—保温层 3—水泥砂浆找平层 4—钢筋混凝土楼板	保温层为 XPS、复合硅酸盐板、高强度珍珠岩板等
层间楼板 2		1—水泥砂浆找平层 2—钢筋混凝土楼板 3—保温层 4—5mm 抗裂石膏（网格布）	保温层为保温砂浆、聚苯颗粒等
层间楼板 3		1—实木地板 2—木龙骨（岩棉或玻璃棉板） 3—水泥砂浆找平层 4—钢筋混凝土楼板	
层间楼板 4（辐射供暖地板）		1—楼地面饰面 2—水泥砂浆找平层 3—埋于细石混凝土层中的循环加热管 4—水泥砂浆保护层 5—挤塑聚苯板 XPS 6—防水层 7—钢筋混凝土楼板	

续表

类型	构造形式		备注
层间楼板5		1—面层 2—钢筋混凝土楼板 3—喷涂界面层 4—喷涂憎水型超细无机纤维保温层 5—喷胶面层	适用于不易施工的楼板处保温,如地下室(车库)顶板
		1—面层 2—钢筋混凝土楼板 3—喷涂界面层 4—喷涂憎水型超细无机纤维保温层 5—轻钢龙骨 6—吊顶饰面板	

设计要点

1) 在楼板上面的保温层,宜采用硬质挤塑聚苯板、泡沫玻璃保温板等板材或强度符合地面要求的保温砂浆等材料,其厚度应满足建筑节能设计标准的要求。

2) 在楼板底面的保温层,宜采用强度较高的保温砂浆抹灰,保温层的厚度不宜超过30mm厚。若采用30mm厚的保温砂浆,热工性能仍不满足建筑节能设计标准的要求,则应考虑在楼板上、下部均做保温处理。

3) 铺设木格栅的空铺木地板,宜在木格栅间嵌填板状保温材料,使楼板层的保温和隔声性能更好。

4) 层间楼板上部保温时,保温层上方应设置刚性保护层,保护层应采用至少35mm厚的C20细石混凝土(内配双向φ4@150)或LC15轻集料混凝土等;当保护层兼敷管层要求时,厚度不应小于50mm。

5) 当保温层采用强度等级≥LC15的轻集料混凝土(陶粒混凝土)时,可兼做保护层。

6) 有保温要求的卫生间、厨房等楼板,保温层上应增设防水层或防潮层,保温层与保护层之间可设置高韧性PE膜隔离层。

7) 地板辐射供暖的保护层可采用配筋C15细石混凝土,厚度不应小于50mm。

8) 喷涂憎水型超细无机纤维保温吸声棉做法一般应用在层间楼板(有声学吸声要求的机房楼板或隔墙),厚度不大于30mm。若应用于底面接触室外空气的架空楼板、屋面等部位,还应采用加固措施。

7.4.3　底层地面

建筑底层地面保温构造基本做法见表 7.4-3。

常用底层地面构造做法　　　　表 7.4-3

类型	构造形式	备注
普通地面	1 2 3 4 5 6	1—饰面层 2—细石混凝土 3—保温层 4—水泥砂浆找平层 5—100mm 厚细石混凝土垫层 6—素土夯实	保温层为 XPS、复合硅酸盐板等
架空地面	1 2 4 5	1—饰面层 2—水泥纤维板 3—空气层 4—100mm 厚细石混凝土垫层 5—素土夯实	
辐射供暖地面	1 2 3 4 5 6 7 8	1—饰面层 2—水泥砂浆找平层 3—埋于细石混凝土层中的循环加热管 4—水泥砂浆保护层 5—挤塑聚苯板 XPS 6—防水层 7—细石混凝土 8—素土夯实	

设计要点

1) 周边地面指距外墙内表面 2m 以内的地面，周边地面以外的地面为非周边地面。

2) 保温材料宜选用挤塑型聚苯乙烯泡沫塑料板，应分层错缝铺贴，板缝隙间应用同类材料嵌填密实。

3）严寒地区、寒冷地区建筑外墙内侧 0.5～1.0m 范围内，由于冬季受室外空气及建筑周围低温土壤的影响，将有大量的热量从该部分传递出去，这部分地面温度往往很低，甚至低于露点温度。不但增加供暖能耗，而且有结露风险，影响使用和耐久性，所以这部分地面应做保温处理。考虑到施工方便及使用的可靠性，建议地面全部保温，这样有利于提高用户的地面温度，并避免分区设置保温层造成的地面开裂问题。

4）夏热冬冷和夏热冬暖地区的底层地面，在每年的四、五月份会出现由湿空气引起的地面结露，面层材料宜采用有较强的吸湿性，导热系数小的材料，不宜采用硬质的地面砖或石材等做面层。

5）采用架空通风地面时，勒脚处的通风口应设置活动遮挡板。

6）辐射供暖地面做法适用于上铺瓷砖、花岗石或合成木地板面层的底层地面。

7.5　地下室外墙

常用地下室外墙保温基本构造做法见表 7.5-1。

常用地下室外墙构造做法　　　　　　　　　　　　　表 7.5-1

类型	构造形式	备注
地下室外墙	1—回填土 2—保温层（聚苯板 XPS、硬质聚氨酯泡沫塑料） 3—防水层 4—水泥砂浆抹灰 5—钢筋混凝土墙体 6—水泥砂浆抹灰	为防室外回填土沉陷拉扯保温层和破坏防水层，在保温层与回填土之间可增加 120mm 实心砖作为保护层

设计要点

1）严寒、寒冷地区，若建筑物地下室外墙的热阻过小，墙体传热量会很大，内表面尤其墙角部位容易结露，应对地下室外墙做保温防潮处理。

2）对地下室热阻的计算仅包括保温材料层的热阻。常用保温材料有挤塑聚苯板 XPS、膨胀聚苯乙烯保温板 EPS、硬泡聚氨酯泡沫塑料等吸水率较低的板材。

7.6　门窗、幕墙、采光顶

1）典型玻璃的光学、热工性能以及不同玻璃配合不同窗框的整窗传热系数参考值详见第 4 章表 4.15-5、表 4.15-6。表中未提到的其他门窗类型、新型产品，其整窗传热系数应按实测值采用。玻璃幕墙应根据所采用框的形式（如断桥铝合金、隐框、横明竖隐等）和玻璃类型，利用广东省建筑科学研究院编制粤建科 MQMC 建筑幕墙门窗热工性能计算软件进行热工性能计算。

2）常见外门的传热系数见表 7.6-1。

外门传热系数　　　　　　　　　　　　　　　　　　　　　　　　**表 7.6-1**

门框材料	门的类型	传热系数 $[W/(m^2 \cdot K)]$
木、塑料	单层实体门	3.5
	夹板门及蜂窝夹板门	2.5
	双层玻璃门（玻璃比例不限）	2.5
	单层玻璃门（玻璃小于 30%）	4.5
	单层玻璃门（玻璃 30%～60%）	5.0
金属	门户（金属门板，15mm 厚玻璃棉板或 18mm 厚岩棉为隔热隔声材料）	2.0
	单层实体门	6.5
	单层玻璃门（玻璃比例不限）	6.5
	单层玻璃门（玻璃小于 30%）	5.0
	单层玻璃门（玻璃 30%～60%）	4.5
无框	单层玻璃门	6.5

3）合理选用节能玻璃，提高保温隔热性能的措施如下。

① 增加玻璃层数

门窗玻璃由单层变为双玻中空玻璃、三玻中空玻璃，其保温性能明显提高。

② 充气间隔层

在中空玻璃的空气间隔层内充入惰性气体，常用惰性气体是氩气和氪气。氩气较为普遍，氪气的性能少优于氩气，比较适合在小的间隔层内使用（约 8mm），效果较佳，但是价格较贵。

③ 采用低辐射镀膜玻璃（Low-E 玻璃）

Low-E 膜可以降低玻璃表面与空气直接的热量交换，减少玻璃两侧因温度差而引起的热量传递（即温差传热），从而降低玻璃的温差传热量；另外，Low-E 膜能有效反射太阳辐射，从而限制太阳照射透过玻璃的辐射热能（即辐射传热），降低了通过玻璃的太阳热能，通过上述两种途径降低透过玻璃的热量，达到节能的效果。Low-E 玻璃一般被制成中空玻璃、真空玻璃等构造，Low-E 膜镀在外侧玻璃的内表面。Low-E 玻璃具有传热系数 K 值低、遮阳系数 SC 范围广、舒适性能好的特点。

④ 合理选择门窗框扇型材

铝合金型材门窗质轻、高强，抗风压性好，且具有极好的耐久性和装饰性，应用广泛，最大的缺点是高导热性，热导率为 203.5W/（m·K），极大地增加了整窗的传热系数。塑料型材具有良好的耐腐蚀性、气密性和隔声性能，热导率低，为 0.43W/（m·K），但也存在易老化、抗风压性能差的特点。目前市场上出现了多腔断热桥铝合金框扇型材，五腔及以上的断热桥铝合金框扇型材传热系数可达到 2.0W/（m²·K）以下，节能效果好。在建筑设计时，应结合建筑的外观效果、节能要求及经济性综合考虑，合理选择门窗框型材。木框、钢塑复合、铝塑复合型窗框性能与多腔塑料型材相近，抗老化性和抗风压性得到了改善，属于节能型门窗材料。

⑤ 合理确定窗框比

不同的窗框材料和填充的玻璃面积影响窗户的节能效果。若窗框材料的传热系数大于玻璃的传热系数，则框料占窗框比的面积越小对整窗保温性能越有利；反之，则框料占窗框比的面积越大对整窗保温性能越有利。

⑥ 提高门窗气密性

门窗气密性通过门窗缝隙空气渗透量来衡量。在相同的压差下，空气渗透量的大小取决于门窗缝隙的宽度、深度和几何形状。空气渗透量随缝隙宽度增大而增加，缝隙超过 1mm 的渗透量几乎与缝宽成正比增加；渗透量随缝隙深度增加而成反比减小。缝深小于 10mm 时，渗透量迅速增加。在相同的缝宽、缝深条件下，渗透量的大小则取决于缝隙的形状，几何形状越复杂，渗透量越小。

参考文献

[1] 中华人民共和国国家标准. 外墙外保温工程技术标准 JGJ 144—2019[S]. 北京：中国建筑工业出版社，2019.

[2] 中华人民共和国行业标准. 外墙内保温工程技术规程 JGJ/T 261—2011[S]. 北京：中国建筑工业出版社，2012.

[3] 中华人民共和国国家标准. 建筑设计防火规范 GB 50016—2014（2018 版）[S]. 北京：中国计划出版社，2018.

[4] 中华人民共和国行业标准. 保温防火复合板应用技术规程 JGJ/T 350—2015[S]. 北京：中国建筑工业出版社，2015.

[5] 中华人民共和国行业标准. 建筑外墙外保温防火隔离带技术规程 JGJ 289—2012[S]. 北京：中国建筑工业出版社，2013.

[6] 中华人民共和国国家标准. 建筑节能工程施工质量验收标准 GB 50411—2019[S]. 北京：中国建筑工业出版社，2019.

[7] 中国建筑标准设计研究院. 公共建筑节能构造（严寒和寒冷地区）06J908—1[S]. 北京：中国计划出版社，2007.

[8] 中国建筑标准设计研究院. 公共建筑节能构造（夏热冬冷和夏热冬暖地区）17J908—2[S]. 北京：中国计划出版社，2017.

[9] 中国建筑学会. 建筑设计资料集（第三版）第 8 分册　建筑专题[M]. 北京：中国建筑工业出版社，2017.

[10] 中国建筑标准设计研究院. 全国民用建筑工程设计技术措施节能专篇（建筑）[M]. 北京：中国计划出版社，2007.

[11] 上海现代建筑设计（集团）有限公司. 建筑节能设计统一技术措施（建筑）[M]. 北京：中国计划出版社，2009.

[12] 南艳丽，钟辉智，冯雅，司鹏飞. 房中房型精密机房围护结构节能设计[J]. 建筑科学，2016，32（12）：98-101.

第8章 建筑隔热设计

建筑隔热设计是为了减少夏季室外的热量传入室内，及降低夏季太阳辐射作用下对室内表面温度影响。建筑隔热设计可以通过合理安排建筑物朝向和总体布局、组织良好自然通风，采取有效遮阳措施，以及正确地选择外围护结构材料、构造及隔热形式等途径达到隔热目的，外围护结构主要隔热形式有升温隔热、反射隔热、通风隔热和被动蒸发隔热等。本章建筑隔热设计主要针对外围护结构的材料以及隔热形式进行介绍。

8.1 基本规定

建筑隔热性能是衡量建筑围护结构热工特性的基本指标，我国南方地区夏季屋面外表面综合温度会达到 60℃ 以上，西墙外表面温度达 50℃ 以上，围护结构外表面综合温度的波幅可超过 20℃，造成围护结构内表面温度出现很大波动，使围护结构内表面平均辐射温度大大超过人体热舒适热辐射温度，直接影响室内热环境的优劣，因此，把内表面最高温度作为控制围护结构隔热性能最重要的评价指标。

8.1.1 墙体

(1) 墙体隔热指标

在给定两侧空气温度及变化规律的情况下，外墙内表面最高温度应符合表 8.1-1 的要求。

外墙内表面最高温度的限值　　　　　　　　　　　　　　　　　　表 8.1-1

房间类型	自然通风房间	空调房间	
		重质围护机构 ($D \geq 2.5$)	轻质围护机构 ($D < 2.5$)
内表面最高温度 $\theta_{i \cdot max}$	$\leqslant t_{e \cdot max}$	$\leqslant t_i + 2$	$\leqslant t_i + 3$

注：$\theta_{i \cdot max}$ 为围护结构内表面最高温度（℃），$t_{e \cdot max}$ 为当地累年日平均温度最高日的最高温度（℃），t_i 为室内计算温度（℃）。

(2) 外墙隔热设计措施

1) 宜采用太阳辐射吸收率低的浅色外饰面，或采用隔热性能良好的隔热饰面材料（热反射隔热涂料、辐射制冷涂料）。

2) 可采用通风墙、干挂通风幕墙等。

3) 设置空气间层隔热时，在空气间层平行墙面的两个表面涂刷长波低辐射率涂料、贴热反射膜或铝箔。当采用单面热反射隔热措施时，热反射隔热层应设置在空气温度较高一侧。

4）采用复合墙体构造时，墙体外侧宜采用轻质材料，内侧宜采用重质材料。

5）可采用墙面垂直绿化、淋水被动蒸发墙面、多孔材料饰面层形成被动蒸发墙面等。

6）宜提高围护结构的热惰性指标 D 值。

7）西向墙体宜采用高蓄热材料与低热传导材料组合的复合墙体构造。

8）采用墙体外遮阳构造或构件。

（3）围护结构隔热性能计算

现行国家标准《民用建筑热工设计规范》GB 50176 提出了在给定边界条件下围护结构隔热性能的评价方法。评价紧紧围绕围护结构本身的隔热性能，只反映出围护结构固有的热特性，而不是整个房间的热特性。

隔热设计时，外墙内表面温度应采用一维非稳态方法计算，并按照房间的运行工况确定相应的边界条件。围护结构隔热计算应符合以下要求：

1）计算软件

① 计算软件应经过验证，以确保计算的正确性；

② 软件的输入、输出应便于检查，计算结果清晰、直观。

2）边界条件

① 外表面：第三类边界条件，室外空气逐时温度和各朝向太阳辐射按 4.1.2 节的规定确定，对流换热系数按 4.2 节取值；

② 内表面：第三类边界条件，室内计算温度按 4.1.3 节的规定确定，对流换热系数按 4.2 节取值；

③ 其他边界：第二类边界条件，热流密度取 0。

3）计算模型

① 计算模型应选取外墙的平壁部分；

② 计算模型的几何尺寸与材料应与节点构造设计一致；

③ 当外墙采用两种以上不同构造，且各部分面积相当时，应对每种构造分别进行计算，内表面温度的计算结果取最高值。

4）计算参数

① 常用建筑材料的热物理性能参数符合表 3.4-1 的规定；

② 当材料的热物理性能参数有可靠来源时，也可以采用。

8.1.2 屋面

（1）屋面隔热指标

在给定两侧空气温度及变化规律的情况下，屋面内表面最高温度应符合表 8.1-2 的要求。

屋面内表面最高温度的限值 　　　　　　　　　　　表 8.1-2

房间类型	自然通风房间	空调房间	
		重质围护机构（$D \geqslant 2.5$）	轻质围护机构（$D < 2.5$）
内表面最高温度 $\theta_{i \cdot max}$	$\leqslant t_{e \cdot max}$	$\leqslant t_i + 2.5$	$\leqslant t_i + 3.5$

(2) 屋面隔热设计措施

1）宜采用浅色外饰面，如涂刷热反射涂料、制冷涂料、粘贴浅色屋面面砖等。

2）宜采用通风隔热屋面。通风屋面的风道长度不宜大于 10m。通风间层高度应大于 0.3m。屋面基层应做保温隔热层，檐口处宜采用导风构造，通风平屋面风道口与女儿墙的距离不应小于 0.6m。

3）可采用有热反射材料层（热反射涂料、热反射膜、铝箔等）的空气间层的通风隔热屋面，单面设置热反射材料空气间层，热反射材料应设在温度较高的一侧。

4）可采用蓄水屋面。水面宜有水浮莲等浮生植物或白色漂浮物，水深宜为 0.15～0.2m。

5）宜采用种植屋面。种植屋面的保温隔热层应选用密度小、压缩强度大、导热系数小、吸水率低的保温隔热材料。

6）可采用淋水被动蒸发屋面。

7）宜采用带老虎窗的通气阁楼坡屋面。

8）采用带通风空气层的金属夹芯隔热屋面，空气层厚度不宜小于 0.1m。

9）采用外遮阳构造或构件，如采用太阳能光伏遮阳板、植物攀藤架等。

(3) 围护结构隔热性能计算

屋面内表面最高温度 $\theta_{i \cdot max}$ 的计算方法与外墙内表面最高温度 $\theta_{i \cdot max}$ 计算方法一样，只是边界条件按照屋面条件输入。

8.1.3　门窗、幕墙、采光顶

1）隔热指标。透光围护结构太阳得热系数与夏季建筑遮阳系数的乘积宜小于表 8.1-3 所规定的限值。

透光围护结构隔热性能限值　　　　　表 8.1-3

气候区	朝向			
	南	北	东、西	水平
寒冷 B 区	—	—	0.55	0.45
夏热冬冷 A 区	0.55	—	0.50	0.40
夏热冬冷 B 区	0.50	—	0.45	0.35
夏热冬暖 A 区	0.50		0.40	0.30
夏热冬暖 B 区	0.45	0.55	0.40	0.30

2）隔热性能计算。透光围护结构的太阳得热系数、遮阳系数、太阳红外热能总透射比等隔热性能按照第 4 章 4.15 节中的计算方法进行计算。

3）对遮阳要求高的门窗、玻璃幕墙、采光顶隔热宜采用着色玻璃、遮阳型单片 Low-E 玻璃、着色中空玻璃、热反射中空玻璃、遮阳型 Low-E 中空玻璃等遮阳型的玻璃系统。

4）向阳面的窗、玻璃门、玻璃幕墙、采光顶应设置固定遮阳或活动遮阳。固定遮阳的设计可考虑阳台、走廊、雨篷等建筑构件的遮阳作用，设计时应进行夏季太阳直射轨迹分析，根据分析结果确定固定遮阳的形状和安装位置。活动遮阳宜设置在室外侧。

5）对于非透光的建筑幕墙，应在幕墙面板的背后设置保温材料，保温材料层的热阻应满足墙体的保温要求，且不应小于 1.0m² · K/W。

8.2 外墙隔热设计

8.2.1 吸收升温隔热墙体

绝热材料导热系数与蓄热系数小、热阻大，使墙体外表面升温快而加强向室外对流与辐射热交换散热来减少向围护结构内部传热。这种热过程机理会使进入墙体外表面的热流初相角提前，是建筑外保温技术最显著的隔热特性。在隔热设计时，应合理选择和处理隔热保温层材料与位置，以及适宜的构造方式。

其隔热方式的缺点：由于提高了外墙表面温度，墙体断面温度变化梯度加大，墙体外表面可能产生温度应力所引起的开裂等破坏，同时提高了建筑室外环境温度。

设计要点

1）在表面太阳吸收系数相同的前提下，相同墙体类型，材料层的热阻越大相应隔热性能越好。

2）在热惰性指标 D 值相等的情况下，绝热材料放置在外侧受到室外综合温度波动的影响要小，房间热稳定性比放在内侧好。

8.2.2 反射隔热墙体

反射隔热通过控制围护结构外表面吸收太阳辐射或其他红外辐射热，减少被加热墙面传入墙体内的热流，同时使峰值降低和延时，达到隔热的目的（表 8.2-1）。通常墙体外饰面采用浅色涂料、浅色饰面砖或热反射涂料等措施，均具有良好的反射隔热效果。在进行反射隔热设计时，要注意因反射较强太阳光造成的光污染问题。

非金属材料基层采用建筑反射隔热涂料饰面的基本构造 表 8.2-1

基层墙体 1	系统基本构造					构造示意
	2	3	4	5	6	
非金属材料基层	界面层	保温层	抗裂层	柔性腻子层	底漆及建筑反射隔热涂料层	
	水泥砂浆找平层（或柔性腻子）	底漆层	建筑反射隔热涂料层	—	—	

基层墙体	系统基本构造					构造示意
1	2	3	4	5	6	
金属材料基层	防锈漆层	底漆层	建筑反射隔热涂料层	—	—	

设计要点

1) 采用建筑反射隔热涂料饰面的建筑外墙外保温系统，其性能要求及构造应符合现行行业标准《外墙外保温工程技术标准》JGJ 144 的有关规定。

2) 建筑反射隔热涂料工程的热工设计应包括隔热设计和节能设计，且应采用污染修正后的太阳辐射系数进行计算。

3) 隔热设计过程中，不考虑涂料反射隔热效果的情况下，墙体的热阻应符合现行国家标准《民用建筑热工设计规范》GB 50176 中冬季保温的有关要求，且隔热计算方法应符合该规程的有关规定。

4) 夏热冬暖地区使用建筑反射隔热涂料时，节能设计应重点考虑夏季的空调节能，可不考虑冬季的供暖能耗，外墙污染修正后的太阳辐射吸收系数不应高于 0.5。

5) 夏热冬冷地区使用建筑反射隔热涂料时，节能设计应重点考虑夏季的空调节能，同时应兼顾冬季的供暖能耗，外墙的污染修正后的太阳辐射吸收系数不宜高于 0.5。

6) 其他地区使用建筑反射隔热涂料时，不考虑建筑反射隔热涂料节能效果的情况下，围护结构热工性能应满足节能设计要求。

7) 当重质外墙使用建筑反射隔热涂料时，其污染修正后的太阳辐射吸收系数不宜大于 0.5。当轻质外墙使用建筑反射隔热涂料时，其污染修正后的太阳辐射吸收系数不宜大于 0.4。

8) 当采用污染修正系数计算时，污染修正后的太阳辐射吸收系数应按下列公式计算：

$$\rho_c = \rho\alpha \tag{8.2-1}$$

$$\rho = 1 - \gamma \tag{8.2-2}$$

$$\alpha = 11.384 \times (\rho \times 100)^{-0.6241} \tag{8.2-3}$$

式中 ρ_c——污染修正后的太阳辐射吸收系数；

γ——污染前涂料饰面实验室检测的太阳光反射比；

ρ——污染前太阳光吸收系数；

α——污染修正系数。

当采用污染后太阳光反射比计算时，污染修正后的太阳辐射吸收系数应按下式计算：

$$\rho_c = 1 - \gamma_c \tag{8.2-4}$$

式中 γ_c——污染后太阳光反射比，按现行行业标准《建筑反射隔热涂料》JG/T 235 试验方法确定。

9）对采用反射隔热涂料作外饰面的外墙，计算其传热系数或热阻时，不得附加涂料饰面的当量热阻。当需要进行建筑围护结构权衡判断设计计算时，应取涂料饰面经过污染修正后的太阳辐射吸收系数进行建筑能耗指标计算。

10）对采用反射隔热涂料作外饰面的外墙，在计算内表面最高温度 $\theta_{i.\,max}$ 时，应取涂料饰面经过污染修正后的太阳辐射吸收系数参与计算，不得取涂料饰面的当量热阻参与计算。

8.2.3 通风墙体

通风墙体是将需要隔热的外墙做成带有空气间层的空心夹层墙，并在下部和上部分别开有进风口和出风口（图 8.2-1）。夹层内的空气受热后上升，在内部形成压力差，带动内部气流运动，从而可以带走内部的热量和潮气。外墙加通风夹层后，其内表面温度可大幅度降低，而且日辐射照度愈大，通风空气夹层的隔热效果愈显著。在冬季，将风口关闭，通风夹层成为具有一定厚度不流动空气的保温墙。

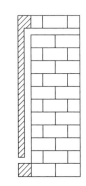

图 8.2-1　通风墙体隔热示意图

设计要点

1）通风墙主要用在西向墙体。

2）空气间层的宽度宜大于 0.3m，室内侧墙体做保温隔热处理。

3）在进行围护结构热工计算时，应考虑空气间层热阻的影响，空气间层的当量热阻按照第 4 章表 4.3-1 取值。

4）空气间层可以设置遮阳构件，使墙体减少太阳辐射的吸收，以加强通风墙的降温作用。

8.2.4 垂直绿化墙体

外墙垂直绿化能有效降低室外热作用，树叶通过蒸腾作用蒸发水分，保持自身凉爽，能降低表面辐射温度。墙面绿化按安装方法的不同分为装配式绿化、布袋式绿化、垂挂式或攀爬式绿化、板槽式绿化、悬挑式绿化、铺贴式绿化 6 个类型，墙面绿化类型、构造及做法见表 8.2-2。

设计要点

1）垂直绿化植物材料的选择，必须考虑不同习性的植物对环境条件的不同需要，选择浅根、耐贫瘠、耐旱、耐寒的强阳性或强阴性的藤本、攀缘和垂吊植物。

2）传统附壁式以建筑周边土地作为种植基盘，适用于多层建筑的墙面绿化。

3）与建筑立面分离式绿化方式，需要搭建金属网架、木架等辅助构件，应与建筑立面设计相结合，该绿化方式在植物层和外墙之间可以形成通风间层，隔热效果更好。

4）垂吊式多采用春藤、紫藤等不需要特殊养护的植物，适用于办公楼、商场、医院等公共建筑的外立面造型，可每层或各层种植。

5）模块化绿化方式对技术手段要求较高，生长基质、种植基盘及灌溉系统都需要经过专业设计，养护管理需要高空作业，成本高。

墙面绿化类型、构造和做法　　　　　表 8.2-2

类型	构造	做法	类型	构造	做法
装配式绿化		1—防水层 2—墙体 3—滴灌管道 4—生长基质 5—植物种植孔 6—滴头 7—模块 8—植物	板槽式绿化		1—防水层 2—墙体 3—滴灌管道 4—生长基质 5—滴头 6—固定点 7—种植槽 8—植物
布袋式绿化		1—防水层 2—背衬 3—墙体 4—固定点 5—生长基质 6—布袋 7—植物	悬挑式绿化		1—滴灌管道 2—墙体 3—滴头 4—种植容器 5—生长基质 6—骨架 7—植物
垂挂式绿化		1—防水层 2—滴灌管道 3—生长基质 4—墙体 5—滴头 6—固定点 7—种植槽 8—植物	铺贴式绿化		1—防水层 2—固定锚定 3—背衬 4—墙体 5—生长基质 6—植物

注：摘自《建筑设计资料集（第三版）》第 8 分册 建筑专题绿色建筑设计建筑立体绿化设计部分。

6）预制绿化墙的植物及基质的荷载相对较大，采用的辅助构件多采用钢结构，植物周围的湿度较大，且需要定期灌溉，要做好构件的防水、防腐措施。

8.2.5　常见外墙隔热性能计算

《民用建筑热工设计规范》GB 50176—2016 中针对围护结构隔热计算开发了一款专用软件 Kvalue，用来计算和判定外墙和屋面构造隔热性能是否满足规范所规定的要求。

我国南方夏热冬冷和夏热冬暖地区常用的保温隔热墙体包括以下几种类型，在自然通风和空调两种室内工况下的隔热要求，计算墙体内表面最高温度 $\theta_{i.max}$ 的计算值（表 8.2-3～表 8.2-6）。

（1）50mm 厚岩棉＋200mm 钢筋混凝土外保温墙体；

（2）40mmEPS＋200mm 钢筋混凝土外保温墙体；

（3）200mm 钢筋混凝土墙体＋25mm 挤塑聚苯板 XPS 内保温墙体；

（4）20mm 水泥砂浆＋200mm 加气混凝土砌块＋20mm 水泥砂浆自保温。

以重庆市为例，软件计算界面剂边界条件如图 8.2-2、图 8.2-3 所示。算例中太阳辐射吸收系数按照 0.7 取值，由于该数值会直接影响逐时的室外综合温度的大小，对计算结果产生影响，故设计过程中应根据待计算的外墙或屋面外表面的实际情况输入。

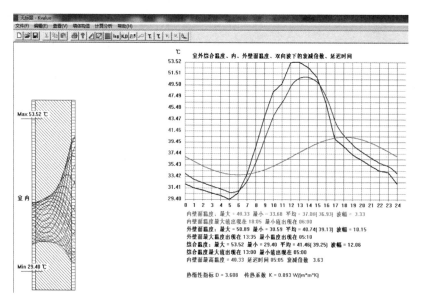

图 8.2-2　Kvalue 软件计算界面

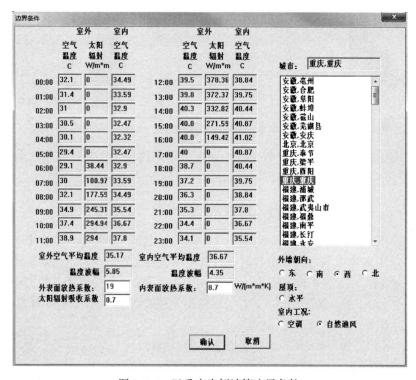

图 8.2-3　以重庆为例计算边界条件

围护结构在自然通风条件下西墙的隔热性能 表 8.2-3

地名	累年日平均温度最高日的最高温度 $t_{e \cdot max}$(℃)	内表面最高温度 $\theta_{i \cdot max}$(℃)			
		50mm 岩棉＋200mm 钢筋混凝土外保温墙体 $D=3.039, K=0.707$ $\rho=0.7$	40mmEPS＋200mm 钢筋混凝土外保温墙体 $D=2.607, K=0.793$ $\rho=0.7$	200mm 钢筋混凝土墙体＋25mm XPS 内保温墙体 $D=2.569, K=0.764$ $\rho=0.7$	20mm 水泥砂浆＋200mm 加气混凝土＋20mm 水泥砂浆 $D=3.608, K=0.893$ $\rho=0.7$
重庆	40.80	37.59	37.16	**40.88**	40.33
武汉	39.30	36.22	35.73	**39.86**	**39.62**
广州	30.00	34.92	34.43	**30.02**	**30.06**
长沙	40.40	36.85	36.40	40.33	39.98
西安	36.00	36.89	36.47	35.89	35.36
南京	39.00	36.10	35.65	38.88	38.58
上海	38.00	35.20	34.74	37.96	37.59
杭州	39.40	36.20	35.75	**39.57**	39.14
南宁	35.40	35.39	34.96	**35.79**	**35.52**
合肥	39.80	36.12	35.63	39.70	**39.32**
福州	40.40	35.59	35.18	39.18	38.77
南昌	39.10	36.90	36.44	**39.26**	39.02

注：加粗字体表示围护结构在自然通风条件下的隔热性能不满足规范要求。

围护结构在自然通风条件下东墙的隔热性能 表 8.2-4

地名	累年日平均温度最高日的最高温度 $t_{e \cdot max}$(℃)	内表面最高温度 $\theta_{i \cdot max}$(℃)			
		50mm 岩棉＋200mm 钢筋混凝土外保温墙体 $D=3.039, K=0.707$ $\rho=0.7$	40mmEPS＋200mm 钢筋混凝土外保温墙体 $D=2.607, K=0.793$ $\rho=0.7$	200mm 钢筋混凝土墙体＋25mm XPS 内保温墙体 $D=2.569, K=0.764$ $\rho=0.7$	20mm 水泥砂浆＋200mm 加气混凝土＋20mm 水泥砂浆 $D=3.608, K=0.893$ $\rho=0.7$
重庆	40.80	37.59	37.16	**40.92**	40.37
武汉	39.30	36.22	35.73	**39.80**	**39.53**
广州	30.00	34.92	34.43	**30.01**	**30.04**
长沙	40.40	36.85	36.40	40.20	39.80
西安	36.00	36.89	36.47	**36.02**	35.50
南京	39.00	36.10	35.65	38.85	38.53
上海	38.00	35.20	34.74	**39.11**	**39.05**
杭州	39.40	36.20	35.75	**39.64**	39.21
南宁	35.40	35.39	34.96	**35.78**	**35.50**
合肥	39.80	36.12	35.63	36.24	39.22
福州	40.40	35.59	35.18	35.85	38.66
南昌	39.10	36.90	36.44	**39.13**	38.83

注：加粗字体表示围护结构在自然通风条件下的隔热性能不满足规范要求。

围护结构在空调条件下西墙的隔热性能　　　　　　　　　　表 8.2-5

地名	内表面最高温度限值 t_i+2（℃）	内表面最高温度 $\theta_{i \cdot max}$（℃）			
		50mm 岩棉＋200mm 钢筋混凝土外保温墙体 $D=3.039, K=0.707$ $\rho=0.7$	40mmEPS＋200mm 钢筋混凝土外保温墙体 $D=2.607, K=0.793$ $\rho=0.7$	200mm 钢筋混凝土墙体＋25mm XPS 内保温墙体 $D=2.569, K=0.764$ $\rho=0.7$	20mm 水泥砂浆＋200mm 加气混凝土＋20mm 水泥砂浆 $D=3.608, K=0.893$ $\rho=0.7$
重庆	28.00	37.59	37.16	37.81	27.88
武汉	28.00	36.22	35.73	36.34	**28.23**
广州	28.00	34.92	34.43	35.04	26.96
长沙	28.00	36.85	36.40	37.03	**28.50**
西安	28.00	36.89	36.47	37.14	27.34
南京	28.00	36.10	35.65	36.28	27.79
上海	28.00	35.20	34.74	35.37	27.40
杭州	28.00	36.20	35.75	36.38	27.96
南宁	28.00	35.39	34.96	35.61	27.54
合肥	28.00	36.12	35.63	36.24	**28.11**
福州	28.00	35.59	35.18	35.85	**28.15**
南昌	28.00	36.90	36.44	36.28	**28.32**

注：加粗字体表示围护结构在空调条件下的隔热性能不满足规范要求。

围护结构在空调条件下东墙的隔热性能　　　　　　　　　　表 8.2-6

地名	内表面最高温度限值 t_i+2（℃）	内表面最高温度 $\theta_{i \cdot max}$（℃）			
		50mm 岩棉＋200mm 钢筋混凝土外保温墙体 $D=3.039, K=0.707$ $\rho=0.7$	40mmEPS＋200mm 钢筋混凝土外保温墙体 $D=2.607, K=0.793$ $\rho=0.7$	200mm 钢筋混凝土墙体＋25mm XPS 内保温墙体 $D=2.569, K=0.764$ $\rho=0.7$	20mm 水泥砂浆＋200mm 加气混凝土＋20mm 水泥砂浆 $D=3.608, K=0.893$ $\rho=0.7$
重庆	28.00	37.59	37.16	37.81	27.80
武汉	28.00	36.22	35.73	36.34	27.90
广州	28.00	34.92	34.43	35.04	26.90
长沙	28.00	36.85	36.40	37.03	27.92
西安	28.00	36.89	36.47	37.14	27.31
南京	28.00	36.10	35.65	36.28	27.61
上海	28.00	35.20	34.74	35.37	**28.84**
杭州	28.00	36.20	35.75	36.38	27.85
南宁	28.00	35.39	34.96	35.61	27.40
合肥	28.00	36.12	35.63	36.24	27.79
福州	28.00	35.59	35.18	35.85	27.84
南昌	28.00	36.90	36.44	36.28	27.83

注：加粗字体表示围护结构在空调条件下的隔热性能不满足规范要求。

其他围护结构在自然通风条件下西墙的隔热性能　　　　表 8.2-7

地名	累年日平均温度最高日的最高温度 $t_{e \cdot max}$（℃）	内表面最高温度 $\theta_{i \cdot max}$（℃）		
		240mm 空心砖两面抹灰砖墙 $v_0=23.2,\zeta_0=8.40$ $\rho=0.7$	240mm 空心砖＋30mmEPS 板外保温墙体 $v_0=102.98,\zeta_0=8.55$ $\rho=0.7$	190mm 混凝土空心砌块＋35mm EPS 板外保温墙体 $v_0=29.76,\zeta_0=5.25$ $\rho=0.7$
重庆	38.9	37.59	37.16	37.81
武汉	36.9	36.22	35.73	36.34
广州	35.6	34.92	34.43	35.04
长沙	37.9	36.85	36.40	37.03
西安	38.5	36.89	36.47	37.14
南京	37.1	36.10	35.65	36.28
上海	36.1	35.20	34.74	35.37
杭州	37.2	36.20	35.75	36.38
南宁	36.7	35.39	34.96	35.61
合肥	36.8	36.12	35.63	36.24
福州	37.2	35.59	35.18	35.85
南昌	37.8	36.90	36.44	36.28

表 8.2-7 中计算结果表明：在自然通风下，普通抹灰 240 空心砖墙、240 空心砖墙＋30EPS 板以及 190mm 混凝土空心砌块＋35mm EPS 板外保温墙体的隔热性能满足隔热标准要求。但提高墙体的热工性能，加大热阻对自然通风条件下隔热作用是有限的（表 8.2-8～表 8.2-10）。

室内空调状态下 50mm 岩棉＋200mm 钢筋混凝土西墙夏季隔热计算参数　　表 8.2-8

地区	室外气温		室外综合温度		外表面温度及波幅（℃）			内表面温度及波幅（℃）		
	$\bar{t}_e$	$t_{e \cdot max}$	$\bar{t}_{sa}$	$t_{sa \cdot max}$	$\theta_{e \cdot max}$	$\bar{\theta}_e$	At_e	$\theta_{i \cdot max}$	$\bar{\theta}_i$	At_i
贵阳	26.9	32.7	37.39	54.47	50.90	36.48	14.42	27.32	26.67	0.65
北京	30.2	36.3	42.94	61.77	57.21	41.11	16.10	27.80	27.08	0.72
福州	30.9	37.2	41.79	58.97	55.17	40.31	14.86	27.72	27.05	0.67
广州	31.1	35.6	41.99	57.37	53.80	40.50	13.30	27.66	27.07	0.59
上海	31.2	36.1	42.09	57.87	54.24	40.60	13.64	27.69	27.08	0.61
南京	32.0	37.1	42.89	57.87	55.18	41.36	13.83	27.77	27.15	0.62
西安	32.3	38.5	43.19	60.17	56.33	41.65	14.68	27.84	27.18	0.66
武汉	32.4	36.9	42.29	58.67	55.04	41.74	13.30	27.78	27.19	0.59
郑州	32.5	38.8	43.39	60.57	56.70	41.84	14.86	27.87	27.20	0.67
长沙	32.7	37.9	43.59	59.67	55.94	42.04	13.90	27.84	27.22	0.62
重庆	33.2	38.9	44.09	60.67	56.85	42.51	14.34	27.91	27.27	0.65
杭州	32.1	37.2	42.99	58.97	55.27	41.46	13.82	27.78	27.16	0.62
南宁	31.0	36.7	41.87	58.57	54.74	40.40	14.34	27.70	27.06	0.64
合肥	32.3	36.8	41.19	58.57	54.95	41.65	13.30	27.77	27.18	0.59
南昌	32.9	37.8	43.79	59.57	55.87	42.22	13.64	27.85	27.24	0.61

注：室内温度 26℃，热惰性指标 $D=3.581$，传热系数 $K=0.822$，延迟时间 ξ（h）$=07$：15，衰减倍数 $v_0=83.86$。

室内空调状态下100金属夹芯EPS板墙西向夏季隔热计算参数

表 8.2-9

地区	室外气温		室外综合温度		外表面温度及波幅(℃)			内表面温度及波幅(℃)		
	$\bar{t}_e$	$t_{e \cdot max}$	$\bar{t}_{sa}$	$t_{sa \cdot max}$	$\theta_{e \cdot max}$	$\bar{\theta}_e$	At_e	$\theta_{i \cdot max}$	$\bar{\theta}_i$	At_i
贵阳	26.9	32.7	37.39	54.47	53.83	37.52	16.31	27.34	26.55	0.78
北京	30.2	36.3	42.94	61.77	60.98	42.56	18.52	27.67	26.79	0.88
福州	30.9	37.2	41.79	58.97	58.24	41.43	16.89	27.55	26.74	0.81
广州	31.1	35.6	41.99	57.37	56.68	41.63	15.04	27.48	26.75	0.72
上海	31.2	36.1	42.09	57.87	57.16	41.73	15.34	27.50	26.76	0.74
南京	32.0	37.1	42.89	57.87	58.14	42.51	15.63	27.55	26.79	0.75
西安	32.3	38.5	43.19	60.17	59.40	42.80	16.60	27.61	26.81	0.80
武汉	32.4	36.9	42.29	58.67	57.95	42.90	15.04	27.54	26.81	0.72
郑州	32.5	38.8	43.39	60.57	56.70	41.84	14.86	27.87	27.20	0.67
长沙	32.7	37.9	43.59	59.67	58.92	43.20	15.73	27.50	26.83	0.76
重庆	33.2	38.9	44.09	60.67	59.90	43.68	16.21	27.63	26.85	0.78
杭州	32.1	37.2	42.99	58.97	58.24	42.61	15.63	27.55	26.80	0.75
南宁	31.0	36.7	41.87	58.57	57.74	41.53	16.21	27.53	26.75	0.70
合肥	32.3	36.8	41.19	58.57	57.85	42.01	15.04	27.53	26.81	0.72
南昌	32.9	37.8	43.79	59.57	58.82	43.39	15.43	27.58	26.84	0.74

注：室内温度 26℃，热惰性指标 $D=0.839$，传热系数 $K=0.410$，延迟时间 $\xi(h)=01:05$，衰减倍数 $v_0=21.31$。

室内空调状态下240空心砖+30胶粉EPS颗粒外保温墙西墙夏季隔热计算参数

表 8.2-10

地区	室外气温		室外综合温度		外表面温度及波幅(℃)			内表面温度及波幅(℃)		
	$\bar{t}_e$	$t_{e \cdot max}$	$\bar{t}_{sa}$	$t_{sa \cdot max}$	$\theta_{e \cdot max}$	$\bar{\theta}_e$	At_e	$\theta_{i \cdot max}$	$\bar{\theta}_i$	At_i
贵阳	26.9	32.7	37.39	54.47	51.61	36.73	14.09	26.84	26.64	0.20
北京	30.2	36.3	42.94	61.77	58.01	40.54	15.33	27.26	27.04	0.21
福州	30.9	37.2	41.79	58.97	55.88	40.77	15.84	27.26	27.05	0.21
广州	31.1	35.6	41.99	57.37	54.46	40.73	13.73	27.25	27.07	0.19
上海	31.2	36.1	42.09	57.87	54.91	40.83	14.08	27.27	27.08	0.19
南京	32.0	37.1	42.89	57.87	55.05	41.59	14.26	27.35	27.16	0.19
西安	32.3	38.5	43.19	60.17	57.03	41.88	15.16	27.40	27.19	0.21
武汉	32.4	36.9	42.29	58.67	55.07	41.97	13.73	27.39	27.20	0.19
郑州	32.5	38.8	43.39	60.57	57.40	42.07	15.33	27.42	27.21	0.21
长沙	32.7	37.9	43.59	59.67	56.61	42.26	14.35	27.42	27.23	0.20
重庆	33.2	38.9	44.09	60.67	57.53	42.73	14.80	27.48	27.28	0.20
杭州	32.1	37.2	42.99	58.97	55.59	41.69	14.26	27.36	27.17	0.19
南宁	31.0	36.7	41.87	58.57	55.44	40.64	14.80	27.26	27.06	0.20
合肥	32.3	36.8	41.19	58.57	55.60	41.88	14.37	27.19	27.12	0.19
南昌	32.9	37.8	43.79	59.57	56.53	42.45	14.08	27.44	27.25	0.19

注：室内温度 26℃，热惰性指标 $D=4.375$，传热系数 $K=0.881$，延迟时间 $\xi(h)=10:35$，衰减倍数 $v_0=82.90$。

8.3　屋面隔热设计

8.3.1　隔热（保温）屋面

正置式钢筋混凝土平屋面、倒置式钢筋混凝土平屋面、钢筋混凝土坡保温屋面以及钢筋混凝土保温吊顶等屋面借助绝热材料导热系数小、热阻大的特点，具有保温、隔热的双重作用。

设计要点

1）在承重层与防水层之间增设一层实体轻质材料，如炉渣混凝土、泡沫混凝土、膨胀珍珠岩等，可增大屋顶热阻与热惰性，提高屋面隔热性能。

2）在表面太阳吸收系数相同的前提下，材料层的热惰性指标越大，相应隔热性能越好。

3）绝热材料本身热容量小，抗外界温度波动的能力差，但热阻大，绝热性能好；热容量较大的重质材料抵抗外界温度波动的能力强，但热阻小，因此在隔热设计时，尽量采用绝热材料和主体结构层复合的结构方式。

4）在热惰性指标 D 值相等的情况下，绝热材料放置在外侧受到室外综合温度波动的影响要小，房间热温度性比放在内侧好。

8.3.2　反射隔热屋面

屋面外饰面采用浅色饰面或热反射隔热涂料等措施，均具有良好的反射隔热效果。反射隔热涂料屋面即在原保温屋面基础上增加水泥砂浆找平层（或柔性腻子）、底漆及建筑反射隔热涂料层，做法及热工设计要求与反射隔热涂料外墙基本相同。

设计要点

1）采用建筑反射隔热涂料的屋面，其防排水设计、保温系统性能和构造层应符合现行国家标准《屋面工程技术规范》GB 50345 的有关规定。

2）夏热冬暖地区使用建筑反射隔热涂料时，屋面的污染修正后的太阳辐射吸收系数不应高于 0.4。

3）夏热冬冷地区使用建筑反射隔热涂料时，屋面的污染修正后的太阳辐射吸收系数不宜高于 0.4。

4）对采用反射隔热涂料作外饰面的屋面，计算其传热系数或热阻时，不得附加涂料饰面的当量热阻。当需要进行建筑围护结构权衡判断设计计算时，应取涂料饰面经过污染修正后的太阳辐射吸收系数进行建筑能耗指标计算。

5）对采用反射隔热涂料作外饰面的屋面，在计算内表面最高温度 $\theta_{i.max}$ 时，应取涂料饰面经过污染修正后的太阳辐射吸收系数参与计算，不得取涂料饰面的当量热阻参与计算。

8.3.3　空气间层隔热屋面

（1）封闭空气间层隔热屋面

通过增加屋面隔热层的厚度可以提高隔热效果，但为了减轻屋面的自重，可以利用封闭空气间层进行隔热（图 8.3-1）。在封闭空气间层内传热方式主要是辐射传热，为提高空气间层的隔热能力，可在间层内设长波辐射率小（长波反射率大）的材料，如铝箔等，以减少辐射传热量。

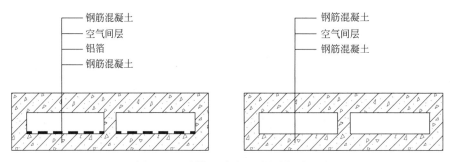

图 8.3-1　封闭空气间层的隔热屋面

（2）通风间层隔热屋面

通风间层隔热屋面是在屋顶设置通风间层，一方面利用通风间层的外层遮挡阳光，使屋顶变成两次传热，避免太阳辐射热直接作用在围护结构上；另一方面利用风压和热压的作用，尤其是自然通风，带走进入夹层中的热量，从而减少室外热作用对内表面的影响（表 8.3-1）。

通风屋面的构造形式　　　　　　　　　　　表 8.3-1

类型	构造形式		备注
通风隔热屋面	（图）	1—细石混凝土 2—架空层 3—防水层 4—水泥砂浆找平层 5—找坡层 6—保温层 7—水泥砂浆保护层 8—屋面板	1. 严寒、寒冷地区不宜采用； 2. 应与不同保温屋面系统结合使用

设计要点

1）架空屋面的坡度不宜大于 5%。

2）架空隔热层的高度，应按屋面宽度或坡度大小的变化确定，一般高度为 100~300mm。

3）当屋面宽度大于 10m 时，架空屋面应设置通风屋脊，以保证气流通畅。

4）架空隔热层的进风口，宜设置在当地炎热季节最大频率风向的正压区，出风口宜设置在负压区。

5）架空板与女儿墙的距离约 250mm。

6）基层屋面板应有一定厚度的保温隔热层，根据屋面的热工性能要求，经计算确定。

7）屋面构造层可设置封闭空气间层或带有铝箔的空气间层。当为单面铝箔空气间层时，铝箔宜设置在温度较高的一侧。

8）通风口要面向夏季主导风向。

（3）吊顶隔热屋面

在屋顶下面吊一层顶棚，形成吊顶屋面，在屋面和顶棚之间形成一个通风或不通风的空气间层。其隔热原理如同带封闭空气间层的隔热屋面或通风间层隔热屋面。

设计要点

1）吊顶屋面的间层高度一般应大于 180mm，若房间的中间有顶梁，可以把吊顶屋顶做在梁底；

2）宜在屋盖下面铺设铝箔；

3）适用于临时性或半永久性建筑中。

（4）通风阁楼隔热屋面

通风阁楼隔热屋面一般在檐口、屋脊或山墙等处开通气孔，利于透气、排湿和散热，常见的通风形式通常有：在山墙上开口通风；从檐口下进气由屋脊排气；在屋顶设老虎窗通风等，如图 8.3-2 所示。

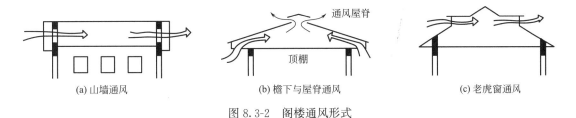

(a) 山墙通风　　　　　　(b) 檐下与屋脊通风　　　　　　(c) 老虎窗通风

图 8.3-2　阁楼通风形式

设计要点

1）宜加大通风口面积，合理布置通风口的位置，提高阁楼屋面的隔热性能。

2）通风口可做成可开闭式，夏季开启，便于通风；冬季关闭，利于保温。

3）冬季需要考虑屋顶保温的地区，可根据具体情况在顶棚设保温材料以增加热阻和热稳定性。

4）避免阁楼不设通风口或通风口面积过小，形成闷顶，造成顶层房间过热。

8.3.4　蓄水屋面

蓄水屋面是在平屋面上修建一个浅水池并储存一薄层水，利用水在太阳光的照耀下蒸发时需要大量的汽化热，从而大量消耗到达屋面的太阳辐射热，有效地减弱了经屋顶传入室内的热量，相应地减低了屋顶内表面的温度（表 8.3-2）。在屋顶上喷水、淋水降温，也是利用水的蒸发耗热原理进行隔热。

蓄水屋面的构造形式　　　　　　　　　　　　　　表 8.3-2

类型	构造形式		备注
蓄水屋面		1—蓄水 2—防水砂浆 3—钢筋混凝土水池 4—水泥砂浆找平层 5—防水层 6—水泥砂浆保护层 7—找坡层 8—保温层 9—屋面板	1. 不适宜严寒、寒冷地区； 2. 不适宜在地震地区和振动较大的建筑物上采用； 3. 屋面防水等级为Ⅰ级、Ⅱ级时，不宜采用蓄水屋面

设计要点

1）蓄水屋面的坡度不宜大于 0.5%；

2）蓄水屋面应划分为若干蓄水区，每区的边长不宜大于 10m，在变形缝的两侧应分成两个互不连通的蓄水区；长度超过 40m 的蓄水屋面应设分仓缝，分仓隔墙可采用混凝土或砖砌；

3）蓄水屋面应设排水管、溢水口和给水管，排水管应与水落管或其他排水出口连通；

4）蓄水屋面的蓄水深度宜为 150～200mm；

5）蓄水屋面泛水的防水层高度，应高出溢水口 100mm；

6）蓄水屋面应设置人行通道；

7）屋面板应有一定厚度的保温隔热层，保温隔热层应设置在结构层与找坡层之间。

8.3.5　隔热种植屋面

种植屋面是通过在屋顶上栽种植物，阻隔太阳辐射对屋顶的热作用，利用植物叶面的蒸腾和光合作用，吸收太阳的热辐射，达到隔热降温的目的。种植屋面的隔热性能与植被的覆盖密度、培植基质的种类和厚度以及基层的构造等因素相关。

种植屋面的类型包括三种形式。

1）覆土种植屋面：在钢筋混凝土的屋顶上覆盖不小于 100mm 厚的土壤，种草或其他绿色植物；

2）无覆土种植屋面：采用蛭石、木屑等代替土壤来种植，具有自重轻、屋面温差小、有利于防水防渗的特点；

3）高度较低的建筑通过种植攀缘植物，如紫藤、牵牛花、爆竹花等，使其攀爬上架或者直接攀于屋面上。

种植屋面在进行隔热设计以及热工性能计算时，设计要点以及热工计算参数取值参照第 7 章 7.3.2 节的相关规定。

8.3.6　常见屋面隔热性能计算

屋面隔热设计同外墙隔热设计原理方法相同，不同之处仅是朝向为水平向，边界条件不同，可根据隔热要求确定所需隔热层厚度 δ 和内表面最高温度。本手册选取夏热冬冷地区和夏热冬暖地区较为典型的三种屋面形式，对自然通风、空调两种工况下的隔热效果进行计算（表 8.3-3、表 8.3-4）。

（1）100mm 彩钢夹芯保温岩棉屋面；

（2）40mm 细石混凝土＋40mm 挤塑聚苯板 XPS＋20mm 水泥砂浆找平＋50mm（平均）水泥炉渣找坡＋100mm 钢筋混凝土平屋面（适宜夏热冬暖地区）；

（3）40mm 细石混凝土＋60mm 挤塑聚苯板 XPS＋20mm 水泥砂浆找平＋50mm（平均）水泥炉渣找坡＋100mm 钢筋混凝土平屋面（适宜夏热冬冷地区）。

当屋面隔热性能不满足规范要求时，应通过降低太阳辐射吸收系数、增加保温材料厚度、设置通风隔热屋面、种植屋面、淋水被动蒸发屋面等措施使得屋面内表面最高温度满足要求。

围护结构在自然通风条件下屋面的隔热性能 表 8.3-3

地名	累年日平均温度最高日的最高温度 $t_{e \cdot max}$(℃)	内表面最高温度 $\theta_{i \cdot max}$(℃)		
		100mm 彩钢夹芯保温岩棉屋面 $D=1.664, K=0.418$ $\rho=0.7$	40mm 细石混凝土＋40mm XPS 板＋20mm 水泥砂浆＋50mm 水泥炉渣＋100mm 钢筋混凝土平屋面 $D=2.861, K=0.557$ $\rho=0.7$	40mm 细石混凝土＋60mm XPS 板＋20mm 水泥砂浆＋50mm 水泥炉渣＋100mm 钢筋混凝土平屋面 $D=1.902, K=0.624$ $\rho=0.7$
重庆	40.8	**41.72**	39.08	38.87
武汉	39.3	**40.74**	38.84	38.59
广州	37.6	**30.64**	35.95	35.71
长沙	40.4	**41.40**	38.94	38.67
西安	36.0	**36.70**	34.33	36.25
南京	39.0	**39.80**	37.43	37.23
上海	38.0	**38.71**	36.62	36.88
杭州	39.4	**40.46**	38.12	37.86
南宁	35.4	**36.59**	34.75	34.52
合肥	39.8	**40.64**	38.30	38.05
福州	40.4	40.33	37.56	37.27
南昌	39.1	**40.23**	38.17	37.90

注：加粗字体表示围护结构在自然通风条件下的隔热性能不满足规范要求。

围护结构在空调条件下屋面的隔热性能 表 8.3-4

地名	内表面最高温度限值 $t_i+2.5/$ $t_i+3.5$ (℃)	内表面最高温度 $\theta_{i \cdot max}$(℃)		
		100mm 彩钢夹芯保温岩棉屋面 $D=1.664, K=0.418$ $\rho=0.7$	40mm 细石混凝土＋40mm XPS 板＋20mm 水泥砂浆＋50mm 水泥炉渣＋100mm 钢筋混凝土平屋面 $D=2.861, K=0.557$ $\rho=0.7$	40mm 细石混凝土＋60mm XPS 板＋20mm 水泥砂浆＋50mm 水泥炉渣＋100mm 钢筋混凝土平屋面 $D=1.902, K=0.624$ $\rho=0.7$
重庆	28.5/29.5	28.09	27.42	27.02
武汉	28.5/29.5	28.03	27.58	27.14
广州	28.5/29.5	27.27	27.39	27.00
长沙	28.5/29.5	28.19	27.65	27.18
西安	28.5/29.5	27.55	27.15	27.10
南京	28.5/29.5	27.83	27.30	26.94
上海	28.5/29.5	27.28	27.00	27.07
杭州	28.5/29.5	28.05	27.52	27.10
南宁	28.5/29.5	27.71	27.21	26.87
合肥	28.5/29.5	27.97	27.50	27.08
福州	28.5/29.5	28.29	27.59	27.14
南昌	28.5/29.5	28.14	27.61	27.16

8.4 气凝胶与薄层隔热材料的隔热设计

8.4.1 气凝胶高效隔热材料

气凝胶又称为干凝胶。当凝胶脱去大部分溶剂，使凝胶中液体含量比固体含量少得多，或凝胶的空间网状结构中充满的介质是气体，外表呈固体状，即为气凝胶。气凝胶具有凝胶的性质，即具膨胀作用、触变作用、离浆作用。

气凝胶的孔径尺寸接近甚至小于常压下空气分子平均自由程，因此在气凝胶孔隙中空气几乎静止，这就避免了空气的对流传热，而孔隙和网络结构的弯曲路径也分别阻止了空气的气态热传导，通过掺杂红外吸收剂还可阻隔热辐射。这三个方面共同作用，几乎阻断了热传递的所有途径，使气凝胶达到其他材料无法比拟的隔热效果，甚至远低于常温下静态空气的导热系数 $0.026W/（m·K）$，达到 $0.011W/（m·K）$ 以下。

气凝胶保温隔热原理见表 8.4-1。

表 8.4-1

气凝胶保温隔热原理

序号	类型	原理
1	对流	当气凝胶材料中的气孔直径小于 70nm 时，气孔内的空气分子就失去了自由流动的能力，附着在气孔壁上，这时材料处于近似真空状态
2	辐射	由于材料内的气孔均为纳米级气孔再加材料本身极低的体积密度，使材料内部气孔壁数趋于"无穷多"，对于每一个气孔壁来说都具有遮阳板的作用，因而产生近于"无穷多遮阳板"的效应，从而使辐射传热下降到近乎最低极限
3	热传导	由于近似无穷多纳米孔的存在，热流在固体中传递时就只能沿着气孔壁传递，近似无穷多的气孔壁构成了近似"无穷长路径"效应，使得固体热传导的能力下降到接近最低极限

8.4.2 薄层隔热材料

建筑围护结构表层隔热降温主要为以下四种降温机理：热阻升温隔热、反射降温隔热、辐射制冷隔热、反斯托克斯荧光制冷。薄层隔热材料最常用的是隔热降温涂料，最常用的是反射隔热涂料，它是由基料、热反射颜料、填料和助剂等组，通过高效反射太阳光来达到隔热目的。现行行业标准《建筑外表面用热反射隔热涂料》JC/T 1040 中要求：反射隔热涂料太阳反射比不小于 83%，半球发射率不小于 85%。

根据隔热原理，隔热降温涂料又分为四类，如表 8.4-2 所示。

表 8.4-2

隔热涂料类型与原理

序号	类型	原理
1	隔绝型隔热涂料	通过增大墙体的热阻，同时使墙体外表面升温，加强向室外对流与辐射热交换散热来减少向围护结构内部传热，从而实现隔热。隔绝型隔热涂料在施工时厚度一般为 5～20mm。目前最常用的是气凝胶隔热涂层

序号	类型	原理
2	反射型隔热涂料	反射型隔热涂料是采用陶瓷微珠或者铝基、树脂、金属氧化物颜、金属氧化物填料,通过对这些原料的加工,制作出对红外线和可见光中带热源的光线进行有效的反射的涂层,从而达到降温隔热的目的
3	辐射制冷涂料	辐射制冷是指表面材料以红外辐射方式通过大气窗口将热量直接释放到宇宙空间的制冷方式。众所周知,大气层外的外太空绝对温度约为3K(−270℃),是一个非常好的散热器。在大气窗口范围内(8~13μm),大气层对地表物体的红外辐射是透明的。因此,欲实现有意义的辐射制冷,制冷体必须在大气窗口范围具有很强的选择性辐射。辐射制冷的明显标志就是制冷体的表面温度恒低于气温
4	反斯托克斯荧光制冷涂料	反斯托克斯荧光制冷又称激光制冷,是一种特殊的散射效应,其散射荧光光子波长比入射光子波长短因此,散射荧光光子能量高于入射光子能量,其过程可简单理解为:用低能量激光光子激发发光介质,发光介质散出高能量的光子,将发光介质中的原有能量带出介质而制冷。与传统制冷方式相比,激光起到了提供制冷动力的作用,而散射出的反斯托克斯荧光则是热量载体。反斯托克斯荧光制冷涂料是利用太阳光激发荧光涂层,荧光涂层散射出高能量的光子,将荧光涂层中的原有能量带出荧光介质而制冷

按照建筑涂料的色彩分类,可以将建筑用节能降温涂料包括白色隔热涂料、灰色隔热降温涂料、彩色降温涂料等。

白色隔热涂料:隔热降温效果最好的是白色隔热涂料,其太阳反射率、可见光反射率和近红外反射率很容易达到为0.89、0.96和0.91以上;其涂料的热发射率(又称红外发射率)可以达到0.88以上。中建西南院建筑新材料及新产品创新中心根据实测的太阳反射率和热发射率,其太阳反射率指数SRI为112。按照ASTM E 1980-01所规定的方法计算标准条件[光照强度1000W/m^2,气温37℃,中等风速对流系数12W/(m^2·K)]下,相对于混凝土屋顶的表面降温效果为25.4℃,相对于黑色表面的降温效果为44.6℃。

灰色隔热降温涂料:普通灰色涂料由炭黑和二氧化钛配制而成,即使在白色底漆上,1%重量百分比炭黑的加入即可大大降低灰色涂料的太阳反射率;无论怎样调节配方都无法得到灰色降温涂料。制备灰色涂料可以采用以下两种方法:

1)强近红外透射黑色颜料+白色颜料=灰色涂料;

2)强近红外透射互补色颜料对+白色颜料=彩灰色涂料。

彩色降温涂料:彩色降温涂料的优点是满足建筑市场的美学需求,以及可解决白色涂料所带来的光污染。彩色降温涂料必须吸收一定波长的可见光以呈现某一特定颜色,所以提高彩色涂料太阳反射率的最佳途径就是提高其近红外反射率。

表8.4-3是中建西南院建筑新材料及新产品创新中心研发的系列彩色太阳热反射降温涂料的光谱反射率、太阳热反射率及明度。

此外,普通的炭黑和铜铬黑涂料在整个太阳光谱范围内均有很强的吸收,是最热的表面材料。为保持黑色外观,涂料在可见光区域必须全吸收,要提高黑色涂料的太阳反射率只能通过增加近红外区域的反射来实现,提高黑色涂料近红外反射率的两种方法为:

不同彩色太阳热反射降温涂料的光谱反射率、太阳热反射率及明度　　表 8.4-3

样品		太阳热反射率	紫外反射率	可见光反射率	近红外反射率	明度
橙色	外墙橙	0.618	0.057	0.522	0.782	74.7
棕色	锌铁铬棕	0.319	0.057	0.140	0.567	35.9
	钛铬棕	0.581	0.066	0.451	0.789	69.7
红色	氧化铁红	0.335	0.055	0.185	0.545	36.1
	外墙红	0.587	0.056	0.420	0.840	43.8
绿色	酞菁绿	0.280	0.060	0.077	0.552	34.5
黄色	氧化铁黄	0.483	0.053	0.369	0.661	64
	外墙黄	0.637	0.056	0.532	0.814	73.2
	钛铬黄	0.609	0.063	0.469	0.831	70.2
	钛镍黄	0.685	0.060	0.632	0.802	87.8
蓝色	钴铝蓝	0.408	0.210	0.328	0.528	41.7
	酞菁蓝	0.342	0.065	0.093	0.686	31.5

1）采用近红外反射颜料（尚无商业化的该类黑色颜料）；

2）采用近红外透射颜料制备出黑色近红外透射面漆直接应用于具有高太阳反射率基材表面（如金属屋顶、木屋顶和黏土瓦）；与白色底漆匹配应用于具有较低太阳反射率的基材表面（如混凝土屋顶）。

8.5　玻璃门窗、幕墙、采光顶的隔热设计

8.5.1　建筑玻璃隔热性能

透光围护结构隔热设计，应重点考虑门窗、幕墙、采光顶自身的隔热性能、自然通风降温设计、窗口遮阳设计三方面，本节主要从提高玻璃自身的隔热性能角度来考虑。

太阳光谱能量分布图见图 8.5-1。辐射能的大小按波长的分配不均匀，能量最大的区域在可见光部分，在波长 $0.46\mu m$ 附近，辐射能从最大值处向长波方向减弱较慢，向短波方向减弱较快，$0.2\sim 2.6\mu m$ 波段的能量几乎代表了太阳辐射的全部能量。

相比较普通透明玻璃而言，低辐射镀膜 Low-E 玻璃中采用了具有低辐射性能的金属材料银，可大大降低遮阳系数 SC，起到良好的隔热效果。图 8.5-2 是普通透明玻璃与低辐射镀膜 Low-E 玻璃的太阳光谱透过曲线，表明可以通过在玻璃表面镀制银膜（或其他金属膜）来控制阳光透过和反射的波长范围，以达到隔热保温的作用，同时保证较好的采光效果。

低辐射镀膜 Low-E 玻璃根据膜层构造的不同分为单银 Low-E、双银 Low-E、三银 Low-E，见表 8.5-1。

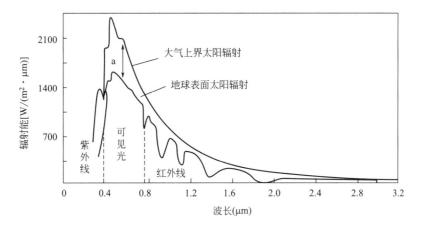

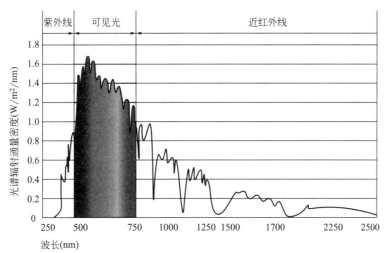

图 8.5-1　太阳光谱能量分布图

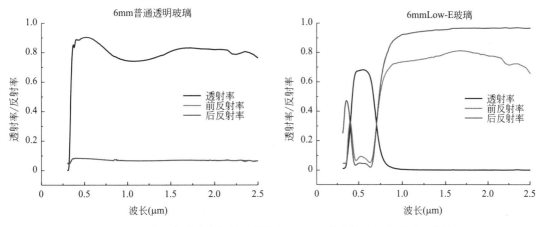

图 8.5-2　普通透明玻璃与低辐射镀膜 Low-E 玻璃的太阳光谱透过曲线

不同类型 Low-E 玻璃的特点   表 8.5-1

序号	名称	膜层
1	单银 Low-E 玻璃	5 层以上的膜层组合构成,含一层纯银膜
2	双银 Low-E 玻璃	9 层以上的膜层构成,含两层纯银膜
3	三银 Low-E 玻璃	13 层以上的膜层构成,含三层纯银膜

在评价建筑玻璃隔热性能时,主要采用以下指标。

(1) 太阳能总透射比

太阳能总透射比简称为 g 值,又名太阳得热系数 $SHGC$。采用式(8.5-1)计算:

$$g = \tau_e + q_i \tag{8.5-1}$$

式中　　g——玻璃、门窗或玻璃幕墙试件的太阳能总透射比;

　　　　τ_e——玻璃、门窗或玻璃幕墙试件的太阳光直接透射比;

　　　　q_i——玻璃、门窗或玻璃幕墙试件向室内侧的二次热传递系数。

太阳能总透射比包括两部分,一部分是建筑玻璃的太阳光直接透射比,另一部分为建筑玻璃吸收太阳辐射热后,向室内二次辐射的热量。其数值越高,说明通过建筑玻璃进入室内的太阳热越多。在夏季,为了保持室内舒适的温度,必须对建筑玻璃太阳能总透射比进行限制,以降低空调负荷,减少能源消耗。

(2) 太阳光直接透射比(τ_e)

太阳光直接透射比 τ_e 采用式(8.5-2)计算:

$$\tau_e = \frac{\sum_{\lambda=300}^{2500} \tau(\lambda) S_\lambda \Delta\lambda}{\sum_{\lambda=300}^{2500} S_\lambda \Delta\lambda} \tag{8.5-2}$$

式中　　τ_e——玻璃、门窗或玻璃幕墙构件的太阳光直接透射比;

　　　　λ——波长(nm);

　　$\tau(\lambda)$——玻璃、门窗或玻璃幕墙构件的光谱透射比;

　　　　S_λ——太阳光辐射相对光谱分布;

　　　　$\Delta\lambda$——波长间隔;

　　$S_\lambda \Delta\lambda$——太阳光辐射相对光谱分布 S_λ 与波长间隔 $\Delta\lambda$ 的乘积,$S_\lambda \Delta\lambda$ 的值见表 8.5-2。

大气质量为 1.5 时,太阳光辐射相对光谱分布 S_λ 与波长间隔 $\Delta\lambda$ 的乘积　　表 8.5-2

λ(nm)	$S_\lambda \Delta\lambda$	λ(nm)	$S_\lambda \Delta\lambda$
300	0	680	0.012838
305	0.000057	690	0.011788
310	0.000236	700	0.012453
315	0.000554	710	0.012798
320	0.000916	720	0.010589
325	0.001309	730	0.011233
330	0.001914	740	0.012175

续表

$\lambda(nm)$	$S_\lambda \Delta\lambda$	$\lambda(nm)$	$S_\lambda \Delta\lambda$
335	0.002018	750	0.012181
340	0.002189	760	0.009515
345	0.002260	770	0.010479
350	0.002445	780	0.011381
355	0.002555	790	0.011262
360	0.002683	800	0.028718
365	0.003020	850	0.048240
370	0.003359	900	0.040297
375	0.003509	950	0.021384
380	0.003600	1000	0.036097
385	0.003529	1050	0.034110
390	0.003551	1100	0.018861
395	0.004294	1150	0.013228
400	0.007812	1200	0.022551
410	0.011638	1250	0.023376
420	0.011877	1300	0.017756
430	0.011347	1350	0.003743
440	0.013246	1400	0.000741
450	0.015343	1450	0.003792
460	0.016166	1500	0.009693
470	0.016178	1550	0.013693
480	0.016402	1600	0.012203
490	0.015794	1650	0.010615
500	0.015801	1700	0.007256
510	0.015973	1750	0.007183
520	0.015357	1800	0.002157
530	0.015867	1850	0.000398
540	0.015827	1900	0.000082
550	0.015844	1950	0.001087
560	0.015590	2000	0.003024
570	0.015256	2050	0.003988
580	0.014745	2100	0.004229
590	0.014330	2150	0.004142
600	0.014663	2200	0.003690

λ(nm)	$S_{\lambda}\Delta\lambda$	λ(nm)	$S_{\lambda}\Delta\lambda$
610	0.015030	2250	0.003592
620	0.014859	2300	0.003436
630	0.014622	2350	0.003163
640	0.014526	2400	0.002233
650	0.014445	2450	0.001202
660	0.014313	2500	0.000475
670	0.014023	—	—

注：空气质量为 1.5 时，地面上标准的太阳光辐射（直射＋漫射）相对光谱分布出自 ISO 9845-1：1992。表中数据为标准的太阳光辐射相对光谱分布 S_{λ} 乘以波长间隔 $\Delta\lambda$。

1）单片玻璃或单层窗玻璃组件的光谱透射比

单片玻璃或单层窗玻璃组件的光谱透射比 τ（λ）为构件实测的光谱透射比。

2）多层窗玻璃组件的光谱透射比

双层窗玻璃组件的光谱透射比 τ（λ）采用式（8.5-3）计算：

$$\tau(\lambda) = \frac{\tau_1(\lambda)\tau_2(\lambda)}{1-\rho'_1(\lambda)\rho_2(\lambda)} \tag{8.5-3}$$

式中　τ（λ）——双层窗玻璃组件的光谱透射比；

　　　　λ——波长（nm）；

　　τ_1（λ）——第 1 片（室外侧）玻璃的光谱透射比；

　　τ_2（λ）——第 2 片（室内侧）玻璃的光谱透射比；

　　ρ'_1（λ）——在光由室内侧射向室外侧条件下，第 1 片（室外侧）玻璃的光谱反射比；

　　ρ_2（λ）——在光由室外侧射向室内侧条件下，第 2 片（室内侧）玻璃的光谱反射比。

3）三层窗玻璃组件的光谱透射比

三层窗玻璃组件的光谱透射比 τ（λ）采用式（8.5-4）计算：

$$\tau(\lambda) = \frac{\tau_1(\lambda)\tau_2(\lambda)\tau_3(\lambda)}{[1-\rho'_1(\lambda)\rho_2(\lambda)]\cdot[1-\rho'_2(\lambda)\rho_3(\lambda)]-\tau_2^2(\lambda)\rho'_1(\lambda)\rho_3(\lambda)} \tag{8.5-4}$$

式中　τ（λ）——三层窗玻璃组件的光谱透射比；

　　　　λ——波长（nm）；

　　τ_1（λ）——第 1 片（室外侧）玻璃的光谱透射比；

　　τ_2（λ）——第 2 片（中间）玻璃的光谱透射比；

　　τ_3（λ）——第 3 片（室内侧）玻璃的光谱透射比；

　　ρ'_1（λ）——在光由室内侧射向室外侧条件下，第 1 片（室外侧）玻璃的光谱反射比；

　　ρ_2（λ）——在光由室外侧射向室内侧条件下，第 2 片（中间）玻璃的光谱反射比；

　　ρ'_2（λ）——在光由室内侧射向室外侧条件下，第 2 片（中间）玻璃的光谱反射比；

ρ_3 (λ)——在光由室外侧射向室内侧条件下，第 3 片（室内侧）玻璃的光谱反射比。

(3) 向室内侧的二次热传递系数（q_i）

玻璃、门窗或玻璃幕墙向室内侧的二次热传递系数 q_i 的计算除了与固定计算常数有关外，还与玻璃层及气体间层的厚度、膜面位置、膜面半球辐射率、太阳光（$300\sim2500\mathrm{nm}$）波段光谱透射及反射比、气体间层惰性气体体积浓度等有关。其计算步骤如下。

1）边界条件

为了计算玻璃、门窗或玻璃幕墙构件向室内侧的二次热传递系数 q_i、构件室外表面换热系数 h_e、构件室内表面换热系数 h_i，规定以下常规边界条件：

构件放置：垂直放置；

室外侧表面风速约为 $4\mathrm{m/s}$，玻璃表面的校正辐射率为 0.837；

室内侧表面：自然对流。

2）玻璃、门窗或玻璃幕墙构件室外表面换热系数

构件室外表面换热系数 $h_e=23\mathrm{W/(m^2 \cdot K)}$。

3）玻璃、门窗或玻璃幕墙构件室内表面换热系数

室内表面换热系数 h_i 采用式（8.5-5）计算：

$$h_i=3.6+\frac{4.4\varepsilon_i}{0.837} \tag{8.5-5}$$

式中　h_i——构件室内表面换热系数 $[\mathrm{W/(m^2 \cdot K)}]$；

　　　ε_i——构件室内表面校正辐射率。

4）单片玻璃或单层窗玻璃组件向室内侧的二次热传递系数

单片玻璃或单层窗玻璃组件向室内侧的二次热传递系数 q_i 采用式（8.5-6）计算：

$$q_i=\alpha_e \frac{h_i}{h_e+h_i} \tag{8.5-6}$$

式中　q_i——构件向室内侧的二次热传递系数；

　　　α_e——构件的太阳光直接吸收比；

　　　h_i——构件室内表面换热系数 $[\mathrm{W/(m^2 \cdot K)}]$；

　　　h_e——构件室外表面换热系数 $[\mathrm{W/(m^2 \cdot K)}]$。

5）双层窗玻璃组件向室内侧的二次热传递系数

双层窗玻璃组件向室内侧的二次热传递系数 q_i 采用式（8.5-7）计算：

$$q_i=\frac{\left(\dfrac{\alpha_{e1}+\alpha_{e2}}{h_e}+\dfrac{\alpha_{e2}}{\Lambda}\right)}{\left(\dfrac{1}{h_i}+\dfrac{1}{h_e}+\dfrac{1}{\Lambda}\right)} \tag{8.5-7}$$

式中　q_i——构件向室内侧的二次热传递系数；

　　　α_{e1}——双层窗玻璃组件中的第 1 片（室外侧）玻璃的太阳光直接吸收比；

　　　α_{e2}——双层窗玻璃组件中的第 2 片（室内侧）玻璃的太阳光直接吸收比；

　　　h_e——构件室外表面换热系数 $[\mathrm{W/(m^2 \cdot K)}]$；

　　　Λ——双层窗玻璃组件室外侧表面和室内侧表面之间的热导 $[\mathrm{W/(m^2 \cdot K)}]$；

　　　h_i——构件室内表面换热系数 $[\mathrm{W/(m^2 \cdot K)}]$。

双层窗玻璃组件第 1 片（室外侧）玻璃的太阳光直接吸收比 α_{e1} 采用式（8.5-8）计算：

$$\alpha_{e1} = \frac{\sum\limits_{\lambda=300}^{2500} \left\{ \alpha_1(\lambda) + \dfrac{\alpha_1'(\lambda)\tau_1(\lambda)\rho_2(\lambda)}{1 - \rho_1'(\lambda)\rho_2(\lambda)} \right\} S_\lambda \Delta\lambda}{\sum\limits_{\lambda=300}^{2500} S_\lambda \Delta\lambda} \quad (8.5\text{-}8)$$

式中 　α_{e1}——双层窗玻璃组件中的第 1 片（室外侧）玻璃的太阳光直接吸收比；

　　　　λ——波长（nm）；

　$\alpha_1(\lambda)$——在光由室外侧射向室内侧条件下，第 1 片（室外侧）玻璃的光谱直接吸收比；

　$\alpha_1'(\lambda)$——在光由室内侧射向室外侧条件下，第 1 片（室外侧）玻璃的光谱直接吸收比；

　$\tau_1(\lambda)$——第一片（室外侧）玻璃的光谱透射比；

　$\rho_2(\lambda)$——在光由室外侧射向室内侧条件下，第 2 片（室内侧）玻璃的光谱反射比；

　$\rho_1'(\lambda)$——在光由室内侧射向室外侧条件下，第 1 片（室外侧）玻璃的光谱反射比；

　　　S_λ——太阳光辐射相对光谱分布；

　　$\Delta\lambda$——波长间隔（nm）；

　$S_\lambda\Delta\lambda$——太阳光辐射相对光谱分布 S_λ 与波长间隔 $\Delta\lambda$ 的乘积，$S_\lambda\Delta\lambda$ 的值见表 8.5-2。

在光由室外侧射向室内侧条件下，第 1 片（室外侧）玻璃的光谱直接吸收比 $\alpha_1(\lambda)$ 采用式（8.5-9）计算：

$$\alpha_1(\lambda) = 1 - \tau_1(\lambda) - \rho_1(\lambda) \quad (8.5\text{-}9)$$

式中 　$\alpha_1(\lambda)$——在光由室外侧射向室内侧条件下，第 1 片（室外侧）玻璃的光谱直接吸收比；

　　　　λ——波长（nm）；

　$\tau_1(\lambda)$——第 1 片（室外侧）玻璃的光谱透射比；

　$\rho_1(\lambda)$——在光由室外侧射向室内侧条件下，第 1 片（室外侧）玻璃的光谱反射比。

在光由室内侧射向室外侧条件下，第 1 片（室外侧）玻璃的光谱直接吸收比 $\alpha_1'(\lambda)$ 采用式（8.5-10）计算：

$$\alpha_1'(\lambda) = 1 - \tau_1(\lambda) - \rho_1'(\lambda) \quad (8.5\text{-}10)$$

式中 　$\alpha_1'(\lambda)$——在光由室内侧射向室外侧条件下，第 1 片（室外侧）玻璃的光谱直接吸收比；

　　　　λ——波长（nm）；

　$\tau_1(\lambda)$——第 1 片（室外侧）玻璃的光谱透射比；

　$\rho_1'(\lambda)$——在光由室内侧射向室外侧条件下，第 1 片（室外侧）玻璃的光谱反射比；

双层窗玻璃组件中的第 2 片（室内侧）玻璃的太阳光直接吸收比 α_{e2} 采用式（8.5-11）计算：

$$\alpha_{e2} = \frac{\sum_{\lambda=300}^{2500} \left\{ \frac{\alpha_2(\lambda)\tau_1(\lambda)}{1-\rho_1'(\lambda)\rho_2(\lambda)} \right\} S_\lambda \Delta\lambda}{\sum_{\lambda=300}^{2500} S_\lambda \Delta\lambda} \tag{8.5-11}$$

式中　α_{e2}——双层窗玻璃组件中的第 2 片（室内侧）玻璃的太阳光直接吸收比；

　　　　λ——波长（nm）；

　$\alpha_2(\lambda)$——在光由室外侧射向室内侧条件下，第 2 片（室内侧）玻璃的光谱直接吸收比；

　$\tau_1(\lambda)$——第一片（室外侧）玻璃的光谱透射比；

　$\rho_1'(\lambda)$——在光由室内侧射向室外侧条件下，第 1 片（室外侧）玻璃的光谱反射比；

　$\rho_2(\lambda)$——在光由室外侧射向室内侧条件下，第 2 片（室内侧）玻璃的光谱反射比；

　　　S_λ——太阳光辐射相对光谱分布；

　　　$\Delta\lambda$——波长间隔（nm）；

　$S_\lambda\Delta\lambda$——太阳光辐射相对光谱分布 S_λ 与波长间隔 $\Delta\lambda$ 的乘积，$S_\lambda\Delta\lambda$ 的值见表 8.5-2。

在光由室外侧射向室内侧条件下，第 2 片（室内侧）玻璃的光谱直接吸收比 $\alpha_2(\lambda)$ 采用式（8.5-12）计算：

$$\alpha_2(\lambda) = 1 - \tau_2(\lambda) - \rho_2(\lambda) \tag{8.5-12}$$

式中　$\alpha_2(\lambda)$——在光由室外侧射向室内侧条件下，第 2 片（室内侧）玻璃的光谱直接吸收比；

　　　　λ——波长（nm）；

　$\tau_2(\lambda)$——第 2 片（室内侧）玻璃的光谱透射比；

　$\rho_2(\lambda)$——在光由室外侧射向室内侧条件下，第 2 片（室内侧）玻璃的光谱反射比。

双层窗玻璃组件室外侧表面和室内侧表面之间的热导 Λ 可依据 ISO 10292：1994 中规定的构件平均温度 10℃，构件内外表面温差 $\Delta T = 15℃$ 的计算条件计算。也可使用 ISO 10291 规定的防护热板法或 ISO 10293 规定的热流计法测量，推荐使用 ISO 10292：1994 中规定的计算方法。

6）n（$n > 2$）层的窗玻璃组件向室内侧的二次热传递系数

n（$n > 2$）层的窗玻璃组件向室内侧的二次热传递系数 q_i 采用式（8.5-13）计算：

$$q_i = \frac{\dfrac{\alpha_{e1}+\alpha_{e2}+\alpha_{e3}+\cdots+\alpha_{en}}{h_e} + \dfrac{\alpha_{e2}+\alpha_{e3}+\cdots+\alpha_{en}}{\Lambda_{12}} + \dfrac{\alpha_{e3}+\cdots+\alpha_{en}}{\Lambda_{23}} + \cdots + \dfrac{\alpha_{en}}{\Lambda_{(n-1)n}}}{\dfrac{1}{h_i}+\dfrac{1}{h_e}+\dfrac{1}{\Lambda_{12}}+\dfrac{1}{\Lambda_{23}}+\cdots+\dfrac{1}{\Lambda_{(n-1)n}}}$$

$$\tag{8.5-13}$$

式中　q_i——n（$n > 2$）层窗玻璃组件向室内侧的二次热传递系数；

　α_{e1}——n 层窗玻璃组件中的第 1 片（室外侧）玻璃的太阳光直接吸收比；

　α_{e2}——n 层窗玻璃组件中的第 2 片玻璃的太阳光直接吸收比；

　α_{e3}——n 层窗玻璃组件中的第 3 片玻璃的太阳光直接吸收比；

　α_{en}——n 层窗玻璃组件中的第 n 片（室内侧）玻璃的太阳光直接吸收比；

　h_e——构件室外表面换热系数 [W/（m²·K）]；

Λ_{12}——第 1 片（室外侧）玻璃室外侧表面和第 2 片玻璃中心（玻璃厚度的中心）之间的热导 $[W/(m^2 \cdot K)]$；

Λ_{23}——第 2 片玻璃中心（玻璃厚度的中心）和第 3 片玻璃中心（玻璃厚度的中心）之间的热导 $[W/(m^2 \cdot K)]$；

$\Lambda_{(n-1)n}$——第 $(n-1)$ 片玻璃中心（玻璃厚度的中心）和第 n 片（室内侧）玻璃室内侧表面之间的热导 $[W/(m^2 \cdot K)]$；

h_i——构件室内表面换热系数 $[W/(m^2 \cdot K)]$。

热导 Λ_{12}、Λ_{23}、$\Lambda_{(n-1)n}$ 按 ISO 10292：1994 第 7 章的计算过程迭代计算。

太阳光直接吸收比 α_{e1}、α_{e2}、α_{e3}、α_{en} 按 5.8.5 中给出的方法计算。计算包含以下 $(n-1)$ 个步骤：

① 第一步：按 5.1 和 5.2.1 计算由 2、3、…、n 片玻璃组成的 $(n-1)$ 层组件的光谱特性，然后将这个组件与第 1 片（室外侧）玻璃组成一个双层窗玻璃，根据式（8.5-8）计算 α_{e1}；

② 第二步：计算由 3、…、n 片玻璃组成的 $(n-2)$ 层组件的光谱特性，同时计算由第 1 片玻璃和第 2 片玻璃组成的双层窗玻璃的光谱特性，将以上两个组件组成一个双层窗玻璃，通过这个双层窗玻璃，根据式（8.5-8）计算出 $\alpha_{e1}+\alpha_{e2}$ 的和，根据第一步已知道 α_{e1} 的值，可计算出 α_{e2}，继续此步骤一直到最后的 $(n-1)$ 步；

③ $(n-1)$ 步：计算由 1，2，…，$(n-1)$ 片玻璃组成的 $(n-1)$ 层组件的光谱特性，然后将这个组件与第 n 片（室内侧）玻璃组成一个双层窗玻璃，计算出 α_{e1}、α_{e2}、…、$\alpha_{e(n-1)}$ 的和，根据已知 α_{e1}、α_{e2}、…、$\alpha_{e(n-2)}$ 的值，可计算出 $\alpha_{e(n-1)}$，根据式（8.5-11）计算出 α_{en}。

（4）遮阳系数 SC

遮阳系数 SC 采用式（8.5-14）计算：

$$SC = \frac{g}{0.87} \tag{8.5-14}$$

式中 SC——构件的遮阳系数；

g——构件的太阳能总透射比。

（5）光热比 LSG

可见光透射比与太阳能总透射比的比值。光热比 LSG 采用式（8.5-15）计算：

$$LSG = \frac{\tau_v}{g} \tag{8.5-15}$$

式中 LSG——构件的光热比；

τ_v——构件的可见光透射比；

g——构件的太阳能总透射比。

（6）太阳红外热能总透射比 g_{IR}

g_{IR} 是构件在 $780 \sim 2500nm$ 波长范围内的太阳能总透射比。g_{IR} 值越小，玻璃阻挡太阳辐射热的能力越强，表明隔热性能越好。

太阳红外热能总透射比 g_{IR} 采用式（8.5-16）计算：

$$g_{IR} = \tau_{IR} + q_{in,n} \tag{8.5-16}$$

式中　g_{IR}——构件的太阳红外热能总透射比；

　　　τ_{IR}——构件在 $780\sim2500$nm 波长范围内的太阳光直接透射比；

　　　$q_{in,n}$——构件向室内侧的太阳红外二次热传递系数，其中 n 为玻璃层数。

1）门窗、幕墙构件在 $780\sim2500$nm 波长范围内的太阳光直接透射比 τ_{IR} 采用式（8.5-17）计算：

$$\tau_{IR}=\frac{\int_{780}^{2500}\tau(\lambda)S_\lambda d\lambda}{\int_{780}^{2500}S_\lambda d\lambda}\approx\frac{\sum_{\lambda=780}^{2500}\tau(\lambda)S_\lambda\Delta\lambda}{\sum_{\lambda=780}^{2500}S_\lambda\Delta\lambda} \tag{8.5-17}$$

式中　τ_{IR}——门窗、幕墙玻璃构件在 $780\sim2500$nm 波长范围内的太阳光直接透射比；

　　$\tau(\lambda)$——门窗、幕墙玻璃构件的光谱透射比。单片玻璃或单层窗玻璃组件的光谱透射比 $\tau(\lambda)$ 是门窗、幕墙构件实测的光谱透射比，多层窗玻璃组件的光谱透射比 $\tau(\lambda)$ 的计算可按 5.1 节中描述的方法进行，波长范围为 $780\sim2500$nm；

　　　λ——波长（nm）；

　　　S_λ——大气质量为 1.5 时，$780\sim2500$nm 波长范围内太阳光辐射相对光谱分布；

　　　$\Delta\lambda$——波长间隔（nm）；

　　$S_\lambda\Delta\lambda$——大气质量为 1.5 时，$780\sim2500$nm 波长范围内太阳光辐射相对光谱分布；S_λ 与波长间隔 $\Delta\lambda$ 的乘积，$S_\lambda\Delta\lambda$ 的值见表 8.5-2。

2）门窗、幕墙构件向室内侧的太阳红外二次热传递系数 $q_{in,n}$ 采用式（8.5-18）计算：

$$q_{in,n}=\sum_{i=1}^n q_{in,i} \tag{8.5-18}$$

式中　$q_{in,n}$——n 层窗玻璃组件向室内侧的太阳红外二次热传递系数；

　　　$q_{in,i}$——n 层窗玻璃组件中第 i 层玻璃向室内侧的太阳红外二次热传递系数。

3）n 层窗玻璃组件中第 i 层玻璃向室内侧的太阳红外二次热传递系数 $q_{in,i}$ 采用式（8.5-19）计算：

$$q_{in,i}=\frac{\alpha_{IR,i}R_{out,i}}{R_t} \tag{8.5-19}$$

式中　$q_{in,i}$——n 层窗玻璃组件中第 i 层玻璃向室内侧的太阳红外二次热传递系数；

　　　$\alpha_{IR,i}$——n 层窗玻璃组件中第 i 层玻璃在 $780\sim2500$nm 波长范围内的太阳光直接吸收比；

　　　$R_{out,i}$——n 层窗玻璃组件中第 i 层玻璃室外侧方向的热阻（$m^2\cdot K/W$）；

　　　R_t——n 层窗玻璃组件的传热阻（$m^2\cdot K/W$），为各层玻璃、气体间层、内外表面换热阻之和。

4）门窗、幕墙构件为单片玻璃时（$n=1$），$780\sim2500$nm 波长范围内的太阳光直接吸收比 $\alpha_{IR,i}$（$i=1$）采用式（8.5-20）计算：

$$\alpha_{IR,i}=\alpha_{IR,1}=1-\tau_{IR,1}-\rho_{IR,1} \tag{8.5-20}$$

式中　$\alpha_{IR,1}$——单片玻璃在 $780\sim2500$nm 波长范围内的太阳光直接吸收比；

$\tau_{\text{IR},1}$——单片玻璃在 $780\sim2500\text{nm}$ 波长范围内的太阳光直接透射比，按照式（8.5-17）计算；

$\rho_{\text{IR},1}$——单片玻璃在 $780\sim2500\text{nm}$ 波长范围内的太阳光直接反射比，按照式（8.5-21）计算。

5）门窗、幕墙构件在 $780\sim2500\text{nm}$ 波长范围内的太阳光直接反射比 ρ_{IR} 采用式（8.5-21）计算：

$$\rho_{\text{IR}} = \frac{\int_{780}^{2500} \rho(\lambda) S_\lambda \mathrm{d}\lambda}{\int_{780}^{2500} S_\lambda \mathrm{d}\lambda} \approx \frac{\sum_{\lambda=780}^{2500} \rho(\lambda) S_\lambda \Delta\lambda}{\sum_{\lambda=780}^{2500} S_\lambda \Delta\lambda} \tag{8.5-21}$$

式中　ρ_{IR}——门窗、幕墙构件玻璃在 $780\sim2500\text{nm}$ 波长范围内的太阳光直接反射比；

$\rho(\lambda)$——门窗、幕墙构件玻璃的光谱反射比；

λ——波长（nm）；

S_λ——大气质量为 1.5 时，$780\sim2500\text{nm}$ 波长范围内太阳光辐射相对光谱分布；

$\Delta\lambda$——波长间隔（nm）；

$S_\lambda \Delta\lambda$——大气质量为 1.5 时，$780\sim2500\text{nm}$ 波长范围内太阳光辐射相对光谱分布 S_λ 与波长间隔 $\Delta\lambda$ 的乘积，$S_\lambda \Delta\lambda$ 的值见表 8.5-2。

门窗、幕墙构件为多层玻璃时（$n\geqslant2$），$780\sim2500\text{nm}$ 波长范围内的太阳光直接吸收比 $\alpha_{\text{IR},i}$（$i=1\sim n$）按本章（$n\geqslant2$）层的窗玻璃组件向室内侧的二次热传递系数中描述的相同方法进行计算。其中光谱波长计算范围均应改为 $780\sim2500\text{nm}$。

$R_{\text{out},i}$、R_{t} 的计算过程见第 4 章。

8.5.2　建筑玻璃隔热设计光热性能选择原则

（1）光热性能的选择原则

在选择建筑玻璃时，并不是颜色越深越好，也不是辐射率越低越好，而是要对光热指标进行综合考虑，根据不同地区的地理位置和自然环境，选择合理结构、合理配置的建筑玻璃。玻璃材料隔热性能选择应遵循以下原则。

1）在北方的严寒地区和寒冷地区，建筑玻璃对太阳能总透射比和太阳红外热能总透射比的数值要求较高，以保证室内能够获得更多的太阳辐射能量；同时还要求有较低的传热系数，以减少室外冷空气进入室内，同时减少室内热空气的损失。

2）在炎热、太阳辐射热较高的南方，则需要较低的遮阳系数和太阳红外热总透射比，以避免室内太阳光直射和过多的太阳辐射热进入室内；同时也需要较低的传热系数，以降低室内、外的热量通过辐射和对流传递。

3）在进行隔热设计降低遮阳系数的同时，还要保证有尽可能高的可见光透射比，使更多的可见光进入室内，以保证室内环境明亮，降低日间照明带来的能源浪费。

4）在同等透光率的前提下，双银 Low-E、三银 Low-E 能阻挡更多的太阳辐射透光，比单银 Low-E 具有更低的遮阳系数 SC（图 8.5-3）。

5）图 8.5-4 是在透光率 T 相同的情况下，单银 Low-E、双银 Low-E、三银 Low-E 以及阳光控制膜玻璃的光谱特性，从图中可以看出太阳红外热能总透射比不同，隔热性能亦

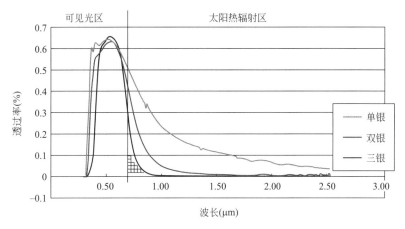

图 8.5-3 透光率 T 相同时低辐射镀膜 Low-E 玻璃的太阳光谱透过曲线

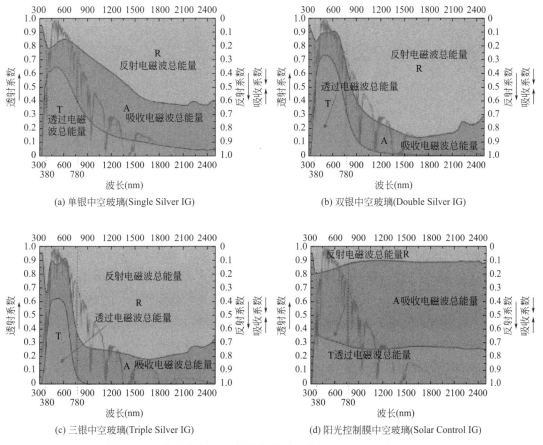

图 8.5-4 在透光率 T 相同的情况下,单银 Low-E、双银 Low-E
三银 Low-E 以及阳光控制膜玻璃的光谱特性

有较大差别。以可见光透过率等于 0.65 为例,单银 Low-E 的太阳红外热能总透射比 g_{IR} 为 30%,双银 Low-E 的太阳红外热能总透射比 g_{IR} 为 12%,而三银 Low-E 的太阳红外热能总透射比 g_{IR} 为 4%。

6）在遮阳系数 SC 相同的情况下，单银 Low-E、双银 Low-E、三银 Low-E 的太阳红外热能总透射比不同，隔热性能差别较大。以遮阳系数 SC 等于 0.38 为例，单银 Low-E 的太阳红外热能总透射比 g_{IR} 为 21%，双银 Low-E 的太阳红外热能总透射比 g_{IR} 为 8%，而三银 Low-E 的太阳红外热能总透射比 g_{IR} 为 3%，如图 8.5-5 所示。

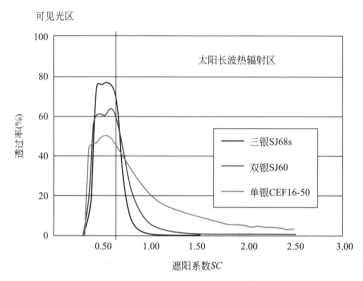

图 8.5-5　遮阳系数 SC 相同时低辐射镀膜 Low-E 玻璃的太阳光谱透过曲线

7）目前的玻璃镀膜技术，难于改变冬夏 g 值。通过改变可见光透射比调节 g 值，而不改变近红外反射，对调节 g 值意义不大。

8）要想得到 K 值低的玻璃，由于对辐射率的要求，g 值也必然较低。如果想提高冬季阳光得热，必然损失一部分 K 值。

（2）不同种类的玻璃热特性的选择系数

选择系数等于透光率 T 与遮阳系数 SC 的比值，不同种类的玻璃，选择系数 r 的范围不同，透明玻璃、着色玻璃以及热反射镀膜玻璃的选择系数 $r<1$，低辐射镀膜 Low-E 玻璃的选择系数 $r>1$（表 8.5-3）。选择系数 r 越高，说明玻璃的透光率越高、遮阳系数越低、玻璃的采光性能越好。

单银、双银、三银 Low-E 玻璃的选择系数值　　　　　　　　表 8.5-3

种类	选择系数 r	
	范围	平均值
单银 Low-E	$r>1\sim1.2$	1.1
双银 Low-E	$r=1.3\sim1.6$	1.4
三银 Low-E	$r=1.6\sim2.1$	1.8

注：在实际工程应用中，根据表中选择系数 r，可需要选择何种镀膜玻璃满足透光率及遮阳系数 SC 的要求。

例如：工程中玻璃幕墙的透光率要求不低于 0.50，可以根据节能标准中对遮阳系数 SC 或太阳得热系数 $SHGC$ 的要求判断选择玻璃类型。

选择单银 Low-E；遮阳系数 *SC*（0.42～0.50），太阳得热系数 *SHGC*（0.36～0.44）；

选择双银 Low-E；遮阳系数 *SC*（0.31～0.38），太阳得热系数 *SHGC*（0.27～0.33）；

选择三银 Low-E；遮阳系数 *SC*（0.24～0.31），太阳得热系数 *SHGC*（0.21～0.27）；

（3）节能玻璃类型及主要隔热性能参数

表 8.5-4、表 8.5-5 是几种节能玻璃类型及主要隔热性能参数。

几种节能玻璃类型及主要隔热性能参数　　　　　　　表 8.5-4

玻璃类型	Low-E	K 值 $[W/(m^2 \cdot K)]$	太阳能总透射比 g	太阳红外热能总透射比 g_{IR}	建议使用地区
双玻单 Low-E 中空玻璃 6Low-E＋12Ar＋6	单银	1.48	**0.60**	**0.37**	寒冷地区
	双银	1.44	**0.37**	**0.12**	夏热冬冷地区 夏热冬暖地区
	三银	1.36	**0.33**	**0.03**	夏热冬冷地区 夏热冬暖地区
三玻两腔双 Low-E 中空玻璃 6Low-E＋16Ar＋6＋16Ar＋6Low-E	单银＋单银	0.76	**0.51**	**0.26**	寒冷地区
	双银＋双银	0.76	**0.35**	**0.06**	夏热冬冷 夏热冬暖 温和地区
	三银＋单银	0.77	**0.30**	**0.02**	
真空复合中空单 Low-E 玻璃 6＋12A＋5Low-E＋V＋5	单银	0.56	**0.53**	**0.32**	严寒，寒冷地区
	双银	0.56	**0.38**	**0.11**	夏热冬冷地区
	三银	0.41	**0.30**	**0.03**	夏热冬冷 夏热冬暖 温和地区

不同地区被动房透明部分用玻璃光热参数要求　　　　　　表 8.5-5

气候分区	传热系数 $K[W/(m^2 \cdot K)]$	可见光透射比 τ_v	太阳红外热能总透射比 g_{IR}	太阳能总透射比 g	光热比 LSG
严寒地区	≤0.70	≥0.60	≥0.20	≥0.45	≥1.25
寒冷地区	≤0.80	≥0.55	≥0.15	≥0.35	≥1.25
夏热冬冷地区	≤1.00	≥0.55	≤0.15	≤0.40	≥1.40
夏热冬暖地区	≤1.20	≥0.50	≤0.12	≤0.35	≥1.50
温和地区	≤1.50	≥0.55	≤0.15	≤0.40	≥1.40

参考文献

[1] 林其标. 建筑防热[M]. 广州：广东科技出版社，1997.

[2] 中国建筑学会. 建筑设计资料集（第三版）第 8 分册　建筑专题[M]. 北京：中国建筑工业出版社，2017.

[3] 王立雄，党睿. 建筑节能（第三版）[M]. 北京：中国建筑工业出版社，2015.

［4］冯坚. 气凝胶高效隔热材料［M］. 北京：科学出版社，2016.

［5］许武毅. Low-E节能玻璃应用技术问答［M］. 北京：中国建材工业出版社，2016.

［6］中华人民共和国国家标准. 外墙外保温工程技术标准 JGJ 144—2019［S］. 北京：中国建筑工业出版社，2019.

［7］中华人民共和国行业标准. 建筑外表面用热反射隔热涂料 JC/T 1040—2007［S］. 北京：中国建材工业出版社，2007.

［8］中国建筑标准设计研究院. 公共建筑节能构造（夏热冬冷和夏热冬暖地区）17J908—2［S］. 北京：中国计划出版社，2017.

［9］冯雅. 南方节能建筑的隔热研究［J］. 新型建筑材料，1999，4：20-23.

第9章 建筑防潮设计

建筑外围护结构由于长期受到自然雨（水）、雪等的浸蚀，在太阳辐射、风雨、雪、室内外空气温度、湿度的影响下，围护结构的表面和内部常常可能发生冷凝、结露和泛潮等问题，这些都是建筑防潮设计时应考虑的主要问题。受潮会引起材料的膨胀或收缩，从而产生应力，直接影响建筑结构和围护结构表面的性能与耐久性，严重时将产生明显裂缝甚至导致脱落等破坏，从而降低材料性能、滋生霉菌，进而影响建筑的美观和正常使用，甚至危害使用者的健康。因此，加强建筑防潮设计必不可少，通过防潮设计将有效保证墙体的保温效果、耐久年限；解决防潮问题，将使建筑更加节能、环保。

9.1 基本规定

9.1.1 基本原则

在建筑防潮设计中，应按照以下基本原则及要求进行处理。
① 室内空气湿度不宜过高；
② 地面、外墙表面温度不宜过低；
③ 在围护结构的高温侧设隔汽层；
④ 在室内侧采用具有吸湿、解湿等调节空气湿度功能的围护结构材料；
⑤ 合理设置保温层，防止围护结构内部冷凝；
⑥ 与室外雨水或土壤接触的围护结构应设置防水（潮）层。

9.1.2 设计要求

① 建筑的各部位应做好防水处理，避免自由水进入围护结构内部成为湿源。
② 建筑构造设计应防止水蒸气渗透进入围护结构内部，控制围护结构内部不产生冷凝。供暖建筑中，对外侧有防水卷材或其他密闭防水层的屋顶结构，保温层外侧有密实保护层或保温层的蒸汽渗透系数较小的多层外墙结构，当内侧结构层为蒸汽渗透系数较大的材料时，应进行屋顶、外墙结构内部冷凝受潮验算。
③ 建筑设计时，应充分考虑建筑运行时的各种工况，采取有效措施确保建筑外围护结构内（外）表面温度不低于室内（外）空气的露点温度。当围护结构表面温度低于空气露点温度时，应采取保温措施，并重新复核围护结构内表面温度。
④ 长江中、下游夏热冬冷地区、夏热冬暖沿海地区建筑的通风口、外窗应可以开启和关闭；室外或与室外联通的空间，尤其是顶棚、墙面、地面应采取防止返潮的措施或采用易于清洗的材料。

9.2 自由水防止

为防止雨水、地下水、给水排水对建筑物的某些部位的渗透浸入，需要对建筑采取防水处理。围护结构防水分为屋面及女儿墙防水、地下室防水和外墙防水。

9.2.1 屋面及女儿墙防水

(1) 防水屋面

屋面防水应根据屋面的具体情况（柔性防水、刚性防水）确定对应的防水措施（图 9.2-1、图 9.2-2）。

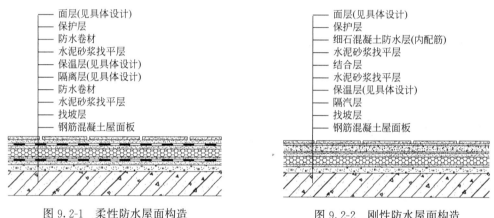

图 9.2-1 柔性防水屋面构造   图 9.2-2 刚性防水屋面构造

(2) 女儿墙

女儿墙属于屋面构件，女儿墙的变形是随屋盖系统而伸缩变形的，如果女儿墙采用刚度较小的完全砌体结构，势必会造成其开裂，在女儿墙与屋面混凝土结构间产生水平裂缝。因此，女儿墙宜采用钢筋混凝土墙板结构。如采用砌体结构，必须按轴线设置钢筋混凝土构造柱，顶部用混凝土圈梁将构造柱连成整体。女儿墙的外墙面防水与整体墙面做法一致。当女儿墙为砌体结构时，可用纤维网格布或钢丝网片进行局部或整体抗裂处理。砌体女儿墙的内侧也应进行整体防水，女儿墙内侧防水可以与外墙防水方案相同，也可以利用屋面防水层延伸至女儿墙顶部滴水线下（图 9.2-3、图 9.2-4）。

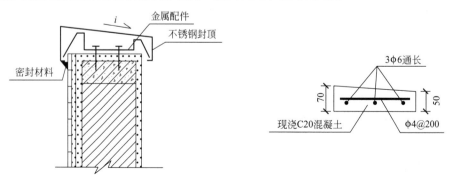

图 9.2-3 金属压顶示意

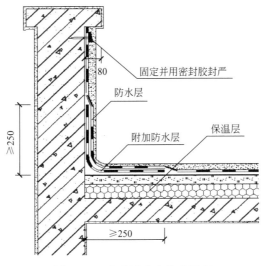

图 9.2-4 女儿墙防水构造示意

9.2.2 地下室防水

地下室应根据最高水位和地基土性质确定防水或防潮措施,见图 9.2-5~图 9.2-8。

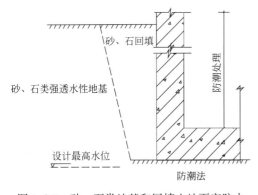

图 9.2-5 砂、石类地基和回填土地下室防水

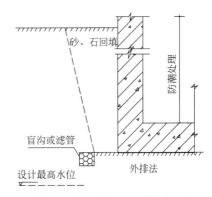

图 9.2-6 黏土地基和回填土(无滞水)地下室防水

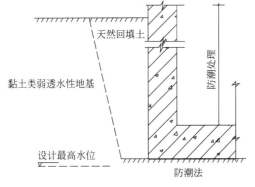

图 9.2-7 黏土类地基和回填地下室防水

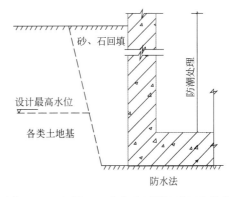

图 9.2-8 各类土、地基砂石回填地下室防水

9.2.3 墙面防水

（1）墙体防渗水

1）水泥砂浆（涂料）外墙防水设计

水泥砂浆外墙的防水层应设置在砌体基面上，用聚合物水泥防水砂浆做底层抹灰（图 9.2-9）。也可在 1：3 水泥砂浆底层抹灰的基础上，单独做一道聚合物防水砂浆防水层，然后再进行面层砂浆施工（图 9.2-10）。

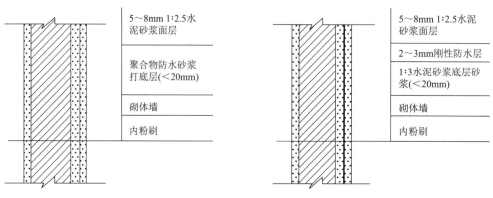

图 9.2-9 水泥砂浆墙面防水（一）   图 9.2-10 水泥砂浆外墙面防水（二）

2）面砖（锦砖）外墙防水设计

面砖外墙防水层设置，除了与水泥砂浆外墙的方案相同外（图 9.2-11、图 9.2-12），还可以选用有防水功能的粘结剂铺贴面砖的防水方法（图 9.2-13）。但这种方案单一使用的防水保证率不高，可在少雨地区和不重要建筑的外墙防水中使用。无论哪种方案，面砖缝必须采用具有防水功能的聚合物防水砂浆进行勾缝。

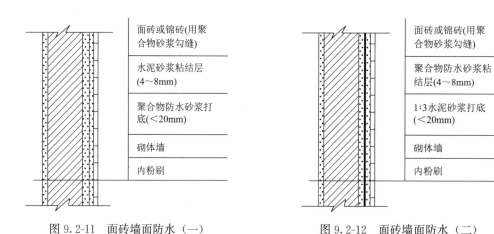

图 9.2-11 面砖墙面防水（一）   图 9.2-12 面砖墙面防水（二）

3）干挂花岗石外墙防水设计

干挂花岗石外墙的主要防水部位是型钢构架与墙体的连接件。整体防水可用聚合物防水砂浆等刚性防水方案，也可用柔性防水涂料防水（图 9.2-14）。

4）楼板层防水设计

为了防止水沿房间四周侵入墙身，应将防水层沿房间四周墙边向上深入踢脚线内100～150mm。当遇到门洞处，其防水层应铺出门外至少250mm（图9.2-15）。

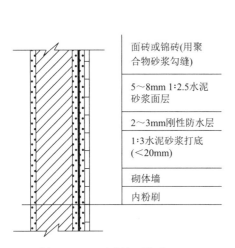

图9.2-13 面砖墙面防水（三）

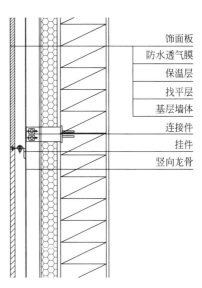

图9.2-14 干挂花岗石墙面防水

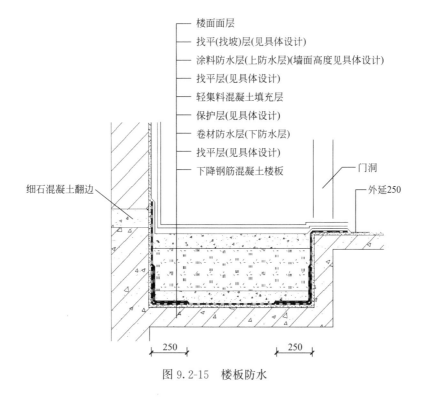

图9.2-15 楼板防水

（2）门、窗等孔洞防渗漏水

窗洞渗水原因主要有三方面：①窗体自身构造不完善，拼管、接口没有防水措施，排、防水构造不合理，以及安装固定的钉孔没有密封等造成由窗体自身原因产生的渗漏水；②由于墙面没有设置防水层，墙面大量吸水，通过窗框与墙体间透水的砂浆层进入室内；③雨水直接通过窗框与墙体间的缝隙进入室内。窗体必须保证自身防水的完善性，窗体不渗、漏水是保证窗洞不渗漏的前提。在外墙整体防水施工时，窗洞的四周侧面同样需要进行防水处理，窗框的四周用来塞缝的砂浆必须要用聚合物防水砂浆，不得用普通水泥砂浆或混合砂浆。最后，窗框与墙面的交接处要用高分子密封材料进行密封（图 9.2-16、图 9.2-17）。

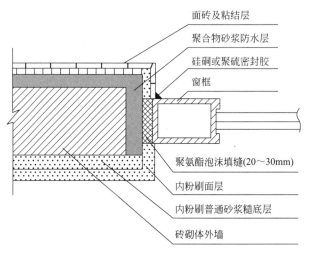

图 9.2-16　窗框防水节点

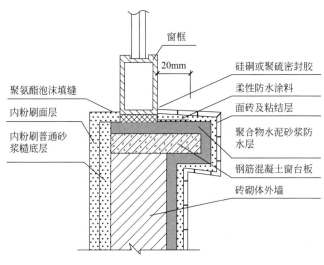

图 9.2-17　窗台防水节点

（3）变形缝不渗漏水

变形缝的处理应该注意保温材料、防水层和网格布等直接、合理搭接，保证防水的同时也注意保温层的连续和安全，典型构造节点见图 9.2-18～图 9.2-20。

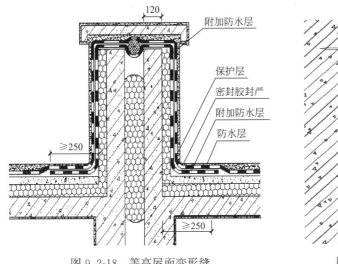

图 9.2-18　等高屋面变形缝

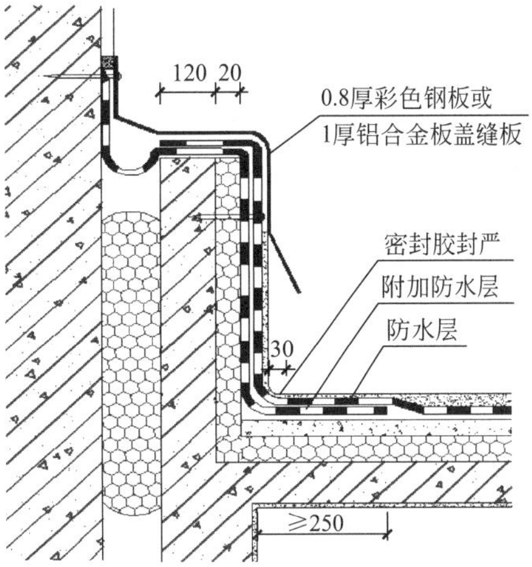

图 9.2-19　不等高屋面变形缝

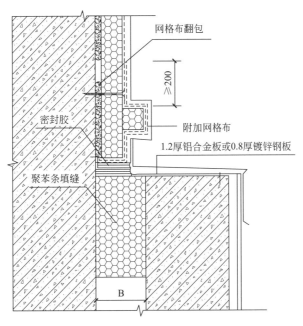

图 9.2-20　女儿墙变形缝

9.3　围护结构表面结露控制和防潮设计

无论冬季供暖还是在夏季空调期间，当围护结构内外表面温差小时，内表面或外表面温度容易低于空气露点温度，造成围护结构内面产生结露，使围护结构表面材料受潮、长霉，影响室内外环境，加大了围护结构的传热损失，同时也增大供暖与空调能耗。

9.3.1　围护结构表面结露设计原则

为了防止围护结构表面结露，设计应遵循以下原则。

1）对围护结构中窗过梁、圈梁、钢筋混凝土抗震柱、钢筋混凝土剪力墙、梁、柱等热桥部位，应采用外保温措施。加强保温层厚度，减少热损失，能有效地控制热桥内表面温度，使其不低于室内空气露点温度。

2）应注意墙体、屋面、地面、半地下室等连接处阴角部位的结露，由于阴角部位形成二维或三维热流，热量损失大，造成表面温度低而产生结露的情况。应加强这些部位的保温层厚度。

3）防止室外冷风渗透，如窗过梁、门洞口等热桥部位造成表面温度低而产生结露。

4）夏热冬冷地区冬季气候阴冷潮湿，室内空气相对湿度大，适当控制室内空气相对湿度也是防止围护结构热桥表面结露的措施之一。

9.3.2　供暖建筑围护结构结露验算

1）冬季室外计算温度 t_e 低于 0.9℃时，应对围护结构进行内表面结露验算。

2）围护结构平壁部分的表面温度应按式（9.3-1）计算。

$$\theta_c = t_i - \frac{t_i - \bar{t}_e}{R_0}(R_i + R_{c\cdot i}) \tag{9.3-1}$$

式中　θ_c——冷凝计算界面温度（℃）；

　　　t_i——室内计算温度（℃）；

　　　$\bar{t}_e$——供暖期室外平均温度（℃）；

R_0、R_i——围护结构传热阻、内表面换热阻（m²·K/W）；

　　　$R_{c\cdot i}$——冷凝计算界面至围护结构内表面之间的热阻（m²·K/W）。

3）围护结构热桥部分的表面温度应采用《民用建筑热工设计规范》GB 50176—2016附录 C.2.4 规定的软件计算，或通过其他符合《民用建筑热工设计规范》GB 50176—2016 附录 C.2.5 规定的二维或三维稳态传热软件计算得到。

4）算例

以成都市某工程墙体与楼板 T 型热桥为例，计算墙角处内表面的结露情况（图 9.3-1）。外墙构造主要做法分别为 40mmEPS＋200mm 页岩多孔砖外墙外保温（热桥类型一）和 200mm 页岩多孔砖＋25mmXPS 内保温（热桥类型二），采用中国建筑科学研究院基于控制容积法编制的软件 PTemp。

边界条件设置如下。

外表面：第三类边界条件，供暖室外计算温度 t_w 为 3.8℃，累年最低日平均温度 $t_{e\cdot min}$ 为 0.7℃，表面换热系数 23.0W/（m²·K）。冬季室外计算温度 t_e 按围护结构的热惰性指标 D 值的进行取值，本工程冬季室外计算温度 t_e 按 1.63℃进行计算。

内表面：第三类边界条件，冬季室内计算温度 t_i 为 18℃，表面换热系数为 8.7W/（m²·K），室内相对湿度取 60%。

其他边界：第二类边界条件，热流密度取 0。

空气露点温度：10.13℃。

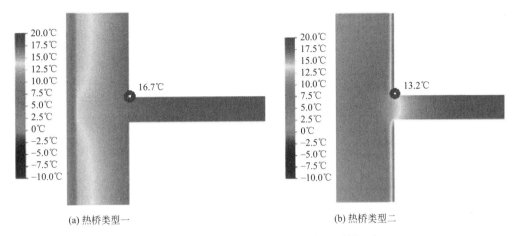

(a) 热桥类型一　　　　　　　　　　　　(b) 热桥类型二

图 9.3-1　T 型热桥温度分布及内表面最低温度

进行民用建筑的外围护结构热工设计时，热桥处理可遵循以下原则：

① 提高热桥部位的热阻；

② 确保热桥和平壁保温材料连续；

③ 切断热流通路；

④ 减少热桥中低热阻部分的面积；

⑤ 降低热桥部位内、外表面面层材料的导温系数。

9.3.3　南方地面和外墙的防潮设计

我国南方湿热地区由于潮湿气候影响，在春末夏初的潮霉季节常产生地面结露现象，被人们称为"回南天"或"梅雨季"，主要是由于大陆上不断有极地大陆气团南下，与热带海洋气团或赤道海洋气团接触时的锋面停滞不进，造成这种阴雨连绵气候，常持续1～2个月，虽然雨量不大，但范围广。这种气候下，空气中温、湿度迅速增加，但室内部分结构表面的温度，尤其是地表的温度往往增加较慢，地表温度过低，因此，当较湿润的空气流过地表面时，即在地表面产生结露现象。

(1) 南方围护结构防潮措施

1) 防止和控制室内地表面、外墙，尤其墙角温度不过低，宜设置保温层提高地面、墙面温度。

2) 室内空气湿度不能过大，避免湿空气与地面、墙面发生接触；室内地表面的表面材料宜采用蓄热系数小的材料，使地表面温度易于紧随空气温度变化，减少地表温度与空气温度的差值。

3) 地表采用微孔材料面层，有较强的吸湿性，具有对表面水分的"吞吐"作用。

4) 底层地坪设架空通风地板层，架空层的保温性能应不小于外墙传热阻的1/2（传热阻从垫层起算）。当地坪为架空通风地板层时，应在通风口设置活动的遮挡板，使其在冬季能方便关闭，遮挡板的传热阻应不小于 $0.33\text{m}^2 \cdot \text{K/W}$。

5) 建筑底层架空，形成自然通风良好的底层架空层。

6) 金属门窗应采用断热桥型材，采用中空玻璃窗，控制外门窗内外表面温度小于露点温度。

（2）地坪的防潮构造设计（图 9.3-2）

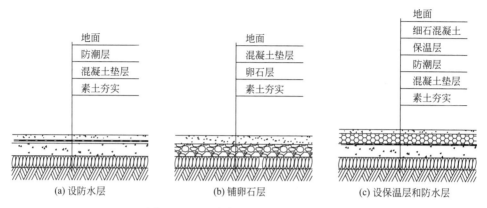

图 9.3-2　几种常用的地坪构造示意图

（3）空气层防潮技术

1）空气层防潮构造与原理

空气层防潮技术是利用在围护结构低温侧设置空气层隔断液态湿迁移的防潮设计理论及方法，在热绝缘材料的高温一边采用隔蒸汽层以消除水蒸气从高温侧进入热绝缘层，同时在低温侧利用空气层产生较低的相对湿度，这两个措施能够保证保温材料层保持较低的平衡湿度。

如图 9.3-3 所示，空气层热侧和冷侧表面相对湿度 φ_1 和 φ_2 的关系可以通过式（9.3-2）计算：

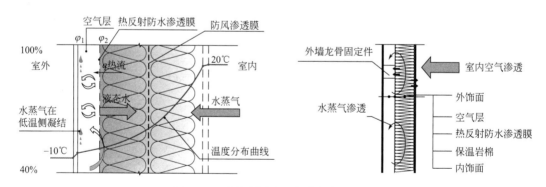

图 9.3-3　空气层防潮围护结构构造简图

$$\varphi_1 = \varphi_2 E_r^{\frac{R_{air}(t_i'-t_e')}{R_0}} \tag{9.3-2}$$

式中　t_i'——空气层热侧表面温度（℃）；

　　　t_e'——空气层冷侧表面温度（℃）；

　　　φ_1——空气层冷侧表面湿度（%）；

　　　φ_2——空气层热侧表面湿度（%）；

　　　R_0——围护结构的总热阻（m²·K/W）；

R_{air}——围护结构空气层的热阻（m^2·K/W）。

2）空气层组合木骨架围护结构

组合木骨架外墙是装配式建筑的围护结构，墙体内填充的是保温隔热材料，以防止热桥、间隙、孔洞造成空气和水汽渗透，在墙体内部产生凝结、产生受潮现象和热量损失，保证墙体的保温隔热性能，如图9.3-4为组合木骨架外墙基本构造。

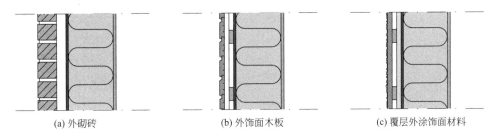

(a) 外砌砖　　　　　　　　(b) 外饰面木板　　　　　　　(c) 覆层外涂饰面材料

图9.3-4　空气层组合木骨架围护结构示意图

如图9.3-5、图9.3-6所示为组合木骨架外墙与地面部位的构造形式和防水汽渗透及空气层防潮的构造方法。其作用是防止蒸汽渗透在墙体岩棉材料内部产生凝结，使保温材料或墙体受潮。

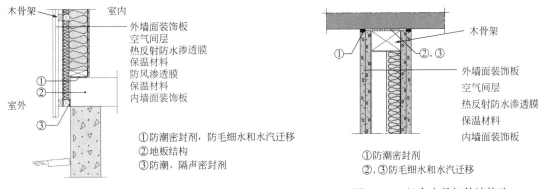

图9.3-5　组合木骨架外墙与地面接触构造　　　　图9.3-6　组合木骨架外墙构造

因此，应在高温侧设隔汽层，木骨架外墙外饰面层，空气层与保温材料界面设置允许水蒸气渗透、而不允许空气渗透的膜，以减少水分在围护结构内部的迁移和水蒸气积累，防止内部产生凝结，从而保证外围护结构内保温材料的干燥。

3）空气层金属围护结构

金属围护结构是大型公共建筑如机场航站楼、车站站厅、会展博览建筑等普遍采用的围护结构形式，主要分为金属外墙和金属屋面（图9.3-7、图9.3-8）。

在金属面保温构造的标准图集中，常使用的保温构造形式是在保温层的室内侧设置隔汽层，室外侧设置防水透气层。如果防水透气层与金属面之间的空气层连通了室外空气，那么这种构造的保温层边界就具有半气密性（否则为气密性），即对室内侧是气密的、对室外侧则是渗透的。在冬季供暖状态，室内空气中的水蒸气分压高于室外，因此水蒸气的渗透方向是从室内到室外，而这种保温构造使得水蒸气的渗透难进易出，降低了保温层产生凝结的可能性。

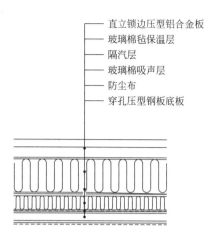

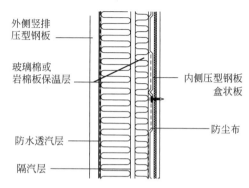

图 9.3-7　压型金属板复合空气层保温吸声屋面　　图 9.3-8　压型金属板复合空气层保温吸声墙体

对于有吸声要求的建筑，通常是在保温构造的隔汽层处附加吸声材料层，组成复合保温吸声构造。由于吸声材料层可以渗透室内空气，而且也不允许出现凝结，因此不论保温层边界是气密的还是半气密的，这种保温吸声构造都不是全气密性的，而是半气密性的。从复合保温吸声构造可以看出，虽然保温材料和吸声材料可以是相同的多孔渗透材料，但在构造层中的功能却是各自独立的，没有兼容性。

在建筑物理教科书中有一类带通风空气层的防潮保温构造，通过设置引湿空气间层，使其与室外大气相通，配合泄气沟道等构造措施，从室内渗入的蒸汽可通过不断与室外空气交换的气流带走，对松散多孔保温材料起到持续的风干作用。

4）通风双层墙

采用通风或夹心空气层双层墙（空斗墙）是中国传统民居外墙保温隔热和防潮很好的一种技术措施，图 9.3-9 是通风或夹心空气层双层墙的基本构造。

通风双层墙的传热阻是将空气层两侧墙体的热阻分别按照实体墙单独计算后，再加上中间空气层的热阻。空气层热阻取值见表 4.3-1。

（4）防潮设计的其他注意事项

1）采用松散多孔保温材料的多层复合围护结构，应在水蒸气分压高的一侧设置隔汽层。对于有供暖、空调功能的建筑，应按供暖建筑围护结构设置隔汽层。

2）外侧有密实保护层或防水层的多层复合围护结构，经内部冷凝受潮验算而必须设置隔汽层时，应严格控制保温层的施工湿度，宜采用板状或块状保温材料，避免湿法施工和雨天施工，并保证隔汽层的施工质量。对于卷材防水屋面或疏散多孔保温材料的金属夹芯围护结构，应有与室外空气相通的排湿措施。

3）外侧有卷材或其他密闭防水层、内侧为钢筋混凝土屋面板的平屋顶结构，如经内部冷凝受潮验算不需设隔汽层，则应确保屋面板及其接缝的密实性，达到所需的蒸汽渗透阻。

4）室内地表面和地下室外墙防潮宜采用以下措施：建筑室内一层地表面应高于地面（±0.000m）0.6m 以上；地坪可采用架空地板层，采用架空通风地板层时，通风口应设置活动的遮挡板，使其在冬季能方便关闭，遮挡板的传热阻应不小于围护结构低限热阻；

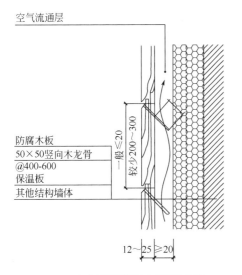

(a) 有空气流通层的木板墙体构造

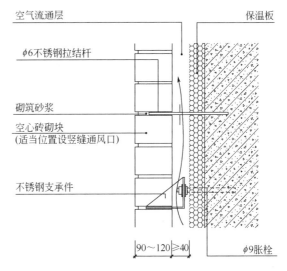

(b) 有空气流通层的砖砌体饰面墙体构造

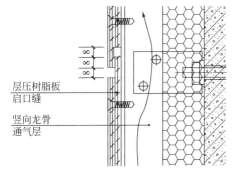

(c) 有空气流通层的层压树脂板墙体构造

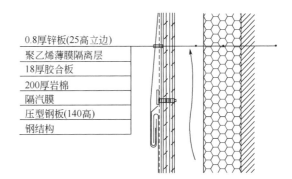

(d) 有空气流通层的金属薄板饰面墙体构造

图 9.3-9　通风双层墙几种典型构造

地面和地下室外墙必须设保温层；地表面材料宜采用蓄热系数小的材料，减少地表温度与空气温度的差值；地表采用带有微孔的面层材料来处理；表面层材料导热系数较小，使地表面温度易于紧随空气温度变化；表面材料有较强的吸湿性，具有对表面水分的"吞吐"作用。

5）严寒、寒冷地区非透光建筑幕墙面板背后的保温材料应采取隔汽措施，隔汽层应布置在保温材料的高温侧（室内侧），隔汽密封空间的周边密封应严密（图 9.3-10）。夏热冬冷地区、温和 A 区的建筑幕墙宜设计隔汽层。

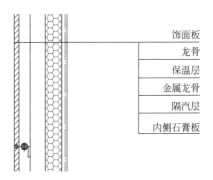

图 9.3-10　严寒、寒冷地区隔汽层
设置构造示意图

6）在建筑围护结构的低温侧设置空气间层，保温材料层与空气层分界面宜设防水、透气的挡风防潮纸，防止蒸汽渗透到围护结构内部凝结（图 9.3-11）。

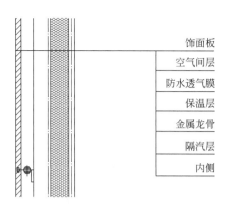

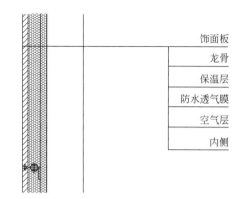

(a) 严寒、寒冷，部分夏热冬冷地区 　　　　　　　(b) 夏热冬冷，夏热冬暖地区

图 9.3-11　空气间层设置构造示意图

9.4　围护结构潮湿分析方法及测试技术

湿热分析的总体目标是分析随着时间而改变的建筑围护结构的温度和湿度变化。按照具体目标和对象可以分为表 9.4-1 所示的情况，按照分析手段可以分为计算分析和测试两类方法。

热湿分析分类　　　　　　　　　　　　　　　表 9.4-1

目的	针对对象	使用对象
设计	新建、改造建筑	工程师、建筑师
评估	改造建筑、鉴定、调查	工程师、建筑师
研究	产品、标准、基础理论	研究人员

（1）围护结构湿计算

目前，国内外根据各自不同的热湿传递基本方程开发出几十种不同的热湿传递的计算分析软件，软件主要的特点和功能见表 9.4-2。从表中可以看出，目前功能比较全面的软件主要是 WUFI 和 DELPHIN4.1。

常见热湿分析软件比较　　　　　　　　　　　　表 9.4-2

软件名称	维数	液态水流动	风驱雨	湿分析可视	围护结构整体分析	空气渗透	超饱和流动	应用情况
WUFI	2	√	√	√	√	×	√	√
LATENITE	3	√	√	√	√	√	×	×
DELPHIN4.1	2	√	√	√	√	√	×	√
SIMPLE-FULUV	2	×	×	×	×	√	×	×
TCCC2D	2	×	×	×	×	√	×	×

续表

软件名称	维数	液态水流动	风驱雨	湿分析可视	围护结构整体分析	空气渗透	超饱和流动	应用情况
HMTRA	2	√	×	×	√	√	√	√
TRATMO2	2	√	√	×	√	√	×	×
JAM-2	2	√	×	×	×	×	×	×
FRET	2	√	×	×	×	×	√	×
2DHAV	2	×	×	×	√	√	×	×
FSEC	2	×	×	×	×	×	×	×
MOISTURE-EXPERT	2	√	√	√	√	√	×	×

（2）围护结构湿测试

不管是对于计算结果的验证还是计算过程中部分物性参数的确定，都需要进行湿物性相关量的测试。目前国内在该部分的测试方面还缺乏相关标准，主要参考的是国外的相关标准。

在众多湿物性相关参数的测试中，最复杂的是测试多孔材料中湿分的分布。以往由于技术的限制，只能通过烘干的办法来测得材料的整体含湿量，或通过切割材料后烘干来获得材料的局部含湿量。显然烘干法无法连续且无损地测量材料中各部分的含湿量，因此在应用上有很大局限。部分学者采用特定的方法，在湿分分布情况未知的情况下研究材料的湿分扩散率，但这些方法往往有较大局限性。随着近代科技的进步，许多先进的方法相继被用于多孔材料中湿分分布的测量。比较有代表性的现代实验技术有 MRI 技术（MRI-technique）、γ 射线衰减技术（γ-ray attenuation technique）、NMR 技术（NMR-technique）、电容法（capacitance method）、TDR 技术（TDR-technique）、X 射线辐射图谱（microfocus X-ray radiography）和扫描中子辐射图谱（scanning neutron radiography）等，扫描电镜（SEM）以及数码摄像机也常被应用。这些实验技术克服了烘干法的缺点，实现了对多孔材料湿分分布的动态连续测量，并且保证了材料的完好性，为进一步研究多孔建筑材料传热与传湿奠定了基础。考虑到对样品处理、实验设备以及实验人员专业知识的要求，这些实验方法不适合于大规模的常规测试，但测试结果对验证理论模型和进一步研究传湿过程有着重要意义。也有一些学者用这些测试结果分析材料的空隙特征。不过这些测试方法所用到的仪器设备较为昂贵，并且未在建筑物理或建筑技术科学的相关实验室普及，因此暂未能在世界范围内得到普及。

参考文献

[1] 中华人民共和国国家标准. 民用建筑热工设计规范 GB 50176—2016[S]. 北京：中国建筑工业出版社，2017.

[2] 中国建筑学会. 建筑设计资料集（第三版）第 8 分册 建筑专题[M]. 北京：中国建筑工业出版社，2017.

［3］冯驰. 多孔建筑材料湿物理性质的测试方法研究［D］. 广州：华南理工大学，2014.

［4］钟辉智. 建筑多孔材料热湿物理性能研究及应用［D］. 成都：西南交通大学，2010.

［5］中国建筑标准设计研究院. 公共建筑节能构造（严寒和寒冷地区）06J908—1［S］. 北京：中国计划出版社，2006.

［6］中国建筑标准设计研究院. 公共建筑节能构造（夏热冬冷和夏热冬暖地区）17J908—2［S］. 北京：中国计划出版社，2017.

第10章　自然通风设计

自然通风是依靠室外风力造成的风压和室内外空气温度差造成的热压，促使空气流动，使得建筑室内外空气交换。自然通风是降低建筑能耗和改善室内热舒适的有效手段，当室外空气温度不超过夏季空调室内设计温度时，可以保证室内获得新鲜空气，带走多余的热量，又不需要消耗动力，节省能源、设备投资和运行费用，因而是一种经济有效的通风方法，能获得良好的室内热环境。

10.1　基本概念

10.1.1　自然通风原理

室外自然风吹向建筑物时，在建筑物的迎风面形成正压区，背风面形成负压区，利用两者之间的压差进行室内通风，就是风压通风，如图 10.1-1 所示。其中人们所常说的"穿堂风"就是利用风压在建筑内部产生空气流动。

热压通风则是因为室内外温度差引起空气的密度差而产生的空气流动。当室内空气温度高于室外时，室外空气由建筑物的下部进入室内，从建筑物的上部排到室外，如图 10.1-2 所示；当室外温度高于室内时，气流流向相反。

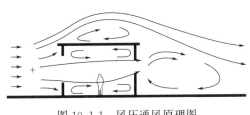

图 10.1-1　风压通风原理图

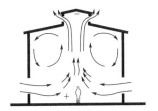

图 10.1-2　热通风原理图

多数情况下风压和热压是同时起作用的，这时主流空气的流向根据两种驱动力的作用方向和强弱对比来确定。

10.1.2　自然通风的计算

(1) 风压通风计算

由风压引起的通风量 N 用下面的方法计算，前后墙风压差 ΔP_{w} 可近似为：

$$\Delta P_{\mathrm{w}} = k \frac{\rho}{2} v^2 \tag{10.1-1}$$

式中　k——前后墙空气动力系数之差（风与墙夹角为 $60°\sim90°$ 时，$k=1.2$；$\alpha<60°$ 时，$k=0.1+0.018\alpha$）；

ρ——空气密度（kg/m^3）；

υ——室外风速（m/s）。

当风口在同一面墙上时（并联风口）：

$$N = 0.827(\sum A)\left(\frac{\Delta P}{g}\right)^{0.5} \tag{10.1-2}$$

当风口在不同墙上时（串联风口）：

$$N = 0.827\left[\frac{A_1 A_2}{(A_1 + A_2)^{0.5}}\right]\left(\frac{\Delta P}{g}\right)^{0.5} \tag{10.1-3}$$

式中　$\sum A$——通风口总面积（m^2）；

A_1、A_2——分别为两墙上风口面积（m^2）；

ΔP——风口两侧的风压差（Pa）。

（2）热压通风计算

热压作用下的自然通风量 N 可用下式计算：

$$N = 0.171\left[\frac{A_1 A_2}{(A_1^2 + A_2^2)^{0.5}}\right]\left[H(t_N - t_W)\right]^{0.5} \tag{10.1-4}$$

式中　A_1、A_2——进、排风口面积（m^2）；

t_N、t_W——室内、外温度（℃）。

10.2　设计目的和基本原则

自然通风是建筑普遍采取的一项改善建筑热环境、节约空调能耗的技术，采用自然通风方式的根本目的就是取代（或部分取代）空调制冷系统，实现有效的被动式制冷。自然通风设计目的和基本原则如下：

1）在不消耗不可再生能源的情况下降低室内温度，带走潮湿气体，改善热舒适环境，满足人和大自然交往的心理需求；

2）提供新鲜、清洁的自然空气（新风），提高室内空气品质，排除室内污浊的空气，有利于人的生理和心理健康；

3）应优先采用自然通风去除室内余热，以缩短机械通风系统或空气调节系统的运行时间，节约能源；

4）建筑平、立、剖面设计，空间组织和门窗洞口的设置应有利于进行室内自然通风；

5）受建筑平、立面布置的影响，室内无法形成流畅的通风路径时，宜设置辅助通风装置，或自然通风与机械通风结合的混合式通风，以完善建筑的自然通风性能；

6）室内的管路、设备等不应妨碍建筑的自然通风，应采用阻力系数小、易于操作和维修的进、排风口或窗扇；

7）被动式太阳能技术与建筑通风应有机结合，合理利用，实现太阳能供暖气体在房间内的循环。夏季夜晚，利用天空辐射使太阳能集热器迅速冷却（可比空气干球温度低10～15℃），并将集热器中的冷空气吸入室内，以达到夜间通风降温的目的。

10.3　风环境营造

10.3.1　建筑形态对风环境的影响

建筑形体、布局方式对自然通风影响很大，室外风环境的漩涡区特征可以评估室外风环境对建筑的影响程度。建筑周围自然通风形成的气流变化，具有以下特点：

1）室外层流遇到建筑物阻碍时大约在墙面高度的 1/2 处，层流分为向上气流和向下气流，水平方向则分为左右两支气流；

2）当层流流经建筑物的角部，会产生气流的剥离现象，气流与建筑物剥离，形成建筑物周围的强风区；

3）沿着建筑物迎风墙面的气流到屋顶后，气流发生分离，然后其受层流上层的压力，逐渐下降 3～6H（建筑的高度）处，然后到达地面，恢复原有原来的层流现象；

4）在建筑的背后会产生紊流，沿墙面上升也会产生紊流，层流风吹过建筑物后会在建筑物的背后形成涡动区域；

5）建筑物横向的风分离后有下降的趋势，下降气流与下部的风合流会形成强力风带，轻则影响行人的步行，重则可以破坏建筑物，这就是平常所说的高楼风；

6）建筑物在迎风侧承受正压，在背风侧承受负压，这两者之间存在的压力差往往决定着紊流的流向。

图 10.3-1、图 10.3-2 是不同几何形体建筑物在不同风场作用下背风面的气流分布。

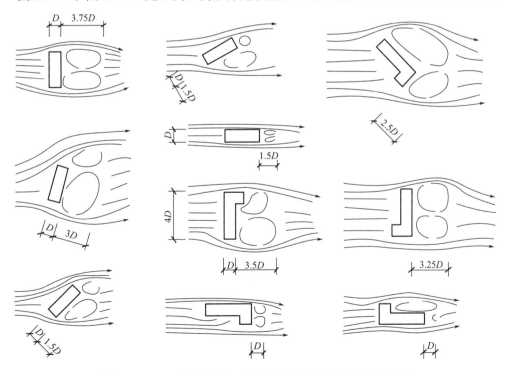

图 10.3-1　一字形建筑和 L 形建筑平面背风面漩涡流场分布

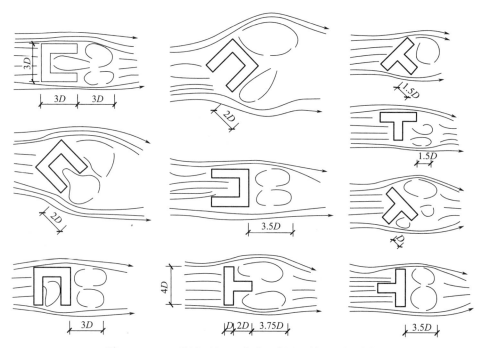

图 10.3-2 U形平面和 T形平面背风面漩涡流场分布

表 10.3-1 是不同几何尺寸（长宽比，高宽比）建筑长、宽、高在风场作用下背风面的风场分布。

不同几何尺寸（长宽比，高宽比）建筑在风场作用下背风面的风场分布　表 10.3-1

内容	图示
建筑高度与背风面风场的关系	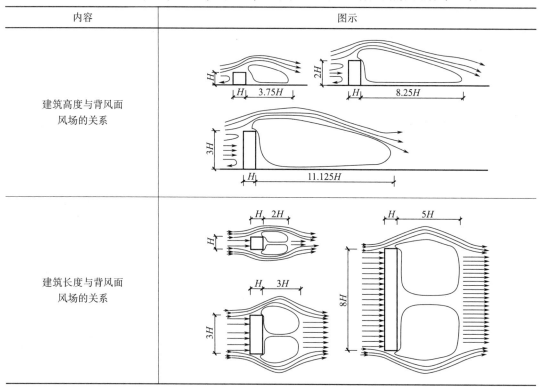
建筑长度与背风面风场的关系	

续表

内容	图示
建筑宽（深）与背风面风场的关系	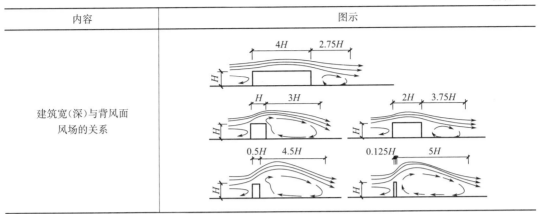

10.3.2　建筑群及平面布局

(1) 严寒、寒冷地区设计要点

1) 建筑基地不宜选在山顶、山脊强风区，避开隘口等风口，避免强冷风。

2) 注意冬季防风，适当考虑夏季通风，尽量缩小冬季主导风向与建筑物长边的入射角，避开冬季寒流风向。

3) 建筑总平采用围合或周边式布局（图 10.3-3）。

4) 合理选择建筑群布局的开口方向和位置，避免形成局地疾风。

(a) 单周边围合一　　　　(b) 单周边围合二　　　　(c) 多周边围合

图 10.3-3　周边布置基本形式

(2) 夏热冬冷、夏热冬暖及温和地区设计要点

夏热冬冷地区宜采用错列式、斜列式、自由式以及周边式等布局，采用行列式布局时，迎风面投射角对建筑群内部流场有较大影响。应尽可能利用夏季主导风向，避开冬季主导风向，建筑群体及平面布局主要注意以下因素：

1) 总平面布置宜面对夏季主导风向；

2) 宜将较低的建筑布置在东南侧（或夏季主导风向的迎风面），并且自南向北，对不同高度的建筑进行阶梯式布置，夏季可以加强南向季风的自然通风，冬季可以遮挡寒冷的北风；

3) 南面临街建筑不宜采用过长的条式多高层（特别是条式高层）；东、西临街宜采用点式或条式低层，不宜采用条式多层或高层，避免建筑单体的朝向不好及影响进风的缺陷；北面临街的建筑可采用较长的条式多层甚至是高层布置。

4）从单体建筑进深看，采用自然通风的建筑，未设置通风系统的居住建筑，户型进深不应超过 12m；公共建筑进深不宜超过 40m；否则应设置通风中庭或天井。

图 10.3-4、图 10.3-5 为自然通风建筑群形体布局和平面布局主要形式：

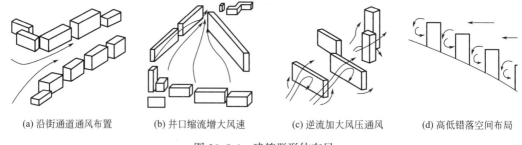

(a) 沿街通道通风布置   (b) 井口缩流增大风速   (c) 逆流加大风压通风   (d) 高低错落空间布局

图 10.3-4　建筑群形体布局

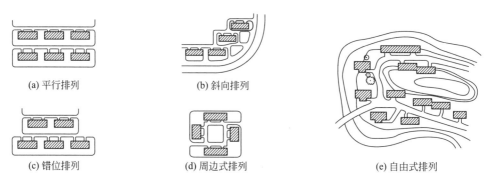

(a) 平行排列   (b) 斜向排列   (e) 自由式排列

(c) 错位排列   (d) 周边式排列

图 10.3-5　建筑平面自然通风布局

10.4　建筑单体自然通风设计与措施

10.4.1　中庭通风设计

中庭是一种常见的在高大空间中利用烟囱效应的热压组织的自然通风形式。空气被加热后上浮，形成温度分层，如果顶部有开口，内部热气流就会上升，带动空气流动。中庭被广泛应用在各类型的建筑中，如图 10.4-1 所示。

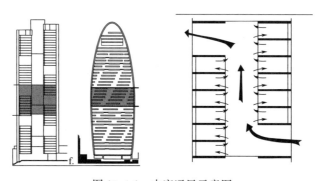

图 10.4-1　中庭通风示意图

（1）中庭热环境特征

1）中和面效应：中庭在垂直方向存在室内空气压力与室外空气压力相等的水平面，物理学上称为中和面，通常在约 1/2 建筑高度处（图 10.4-2）。中和面以下，室内空气压强小于室外，空气由外向内流动；反之，空气由内向外流动。

2）在中和面以下向中庭开窗，可利用烟囱效应实现自然通风。在中和面以上减少向中庭开窗，避免污浊空气回灌。

3）温度梯度：在中庭空间中，热空气由于密度小重量轻，因而会向上流动，而冷空气则自然下沉，在垂直方向上形成室内温度梯度。高大的中庭空间的温度梯度分布更加明显。

4）控制中庭高宽比，过高中庭可采取分段形式。过矮中庭可增加顶部通风开口，避免热气滞留（图 10.4-3）。

（2）影响中庭热环境的因素

1）气候因素：室外空气的温湿度，太阳辐射，风速，风向等；

2）建筑朝向；

3）形式和尺度：中庭的高宽比例；

4）围护结构形式。

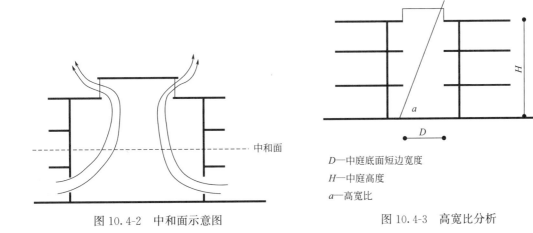

图 10.4-2　中和面示意图

D—中庭底面短边宽度
H—中庭高度
a—高宽比

图 10.4-3　高宽比分析

（3）中庭自然通风设计原则及方法

1）通风中庭或天井宜设置在发热量大、人流量大的部位，在空间上与外窗、外门以及主要功能空间相连通。

2）通风中庭或天井的上部应设置启闭方便的排风窗（口）。

3）在中和面以下向中庭开窗，在中和面以上减少向中庭开窗。

4）控制中庭高宽比，过高中庭可采取分段形式。过矮中庭可增加顶部通风开口。高宽比小的中庭有利于得热，高宽比大的中庭有利于隔热并强化烟囱效应，应根据设置中庭的目的选择合适的高宽比。

表 10.4-1 所示为不同形式中庭的通风处理方法。

不同形式中庭的通风处理方法 表 10.4-1

中庭形式	内院型	边庭型	通廊型
示意图	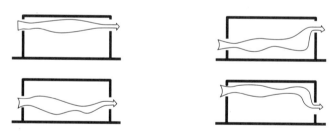		
处理方法	中庭高度不宜太高;底部与顶部需设置通风口	边庭不宜朝向西侧,减少夏季得热。边庭朝向宜朝南,冬季有良好的室内热环境。夏季可采用立面遮阳措施	宜两侧开通风口。通风口宜设置在夏季主导风向上

10.4.2 门窗洞口通风设计

(1) 建筑开口与穿越式通风 (穿堂风) 的组织

"穿越式通风"指利用开口把某室内空间与室外的正压及负压区联系起来。而当所有的开口都面向同样的气压区时室内的气流很小,特别是当风与进风窗垂直时,室内的平均气流速度相当低。建筑门窗洞口与室内平面布局设计直接影响到室内通风效果,进、排风口的设置应充分利用空气的风压和热压以促进空气流动。

1) 剖面开口于穿堂风的组织如图 10.4-4 所示,室内气流分布主要由进风口的位置决定。

图 10.4-4 剖面开口于穿堂风的组织

2) 平面开口于穿堂风的组织,如图 10.4-5 所示,主要有以下气流分布特点:

① 当进风口居中时气流分布主要由入射角确定,斜向进风时气流较均匀;

② 当进风口位置偏一侧时,侧面较近的墙对气流有吸引作用;

③ 应避免进、出口距离太近或都偏在一侧,否则容易造成气流短路。

穿堂风的组织与开口设计宜满足以下要求。

1) 利用穿堂风进行自然通风的建筑,进风洞口平面与主导风向间的夹角不应小于 45°,使进风窗迎向主导风向,排风窗背向主导风向,无法满足时,宜设置引风装置。

如图 10.4-4、图 14.4-5 所示,气流由通风口笔直流向出风口,除在出风口一侧两个

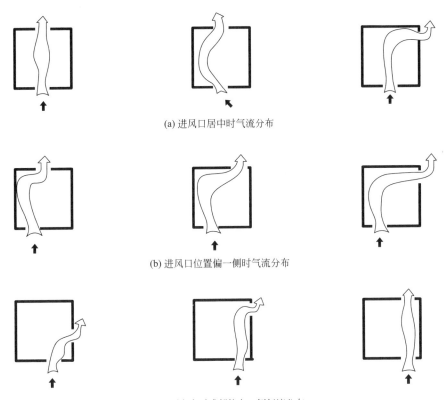

(a) 进风口居中时气流分布

(b) 进风口位置偏一侧时气流分布

(c) 出口距离太近或都偏在一侧气流分布

图 10.4-5　平面开口于穿堂风的气流分布

墙角会引起局部紊流外，对室内其他地点影响很小。沿两个侧墙的气流很弱，特别是在通风口一边的两个墙角外，如风向偏斜 45°，即可在室内引起大量紊流，沿着房间四周作环形运动，从而增加沿侧墙及墙角处的气流量。表 10.4-2 所示为窗户位置及风向对室内平均气流速度的影响。

窗户位置及风向对室内平均气流速度的影响（单位为室外风速的百分比）　表 10.4-2

进风口宽度	出风口宽度	窗户在相对两墙上		窗户在相邻两墙上		备注
		风向垂直	风向偏斜	风向垂直	风向偏斜	
1/3	1/3	35	42	45	37	风向垂直
1/3	2/3	39	40	39	40	
2/3	1/3	34	43	51	36	
2/3	2/3	37	51	—	—	偏斜 45°
1/3	3/3	44	44	51	45	
3/3	1/3	32	41	50	37	
2/3	3/3	35	59	—	—	
3/3	2/3	36	62	—	—	
3/3	3/3	47	65	—	—	

2）进、排风口的平面布置应避免出现通风短路，尽量使气流流过建筑使用区。

表 10.4-3 所示为穿越式通风与无穿越式通风室内平均气流速度与室外进风口气流速度的关系。

为穿越通风室内平均气流速度与室外进风口气流速度的关系（单位为室外风速的百分比）

表 10.4-3

通风形式	开口位置	风向	开口的总宽度			
			2/3 墙宽		3/3 墙宽	
			平均	最大	平均	最大
非穿越式通风	单窗在正压区	垂直	13	18	16	20
		斜向 45°	15	33	23	36
	单窗在负压区	斜向 45°	17	44	17	39
	双窗在负压区	斜向 45°	22	56	23	50
穿越通风	双窗在相邻两墙上	垂直	45	68	51	103
		斜向 45°	37	118	40	110
	双窗在相对两墙上	垂直	35	65	37	102
		斜向 45°	42	83	42	94

3）进、排风口应能方便地开启和关闭，并在关闭时具有良好的气密性。

4）宜按照建筑室内发热量确定进风口总面积，排风口总面积不小于进风口总面积，当由两个和两个以上房间共同组成穿堂通风时，房间的气流流通面积宜大于进排风窗面积。

5）室内发热量大，或产生废气、异味的房间，应布置在自然通风路径的下游。应将这类房间的外窗作为自然通风的排风口。

6）可利用天井作为排风口和竖向排风风道。

7）由一套住房共同组成穿堂通风时，卧室、起居室应为进风房间，厨房、卫生间应为排风房间。进行建筑造型、窗口设计时，应使厨房、卫生间窗口的空气动力系数小于其他房间窗口的空气动力系数。

（2）单侧通风

当房间采用单侧通风时，宜采取以下措施增强自然通风效果。

1）通风窗与夏季或过渡季节典型风向之间的夹角控制在 45°～60° 之间。

2）增加可开启外窗窗扇的高度。

3）迎风面应有凹凸变化，尽量增大凹口深度。

4）在迎风面设置凹阳台。

图 10.4-6、图 10.4-7 为单侧通风原理及单侧通风剖面开口通风组织。

（3）内廊式穿堂风组织

内廊式建筑穿堂风设计方法在公共建筑采用的较多，主要是利用吊顶夹层、内廊门上下气窗形成穿堂风，以及利用复式跃层，通过内楼梯形成穿堂风。基本形式见图 10.4-8。

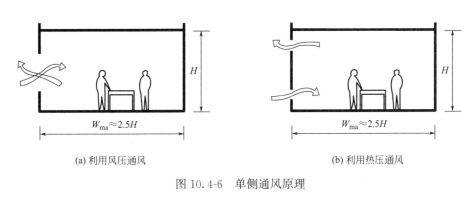

(a) 利用风压通风　　　　　　　　　　　　(b) 利用热压通风

图 10.4-6　单侧通风原理

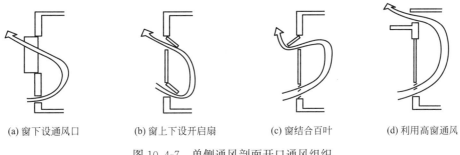

(a) 窗下设通风口　　(b) 窗上下设开启扇　　(c) 窗结合百叶　　(d) 利用高窗通风

图 10.4-7　单侧通风剖面开口通风组织

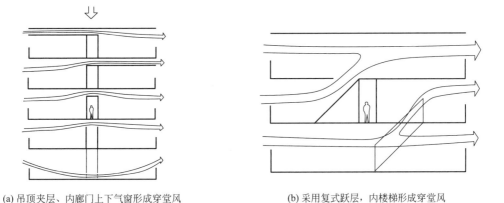

(a) 吊顶夹层、内廊门上下气窗形成穿堂风　　　　　　(b) 采用复式跃层，内楼梯形成穿堂风

图 10.4-8　内廊式穿堂风组织形式

(4) 通风路径的组织

室内的通风路径设计应遵循布置均匀、阻力小的原则，宜满足以下要求：

1) 室内开敞空间、走道、室内房间的门窗、多层的共享空间或者中庭均可作为室内通风路径，组织好空间设计，使室内通风路径布置均匀，避免出现通风死角；

2) 将人流密度大或发热量大的场所布置在主通风路径上；将人流密度大的场所布置在主通风路径的上游，将人流密度小但发热量大的场所布置在主通风路径的下游；

3) 室内通风路径的总截面积大于排风口面积；

4) 应根据工程的实际情况，从表 10.4-4 中选择适合的外窗开启方式。

不同外窗开启方式比较　　　　　　　　　　　　表 10.4-4

开启方式	上悬窗	下悬窗	中悬窗	平开窗	水平推拉窗
通风特点	1. 下悬窗具有一定的导风作用，内开式将风导向上部，能加快流入室内风速。外开式则将风导入下方，吹向人体，存在遮挡，减弱了风速。 2. 上悬窗也有导风作用，内开式将风导向地面，吹向人体，并能加快风速。外开式将风导入上方，由于开启位置处高于人体高度，风尚能掠过人体，但存在遮挡现象，减弱了风速。因此，内开式更好	1. 中悬窗的导风性能明显，而且开启度大，不存在遮挡，是比较好的方式。 2. 逆反方式将风引入下方，正反方式将风引入上方。 3. 当窗洞口位置较低可选用正反式，窗洞口较高选择逆反式，使风导向人体	1. 平开窗可完全开启，窗户开启的角度变化有一定的导风作用，而且关闭时的气密性佳，是较理想的开窗方式。 2. 外开式会遮挡部分斜向吹入的气流；内开式则能将室外风完全引入室内，更有利于通风	推拉窗无任何导风性能，可开启面积最大只有窗洞的一半，不利于通风，而且推拉窗的窗型结构决定了其气密性较差

10.4.3　窗户尺寸对自然通风的影响

单侧通风时，窗户尺寸变化对室内平均流速的影响不大。表 10.4-5 所示为单侧通风时窗尺寸对室内平均速度的影响。

单侧通风时窗尺寸对室内平均速度的影响（单位为室外风速百分比）　　表 10.4-5

风向	窗宽		
	1/3 墙宽	2/3 墙宽	3/3 墙宽
垂直吹向窗户	13	13	16
从正面斜吹	12	15	23
从背面斜吹	14	17	17

穿越式通风时，窗口尺寸增大对室内气流速度影响甚大，但进、出风窗口需同时扩大，对于穿越式通风而墙上各有一面积相等的窗户的正方形房间，式（10.4-1）成立：

$$v_i = 0.45(1 - e^{-3.84x})v \tag{10.4-1}$$

式中　v_i——室内平均气流速度（m/s）；

　　　x——窗墙面积比；

　　　v——室外风速（m/s）。

表 10.4-6 所示为穿越式通风时，进、出风口面积不等的情况下室内平均气流速度与最大气流速度的关系。

穿越式通风时进、出风口宽度对室内平均、最大气流速度的影响（单位为室外风速的百分比）
表 10.4-6

风向	出风口尺寸	进风口尺寸					
		1/3 墙宽		2/3 墙宽		3/3 墙宽	
		平均	最大	平均	最大	平均	最大
垂直	1/3 墙宽	36	65	34	74	32	49
	2/3 墙宽	39	131	37	79	36	72
	3/3 墙宽	44	137	35	72	47	86

风向	出风口尺寸	进风口尺寸					
		1/3 墙宽		2/3 墙宽		3/3 墙宽	
		平均	最大	平均	最大	平均	最大
偏斜	1/3 墙宽	42	83	43	96	42	67
	2/3 墙宽	40	92	57	133	62	131
	3/3 墙宽	44	152	59	137	65	115

10.4.4　建筑导风设计

建筑导风主要有以下形式：

1）利用建筑平面与空间形态进行导风，如图 10.4-9 所示。

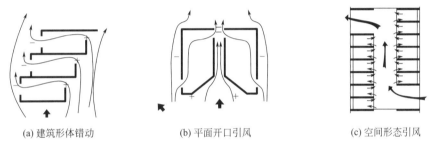

(a) 建筑形体错动　　　　　(b) 平面开口引风　　　　　(c) 空间形态引风

图 10.4-9　建筑建筑平面与空间形态导风

2）导风构件，如垂直导风墙（板）、垂直遮阳板、迎风墙、窗扇、绿化方式诱导风压，引导和改变气流在室内的路线和影响范围，加强房间的通风效果，如图 10.4-10 所示。

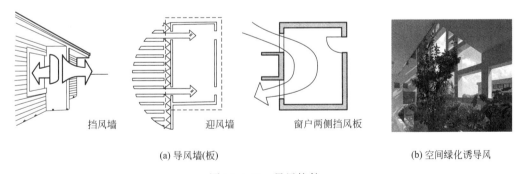

挡风墙　　　　　迎风墙　　　　　窗户两侧挡风板

(a) 导风墙(板)　　　　　　　　　　　(b) 空间绿化诱导风

图 10.4-10　导风构件

3）利用高大空间、风塔、太阳能等形成热压通风方式，如图 10.4-11～图 10.4-13 所示。

10.4.5　建筑被动预冷和预热自然通风

利用被动式太阳能建筑布局方法可以实现对进入室内空气的预冷或预热，进行供暖或供冷改善室内热环境。被动式太阳能预冷、预热主要有以下形式。

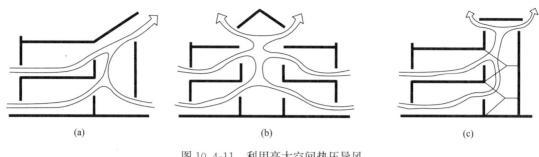

图 10.4-11　利用高大空间热压导风

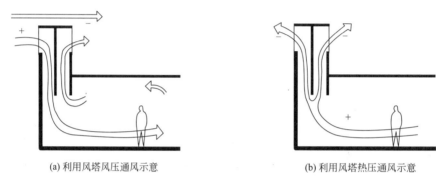

(a) 利用风塔风压通风示意　　　　　(b) 利用风塔热压通风示意

图 10.4-12　利用风塔风压、热压导风

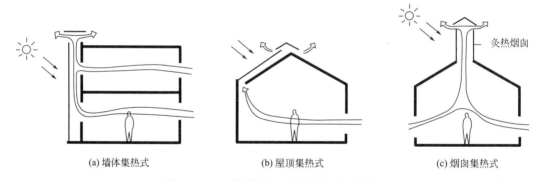

(a) 墙体集热式　　　　(b) 屋顶集热式　　　　(c) 烟囱集热式

图 10.4-13　利用被动太阳能强化自然通风

（1）被动预冷通风

被动预冷通风通常采用遮阳热压通风、冷巷、夜间通风、蒸发冷却、地下腔体等方式实现夏季自然通风的预冷，如图 10.4-14 所示。

（2）冷巷通风

利用地表和重质墙作为蓄冷降温效果，屋面受太阳辐射易加热，空气从冷侧流向热侧，冷巷起到预冷作用，如图 10.4-15 所示。

（3）地下覆土建筑通风

利用地下或覆土建筑的蓄冷特性，冷却室内空气，使建筑室内外或不同层高形成的热压进行通风，如图 10.4-16 所示。

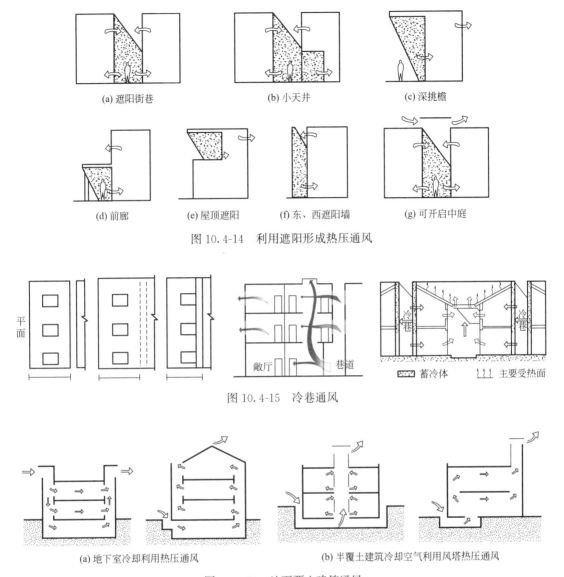

(a) 遮阳街巷　　　　　(b) 小天井　　　　　(c) 深挑檐

(d) 前廊　　　(e) 屋顶遮阳　　　(f) 东、西遮阳墙　　　(g) 可开启中庭

图 10.4-14　利用遮阳形成热压通风

图 10.4-15　冷巷通风

(a) 地下室冷却利用热压通风　　　　　(b) 半覆土建筑冷却空气利用风塔热压通风

图 10.4-16　地下覆土建筑通风

(4) 被动式太阳能预热通风

利用建筑南墙或屋顶形成的被动通风腔体，室外冷空气进入被动通风腔体预热后再进入室内，改善冬季热环境节约能源，如图 10.4-17 所示。

(a) 被动阳光屋顶热压通风　　　　(b) 辅助阳光间热压通风　　　(c) 集热墙式热压通风

图 10.4-17　被动式太阳能预热通风

10.5 自然通风辅助设计

自然通风不仅可以有效地去除建筑室内热量，保证良好的空气品质，同时也以缩短机械通风系统或空气调节系统的运行时间，是一种重要的被动式节能技术。由于建筑自然通风效果与当地风环境条件、场地环境、建筑布局、室内平面划分等众多因素相关，通常需要借助计算机模拟的手段，才能对自然通风进行计算并利用其进行评价。本节重点介绍如何标准化地利用相关模拟工具对建筑自然通风进行计算和评价。

10.5.1 场地风环境模拟

（1）模拟工具

CFD 模拟软件，如 Phoenics、Fluent、Airpak、Vent、Wind Perfect、ANSYS CFD、IES＜VE＞、STAR-CCM＋、Flovent 等（包含但不仅限于上述软件）。

（2）模拟边界条件设置要点

1）计算区域：建筑迎风截面堵塞比（模型面积/迎风面计算区域截面积）小于 4%；以目标建筑（群）特征尺寸 H 为中心，半径 $5H$ 范围内为水平计算域。在来流方向，建筑前方距离计算区域边界要大于 $2H$，建筑后方距离计算区域边界要大于 $6H$。建筑上方计算区域要大于 $3H$。其中，特征尺寸为目标建筑（群）长、宽、高中的最大值。

2）模型再现区域：距目标建筑（群）边界 H 范围内应以最大的细节要求再现。

3）网格划分：建筑的每一边人行高度区 1.5m 或 2m 高度应划分 10 个网格或以上；重点观测区域要在地面以上第 3 个网格或更高的网格内。同时，为保证计算精度和速度，宜采用多尺度网格，周围区域网格可适当疏松，但是网格过渡比设置不宜大于 2。

4）入口边界条件：入口风速的分布应符合梯度风规律，梯度风计算公式如下。

$$\frac{U}{U_g} = \left(\frac{Z}{Z_g}\right)^\alpha$$

式中　Z、U——任意一点的高度（m）和平均风速（m/s）；

　　　Z_g、U_g——标准高度和标准高度处的平均风速（m/s），气象数据中的标准高度通常为 10m；

　　　α——地面粗糙度。

不同地貌的地面粗糙度 α 取值可参照《建筑结构荷载规范》GB 50009—2012 中的相关规定，详见表 10.5-1。

不同类型地表面下的 α 值与梯度风高度　　　　　表 10.5-1

地面类型	适用区域	指数 α	梯度风高度
A	近海地区，湖岸，沙漠地区	0.12	300m
B	田野，丘陵及中小城市，大城市郊区	0.16	350m
C	有密集建筑的大城市区	0.22	400m
D	有密集建筑群且房屋较高的城市市区	0.3	450m

国内不同城市地区的不同季节典型风向和平均风速的数据可以通过查阅中国建筑热环

境分析专用气象数据集、现行国家标准《民用建筑供暖通风与空气调节设计规范》GB 50736或者当地气象站相关资料获取。

5）地面边界条件：对于未考虑粗糙度的情况，采用指数关系式修正粗糙度带来的影响；对于实际建筑的几何再现，应采用适应实际地面条件的边界条件；对于光滑壁面应采用对数定律。

6）湍流模型：采用标准 k-ε 模型。高精度要求时采用 RNG k-ε 模型、Durbin 模型或MMK 模型。

7）差分格式：避免采用一阶差分格式。

8）计算收敛性：计算要在求解充分收敛的情况下停止；确定指定观察点的值不再变化或均方根残差小于 $10e^{-4}$。

（3）结果处理和分析要点

1）不同季节典型风速和风向条件下，模拟得到场地内 1.5m 高度处的风速分布矢量图和等值线图，要求冬季建筑物周围人行区风速小于 5m/s。

2）不同季节典型风速和风向条件下，模拟得到冬季室外活动区的风速放大系数，要求风速放大系数不高于 2。

3）不同季节典型风速和风向条件下，模拟得到建筑迎风面与背风面（或主要开窗面）表面的压力分布。迎风面与背风面的表面风压差按平均风压差计算，进行可开启外窗室内外表面风压差计算时，室内压力默认为 0Pa，无需单独模拟。

10.5.2 室内自然通风模拟

（1）模拟工具

自然通风模拟根据侧重点不同有两种模拟方法：一种为多区域网络模拟方法，其侧重点为建筑整体通风状况，为集总模型，可与建筑能耗模拟软件相结合，另一种为 CFD 模拟方法，可以详细描述单一区域的自然通风特性。

多区域网络法模拟软件：ContamW、SPARK、COMIS、ESP-r、EnergyPlus、DOE-2、MIX、DEST、Vent（包含但不仅限于上述软件）等。

CFD 模拟软件，如 Phoenics、Fluent、Airpak、Vent、Wind Perfect、ANSYS CFD、IES＜VE＞、STAR-CCM＋、Flovent（包含但不仅限于上述软件）等。

（2）模拟边界条件设置要点

1）多区域网络模拟方法

① 确定建筑通风拓扑路径图，并据此建立模型；

② 确定通风洞口阻力模型及参数；

③ 确定洞口压力边界条件（可根据室外风环境得到）；

④ 如计算热压通风需要室内外温度条件以及室内发热量；

⑤ 确定室外压力条件。

2）CFD 模拟方法

根据建筑规模、软件性能和网格限制等条件确定采用室内外联合模拟方法或室外、室内分步模拟方法。

① 室外气象参数选择：过渡季典型工况下的风向、风速、空气温度，并按稳态进行

模拟。

② 计算域的设定：采用室内外联合模拟方法，以及采用室外、室内分步模拟法进行室外模拟时，计算域的设定参照室外风环境模拟的相关规定。

③ 自然通风开口设置：建筑门窗等通风口均应根据实际开闭情况进行建模，开口面积应按照实际的可开启面积设置。

④ 门、窗压力取值：通过室外风环境模拟结果读取各个门窗的平均压力值。

⑤ 室内网格划分：室内的网格应能反映所有显著阻隔通风的室内设施，通风口上宜有 9 个（3×3）以上的网格。

⑥ 湍流模型选取：宜采用标准 $k\text{-}\varepsilon$ 模型或其他更高精度的模型。

⑦ 室内边界条件：对于高大空间，应合理设置热边界条件；对于非高大空间，在进行室内自然通风模拟时，可不考虑室内热边界条件。

（3）结果处理和分析要点

① 模拟计算得到建筑主要功能房间的通风次数，计算平均自然通风换气次数不小于 2 次/h 的面积比例，据此判定房间的通风效果。

② 根据需要输出其他结果，如人员活动区域 1.5m 高度平面的风速分布矢量图和等值线图、典型剖面的温度分布等值线图等。

参考文献

[1] 中国建筑学会. 建筑设计资料集（第三版）第 8 分册　建筑专题[M]. 北京：中国建筑工业出版社，2017.

[2] 中华人民共和国国家标准. 民用建筑绿色性能计算标准 JGJ/T 449—2018[S]. 北京：中国建筑工业出版社，2018.

[3] 付祥钊，等. 夏热冬冷地区建筑节能技术[M]. 北京：中国建筑工业出版社，2002.

[4] 李晓峰. 建筑自然通风设计与应用[M]. 北京：中国建筑工业出版社，2018.

[5] [法] 弗朗西斯·阿拉德. 建筑的自然通风设计指南[M]. 北京：中国建筑工业出版社，2015.

[6] 陈晓扬，郑彬，侯可明，仲德崑. 建筑设计与自然通风[M]. 北京：中国电力出版社，2012.

第11章 建筑遮阳设计

建筑遮阳是改善室内热环境的重要技术措施，我国不少地区夏季地面太阳辐射高达 $1000\mathrm{W/m^2}$ 以上，在这种强烈的太阳辐射下，阳光直射到室内，将严重地影响建筑室内热环境，增加建筑空调能耗。同时冬季通过窗口进入室内的太阳辐射有利于改善室内热环境，因此，如何采取适宜的遮阳措施，是建筑热工与节能的重要内容。

11.1 基本概念

遮阳是一种"在外墙窗口的上部、前方或两侧为遮挡直射的阳光，避免产生眩光和防止夏季室内过热而采取的建筑措施"。

遮阳设施应结合地区气候、技术、经济、使用房间的性质及要求等条件，综合解决遮阳、隔热、通风、采光等功能。在进行遮阳设计时，首先要根据工作和生活上的需要，确定必须遮阳的季节和时间，然后进行遮阳设计。遮阳设计基本原则如下：

1）遮阳设计，应根据建筑的地理位置、气候、建筑类型、功能、造型、朝向等因素，选择适宜的遮阳形式，宜选择外遮阳。表 11.1-1 是不同气候区对遮阳的要求。

不同气候区对遮阳的要求   表 11.1-1

气候区	遮阳措施要求
北回归线以南地区	各朝向门窗洞口均宜设计建筑遮阳
北回归线以北的夏热冬暖、夏热冬冷地区	除北向外，门窗洞口宜设计建筑遮阳
寒冷 B 区	东、西向和水平朝向门窗洞口宜设计建筑遮阳
严寒地区、寒冷 A 区、温和地区	可不考虑建筑遮阳
温和 B 区	宜设计建筑遮阳

2）遮阳设计应兼顾采光、视野、通风、防雨、隔热和散热等功能，严寒、寒冷地区不影响建筑冬季的阳光入射，综合确定遮阳装置的类型。遮阳装置在晴天有防止眩光的作用，同时保证阴天不影响室内照度。

3）宜利用建筑形体关系形成形体遮阳，减少屋顶和墙面受热，见表 11.1-2。

4）建筑不同部位、不同朝向遮阳设计应根据其所受太阳辐射照度情况，依次选择屋顶水平天窗（采光顶）、西向、东向、南向窗。

5）采用内遮阳和中间遮阳时，遮阳装置面向室外接受阳光侧，宜采用反射太阳辐射的材料，并可根据太阳辐射情况调节其角度和位置。

6）外遮阳设计应与建筑立面设计相结合，进行一体化设计，与建筑物整体及周边环境相协调。遮阳装置构造简洁、造型轻快、造价合理、耐久美观，便于维修和清洁。

7）遮阳设计宜与太阳能热水系统或太阳能光伏系统结合，进行太阳能利用与建筑一体化设计。

不同建筑形体遮阳方式　　　　　　　　　　　　　表 11.1-2

类型	图例	特性
斜面	檐口遮阳部分 幕墙横向外挑遮阳部分	建筑整体造型上大下小,倒置的椎体斜面外墙平面由底层至顶层面积逐渐增大,有利于减少建筑立面所受太阳辐射量(上海浦东机场T1候机楼)
凹凸		通过改变建筑局部造型,获得开敞空间,有利于自然通风,同时结合绿化进行通风降温
错位		在平面或竖向上使建筑形体交错连接,形成相互遮阳装置,在形成遮阳的同时不影响自然通风

　　8)建筑遮阳构件宜呈百叶或网格状。实体遮阳构件宜与建筑窗口、墙面和屋面之间留有间隙。

　　综合起来,对于一个完整的遮阳设计,要考虑的内容见表 11.1-3。

遮阳设计需考虑的因素　　　　　　　　　　　　表 11.1-3

设计时需考虑的因素	影响因子
基地条件	临近建筑物的状况(高度、长度、间距)
墙面方位	纬度、太阳方位角、高度角、地形方位角
有效采光面积	使用功能、开窗大小及形状、玻璃遮蔽特性
通风换气要求	风量系数

续表

设计时需考虑的因素	影响因子
日照系数	日照量、日照时数
舒适温度	日照量、过热时间段
选择遮阳方式	遮阳效果、隔热、经济、美观、穿透性
计算遮阳板	深度、宽度、活动性、斜度
检验遮阳效果	耐积水、抗风、节能影响

11.2 遮阳形式及特点

按遮阳构件相对于窗口位置分类，通常将遮阳分为外遮阳、内遮阳与玻璃中间遮阳三种。其中，根据遮阳构件能否按季节与时间的变化进行角度和尺寸的调节，甚至在冬季便于拆卸的性能，窗口遮阳又分为固定式遮阳和可调节式遮阳。

11.2.1 遮阳面板构造形式

（1）遮阳面板构造组合形式

在进行遮阳面板构造形式设计时，应结合通风、采光、建筑立面、视野、外窗开启形式等因素进行遮阳面板的设计，通过计算分析得到最佳遮阳形式和效果。遮阳面板可采用单层、双层与多层面板组合，如图 11.2-1 所示。

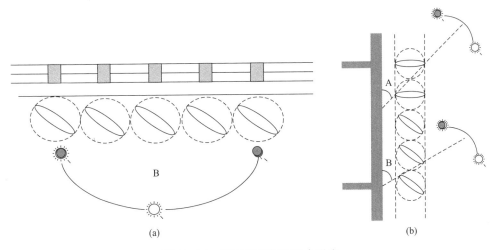

图 11.2-1　遮阳面板构造组合形式

（2）遮阳面板构造形式分类

遮阳面板的位置直接影响建筑的通风与采光效果，采用导风的安装布置方式对散热影响较大，一般遮阳面板构造采用百叶、开孔形式，如图 11.2-2 所示。

11.2.2 外遮阳形式

外遮阳是位于建筑围护结构外边的各种遮阳的统称。按照遮阳构件的形状，一般将建

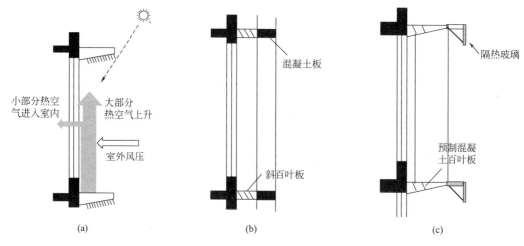

图 11.2-2 遮阳面板构造形式分类

筑窗口的遮阳构件分为五种：水平式、垂直式、综合式、挡板式以及百叶式。

（1）水平式遮阳

水平式遮阳能够有效地遮挡高度角较大的、从窗口上方投射下来的阳光。故其适用于接近南向的窗口，或北回归线以南低纬度地区的北向附近的窗口（图 11.2-3）。

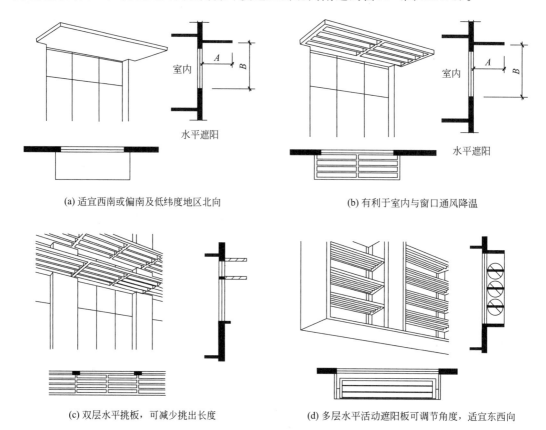

(a) 适宜西南或偏南及低纬度地区北向

(b) 有利于室内与窗口通风降温

(c) 双层水平挑板，可减少挑出长度

(d) 多层水平活动遮阳板可调节角度，适宜东西向

图 11.2-3 水平遮阳构造形式

（2）垂直式遮阳

垂直式遮阳能够有效地遮挡高度角较大的、从窗侧斜射过来的阳光。但对于高度角较大的、从窗口上方投射下来的阳光，或接近日出、日落时平射窗口的阳光，它不起遮挡作用。故垂直式遮阳主要适用于东北、北和西北向附近的窗口。图 11.2-4 是几种建筑垂直遮阳构造形式。

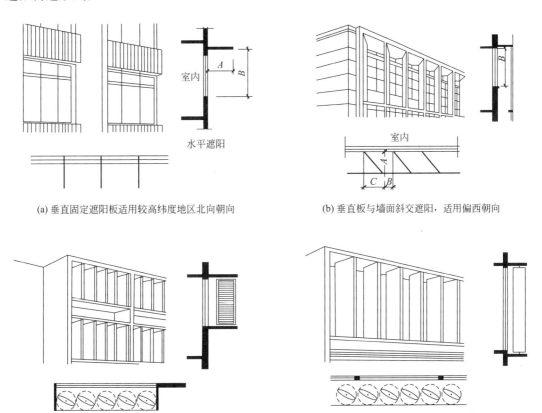

(a) 垂直固定遮阳板适用较高纬度地区北向朝向　　　　(b) 垂直板与墙面斜交遮阳，适用偏西朝向

(c) 活动式垂直百叶能任意调节，通风降温效果好　　　(d) 活动式垂直遮阳板可任意调节，适用于东、西向

图 11.2-4　垂直遮阳构造形式

（3）综合式遮阳

综合式遮阳能够有效地遮挡高度角中等的、从窗前斜射下来的阳光，遮阳效果比较均匀。故其主要适用于东南或西南向附近的窗口。图 11.2-5 是几种建筑综合式遮阳构造形式。

（4）挡板式遮阳

这种形式的遮阳能够有效地遮阳高度角较小的、正射窗口的阳光。故其主要适用于东、西向附近的窗口。图 11.2-6 是挡板式遮阳构造的典型形式。

（5）百叶式遮阳

百叶式是广泛使用的一种遮阳方式，分为固定式百叶遮阳和活动式百叶遮阳。活动式百叶遮阳是通过调节系统控制百叶板条的翻转和位移实现遮阳的，活动式百叶遮阳能根据需要调节百叶系统的遮阳系数，适用于各气候区建筑门窗洞口的遮阳，尤其在处理低角度的直射、散射和反射阳光时非常有效。图 11.2-7 是百叶式遮阳构造的典型形式。

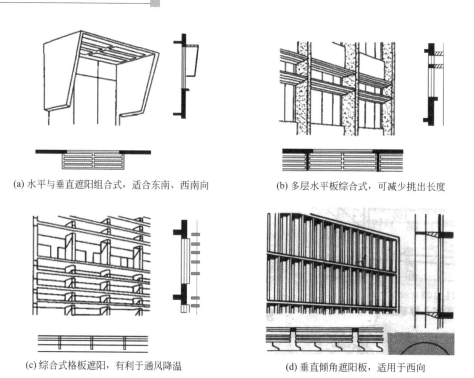

(a) 水平与垂直遮阳组合式，适合东南、西南向   (b) 多层水平板综合式，可减少挑出长度

(c) 综合式格板遮阳，有利于通风降温   (d) 垂直倾角遮阳板，适用于西向

图 11.2-5　综合式遮阳构造形式

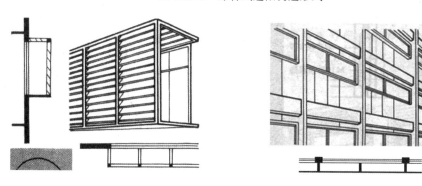

(a) 百叶挡板遮阳，适合低高度角阳光，有利于通风   (b) 升温隔热玻璃挡板遮阳，采光效果好，减少眩光

图 11.2-6　挡板式遮阳构造形式

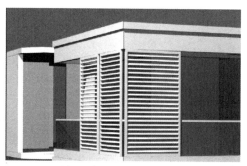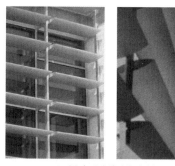

(a) 西向阳台推拉式活动遮阳百叶板实例   (b) 活动百叶外遮阳实例

图 11.2-7　百叶式遮阳构造

356

11.2.3　活动外遮阳

活动外遮阳与建筑固定遮阳相比，具有可按太阳辐射条件的变化调节房间对太阳辐射季节性、时间性需要的特点，提高房间的光、热环境质量，降低房间的夏季空调负荷和冬季供暖负荷的作用明显优于固定式遮阳，在保证安全的前提下，建筑遮阳应优先选用活动式建筑遮阳。活动外遮阳性能与特点见表 11.2-1。

活动外遮阳性能与要求　　　　　　　　　　表 11.2-1

遮阳形式	遮阳性能与要求
柔性活动外遮阳系统	1. 有遮阳篷、卷帘、卷闸门窗和外遮阳百叶等； 2. 其产品材料有合成纤维、塑料和金属等； 3. 外观色彩丰富，安装方便，装拆简便，可以根据需要和空间大小自由分隔和组合； 4. 不占空间、运输方便。 5. 遮阳与建筑门窗一体化后，具有遮阳、隔声、防盗、节能等作用； 6. 外遮阳与建筑连接要牢靠，保证安全，尤其在高层建筑上使用时，应更注意安全措施
刚性活动外遮阳系统	1. 材料是金属，翻板叶片的主体一般由铝合金压制型材制成，具有刚中带韧的特点； 2. 遮阳与建筑门窗一体化后，具有遮阳、隔声、防盗、节能等作用

图 11.2-8 是北纬地区各类外遮阳设施的适宜朝向。

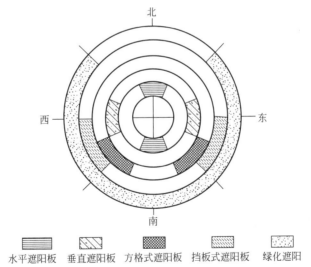

图 11.2-8　各类遮阳设施的适宜朝向（北纬地区）

11.2.4　内遮阳形式

内遮阳系统是指遮阳设施和控制体都设置于室内的遮阳方式。

内遮阳原理：遮阳设施吸收的太阳辐射，其中大部分以长波辐射的形式再次散射到室内，因此遮阳效果明显不如外遮阳。其技术特点见表 11.2-2。

内遮阳构件形式图例及特点 表 11.2-2

遮阳类型	简图	技术特点	适用范围
卷帘		1. 操作维护方便、灵活,私密性好; 2. 色彩丰富、美观,应注意色彩、材料的选择,尽可能多的将太阳光反射到室外,降低室内温度 3. 可根据具体情况进行适当调节,有更强的灵活性和针对性,能适应不同的遮阳需求; 4. 水平百叶帘根据叶片的旋转角度和百叶的收放不同有不同的功能,如遮阳、消除眩光、充分利用自然采光等诸多优点	由于传统习惯、操作和维护方便性及生活中的私密性等原因,内遮阳还是目前国内最为普遍采用的遮阳方式,尤其是在住宅建筑中
百叶帘			

图 11.2-9 是不同的窗帘,卷帘、百叶帘等内遮阳系统形式。

(a) 公共建筑内遮阳窗帘   (b) 住宅用卷帘   (c) 住宅百叶帘

图 11.2-9 内遮阳系统主要形式

11.2.5 中间遮阳

中间遮阳设施通常平行于玻璃面,位于玻璃系统的内部或两层门窗、幕墙之间,和玻璃系统或两层门窗、幕墙组合成为整体的遮阳系统。

图 11.2-10 是百叶中间遮阳系统基本构造形式和隔热温度分布曲线。

(a) 百叶中间遮阳系统构造形式

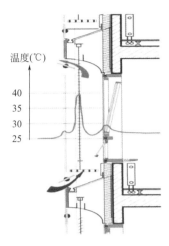
(b) 遮阳系统隔热温度分布曲线

图 11.2-10　百叶中间遮阳系统构造形式与隔热温度分布曲线

中间遮阳构件相关技术特点及适用范围如表 11.2-3 所示。但要注意双层玻璃与幕墙之间的通风与散热，以免夏季局部过热导致室内环境恶化。

双层玻璃幕墙形式多样，结构复杂，应用日益广泛。但是，现有建筑热工与建筑节能规范对其热工参数的确定没有给出方法，只能依赖数值模拟计算。

中间遮阳构件形式图例及特点　　　　　　　　　　表 11.2-3

遮阳类型	简图	技术特点	适用范围
水平百叶帘及织物帘	玻璃1　空气层　玻璃2　90°　内置百叶　室外侧　室内侧　3面　1面　2面　4面　6　22　6　百叶打开角度 θ =90°	1. 由工厂预制生产，施工现场装配，有利于降低遮阳产品的成本和维护费用； 2. 中间构件遮阳方式得益于玻璃的保护，不易积尘、占地少，密封性好，并有良好的调节能力； 3. 需考虑双层玻璃与幕墙之间的通风与散热，以免夏季局部过热导致室内环境恶化； 4. 施工和维护保养程序相当复杂，费用高	广泛应用于各类建筑

遮阳类型	简图	技术特点	适用范围
通风幕墙中间遮阳		1. 双层通风幕墙适宜严寒、寒冷地区,以空调制冷为主的地区节能效果有限。 2. 夏季百叶能有效降低内层玻璃内表面温度,减小热辐射,提高热舒适性。 3. 相比于增大提高通风量而言,遮阳对改善室内热环境热舒适的效果更明显。 4. 在相同的通风量条件下,双层玻璃幕墙夏季传热系数大于冬季	应用于各类公共建筑

11.3 遮阳系数的确定

与建筑窗户一样,建筑遮阳设施的遮阳系数同样受到太阳辐射投射角度、太阳光线入射角度等地理和气候条件的影响。不仅如此,建筑遮阳设施的遮阳系数还受到遮阳设施材料、构造、安装位置等因素影响,具体的计算方法和条件更为复杂。关于遮阳系数的计算目前有两种方法。

11.3.1 基于建筑能耗的遮阳系数计算方法（季节平均法）

季节平均法认为遮阳系数可以用遮阳设施的某个特征参数的二次方公式计算。具体方法是用 DOE-2 等精度较高的建筑能耗模拟分析软件,计算特定遮阳设施的特征参数在一定变化范围内导致的空调季或供暖季通过遮阳设施的太阳辐射得热量（或者建筑空调、供暖消耗的能量）,通过曲线拟合给出计算公式中的计算参数。

季节平均法的典型计算方法如式（11.3-1）、式（11.3-2）所示。

$$S_D = aX^2 + bX + 1 \tag{11.3-1}$$

$$X = A/B \tag{11.3-2}$$

式中 S_D——水平或垂直遮阳系数;

X——遮阳板外挑特征几何参数;

a、b——拟合系数,按照表 11.3-1~表 11.3-5 选取;

A、B——外遮阳的构造定性尺寸,按图 11.3-1~图 11.3-5 确定。

显然,式（11.3-1）考虑了统一遮阳设施由于地区不同导致的遮阳系数的变化。而对于某个特定地区,给出了用于计算空调季和供暖季能耗的平均的遮阳系数计算公式和相应的常数,表 11.3-1~表 11.3-5 是典型地区遮阳板的拟合系数 a、b。

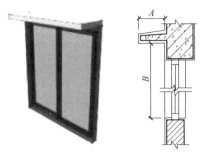

图 11.3-1　水平式外遮阳的特征值

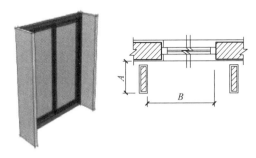

图 11.3-2　垂直式外遮阳的特征值

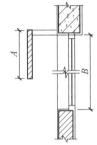

图 11.3-3　挡板式外遮阳的特征值

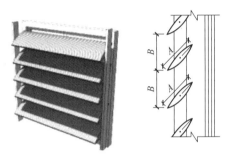

图 11.3-4　横百叶挡板式外遮阳的特征值

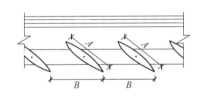

图 11.3-5　竖百叶挡板式外遮阳的特征值

严寒地区外遮阳系数计算用拟合系数 a、b　　　　　　表 11.3-1

外遮阳基本类型	拟合系数	东	南	西	北
水平式	a	0.31	0.28	0.33	0.25
	b	−0.62	−0.71	−0.65	−0.48
垂直式	a	0.42	0.31	0.47	0.42
	b	−0.83	−0.65	−0.90	−0.83

注：数据来源于《严寒和寒冷地区居住建筑节能设计标准》JGJ 26—2018。

寒冷地区外遮阳系数计算用拟合系数 a、b　　　　　　表 11.3-2

外遮阳基本类型	拟合系数	东	南	西	北
水平式	a	0.34	0.65	0.35	0.26
	b	−0.78	−1.00	−0.81	−0.54

外遮阳基本类型		拟合系数	东	南	西	北
垂直式		a	0.25	0.40	0.25	0.50
		b	-0.55	-0.76	-0.54	-0.93
挡板式		a	0	0.35	0	0.13
		b	-0.96	-1.00	-0.96	-0.93
固定横百叶挡板式		a	0.45	0.54	0.48	0.34
		b	-1.20	-1.20	-1.20	-0.88
固定竖百叶挡板式		a	0	0.19	0.22	0.57
		b	-0.70	-0.91	-0.72	-1.18
活动横百叶挡板式	冬	a	0.21	0.04	0.19	0.20
		b	-0.65	-0.39	-0.61	-0.62
	夏	a	0.50	1.00	0.54	0.50
		b	-1.20	-1.70	-1.30	-1.20
活动竖百叶挡板式	冬	a	0.40	0.09	0.38	0.20
		b	-0.99	-0.54	-0.95	-0.62
	夏	a	0.06	0.38	0.13	0.85
		b	-0.70	-1.10	-0.69	-1.49

注：数据来源于《严寒和寒冷地区居住建筑节能设计标准》JGJ 26—2018。

夏热冬冷地区外遮阳系数计算用拟合系数 a、b　　　　表 11.3-3

外遮阳基本类型		拟合系数	东	南	西	北
水平式		a	0.36	0.50	0.38	0.28
		b	-0.80	-0.80	-0.81	-0.54
垂直式		a	0.24	0.33	0.24	0.48
		b	-0.54	-0.72	-0.53	-0.89
挡板式		a	0	0.35	0	0.13
		b	-0.96	-1.00	-0.96	-0.93
固定横百叶挡板式		a	0.50	0.50	0.52	0.37
		b	-1.20	-1.20	-1.30	0.92
固定竖百叶挡板式		a	0	0.16	0.19	0.56
		b	-0.66	0.92	-0.71	-1.16
活动横百叶挡板式	冬	a	0.23	0.03	0.23	0.20
		b	-0.66	-0.47	-0.69	-0.62
	夏	a	0.56	0.79	0.57	0.60
		b	-1.30	-1.40	-1.30	-1.30
活动竖百叶挡板式	冬	a	0.29	0.14	0.30	0.20
		b	-0.87	-0.64	-0.86	-0.62
	夏	a	0.14	0.42	0.12	0.84
		b	-0.75	-1.11	-0.73	-1.47

注：数据来源于《夏热冬冷地区居住建筑节能设计标准》JGJ 134—2010。

夏热冬暖地区外遮阳系数计算用拟合系数 a、b 表 11.3-4

气候区	外遮阳基本类型		拟合系数	东	南	西	北
夏热冬暖地区北区	水平式	冬季	a	0.30	0.10	0.20	0
			b	−0.75	−0.45	−0.45	0
		夏季	a	0.35	0.35	0.20	0.20
			b	−0.65	−0.65	−0.40	−0.40
	垂直式	冬季	a	0.30	0.25	0.25	0.05
			b	−0.75	−0.60	−0.60	−0.15
		夏季	a	0.25	0.40	0.30	0.30
			b	−0.60	−0.75	−0.60	−0.60
	挡板式	冬季	a	0.24	0.25	0.24	0.16
			b	−1.01	−1.01	−1.01	−0.95
		夏季	a	0.18	0.41	0.18	0.09
			b	−0.63	−0.86	−0.63	−0.92
夏热冬暖地区南区	水平式		a	0.35	0.35	0.20	0.20
			b	−0.63	−0.86	−0.63	−0.92
	垂直式		a	0.25	0.40	0.30	0.30
			b	−0.60	−0.75	−0.60	−0.60
	挡板式		a	0.16	0.35	0.16	0.17
			b	−0.60	−1.01	−0.60	−0.60

注：数据来源于《夏热冬暖地区居住建筑节能设计标准》JGJ 75—2012。

温和地区外遮阳系数计算用拟合系数 a、b 表 11.3-5

外遮阳基本类型		拟合系数	东	南	西	北
水平式	冬	a	0.30	0.10	0.20	0
		b	−0.75	−0.45	−0.45	0
	夏	a	0.35	0.35	0.20	0.20
		b	−0.65	−0.65	−0.40	−0.40
垂直式	冬	a	0.30	0.25	0.25	0.05
		b	−0.75	−0.60	−0.60	−0.15
	夏	a	0.25	0.40	0.30	0.30
		b	−0.60	−0.75	−0.60	−0.60
挡板式	冬	a	0.24	0.25	0.24	0.16
		b	−1.01	−1.01	−1.01	−0.95
	夏	a	0.18	0.41	0.18	0.09
		b	−0.63	−0.86	−0.63	−0.92
固定横百叶挡板式		a	0.53	0.44	0.54	0.40
		b	−1.30	−1.10	−1.30	−0.93

续表

外遮阳基本类型		拟合系数	东	南	西	北
固定竖百叶挡板式		a	0.02	0.10	0.17	0.54
		b	−0.70	−0.82	−0.70	−1.15
水平式格栅遮阳		a	0.35	0.38	0.28	0.26
		b	−0.69	−0.69	−0.56	−0.50
活动横叶挡板式	冬	a	0.26	0.05	0.28	0.20
		b	−0.73	−0.61	−0.74	−0.62
	夏	a	0.56	0.42	0.57	0.68
		b	−1.30	−0.99	−1.30	−1.30
活动竖百叶挡板式	冬	a	0.23	0.17	0.25	0.20
		b	−0.77	−0.70	−0.77	−0.62
	夏	a	0.14	0.27	0.15	0.81
		b	−0.81	−0.85	−0.81	−1.44

注：数据来源于《温和地区居住建筑节能设计标准》JGJ 475—2019。

11.3.2　基于太阳辐射得热量的遮阳系数计算方法

由于太阳的高度角和方位角都是缓缓变化着的，即使是一个固定的建筑外遮阳（例如窗口上方的一个水平挑檐），其遮阳系数也是不断改变的。对于不同的工程应用，用不同的"照射时间"来处理。而对于建筑设计师在进行遮阳设计时，更关心的是一个月甚至是一个冬季（或夏季）平均的遮阳系数，这种情况下"照射时间"就是一个月、一个冬季（或夏季）。

透光围护结构中遮阳系数既可以指透光围护结构部件的遮阳系数，也可以指一樘窗的遮阳系数。因此，透光围护结构部件（或窗户）接收到的太阳辐射能量可以分为三部分：第一部分透过透光围护结构部件（或窗户）的透光部分，以辐射的形式直接进入室内，称为"太阳辐射室内直接得热量"；第二部分则被透光围护结构（或窗户）吸收，提高了透光围护结构部件（或窗户）的温度，然后以温差传热的方式分别传向室内和室外，这个过程称为"二次传热"，其中传向室内的那部分又可称为"太阳辐射室内二次传热得热量"；第三部分反射回室外。透光围护结构遮阳系数只涉及第一部分太阳辐射能量，不涉及"二次传热"。

透光系数的定义为：有遮阳构造的计算平面由太阳直射所形成的光斑面积与标准计算平面（无遮阳构造）由太阳直射所形成的光斑面积的比值，即为：

$$X_S = \frac{A_S}{A} \tag{11.3-3}$$

式中　X_S——透光系数；

　　A_S——计算平面上光斑面积（m^2）；

　　A——计算平面面积（m^2）。

透光系数对评价遮阳设施的遮阳性能以及在外窗太阳辐射得热量计算中都有非常重要的作用。透光系数是计算太阳辐射得热量模型中的重要参数，只有确定了透光系数 X_S 的具体数值，才能计算出通过外窗的太阳辐射得热量，从而计算整个建筑围护结构的得热量以及由此而需要投入的冷负荷。

（1）水平遮阳的直射辐射透射比

水平遮阳的直射辐射透射比应根据不同光斑形状按照表 11.3-6 的要求计算。

水平遮阳不同光斑形状直射太阳辐射透射比计算公式　　　　表 11.3-6

光斑形状	直射太阳辐射透射比计算公式
阴影区 光照区	$X_D = \dfrac{(win\_h - shade\_h) \cdot win\_w + 0.5 \cdot shade\_w \cdot shade\_h}{win\_w \cdot win\_h}$
阴影区 光照区	$X_D = \dfrac{0.5 \cdot win\_h \cdot win\_h \cdot shade\_w/shade\_h}{win\_w \cdot win\_h}$
阴影区 光照区	$X_D = \dfrac{win\_w \cdot win\_h - 0.5 \cdot win\_w \cdot win\_w \cdot shade\_h/shade}{win\_w \cdot win\_h}$

表中：$shade\_w = shade\_l \cdot \cos|t_s| \cdot \tan\varepsilon$ （11.3-4）

$$shade\_h = shade\_l \cdot \cos|t_s| \cdot \frac{tan\alpha}{\cos|\varepsilon|} + shade\_l \cdot \sin(-t_s)$$

（11.3-5）

式中：X_D——遮阳构件的直射辐射透射比，无量纲；

$shade\_l$——遮阳板挑出长度（mm）；

win_w——窗口宽度（mm）；

win_h——窗口高度（mm）；

t_s——遮阳板倾斜角（°），指遮阳板与墙面法线面的夹角，当遮阳板垂直于墙面时 $t_s = 0$，遮阳板与窗口夹角小于 90°时 $t_s > 0$，反之 $t_s < 0$；

ε——壁面太阳方位角（°），壁面上某点和太阳之间的连线在水平面上的投影，与壁面法线在水平面上的投影线之间的夹角，数值上等于（太阳方位角－壁面方位角）。

水平遮阳计算参数的几何位置应按图 11.3-6 示意计算。

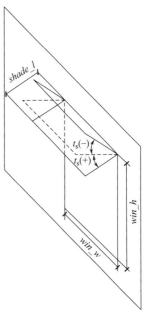

图 11.3-6　水平遮阳板计算参数示意图

对于这种类型的水平遮阳板全天光斑形式有表 11.3-6 所示的三种变化（观测点在室外，下同）：由于光斑变化情况是以 0 壁面太阳方位角为对称轴对称的，因此，表 11.3-6 只列出了壁面太阳方位角小于 0 的情况，当该角度大于 0 时，除光斑图形发生对称变化外，计算公式相同。

（2）垂直遮阳的直射辐射透射比

垂直遮阳的直射辐射透射比应根据不同光斑形状按照表 11.3-7 的要求计算。

垂直遮阳不同光斑形状直射太阳辐射透射比计算公式   表 11.3-7

光斑形状	直射太阳辐射透射比计算公式
光照区 / 阴影区	$X_D = \dfrac{(win\_w - shade\_w) \cdot win\_h + 0.5 \cdot shade\_w \cdot shade\_l}{win\_w \cdot win\_h}$
阴影区 / 光照区	$X_D = \dfrac{win\_w \cdot win\_h - 0.5 \cdot win\_h \cdot win\_h \cdot shade\_w/shade}{win\_w \cdot win\_h}$
阴影区 / 光照区	$X_D = \dfrac{0.5 \cdot win\_w \cdot win\_w \cdot shade\_h/shade\_w}{win\_w \cdot win\_h}$

不同壁面太阳方位角范围内，$shade\_w$ 和 $shade\_h$ 的计算应符合下列要求。

1）当遮阳板倾斜角 $t_s < 0$ 时，$shade\_w$ 和 $shade\_h$ 应按表 11.3-8 计算。

垂直遮阳 $shade\_w$ 和 $shade\_h$ 计算公式（一）   表 11.3-8

壁面太阳方位角范围	计算公式
$-90° < \varepsilon \leqslant t_s$	$shade\_w = \sin(90 + t_s) \cdot shade\_l \cdot \tan|\varepsilon| - shade\_l \cdot \cos(90 + t_s)$ $shade\_h = \sin(90 + t_s) \cdot shade\_l \cdot \tan\alpha/\cos|\varepsilon|$
$t_s < \varepsilon \leqslant 0$	$shade\_w = shade\_l \cdot \cos(90 + t_s) - \sin(90 + t_s) \cdot shade\_l \cdot \tan|\varepsilon|$ $shade\_h = \sin(90 + t_s) \cdot shade\_l \cdot \tan\alpha/\cos|\varepsilon|$
$0 < \varepsilon \leqslant 90°$	$shade\_w = shade\_l \cdot \cos(90 + t_s) + \sin(90 + t_s) \cdot shade\_l \cdot \tan|\varepsilon|$ $shade\_h = \sin(90 + t_s) \cdot shade\_l \cdot \tan\alpha/\cos|\varepsilon|$

2）当遮阳板倾斜角 $t_s \geqslant 0$ 时，$shade\_w$ 和 $shade\_h$ 应按表 11.3-9 计算。

垂直遮阳 *shade_w* 和 *shade_h* 计算公式（二）　　表 11.3-9

壁面太阳方位角范围	计算公式
$-90°<\varepsilon\leqslant 0$	$shade\_w=\sin(90-t_s)\cdot shade\_l\cdot\tan|\varepsilon|+shade\_l\cdot\cos(90-t_s)$ $shade\_h=\sin(90-t_s)\cdot shade\_l\cdot\tan\alpha/\cos|\varepsilon|$
$0<\varepsilon\leqslant t_s$	$shade\_w=shade\_l\cdot\cos(90-t_s)+\sin(90-t_s)\cdot shade\_l\cdot\tan|\varepsilon|$ $shade\_h=\sin(90-t_s)\cdot shade\_l\cdot\tan\alpha/\cos|\varepsilon|$
$t_s<\varepsilon\leqslant 90°$	$shade\_w=\sin(90-t_s)\cdot shade\_l\cdot\tan|\varepsilon|-shade\_l\cdot\cos(90-t_s)$ $shade\_h=\sin(90-t_s)\cdot shade\_l\cdot\tan\alpha/\cos|\varepsilon|$

垂直遮阳计算参数的几何位置应按图 11.3-7 示意计算。

（3）水平遮阳与垂直遮阳的散射辐射透射比

水平遮阳与垂直遮阳的散射辐射透射比应按式（11.3-6）计算：

$$X_d=\frac{\alpha}{90} \tag{11.3-6}$$

式中　α——门、窗口的垂直视角（°）。

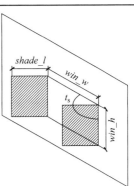

图 11.3-7　垂直遮阳板计算参数示意图

（4）百叶遮阳的辐射透射比与反射比

百叶遮阳散射辐射的透射比、反射率应按式（11.3-7）～式（11.3-10）计算。

百叶系统对散射辐射的透光比为：

$$\tau_{dif,dif}(\lambda_j)=E_{f,k+1}(\lambda_j)/I_d(\lambda_j) \tag{11.3-7}$$

$$E_{f,k+1}=\sum_{n=1}^{k}[E_{f,n}\cdot\rho_{f,n}+E_{b,n}\cdot\tau_{f,n}]\cdot F_{f,n\to f,n+1}+$$
$$\sum_{n=1}^{k}[E_{b,n}\cdot\rho_{b,n}+E_{f,n}\cdot\tau_{b,n}]\cdot F_{b,n\to f,n+1}+E_{f,0}\cdot F_{0\to f,n+1} \tag{11.3-8}$$

百叶系统对散射辐射的反射率为：

$$\rho_{dif,dif}(\lambda_j)=E_{b,0}(\lambda_j)/I_n(\lambda_j) \tag{11.3-9}$$

$$E_{b,0}=\sum_{n=1}^{k}[E_{f,n}\cdot\rho_{f,n}+E_{b,n}\cdot\tau_{f,n}]\cdot F_{f,n\to b,0}+\sum_{n=1}^{k}[E_{b,n}\cdot\rho_{b,n}+E_{f,n}\cdot\tau_{b,n}]\cdot F_{b,n\to b,0}$$

$$\tag{11.3-10}$$

式中　$E_{f,0}$——入射到百叶系统的散射辐射（W/m²）；

　　　$E_{b,0}$——从百叶系统反射出来的散射辐射（W/m²）；

　　　$E_{f,n}$——百叶板条第 n 段外表面受到的散射辐射（W/m²）；

　　　$E_{b,n}$——百叶板条第 n 段内表面受到的散射辐射（W/m²）；

　　　$E_{f,k+1}$——通过百叶系统透射出去的散射辐射（W/m²）；

　　　$\rho_{f,n}$、$\rho_{b,n}$——百叶板条第 n 段外、内表面的太阳光反射比，与百叶板条材料特性有关；

　　　$\tau_{f,n}$、$\tau_{b,n}$——百叶板条第 n 段外、内表面的太阳光透射比，与百叶板条材料特性有关；

　　　$I_d(\lambda_j)$——百叶系统受到外侧入射的波长为 λ_j 的散射辐射（W/m²）；

$I_n(\lambda_j)$——百叶系统受到内侧入射的散射辐射，可忽略内侧环境对外部环境的散射辐射，取其为 0。

百叶遮阳直射辐射的直接透射率、反射率应按式（11.3-11）～式（11.3-14）计算：

对于任何波长 λ_j，百叶板条倾角 ϕ 的直射辐射的透射率：

$$\tau_{dir,dir}(\phi) = E_{dir,dir}(\lambda_j, \phi)/I_D(\lambda_j, \phi) \qquad (11.3\text{-}11)$$

$$E_{dir,dir} = I_D \cdot X_D \qquad (11.3\text{-}12)$$

$$X_D = b/s \qquad (11.3\text{-}13)$$

百叶系统透空部分反射率：

$$\rho_{dir,dir}(\phi) = 0 \qquad (11.3\text{-}14)$$

百叶遮阳直射辐射的直接透射率、反射率计算参数按图 11.3-8 计算。

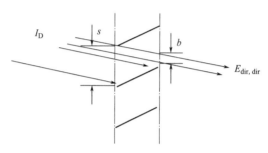

图 11.3-8　百叶系统透光部分的直射辐射示意图

百叶遮阳直射辐射的散射透射率、反射率应按式（11.3-15）～式（11.3-16）计算：

$$\tau_{dir,dif}(\lambda_j, \phi) = E_{f,n}(\lambda_j, \phi)/I_D(\lambda_j, \phi) \qquad (11.3\text{-}15)$$

$$p_{dir,dif}(\lambda_j, \phi) = E_{b,n}(\lambda_j, \phi)/I_D(\lambda_j, \phi) \qquad (11.3\text{-}16)$$

（5）水平遮阳和垂直遮阳的遮阳系数计算

水平遮阳和垂直遮阳的建筑遮阳系数应按下式计算：

$$SC_s = (I_D \cdot X_D + 0.5I_d \cdot X_d)/I_0 \qquad (11.3\text{-}17)$$

$$I_0 = I_D + 0.5I_d \qquad (11.3\text{-}18)$$

式中　I_0——门窗洞口朝向的太阳总辐射（W/m²）；

I_D——门窗洞口朝向的太阳直射辐射（W/m²），按门窗洞口朝向和当地的太阳直射辐射照度计算；

I_d——水平面的太阳散射辐射（W/m²）；

X_D——遮阳构件的直射辐射透射比，按本手册 11.3.2 小节第（1）、（2）条计算；

X_d——遮阳构件的散射辐射透射比，按本手册 11.3.2 小节第（3）条计算。

（6）组合遮阳的遮阳系数计算

组合遮阳的遮阳系数应为同时刻的水平遮阳与垂直遮阳建筑遮阳系数的乘积。

（7）挡板遮阳的遮阳系数计算

挡板遮阳的建筑遮阳系数应按下式计算：

$$SC_s = 1 - (1-\eta)(1-\eta^*) \qquad (11.3\text{-}19)$$

式中　η——挡板的轮廓透射比，为门窗洞口面积扣除挡板轮廓在门窗洞口上阴影面积后的剩余面积与门窗洞口面积的比值；

η^*——挡板材料的透射比，按表 11.3-10 确定。

挡板材料的透射比 表 11.3-10

挡板使用的材料	规格	η^*
织物材料、玻璃钢类板	—	0.4
玻璃、有机玻璃类板	深色：0＜太阳光透射比≤0.6	0.6
	浅色：0.6＜太阳光透射比≤0.9	0.8
金属穿孔板	0＜穿孔率≤0.2	0.1
	0.2＜穿孔率≤0.4	0.3
	0.4＜穿孔率≤0.6	0.5
	0.6＜穿孔率≤0.8	0.7
铝合金百叶板	—	0.2
木质百叶板	—	0.25
混凝土花格	—	0.5
木质花格	—	0.45

11.3.3　百叶遮阳的遮阳系数计算

百叶遮阳的遮阳系数应按下式计算：

$$SC_s = E_\tau / I_0 \tag{11.3-20}$$

式中　E_τ——通过百叶系统后的太阳辐射（W/m^2）。

11.3.4　活动外遮阳的遮阳系数计算

活动外遮阳全部收起时的遮阳系数可取 1.0，全部放下时应按不同的遮阳形式进行计算。

11.4　遮阳系数工程计算

11.4.1　基于建筑能耗的遮阳系数计算方法（季节平均法）算例

以夏热冬冷地区某建筑南立面所采用的综合遮阳形式作为计算案例，本案例计算外遮阳系数使用的是简化模型（图 11.4-1）：窗口尺寸为 2m×2m。水平遮阳板的板宽（L）同窗口宽度，垂直遮阳板的板高（H）同窗口高度。仅以外挑尺寸一个量来描述遮阳构件的几何尺寸，未考虑遮阳板底部到窗邻边距离（对于水平遮阳：L'，对于垂直遮阳：H'）及不同窗洞口宽度（L）对外遮阳系数的影响。而实际工程中，这些参数往往取值不同，也势必会影响到遮阳效果。

图 11.4-1 中，A 为遮阳板挑出距离，B 为遮阳板根部到窗对边距离；L' 和 H' 为遮阳板根部到窗邻边距离。$L = 2000mm$，$H = 2000mm$，$L' = 600mm$，$H' = 600mm$，$A = 500mm$。为联系实际和便于模拟分析，设置水平遮阳板为左右连通，垂直遮阳板为上下连通。因此，该综合遮阳的遮阳系数应为同时刻的水平遮阳与垂直遮阳建筑遮阳系数的乘积。

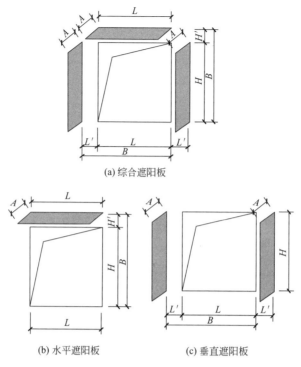

(a) 综合遮阳板

(b) 水平遮阳板   (c) 垂直遮阳板

图 11.4-1 某综合遮阳构件参数

对水平遮阳而言，式（11.3-2）中的构造定性尺寸 $A=500\text{mm}$，$B=2600\text{mm}$，$X=0.1923$。计算拟合系数见表 11.3-3，取 $a=0.50$、$b=-0.80$。将 X、a、b 代入式（11.3-1）计算可得 $S_{D水平}=0.86$。

对垂直遮阳而言，式（11.3-2）中的构造定性尺寸 $A=500\text{mm}$，$B=2600\text{mm}$，$X=0.1923$。计算拟合系数见表 11.3-3，取 $a=0.33$、$b=-0.72$。将 X、a、b 代入式（11.3-1）计算可得 $S_{D垂直}=0.87$。

因此，$S_{D综合}=S_{D水平} \times S_{D垂直}=0.755$。

11.4.2 基于太阳辐射得热量的遮阳系数计算方法算例

华南理工大学建筑节能中心编制了用于计算透光系数和太阳辐射得热量的计算程序——VS（Visual Shade），是在先前开发的 SIJADE 遮阳计算程序的基础上，采用 Visual Basic 软件编制的可视化的遮阳计算程序，操作界面如图 11.4-2 所示。

该程序可以计算典型外遮阳以及屋顶遮阳构造的全年逐时透光系数、太阳辐射得热量数据结果；并给出水平遮阳和垂直遮阳构造的全天太阳光斑变化示意图。程序内含我国绝大部分城市的地理数据，可以生成 data.txt 结果文件，调用 Cel 软件可以方便地浏览和处理数据；通过转换 VS 程序透光系数输出方式，可以通过用户自定义的外遮阳构造尺寸计算出所需数据并把它输入到 DEST 遮阳计算数据库中，来计算目前 DEST 不能定义的外遮阳类型。

以北京地区某建筑南立面所采用的水平遮阳形式作为计算案例，本案例计算外遮阳系数使用的是简化模型（图 11.4-3）：窗口尺寸为 $2\text{m} \times 2\text{m}$，水平遮阳板的板宽（$L$）同窗口宽度，垂直遮阳板的板高（$H$）同窗口高度。

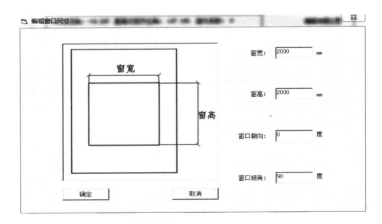

图 11.4-2　VS 程序操作界面

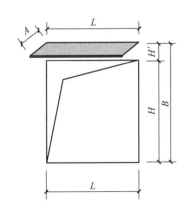

图 11.4-3　某水平遮阳构件参数

图 11.4-3 中，A 为遮阳板挑出距离，B 为遮阳板根部到窗对边距离；H' 为遮阳板根部到窗邻边距离。$L=2000\text{mm}$，$H=2000\text{mm}$，$H'=600\text{mm}$，$A=500\text{mm}$。以夏至日为例，计算各时刻的透光系数，界面如图 11.4-4 所示，结果见表 11.4-1。

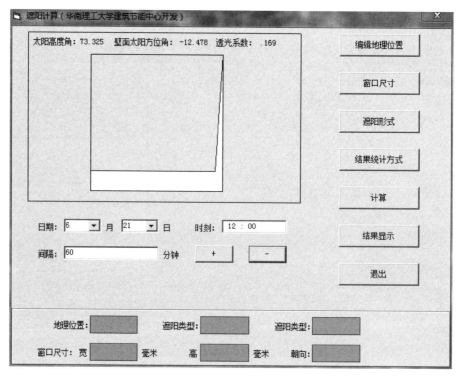

图 11.4-4　夏至日正午 12：00 透光系数计算结果

北京地区夏至日南向某水平遮阳各时刻透光系数计算结果　　　表 11.4-1

时刻	太阳高度角(°)	壁面太阳方位角(°)	透光系数
9：00	45.91	−83.36	0.481
10：00	57.13	−70.42	0.304
11：00	67.17	−49.90	0.215
12：00	73.32	−12.48	0.169
13：00	71.14	33.20	0.197
14：00	62.57	61.26	0.228
15：00	51.78	77.24	0.384
16：00	40.36	88.38	0.575

参考文献

[1] 涂逢祥，段恺. 中国建筑遮阳技术[M]. 北京：中国质检出版社，中国标准出版社，2015.

[2] 中国建筑学会. 建筑设计资料集（第三版）第 8 分册　建筑专题[M]. 北京：中国建筑工业出版社，2017.

[3] 李峥嵘，赵群，展磊. 建筑遮阳与节能[M]. 北京：中国建筑工业出版社，2009.

[4] 白胜芳. 建筑遮阳技术[M]. 北京：中国建筑工业出版社，2013.

[5] 岳鹏. 建筑遮阳技术手册[M]. 北京：化学工业出版社，2014.

[6] 中华人民共和国行业标准. 夏热冬暖地区居住建筑节能设计标准 JGJ 75—2012[S]. 北京：中国建筑

工业出版社，2012.

[7] 中华人民共和国行业标准. 建筑遮阳通用技术要求 JG/T 274—2018［S］. 北京：中国标准出版社，2018.

[8] 住房和城乡建设部标准定额司，住房和城乡建设部建筑节能与科技司. 建筑遮阳产品推广应用技术指南［M］. 北京：中国建筑工业出版社，2011.

第12章　建筑围护结构节能设计示例

本章收集了近年来全国各地工程项目建筑节能专项施工图审查要求及围护结构节能设计图纸并进行整理汇总，形成建筑围护结构节能设计专篇。

节能设计示例主要内容包括工程概况、设计依据、透明围护结构节能设计、非透明围护结构节能设计、围护结构热工性能参数汇总、保温材料性能要求、节能设计及施工要求、节点大样八部分。

本章以寒冷地区某甲类公共建筑节能设计为例，提出设计要求。具体设计内容应根据项目实际情况以及执行标准的要求进行调整。

12.1　工程概况

工程概况见表 12.1-1。

工程概况　　　　　　　　　　　　　　　　　　　表 12.1-1

项目名称	某产业科技园区办公项目		子项名称	1 号办公楼	
建筑性质	公共建筑		所在城市	北京	
节能设计执行标准	《公共建筑节能设计标准》GB 50189—2015		节能设计方法	☑规定性指标 ☐性能化指标	
气候分区	结构形式	层数	体形系数		建筑朝向	节能计算面积(m²)
			工程设计值	规范限值		
寒冷地区	框架结构	8 层	0.28	0.40	南向	6400

12.2　设计依据

（1）国家、省市现行的相关建筑节能设计标准、规范、图集

《公共建筑节能设计标准》GB 50189—2015

《民用建筑热工设计规范》GB 50176—2016

《建筑设计防火规范》GB 50016—2014（2018 版）

《外墙外保温工程技术标准》JGJ 144—2019

《岩棉薄抹灰外墙外保温系统材料》JG/T 483—2015

《建筑外门窗气密、水密、抗风压性能检测方法》GB/T 7106—2019

《建筑幕墙》GB/T 21086—2007

《建筑节能工程施工质量验收标准》GB 50411—2019

《公共建筑节能构造（严寒和寒冷地区）》06J908—1

《外墙外保温建筑构造》10J121

......

（2）国家、省、市现行的相关法律法规、批文

《国务院关于印发"十三五"节能减排综合工作方案的通知》国发〔2016〕74 号；

《住房城乡建设部关于印发建筑节能与绿色建筑发展"十三五"规划的通知》建科〔2017〕53 号；

《住房城乡建设部办公厅 银监会办公厅关于深化公共建筑能效提升重点城市建设有关工作的通知》建办科函〔2017〕409 号。

......

12.3　透明围护结构节能设计

透明围护结构节能设计参数见表 12.3-1。

设计参数　　　　　　　　　　　　　　　　　　　　　　　　　　表 12.3-1

朝向	窗墙面积比		传热系数 [W/(m²·K)]		太阳得热系数 SHGC		可见光透射比		外窗/玻璃幕墙 构造形式
	设计值	规范限值	设计值	规范限值	设计值	规范限值	设计值	规范限值	
东	0.31	0.60	2.4	2.4	0.48	0.48	0.60	0.60	隔热金属型材中空 Low-E(6+12A+6)
南	0.40	0.60	2.4	2.4	0.48	0.48	0.60	0.60	隔热金属型材中空 Low-E(6+12A+6)
西	0.31	0.60	2.4	2.4	0.48	0.48	0.60	0.60	隔热金属型材中空 Low-E(6+12A+6)
北	0.21	0.60	2.4	2.7	0.48	—	0.60	0.60	隔热金属型材中空 Low-E(6+12A+6)
天窗	/	/	/	/	/	/	/	/	/

注：1. 门窗气密性指标需满足《建筑外门窗气密、水密、抗风压性能检测方法》GB/T 7106—2019 要求，气密性等级不低于 6 级。幕墙气密性指标满足《建筑幕墙》GB/T 21086—2007 要求，不低于 3 级；

2. 传热系数为整窗的传热系数，太阳得热系数 SHGC 为考虑了玻璃自身、窗框以及遮阳构件之后的综合太阳得热系数；

3. "—"表示北向太阳得热系数 SHGC 无要求，"/"表示本项目无此项，具体工程设计时可删除。

12.4　非透明围护结构节能设计

12.4.1　屋面

（1）钢筋混凝土保温屋面（自上而下）

构造节点如图 12.8-1 所示，热工参数见表 12.4-1。

热工参数 表 12.4-1

序号	材料名称	导热系数 [W/(m·K)]	材料厚度 (mm)	热阻值 R (m²·K/W)	蓄热系数 S [W/(m²·K)]	热惰性指标 D=R·S	修正系数
1	C20 细石混凝土	1.51	40	0.026	15.36	0.407	1.0
2	隔离层	不计入					
3	防水层	不计入					
4	水泥砂浆保护层	0.93	20	0.022	11.37	0.245	1.0
5	挤塑聚苯板 XPS	0.03	70	1.944	0.34	0.793	1.2
6	水泥砂浆找平层	0.93	20	0.022	11.37	0.245	1.0
7	陶粒混凝土找坡	0.57	30	0.035	7.19	0.378	1.5
8	钢筋混凝土屋面板	1.74	100	0.057	17.2	0.989	1.0
屋面各层之和				2.150		3.545	
屋面热阻 $R_0=R_i+\Sigma R+R_e$		2.300m²·K/W		$R_i=0.11m^2·K/W; R_e=0.04m^2·K/W$			
屋面传热系数 K		0.43W/(m²·K)					

注：需满足《公共建筑节能设计标准》GB 50189—2015 中寒冷地区甲类公共建筑体形系数≤0.30，传热系数 K≤0.45W/(m²·K) 的要求。

(2) 直立锁边金属屋面（自上而下）

构造节点如图 12.8-2 所示，热工参数见表 12.4-2。

热工参数 表 12.4-2

序号	材料名称	导热系数 [W/(m·K)]	材料厚度 (mm)	热阻值 R (m²·K/W)	蓄热系数 S [W/(m²·K)]	热惰性指标 D=R·S	修正系数
1	直立锁边铝镁锰板	不计入					
2	防水透气膜	不计入					
3	环保玻璃棉	0.04	50	1.042	0.38	0.475	1.20
4	不锈钢丝网	不计入					
5	屋面上层次檩条	不计入					
6	屋面上层主檩条	不计入					
7	防水卷材	不计入					
8	岩棉保温层	0.041	120	2.439	0.75	2.195	1.20
9	吸声棉(压缩到 30mm)	不计入					
10	聚丙烯隔汽膜	不计入					
11	镀铝锌压型钢板	不计入					
12	下层次檩条	不计入					
13	下层主檩条	不计入					
屋面各层之和				3.481		2.670	
屋面热阻 $R_0=R_i+\Sigma R+R_e$		3.631m²·K/W		$R_i=0.11m^2·K/W; R_e=0.04m^2·K/W$			
屋面传热系数 K		0.28W/(m²·K)					

注：1. 需满足《公共建筑节能设计标准》GB 50189—2015 中寒冷地区甲类公共建筑体形系数≤0.30，传热系数 K≤0.45W/(m²·K) 的要求；

2. 考虑玻璃吸声棉受潮后，保温材料热工性能下降，故该部分材料热工计算不计入。

12.4.2　外墙

(1) 金属氟碳漆外墙 (由外至内)

构造节点如图 12.8-3 所示,热工参数见表 12.4-3。

热工参数　　　　　　　　　表 12.4-3

序号	材料名称	导热系数 [W/(m·K)]	材料厚度 (mm)	热阻值 R (m²·K/W)	蓄热系数 S [W/(m²·K)]	热惰性指标 $D=R·S$	修正系数
1	喷涂或滚刷弹性涂料	不计入					
2	喷涂或滚刷底涂料	不计入					
3	刮柔性耐水腻子	不计入					
4	防潮底漆	不计入					
5	抹面胶浆	0.93	5	0.005	11.37	0.061	1.0
6	垂直纤维岩棉板	0.048	110	1.910	0.75	1.250	1.2
7	防水涂料	不计入					
8	水泥砂浆	0.93	15	0.016	11.37	0.183	1.0
9	页岩多孔砖	0.58	200	0.345	7.92	2.731	1.0
10	水泥砂浆抹灰	0.93	20	0.022	11.37	0.245	1.0
11	内饰面层	不计入					
外墙各层之和				2.298		4.939	
外墙热阻 $R_0=R_i+\sum R+R_e$		2.448m²·K/W		$R_i=0.11$m²·K/W; $R_e=0.04$m²·K/W			
外墙传热系数 K		0.409W/(m²·K)		外墙主体部位传热系数的修正系数取 1.2			
外墙平均传热系数 K_m		0.49W/(m²·K)					

注:需满足《公共建筑节能设计标准》GB 50189—2015 中寒冷地区甲类公共建筑体形系数≤0.30,传热系数 K≤0.50W/(m²·K) 的要求。

(2) 干挂幕墙及玻璃幕墙层间隔断 (由外至内)

构造节点如图 12.8-4 所示,热工参数见表 12.4-4。

热工参数　　　　　　　　　表 12.4-4

序号	材料名称	导热系数 [W/(m·K)]	材料厚度 (mm)	热阻值 R (m²·K/W)	蓄热系数 S [W/(m²·K)]	热惰性指标 $D=R·S$	修正系数
1	干挂饰面/玻璃幕墙	不计入					
2	龙骨+锚栓	不计入					
3	铝箔覆面岩棉保温层	0.041	100	2.033	0.75	1.829	1.2
4	钢筋混凝土墙体	1.74	200	0.115	17.2	1.977	1.0
5	水泥砂浆抹灰	0.93	20	0.022	11.37	0.245	1.0
6	内饰面层	不计入					
外墙各层之和				2.169		4.051	
外墙热阻 $R_0=R_i+\sum R+R_e$		2.319m²·K/W		$R_i=0.11$m²·K/W; $R_e=0.04$m²·K/W			
外墙传热系数 K		0.431W/(m²·K)		外墙主体部位传热系数的修正系数取 1.0			
外墙平均传热系数 K_m		0.43W/(m²·K)					

注:需满足《公共建筑节能设计标准》GB 50189—2015 中寒冷地区甲类公共建筑体形系数≤0.30,传热系数 K≤0.50W/(m²·K) 的要求。

12.4.3　底面接触室外空气的架空或外挑楼板

(1) 轻钢龙骨保温吊顶（自上而下）

构造节点如图 12.8-5 所示，热工参数见表 12.4-5。

表 12.4-5

热工参数

序号	材料名称	导热系数 [W/(m·K)]	材料厚度 (mm)	热阻值 R (m²·K/W)	蓄热系数 S [W/(m²·K)]	热惰性指标 D=R·S	修正系数
1	饰面层	不计入					
2	水泥砂浆找平层	0.93	20	0.022	11.37	0.245	1.0
3	钢筋混凝土楼板	1.74	100	0.057	17.2	0.989	1.0
4	轻钢龙骨铝箔覆面岩棉保温吊顶	0.041	90	1.829	0.75	1.646	1.2
5	面层	不计入					
楼板各层之和				1.908		2.879	
楼板热阻 $R_0=R_i+\sum R+R_e$		2.058m²·K/W		$R_i=0.11m²·K/W; R_e=0.04m²·K/W$			
楼板传热系数 K		0.49W/(m²·K)					

注：需满足《公共建筑节能设计标准》GB 50189—2015 中寒冷地区甲类公共建筑体形系数≤0.30，传热系数 K≤ 0.50W/(m²·K) 的要求。

(2) 挤塑聚苯板楼面保温（自上而下）

构造节点如图 12.8-6 所示，热工参数见表 12.4-6。

表 12.4-6

热工参数

序号	材料名称	导热系数 [W/(m·K)]	材料厚度 (mm)	热阻值 R (m²·K/W)	蓄热系数 S [W/(m²·K)]	热惰性指标 D=R·S	修正系数
1	饰面层	不计入					
2	细石混凝土保护层	1.51	40	0.026	15.36	0.407	1.0
3	挤塑聚苯板 XPS	0.03	65	1.806	0.34	0.737	1.2
4	钢筋混凝土楼板	1.74	100	0.057	17.2	0.989	1.0
5	面层	不计入					
楼板各层之和				1.890		2.132	
楼板热阻 $R_0=R_i+\sum R+R_e$		2.040m²·K/W		$R_i=0.11m²·K/W; R_e=0.04m²·K/W$			
楼板传热系数 K		0.49W/(m²·K)					

注：需满足《公共建筑节能设计标准》GB 50189—2015 中寒冷地区甲类公共建筑体形系数≤0.30，传热系数 K≤ 0.50W/(m²·K) 的要求。

12.4.4　地下车库与供暖房间之间的楼板

(1) 轻钢龙骨保温吊顶（自上而下）

构造节点如图 12.8-5 所示，热工参数见表 12.4-7。

热工参数
表 12.4-7

序号	材料名称	导热系数 [W/(m·K)]	材料厚度 (mm)	热阻值 R (m²·K/W)	蓄热系数 S [W/(m²·K)]	热惰性指标 D=R·S	修正系数
1	饰面层	不计入					
2	钢筋混凝土楼板	1.74	100	0.057	17.2	0.989	1.0
3	轻钢龙骨铝箔覆面岩棉保温吊顶	0.041	50	1.016	0.75	0.915	1.2
4	面层	不计入					
楼板各层之和				1.074		1.903	
楼板热阻 $R_0=R_i+\Sigma R+R_i$		1.224m²·K/W		$R_i=0.11$m²·K/W			
楼板传热系数 K		0.82W/(m²·K)					

注：需满足《公共建筑节能设计标准》GB 50189—2015 中寒冷地区甲类公共建筑体形系数≤0.30，传热系数 K≤1.0W/(m²·K) 的要求。

(2) 挤塑聚苯板楼面保温（自上而下）

构造节点如图 12.8-6 所示，热工参数见表 12.4-8：

热工参数
表 12.4-8

序号	材料名称	导热系数 [W/(m·K)]	材料厚度 (mm)	热阻值 R (m²·K/W)	蓄热系数 S [W/(m²·K)]	热惰性指标 D=R·S	修正系数
1	饰面层	不计入					
2	细石混凝土保护层	1.51	40	0.026	15.36	0.407	1.0
3	挤塑聚苯板 XPS	0.03	30	0.833	0.34	0.340	1.2
4	钢筋混凝土楼板	1.74	100	0.057	17.2	0.989	1.0
5	面层	不计入					
楼板各层之和				0.917		1.735	
楼板热阻 $R_0=R_i+\Sigma R+R_i$		1.067m²·K/W		$R_i=0.11$m²·K/W			
楼板传热系数 K		0.94W/(m²·K)					

注：需满足《公共建筑节能设计标准》GB 50189—2015 中寒冷地区甲类公共建筑体形系数≤0.30，传热系数 K≤1.0W/(m²·K) 的要求。

12.4.5 非供暖楼梯间与供暖房间之间的隔墙

(1) 蒸压加气混凝土砌块填充墙

构造节点如图 12.8-7 所示，热工参数见表 12.4-9。

热工参数
表 12.4-9

序号	材料名称	导热系数 [W/(m·K)]	材料厚度 (mm)	热阻值 R (m²·K/W)	蓄热系数 S [W/(m²·K)]	热惰性指标 D=R·S	修正系数
1	饰面层	不计入					
2	水泥砂浆抹灰	0.93	20	0.022	11.37	0.245	1.0

续表

序号	材料名称	导热系数 [W/(m·K)]	材料厚度 (mm)	热阻值 R (m²·K/W)	蓄热系数 S [W/(m²·K)]	热惰性指标 $D=R·S$	修正系数
3	蒸压加气混凝土砌块	0.18	200	0.889	3.10	3.444	1.25
4	水泥砂浆抹灰	0.93	20	0.022	11.37	0.245	1.0
5	饰面层	不计入					
隔墙各层之和				0.932		3.933	
隔墙热阻 $R_0=R_i+\sum R+R_i$		1.152m²·K/W			$R_i=0.11m²·K/W$		
隔墙传热系数 K		0.87W/(m²·K)					

注：需满足《公共建筑节能设计标准》GB 50189—2015 中寒冷地区甲类公共建筑体形系数≤0.30，传热系数 $K≤$ 1.50W/(m²·K) 的要求。

(2) 钢筋混凝土墙体

构造节点如图 12.8-8 所示，热工参数见表 12.4-10。

热工参数　　　　　　　　　　　　　　　　表 12.4-10

序号	材料名称	导热系数 [W/(m·K)]	材料厚度 (mm)	热阻值 R (m²·K/W)	蓄热系数 S [W/(m²·K)]	热惰性指标 $D=R·S$	修正系数
1	饰面层	不计入					
2	抹面胶浆	0.93	5	0.005	11.37	0.061	1.0
3	不燃型聚苯乙烯 聚苯板 AEPS	0.065	30	0.385	0.9	0.415	1.2
4	钢筋混凝土墙体	1.74	200	0.115	17.2	1.977	1.0
5	饰面层	不计入					
隔墙各层之和				0.505		2.454	
隔墙热阻 $R_0=R_i+\sum R+R_i$		0.725m²·K/W			$R_i=0.11m²·K/W$		
隔墙传热系数 K		1.38W/(m²·K)					

注：需满足《公共建筑节能设计标准》GB 50189—2015 中寒冷地区甲类公共建筑体形系数≤0.30，传热系数 $K≤$ 1.50W/(m²·K) 的要求。

12.4.6　周边地面

构造节点如图 12.8-9 所示，热工参数见表 12.4-11。

热工参数　　　　　　　　　　　　　　　　表 12.4-11

序号	材料名称	导热系数 [W/(m·K)]	材料厚度 (mm)	热阻值 R (m²·K/W)	蓄热系数 S [W/(m²·K)]	热惰性指标 $D=R·S$	修正系数
1	饰面层	不计入					
2	细石混凝土保护层	不计入					
3	挤塑聚苯板 XPS	0.03	30	0.833	0.34	0.340	1.2
4	防水层	不计入					

续表

序号	材料名称	导热系数 [W/(m·K)]	材料厚度 (mm)	热阻值 R (m²·K/W)	蓄热系数 S [W/(m²·K)]	热惰性指标 D=R·S	修正系数
5	水泥砂浆找平层	不计入					
6	C15 混凝土垫层	不计入					
7	素土夯实	不计入					
周边地面各层之和				0.833		0.340	
周边地面保温材料热阻 R₀		0.833m²·K/W					

注:需满足《公共建筑节能设计标准》GB 50189—2015 中寒冷地区甲类公共建筑保温材料热阻 $R \geqslant 0.60\text{m}^2 \cdot \text{K/W}$ 的要求。

12.4.7 供暖、空调地下室外墙（与土壤接触的墙）

构造节点如图 12.8-10 所示，热工参数计算见表 12.4-12。

热工参数 表 12.4-12

序号	材料名称	导热系数 [W/(m·K)]	材料厚度 (mm)	热阻值 R (m²·K/W)	蓄热系数 S [W/(m²·K)]	热惰性指标 D=R·S	修正系数
1	钢筋混凝土侧壁	不计入					
2	水泥砂浆找平层	不计入					
3	防水层	不计入					
4	挤塑聚苯板 XPS	0.03	30	0.833	0.34	0.340	1.2
5	页岩实心砖	不计入					
6	素土夯实	不计入					
地下室外墙各层之和				0.833		0.340	
地下室外墙保温材料热阻 R₀		0.833m²·K/W					

注:需满足《公共建筑节能设计标准》GB 50189—2015 中寒冷地区甲类公共建筑保温材料热阻 $R \geqslant 0.60\text{m}^2 \cdot \text{K/W}$ 的要求。

12.5 围护结构热工性能参数汇总

围护结构热工性能参数汇总见表 12.5-1。

围护结构热工性能参数 表 12.5-1

序号	围护结构部位	参照建筑 K [W/(m²·K)]	设计建筑 K [W/(m²·K)]
1	屋面	≤0.45	0.43/0.28
2	外墙（包括非透光幕墙）	≤0.50	0.49/0.43
3	底面接触室外空气的架空或外挑楼板	≤0.50	0.49/0.49
4	地下车库与供暖房间之间的楼板	≤1.0	0.82/0.94

序号	围护结构部位			参照建筑 K [W/(m²·K)]			设计建筑 K [W/(m²·K)]		
5	非供暖楼梯间与供暖房间之间的隔墙			≤1.5			0.87/1.38		
	外窗（包括透光幕墙）	朝向	窗墙面积比	传热系数 K [W/(m²·K)]	太阳得热系数 $SHGC$	窗墙面积比	传热系数 K [W/(m²·K)]	太阳得热系数 $SHGC$	
6	单一立面外窗（包括透光幕墙）	东	0.31	2.4	0.48	0.31	2.4	0.48	
		南	0.40	2.4	0.48	0.40	2.4	0.48	
		西	0.31	2.4	0.48	0.31	2.4	0.48	
		北	0.21	2.7	—	0.21	2.4	0.48	
	屋顶透光部分		—	—	—	—	—	—	
	气密性	外窗	《建筑外门窗气密、水密、抗风压性能分级及检测方法》GB/T 7106—2019	6级		6级			
		玻璃幕墙	《建筑幕墙》GB/T 21086—2007	3级		3级			

序号	围护结构部位	参照建筑 R (m²·K/W)	设计建筑 R (m²·K/W)
7	周边地面	≥0.60	0.833
8	供暖、空调地下室外墙（与土壤接触的墙）	≥0.60	0.833
9	建筑节能设计综合指标/建筑物全年耗电量(kWh/m²)	—	—

12.6 保温材料性能要求

保温材料性能要求见表 12.6-1。

保温材料性能   表 12.6-1

序号	材料名称	导热系数 [W/(m·K)]	干密度 (kg/m³)	力学指标 (kPa)	燃烧性能指标	其他指标
1	挤塑聚苯板 XPS	≤0.03	30～40	抗压(150～250)	B1	吸水率≤1.5%
2	岩棉	≤0.041	80～200	抗压≥40；抗拉≥7.5	A	憎水率≥98%
3	垂直纤维岩棉板	≤0.048	≥100	抗压≥40；抗拉≥100	A	憎水率≥98%
4	玻璃棉	≤0.040	14～20	—	A	憎水率≥98%
5	不燃型聚苯乙烯复合保温板 AEPS	≤0.065	150～250	—	A	体积吸水率≤8%
6	陶粒混凝土找坡	≤0.57	≤1300	—	A	—

续表

序号	材料名称	导热系数 [W/(m·K)]	干密度 (kg/m³)	力学指标 (kPa)	燃烧性能指标	其他指标
7	抹面胶浆	—	—	抗拉≥700	—	可操作时间不低于 1.5h;压折比≥3.0
8	玻纤网	—	≥130g/m²	断裂强力≥750N/50mm	—	网孔中心距为 4mm×4mm

注：1. 玻璃棉应达到中国环境十环认证要求；
　　2. 岩棉的力学指标为垂直于表面的抗压强度/抗拉强度；
　　3. 墙体基层抹灰砂浆抗拉强度不得低于 200kPa。

12.7　节能设计及施工要求

(1) 设计要求

1) 建筑节能施工质量除符合现行行业标准《外墙外保温工程技术标准》JGJ 144 要求外，尚应满足国家现行标准《岩棉薄抹灰外墙外保温系统材料》JG/T 483、《建筑节能工程施工质量验收标准》GB 50411 的相关要求。

2) 干挂外墙外保温做法参见《公共建筑节能构造（严寒和寒冷地区）》06J908—1，岩棉保温层外侧应设置金属铝箔。

3) 真石漆涂料外墙岩棉板与基层墙体的连接应采用粘锚结合工艺，并应采用满粘法。锚固件的设置数量不低于 6 个/m²，且不应超过 14 个/m²。锚栓长度不应小于有效锚固深度、粘结层厚度、岩棉板厚度和基层墙体找平层厚度之和。

4) 外墙外保温薄抹灰体系抹面层总厚度宜控制在 5～7mm。

5) 外保温系统抹面层应设置双层耐碱网格布，建筑物首层墙面及易受碰撞部位的第二层网应采用单位面积质量不小于 240g/m² 耐碱网格布。

6) 外保温系统门窗洞口外侧四周、封闭阳台及出挑构件等热桥部位应采取保温措施，并采取相应措施减少金属件、托架等热桥影响。

(2) 施工要求

1) 外保温工程施工期间的环境空气温度不应低于 5℃，5 级以上大风天气和雨天不应施工。

2) 外保温工程完工后应对成品采取保护措施。

3) 保温层施工前，应进行基层墙体检查或处理。基层墙体表面应洁净、坚实、平整，无油污和隔离剂等妨碍粘结的附着物，凸起、空鼓和疏松部位应剔除。基层墙体应符合现行国家标准《混凝土结构工程施工质量验收规范》GB 50204 及《砌体结构工程施工质量验收规范》GB 50203 的要求。当基层墙面需要进行界面处理时，宜使用水泥基界面砂浆。

4) 外保温施工应符合下列要求：

① 可燃、难燃保温材料的施工应分区段进行，各区段应保持足够的防火间距；

② 粘贴保温板薄抹灰外保温系统中的保温材料施工上墙后应及时做抹面层；

③ 若需设置防火隔离带，防火隔离带的施工应与保温材料的施工同步进行。

5）外保温工程施工现场应采取可靠的防火安全措施且应满足国家现行标准的要求，并应符合下列规定：

① 在外保温专项施工方案中，应按国家现行标准要求，对施工现场消防措施作出明确规定；

② 可燃、难燃保温材料的现场存放、运输、施工应符合消防有关规定；

③ 外保温工程施工期间现场不应有高温或明火作业。

（3）其他

1）本项目节能工程用料，均需满足设计文件提出的相关要求，所选用的产品还需具有国家或地方有关部门的规定和相关推广应用准用文件。

2）施工前，施工单位及业主单位应认真读图，熟悉节能材料的选用，并组织设计人员针对节能设计现场交底，明确材料选用及特殊细部做法。现场开始大面积保温材料施工前，应先做样板，待设计、监理多方认可，且监理人员督促施工单位抽样送检合格后，方可进行大面积施工。施工单位应处理好基层、保证其牢固及安全性，处理好结构热桥部位及机械锚固的外墙部位的保温及防水。

3）工程施工安装必须严格遵守各项验收规范，与相关专业密切配合，施工安装前先要全面清楚了解有关专业设计图纸内容设计要求等，发现设计中存在的错、漏、碰、缺等问题，及时与设计单位联系并协助纠正，以保证工程进展和施工安装质量。

4）通过施工图审查后，施工现场由于任何原因引起的节能保温材料及砌体材料的变更、门窗大小改变，均应通知设计人员重新复核节能计算，并且报送施工图再次审查。

5）未尽事宜参照国家或地方相关规范、标准及规定执行。

12.8 节点大样

1）本工程墙体保温为外墙外保温，墙面施工、墙面阴角、阳角、墙面勒角、门窗洞口节点、空调机搁板做法均参照相应标准的相关规定。

2）本工程部分保温大样见图 12.8-1～图 12.8-12。

右上图标注：
— 铝镁锰合金高立边直立锁边系统
— 防水透气膜
— 150厚环保玻璃棉(75+75mm错缝铺设)
— 不锈钢丝网
— 上层次檩条
— 上层主檩条
— 防水卷材
— 120厚憎水保温岩棉板(60+60mm错缝铺设)
— 50厚24K吸声棉(压缩到30mm)
— 聚丙烯隔汽膜
— 镀铝锌压型钢板
— 下层次檩条
— 下层主檩条

左下图标注：
— 40厚细石混凝土保护层(内配 φ4@100双向钢筋网片)
— 隔离层(见具体设计)
— 防水层
— 20厚1:3水泥砂浆找平层
— 保温层(见具体设计)
— 20厚1:3水泥砂浆找平层
— 陶粒混凝土找坡层
— 钢筋混凝土层面板

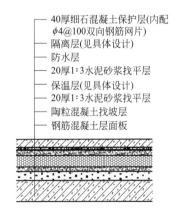

图 12.8-1 钢筋混凝土屋面构造做法

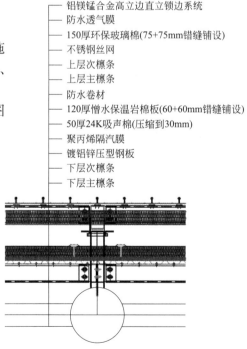

图 12.8-2 金属屋面构造做法

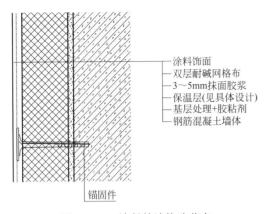

涂料饰面
双层耐碱网格布
3～5mm抹面胶浆
保温层(见具体设计)
基层处理+胶粘剂
钢筋混凝土墙体

锚固件

图 12.8-3　涂料外墙构造节点

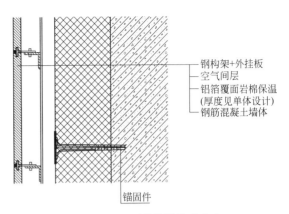

钢构架+外挂板
空气间层
铝箔覆面岩棉保温
(厚度见单体设计)
钢筋混凝土墙体

锚固件

图 12.8-4　干挂外墙构造节点

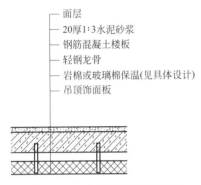

面层
20厚1:3水泥砂浆
钢筋混凝土楼板
轻钢龙骨
岩棉或玻璃棉保温(见具体设计)
吊顶饰面板

图 12.8-5　轻钢龙骨保温吊顶

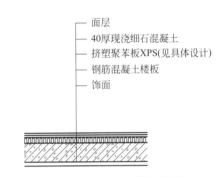

面层
40厚现浇细石混凝土
挤塑聚苯板XPS(见具体设计)
钢筋混凝土楼板
饰面

图 12.8-6　分户楼板保温

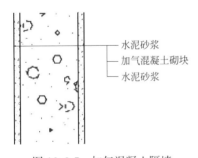

水泥砂浆
加气混凝土砌块
水泥砂浆

图 12.8-7　加气混凝土隔墙

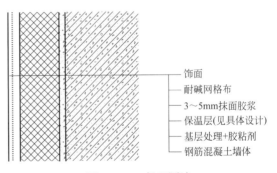

饰面
耐碱网格布
3～5mm抹面胶浆
保温层(见具体设计)
基层处理+胶粘剂
钢筋混凝土墙体

图 12.8-8　保温隔墙

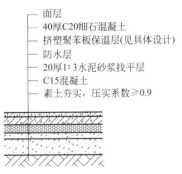

面层
40厚C20细石混凝土
挤塑聚苯板保温层(见具体设计)
防水层
20厚1:3水泥砂浆找平层
C15混凝土
素土夯实, 压实系数≥0.9

图 12.8-9　地面保温构造节点

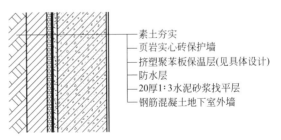

素土夯实
页岩实心砖保护墙
挤塑聚苯板保温层(见具体设计)
防水层
20厚1:3水泥砂浆找平层
钢筋混凝土地下室外墙

图 12.8-10　地下室外墙构造节点

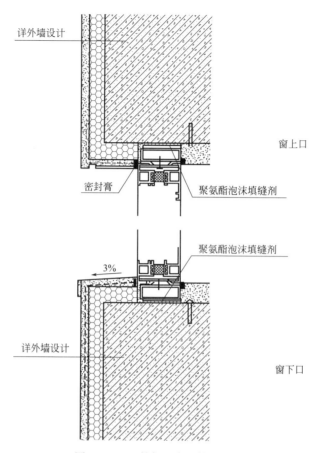

图 12.8-11　外保温窗口构造节点

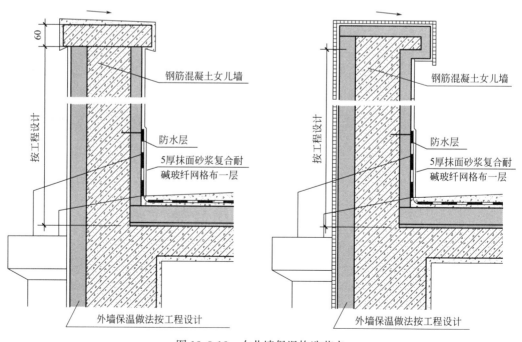

图 12.8-12　女儿墙保温构造节点

附录 A 建筑热工与节能设计用气象参数

A.1 全国主要城镇热工设计区属及建筑热工设计用气象参数

全国主要城镇热工设计区属及建筑热工设计用室外气象参数

省份	城镇	气候区属	气象站 东经(°)	气象站 北纬(°)	海拔(m)	最冷月平均温度 $t_{min.m}$(℃)	最热月平均温度 $t_{max.m}$(℃)	供暖度日数 $HDD18$(℃·d)	空调度日数 $CDD26$(℃·d)	供暖室外计算温度 t_w(℃)	累年最低日平均温度 $t_{e,min}$(℃)	计算供暖期室外平均温度 $\bar{t}_e$(℃)	计算供暖期室外平均相对湿度 $\bar{\varphi}_e$(%)
北京	北京	2B	116.28	39.93	55	-2.9	27.1	2699	94	-7.0	-11.8	0.1	43
天津	天津	2B	117.17	39.10	5	-3.5	27.0	2743	92	-7.0	-12.1	-0.2	59
上海	上海	3A	121.43	31.17	3	4.9	28.5	1540	199	0.5	-3.0	4.4	73
重庆	重庆	3B	106.47	29.58	259	8.1	28.4	1089	217	5.5	2.9	—	—
重庆	奉节	3A	109.53	31.02	300	6.0	26.9	1457	126	3.1	0.1	—	—
重庆	梁平	3A	107.80	30.68	455	6.0	26.9	1435	102	3.6	1.3	—	—
重庆	酉阳	3A	108.77	28.83	664	4.7	25.2	1731	22	0.9	-2.7	4.4	76
黑龙江	哈尔滨	1B	126.77	45.75	143	-16.9	23.8	5032	14	-22.4	-30.9	-8.5	62
黑龙江	漠河	1A	122.52	52.13	433	-28.4	18.6	7994	0	-36.3	-41.9	-14.7	67
黑龙江	呼玛	1A	126.65	51.72	179	-24.3	21.5	6805	4	-32.6	-38.1	-12.9	64
黑龙江	黑河	1A	127.45	50.25	166	-21.9	21.6	6310	4	-28.9	-37.3	-11.6	60
黑龙江	嫩江	1A	125.23	49.17	243	-23.0	21.7	6352	5	-30.1	-35.5	-11.9	63

续表

省份	城镇	气候区属	气象站 东经(°)	气象站 北纬(°)	海拔(m)	最冷月平均温度 $t_{min,m}$(℃)	最热月平均温度 $t_{max,m}$(℃)	供暖度日数 HDD18(℃·d)	空调度日数 CDD26(℃·d)	供暖室外计算温度 t_w(℃)	累年最低日平均温度 $t_{e,min}$(℃)	计算供暖期室外平均温度 $\bar{t}_e$(℃)	计算供暖期室外平均相对湿度 $\bar{\varphi}_e$(%)
黑龙江	孙吴	1A	127.35	49.43	235	-22.8	21.0	6517	2	-29.2	-34.4	-11.5	68
	克山	1B	125.88	48.05	237	-21.1	22.6	5888	7	-26.3	-34.0	-10.6	61
	齐齐哈尔	1B	123.92	47.38	148	-17.7	24.0	5259	23	-23.2	-32.1	-8.7	54
	海伦	1B	126.97	47.43	240	-20.8	22.4	5798	5	-25.8	-35.0	-10.3	63
	伊春	1A	128.90	47.72	232	-21.2	21.3	6100	1	-27.2	-34.0	-10.8	64
	富锦	1B	131.98	47.23	65	-19.0	22.5	5594	6	-24.0	-30.3	-9.5	63
	泰来	1B	123.42	46.40	150	-16.1	24.4	5005	26	-21.7	-30.7	-8.3	52
	安达	1B	125.32	46.38	150	-18.2	23.9	5291	15	-23.6	-33.4	-9.1	57
	宝清	1B	132.18	46.32	83	-16.7	22.6	5190	9	-22.4	-29.1	-8.2	57
	通河	1B	128.73	45.97	110	-20.2	22.5	5675	3	-25.5	-34.6	-9.7	71
	尚志	1B	127.97	45.22	191	-19.0	22.5	5467	3	-24.9	-33.1	-8.8	67
	鸡西	1B	130.95	45.28	234	-15.9	22.3	5105	7	-21.0	-28.4	-7.7	58
	虎林	1B	132.97	45.77	103	-17.7	21.9	5351	2	-22.8	-28.5	-8.8	65
	牡丹江	1B	129.60	44.57	242	-16.7	22.8	5066	7	-21.8	-30.1	-8.2	61
	绥芬河	1B	131.15	44.38	498	-16.1	19.9	5422	1	-21.3	-28.1	-7.6	59
吉林	长春	1C	125.22	43.90	238	-14.4	23.7	4642	12	-20.8	-30.1	-6.7	57
	前郭尔罗斯	1C	124.87	45.08	136	-15.5	24.3	4800	17	-21.9	-32.4	-7.6	54
	长岭	1C	123.97	44.25	190	-14.8	24.2	4718	15	-20.9	-29.8	-7.2	54
	四平	1C	124.33	43.18	167	-12.8	24.4	4308	15	-19.8	-28.8	-5.5	57
	敦化	1B	128.20	43.37	525	-15.9	20.8	5221	1	-21.5	-29.8	-7.0	61
	桦甸	1B	126.75	42.98	264	-17.1	22.8	5007	4	-24.6	-34.2	-7.9	65

续表

省份	城镇	气候区属	气象站 东经(°)	气象站 北纬(°)	气象站 海拔(m)	最冷月平均温度 $t_{min,m}$(℃)	最热月平均温度 $t_{max,m}$(℃)	供暖度日数 $HDD18$(℃·d)	空调度日数 $CDD26$(℃·d)	供暖室外计算温度 t_w(℃)	累年最低日平均温度 $t_{e,min}$(℃)	计算供暖期室外平均温度 $\bar{t}_e$(℃)	计算供暖期室外平均相对湿度 $\bar{\varphi}_e$(%)
吉林	延吉	1C	129.47	42.88	178	-13.2	21.9	4687	5	-17.8	-23.7	-6.1	55
	临江	1C	126.92	41.72	333	-14.8	22.9	4736	4	-20.4	-28.6	-6.7	64
	集安	1C	126.15	41.10	179	-11.6	23.9	4142	9	-16.4	-24.6	-4.5	65
	长白	1B	128.17	41.35	1018	-16.6	19.6	5542	0	-22.0	-30.2	-7.8	64
辽宁	沈阳	1C	123.43	41.77	43	-11.2	25.0	3929	25	-18.1	-26.8	-4.5	55
	彰武	1C	122.53	42.42	84	-11.8	24.5	4134	13	-18.0	-28.0	-4.9	48
	清原	1C	124.95	42.10	235	-14.1	23.6	4598	8	-20.3	-30.1	-6.3	65
	朝阳	2A	120.45	41.55	176	-8.5	25.6	3559	53	-13.7	-21.7	-3.1	38
	锦州	2A	121.12	41.13	70	-7.6	25.0	3458	26	-13.0	-20.6	-2.5	47
	本溪	1C	123.78	41.32	185	-11.5	24.3	4046	16	-18.5	-28.6	-4.4	58
	营口	2A	122.20	40.67	4	-8.4	25.5	3526	29	-14.6	-23.3	-2.9	58
	宽甸	1C	124.78	40.72	261	-10.8	23.0	4095	4	-16.0	-26.4	-4.1	65
	丹东	2A	124.33	40.05	14	-7.3	23.4	3566	6	-11.8	-20.9	-2.2	55
	大连	2A	121.63	38.90	97	-3.4	24.1	2924	16	-9.0	-16.3	0.1	54
内蒙古	呼和浩特	1C	111.68	40.82	1065	-10.8	23.4	4186	11	-15.6	-22.7	-4.4	49
	图里河	1A	121.70	50.45	733	-28.4	17.5	8023	0	-35.2	-41.5	-14.4	67
	海拉尔	1A	119.75	49.22	611	-24.3	21.0	6713	3	-31.1	-40.4	-12.0	71
	新巴尔虎右旗	1A	116.82	48.67	556	-20.8	22.7	6157	13	-26.6	-37.6	-10.6	62
	博克图	1A	121.92	48.77	739	-20.5	18.8	6622	0	-26.1	-34.7	-10.3	60
	东乌珠穆沁旗	1B	116.97	45.52	840	-19.7	22.1	5940	11	-25.8	-33.4	-10.1	58

续表

| 省份 | 城镇 | 气候区属 | 气象站 | | | 最冷月平均温度 $t_{min,m}$ (℃) | 最热月平均温度 $t_{max,m}$ (℃) | 供暖度日数 $HDD18$ (℃·d) | 空调度日数 $CDD26$ (℃·d) | 供暖室外计算温度 t_w (℃) | 累年最低日平均温度 $t_{e,min}$ (℃) | 计算供暖期室外平均温度 $\bar{t}_e$ (℃) | 计算供暖期室外平均相对湿度 $\bar{\varphi}_e$ (%) |
			东经 (°)	北纬 (°)	海拔 (m)								
内蒙古	额济纳旗	1C	101.07	41.95	941	−10.1	27.8	3884	130	−14.6	−26.7	−4.3	36
	拐子湖	1C	102.37	41.37	960	−10.1	28.3	3836	173	−15.5	−24.8	−4.2	34
	巴音毛道	1C	104.50	40.75	1329	−10.5	24.6	4208	30	−16.0	−26.2	−4.7	40
	二连浩特	1B	112.00	43.65	966	−16.7	24.5	5131	36	−23.8	−28.8	−8.0	52
	那仁宝拉格	1A	114.15	44.62	1183	−20.4	21.2	6153	4	−26.5	−32.2	−9.9	61
	满都拉	1C	110.13	42.53	1223	−13.1	23.6	4746	20	−19.0	−25.8	−5.8	42
	阿巴嘎旗	1B	114.95	44.02	1128	−20.0	21.9	5892	7	−26.5	−32.7	−9.9	57
	海力素	1C	106.38	41.45	1510	−12.9	23.0	4780	14	−19.1	−25.4	−5.8	42
	朱日和	1C	112.90	42.40	1152	−13.8	23.1	4810	16	−20.6	−26.3	−6.1	45
	乌拉特后旗	1C	108.52	41.57	1290	−12.7	23.1	4675	10	−18.1	−23.6	−5.6	49
	达尔罕茂明安联合旗	1C	110.43	41.70	1377	−14.0	21.8	4969	5	−20.3	−30.1	−6.4	45
	化德	1B	114.00	41.90	1484	−14.8	19.6	5366	0	−21.0	−26.4	−6.8	57
	集宁	1C	113.07	41.03	1416	−12.4	20.4	4873	0	−18.1	−22.8	−5.4	50
	吉兰泰	2A	105.75	39.78	1143	−8.9	26.2	3746	68	−13.8	−25.7	−3.4	37
	临河	2A	107.40	40.77	1041	−8.7	24.9	3777	30	−13.7	−21.5	−3.1	43
	鄂托克旗	1C	107.98	39.10	1381	−9.0	23.0	4045	9	−14.8	−21.2	−3.6	42
	东胜	1C	109.98	39.83	1459	−9.5	21.9	4226	3	−15.5	−21.5	−3.8	43
	西乌珠穆沁旗	1B	117.60	44.58	997	−18.0	20.8	5812	4	−24.6	−30.6	−8.4	58

续表

省份	城镇	气候区属	气象站 东经 (°)	气象站 北纬 (°)	气象站 海拔 (m)	最冷月平均温度 $t_{min,m}$ (℃)	最热月平均温度 $t_{max,m}$ (℃)	供暖度日数 HDD18 (℃·d)	空调度日数 CDD26 (℃·d)	供暖室外计算温度 t_w (℃)	累年最低日平均温度 $t_{e,min}$ (℃)	计算供暖期室外平均温度 $\overline{t}_e$ (℃)	计算供暖期室外平均相对湿度 $\overline{\varphi}_e$ (%)
内蒙古	扎鲁特旗	1C	120.90	44.57	266	-12.1	24.9	4398	32	-17.3	-24.1	-5.6	39
	巴林左旗	1C	119.40	43.98	485	-13.1	23.3	4704	10	-18.3	-24.7	-6.4	43
	锡林浩特	1B	116.12	43.95	1004	-18.0	22.2	5545	12	-24.6	-29.5	-8.6	58
	林西	1C	118.07	43.60	800	-13.4	22.2	4858	7	-18.8	-24.6	-6.3	42
	通辽	1C	122.27	43.60	180	-12.7	24.8	4376	22	-18.6	-29.0	-5.7	46
	多伦	1B	116.47	42.18	1247	-16.0	19.9	5466	0	-22.7	-29.9	-7.4	55
	赤峰	1C	118.97	42.27	572	-10.7	23.9	4196	20	-16.2	-21.0	-4.5	42
	宝国图	1C	120.70	42.33	401	-11.1	24.0	4197	20	-16.5	-25.1	-4.7	39
山东	济南	2B	117.05	36.60	169	-0.1	27.6	2211	160	-5.2	-10.5	1.8	51
	德州	2B	116.57	37.33	19	-2.4	27.0	2613	103	-6.7	-13.1	0.5	63
	惠民县	2B	117.53	37.50	12	-2.4	27.1	2622	96	-6.7	-12.8	0.4	58
	长岛	2A	120.72	37.93	40	-0.7	24.4	2570	20	-4.2	-9.3	1.4	62
	龙口	2A	120.32	37.62	5	-1.4	26.2	2351	60	-4.5	-8.5	1.1	59
	成山头	2A	122.68	37.40	47	-0.1	21.6	2672	2	-3.7	-9.7	2.0	63
	莘县	2A	115.67	36.23	38	-1.7	26.9	2521	90	-5.9	-12.3	0.8	66
	沂源	2A	118.15	36.18	302	-2.2	25.9	2660	45	-6.0	-11.3	0.7	54
	潍坊	2A	119.18	36.77	22	-2.8	26.5	2735	63	-6.6	-12.0	0.3	62
	青岛	2A	120.33	36.07	77	0.2	24.6	2401	22	-3.8	-9.0	2.1	61
	海阳	2A	121.17	36.77	64	-1.4	24.7	2631	20	-5.1	-10.8	1.1	58
	定陶	2B	115.55	35.10	51	-0.5	27.1	2319	107	-4.4	-9.6	1.5	68
	兖州	2B	116.85	35.57	53	-0.8	27.2	2390	97	-4.6	-9.5	1.5	64
	日照	2A	119.53	35.43	37	0.2	25.4	2361	39	-3.5	-8.5	2.1	58

续表

省份	城镇	气候区属	气象站 东经 (°)	气象站 北纬 (°)	海拔 (m)	最冷月平均温度 (℃) $t_{min.m}$	最热月平均温度 (℃) $t_{max.m}$	供暖度日数 HDD18 (℃·d)	空调度日数 CDD26 (℃·d)	供暖室外计算温度 (℃) t_w	累年最低日平均温度 (℃) $t_{e.min}$	计算供暖期室外平均温度 $\bar{t}_e$ (℃)	计算供暖期室外平均相对湿度 $\bar{\varphi}_e$ (%)
河北	石家庄	2B	114.42	38.03	81	−1.1	27.6	2388	147	−5.3	−9.6	0.9	53
	蔚县	1C	114.57	39.83	910	−10.0	23.3	3955	9	−15.2	−23.6	−3.9	47
	邢台	2B	114.50	37.07	78	−0.5	27.6	2268	155	−4.8	−8.7	1.4	52
	丰宁	1C	116.63	41.22	661	−10.1	23.1	4167	5	−14.2	−18.4	−4.2	40
	围场	1C	117.75	41.93	844	−11.7	21.9	4602	3	−16.6	−22.0	−5.1	44
	张家口	2A	114.88	40.78	726	−7.7	24.5	3637	24	−12.7	−17.6	−2.7	37
	怀来	2A	115.50	40.40	538	−6.5	25.1	3388	32	−10.9	−15.6	−1.8	38
	承德	2A	117.95	40.98	386	−8.9	24.5	3783	20	−13.7	−18.2	−3.4	49
	青龙	2A	118.95	40.40	228	−7.7	24.9	3532	23	−12.0	−19.0	−2.5	49
	唐山	2A	118.15	39.67	29	−4.1	26.6	2853	72	−7.9	−13.6	−0.6	50
	乐亭	2A	118.90	39.43	12	−5.0	25.6	3080	37	−8.9	−14.0	−1.3	56
	保定	2B	115.57	38.85	19	−2.3	27.5	2564	129	−6.4	−12.5	0.4	53
河南	郑州	2B	113.65	34.72	111	0.9	27.2	2106	125	−3.5	−6.0	2.5	57
	安阳	2B	114.40	36.05	64	−0.7	27.4	2309	131	−4.9	−10.3	1.3	59
	孟津	2A	112.43	34.82	333	0.4	26.3	2221	89	−4.0	−8.6	2.3	52
	南阳	3A	112.58	33.03	129	2.1	27.2	1967	123	−1.4	−7.3	3.0	69
	西华	2B	114.52	33.78	53	1.3	27.2	2096	110	−2.5	−7.1	2.4	67
	驻马店	3A	114.02	33.00	83	2.0	27.6	1956	142	−2.1	−7.1	3.1	68
	信阳	3A	114.05	32.13	115	2.8	27.6	1863	137	−1.5	−6.1	3.7	69
	固始	3A	115.62	32.17	43	3.0	28.2	1803	168	−1.0	−6.5	3.9	73

续表

省份	城镇	气候区属	气象站 东经(°)	气象站 北纬(°)	海拔(m)	最冷月平均温度(℃) $t_{min,m}$	最热月平均温度(℃) $t_{max,m}$	供暖度日数 HDD18 (℃·d)	空调度日数 CDD26 (℃·d)	供暖室外计算温度(℃) t_w	累年最低日平均温度(℃) $t_{e,min}$	计算供暖期室外平均温度(℃) $\bar t_e$	计算供暖期室外平均相对湿度 $\bar\varphi_e$ (%)
山西	太原	2A	112.55	37.78	779	-4.6	24.1	3160	11	-9.0	-16.4	-1.1	47
	大同	1C	113.33	40.10	1069	-10.2	22.8	4120	8	-15.6	-21.8	-4.0	45
	河曲	1C	111.15	39.38	861	-10.5	24.2	3913	18	-15.7	-24.1	-4.0	53
	原平	2A	112.70	38.75	838	-6.3	24.1	3399	14	-11.2	-17.9	-1.7	42
	离石	2A	111.10	37.50	951	-6.5	24.1	3424	16	-11.4	-19.6	-1.8	53
	榆社	2A	112.98	37.07	1042	-6.1	22.5	3529	1	-10.6	-18.8	-1.7	47
	介休	2A	111.92	37.03	745	-3.6	24.7	2978	24	-8.2	-16.0	-0.3	50
	运城	2B	111.05	35.05	365	-0.1	28.1	2267	185	-3.5	-10.2	1.3	55
	阳城	2A	112.40	35.48	659	-2.0	24.7	2698	21	-5.9	-11.9	0.7	51
陕西	西安	2B	108.93	34.30	398	0.9	27.8	2178	153	-2.4	-8.4	2.1	62
	榆林	2A	109.70	38.23	1058	-8.2	24.1	3672	19	-13.5	-22.9	-2.9	47
	延安	2A	109.50	36.60	959	-4.5	24.1	3127	15	-8.9	-17.4	-0.9	50
	宝鸡	2A	107.13	34.35	610	0.6	26.6	2301	86	-2.7	-8.0	2.1	59
	汉中	3A	107.03	33.07	510	3.1	26.3	1945	63	0.7	-2.4	3.5	80
	安康	3A	109.03	32.72	291	4.0	27.6	1743	135	1.6	-2.2	4.3	73
甘肃	兰州	2A	103.88	36.05	1518	-4.0	23.3	3094	16	-6.6	-12.9	-0.6	46
	马鬃山	1C	97.03	41.80	1770	-11.8	21.2	4937	1	-17.4	-29.5	-5.0	44
	敦煌	2A	94.68	40.15	1140	-7.6	25.6	3518	40	-11.8	-18.8	-2.8	44
	玉门镇	1C	97.03	40.27	1526	-9.3	22.7	4083	3	-14.3	-24.8	-3.8	43
	酒泉	1C	98.48	39.77	1478	-8.8	22.7	3971	3	-14.4	-25.8	-3.4	46
	张掖	1C	100.43	38.93	1483	-9.0	22.8	4001	9	-13.1	-23.7	-3.6	49
	民勤	2A	103.08	38.63	1367	-7.5	23.7	3715	17	-12.4	-21.8	-2.6	41

续表

省份	城镇	气候区属	气象站			最冷月平均温度 $t_{min.m}$(℃)	最热月平均温度 $t_{max.m}$(℃)	供暖度日数 $HDD18$(℃·d)	空调度日数 $CDD26$(℃·d)	供暖室外计算温度 t_w(℃)	累年最低日平均温度 $t_{e,min}$(℃)	计算供暖期室外平均温度 $\bar{t}_e$(℃)	计算供暖期室外平均相对湿度 φ_e(%)
			东经(°)	北纬(°)	海拔(m)								
甘肃	乌鞘岭	1A	102.87	37.20	3044	-11.3	12.1	6329	0	-16.9	-23.2	-4.0	50
	华家岭	1C	105.00	35.38	2451	-7.8	15.4	4997	0	-13.2	-20.7	-2.7	61
	平凉	2A	106.67	35.55	1348	-3.7	21.8	3334	1	-8.1	-14.9	-0.3	53
	西峰镇	2A	107.63	35.73	1423	-3.8	21.8	3364	1	-8.2	-15.5	-0.3	51
	合作	1B	102.90	35.00	2910	-9.1	13.5	5432	0	-12.5	-19.4	-3.4	52
	武都	3A	104.92	33.40	1079	3.9	26.0	1776	65	1.3	-2.9	4.2	49
	天水	2A	105.75	34.58	1143	-1.2	24.1	2729	13	-4.1	-10.1	1.0	59
宁夏	银川	2A	106.20	38.47	1112	-6.7	23.9	3472	11	-11.2	-18.2	-2.1	50
	中宁	2A	105.68	37.48	1193	-5.8	23.9	3349	22	-9.9	-18.2	-1.6	44
	盐池	2A	107.38	37.80	1356	-7.1	23.1	3700	10	-12.6	-20.6	-2.3	44
青海	西宁	1C	101.77	36.62	2296	-7.9	17.2	4478	0	-11.5	-17.8	-3.0	49
	茫崖	1B	90.85	38.25	2945	-10.6	17.4	5075	0	-13.8	-18.1	-4.3	26
	冷湖	1B	93.38	38.83	2771	-12.1	18.2	5395	0	-15.6	-22.8	-5.6	28
	大柴旦	1B	95.37	37.85	3174	-12.7	16.8	5616	0	-16.7	-22.5	-5.8	32
	德令哈	1C	97.37	37.37	2982	-10.4	17.5	4874	0	-14.1	-20.2	-3.7	32
	刚察	1A	100.13	37.33	3302	-13.2	11.7	6471	0	-16.8	-25.0	-5.2	44
	格尔木	1C	94.90	36.42	2809	-8.2	18.9	4436	0	-11.2	-16.0	-3.1	29
	都兰	1B	98.10	36.30	3192	-9.5	15.9	5161	0	-13.6	-19.2	-3.6	32
	五道梁	1A	93.08	35.22	4613	-16.6	6.4	8331	0	-21.1	-25.9	-6.9	51
	沱沱河	1A	92.43	34.22	4535	-16.6	8.4	7878	0	-22.5	-30.7	-7.2	48
	杂多	1A	95.30	32.90	4068	-10.9	11.4	6153	0	-15.8	-24.1	-3.8	48
	曲麻莱	1A	95.78	34.13	4176	-13.9	9.5	7148	0	-19.1	-25.3	-5.8	48

续表

省份	城镇	气候区属	气象站			最冷月平均温度（℃）$t_{\min.m}$	最热月平均温度（℃）$t_{\max.m}$	供暖度日数 HDD18（℃·d）	空调度日数 CDD26（℃·d）	供暖室外计算温度 t_w（℃）	累年最低日平均温度 $t_{e.\min}$（℃）	计算供暖期室外平均温度 $\bar{t}_e$（℃）	计算供暖期室外平均相对湿度 $\bar{\varphi}_e$（%）
			东经（°）	北纬（°）	海拔（m）								
青海	玉树	1B	97.02	33.02	3682	−7.4	13.4	5154	0	−11.5	−20.9	−2.2	43
	玛多	1A	98.22	34.92	4273	−15.6	8.3	7683	0	−20.6	−29.3	−6.4	51
	达日	1A	99.65	33.75	3968	−12.2	9.8	6721	0	−17.8	−25.8	−4.5	52
	河南	1A	101.60	34.73	3501	−12.8	10.5	6591	0	−17.5	−29.1	−4.5	57
新疆	乌鲁木齐	1C	87.65	43.80	947	−12.2	23.7	4329	36	−17.8	−25.4	−6.5	73
	哈巴河	1C	86.35	48.05	534	−13.9	22.4	4867	10	−22.9	−34.8	−6.9	67
	阿勒泰	1B	88.08	47.73	737	−15.4	21.8	5081	11	−23.4	−35.2	−7.9	67
	富蕴	1B	89.52	46.98	827	−19.2	23.1	5458	22	−26.9	−37.4	−10.1	70
	塔城	1C	83.00	46.73	535	−10.1	23.1	4143	20	−17.8	−28.8	−5.1	67
	和布克赛尔	1B	85.72	46.78	1294	−12.3	19.6	5066	1	−17.9	−27.0	−5.6	58
	克拉玛依	1C	84.85	45.60	428	−15.2	27.6	4234	196	−20.8	−26.5	−7.9	68
	北塔山	1B	90.53	45.37	1651	−12.2	18.5	5434	2	−19.1	−29.4	−6.2	52
	精河	1C	82.90	44.62	321	−14.6	25.6	4236	70	−20.1	−25.8	−6.9	76
	奇台	1C	89.57	44.02	794	−17.7	22.5	4989	10	−24.1	−31.4	−9.2	74
	伊宁	2A	81.33	43.95	664	−7.3	23.2	3501	9	−14.5	−21.4	−2.8	73
	巴仑台	1C	86.30	42.73	1739	−7.5	19.4	3992	0	−12.3	−16.5	−3.2	36
	七角井	2B	91.73	43.22	721	−8.7	28.1	3496	222	−13.6	−18.1	−3.5	40
	巴音布鲁克	1A	84.15	43.03	2458	−25.9	11.2	7952	0	−33.2	−38.1	−11.2	69
	吐鲁番	2B	89.20	42.93	37	−6.4	32.4	2758	579	−10.4	−14.6	−2.5	51
	库车	2A	82.95	41.72	1100	−7.1	25.1	3162	42	−10.9	−15.9	−2.7	58

续表

省份	城镇	气候区属	气象站 东经(°)	气象站 北纬(°)	气象站 海拔(m)	最冷月平均温度 $t_{min,m}$(℃)	最热月平均温度 $t_{max,m}$(℃)	供暖度日数 HDD18(℃·d)	空调度日数 CDD26(℃·d)	供暖室外计算温度 t_w(℃)	累年最低日平均温度 $t_{e,min}$(℃)	计算供暖期室外平均温度 t_e(℃)	计算供暖期室外平均相对湿度 φ_e(%)
新疆	库尔勒	2B	86.13	41.75	933	-6.8	26.8	3115	123	-10.7	-15.7	-2.5	56
	喀什	2A	75.98	39.47	1291	-4.7	25.7	2767	46	-8.7	-12.6	-1.3	59
	阿合奇	1C	78.45	40.93	1986	-8.5	19.0	4118	0	-13.4	-17.3	-3.6	55
	巴楚	2A	78.57	39.80	1117	-5.8	26.1	2892	77	-9.4	-13.2	-2.1	57
	阿拉尔	2A	81.05	40.50	1013	-7.7	24.3	3296	22	-10.8	-14.5	-3.0	63
	铁干里克	2B	87.70	40.63	847	-8.4	27.4	3353	133	-11.9	-15.2	-3.5	53
	若羌	2B	88.17	39.03	889	-7.2	28.0	3149	152	-10.6	-15.3	-2.9	49
	莎车	2A	77.27	38.43	1232	-5.0	25.0	2858	27	-8.7	-15.2	-1.5	59
	皮山	2A	78.28	37.62	1376	-4.7	26.0	2761	70	-8.6	-16.1	-1.3	48
	和田	2A	79.93	37.13	1375	-3.7	25.9	2595	71	-7.8	-17.1	-0.6	45
	伊吾	1B	94.70	43.27	1729	-12.0	19.0	5042	0	-16.7	-23.5	-5.4	44
	哈密	2B	93.52	42.82	739	-10.5	27.0	3682	104	-15.3	-22.7	-4.1	52
西藏	拉萨	2A	91.13	29.67	3650	-0.4	15.7	3425	0	-3.7	-7.7	1.6	27
	狮泉河	1A	80.08	32.50	4280	-11.7	15.2	6048	0	-16.5	-27.8	-5.0	28
	班戈	1A	90.02	31.38	4700	-10.7	9.0	6699	0	-15.8	-22.8	-4.2	38
	那曲	1A	92.07	31.48	4508	-11.8	9.5	6722	0	-16.2	-23.3	-4.8	48
	申扎	1A	88.63	30.95	4672	-9.8	10.0	6402	0	-14.1	-18.6	-4.1	36
	日喀则	1C	88.88	29.25	3837	-2.8	14.2	4047	0	-6.8	-9.8	0.3	33
	定日	1B	87.08	28.63	4300	-6.7	12.2	5305	0	-10.0	-18.9	-2.2	34
	隆子	1C	92.47	28.42	3861	-4.0	13.3	4473	0	-6.3	-10.0	-0.3	51
	帕里	1A	89.08	27.73	4300	-8.9	8.2	6435	0	-15.1	-23.1	-3.1	64
	索县	1B	93.78	31.88	4023	-9.6	11.9	5775	0	-15.0	-23.8	-3.1	48

续表

省份	城镇	气候区属	气象站 东经(°)	气象站 北纬(°)	海拔(m)	最冷月平均温度 $t_{min,m}$(℃)	最热月平均温度 $t_{max,m}$(℃)	供暖日数 HDD18(℃·d)	空调度日数 CDD26(℃·d)	供暖室外计算温度 t_w(℃)	累年最低日平均温度 $t_{e,min}$(℃)	计算供暖期室外平均温度 $\bar{t}_e$(℃)	计算供暖期室外平均相对湿度 $\bar{\varphi}_e$(%)
西藏	丁青	1B	95.60	31.42	3873	-6.2	12.3	5197	0	-9.4	-13.7	-1.8	51
	昌都	2A	97.17	31.15	3307	-2.0	15.8	3764	0	-5.3	-9.4	0.6	40
	林芝	2A	94.47	29.57	3001	0.9	16.0	3191	0	-1.4	-3.8	2.2	49
安徽	合肥	3A	117.30	31.78	27	3.4	28.8	1725	210	-0.6	-6.4	3.8	73
	亳州	2B	115.77	33.88	42	1.3	27.9	2030	154	-2.5	-7.7	2.5	66
	阜阳	3A	115.73	32.87	33	2.2	27.9	1931	154	-1.8	-8.5	3.2	71
	蚌埠	3A	117.38	32.92	22	2.5	28.5	1852	185	-1.7	-7.0	3.5	69
	霍山	3A	116.32	31.40	86	3.1	28.1	1815	151	-0.8	-5.5	3.9	78
	芜湖县	3A	118.58	31.15	21	3.8	28.5	1699	186	0.0	-4.2	4.0	77
	安庆	3A	117.05	30.53	20	4.8	29.5	1504	253	0.8	-3.5	4.6	73
	南京	3A	118.80	32.00	7	3.1	28.3	1775	176	-0.7	-4.5	3.6	72
江苏	徐州	2B	117.15	34.28	42	1.0	27.6	2090	137	-3.0	-7.9	2.5	64
	赣榆	2A	119.13	34.83	10	0.5	26.7	2226	83	-3.2	-8.6	2.1	64
	射阳	2B	120.25	33.77	7	1.8	26.8	2083	92	-2.0	-6.0	3.0	72
	东台	3A	120.32	32.87	4	2.6	27.3	1934	120	-1.1	-5.4	3.5	73
	吕泗	3A	121.60	32.07	6	3.9	26.9	1772	105	0.1	-4.0	4.0	75
	溧阳	3A	119.48	31.43	8	3.6	28.6	1726	187	-0.1	-3.9	3.9	76
浙江	杭州	3A	120.17	30.23	42	5.1	28.8	1509	211	1.0	-2.6	4.5	73
	嵊泗	3A	122.45	30.73	80	6.3	26.3	1431	81	2.0	-1.9	5.0	69
	定海	3A	122.10	30.03	36	6.4	27.1	1403	118	2.1	-1.4	5.1	69
	嵊州	3A	120.82	29.60	104	5.1	28.5	1529	186	0.7	-2.7	4.6	75
	石浦	3A	121.95	29.20	128	6.6	27.0	1395	101	2.0	-2.2	—	—

续表

省份	城镇	气候区属	气象站 东经(°)	北纬(°)	海拔(m)	最冷月平均温度 $t_{min,m}$(℃)	最热月平均温度 $t_{max,m}$(℃)	供暖日数 HDD18(℃·d)	空调度日数 CDD26(℃·d)	供暖室外计算温度 t_w(℃)	累年最低日平均温度 $t_{e,min}$(℃)	计算供暖期室外平均温度 $\bar{t}_e$(℃)	计算供暖期室外平均相对湿度 φ_e(%)
浙江	衢州	3A	118.90	29.00	82	6.0	28.8	1383	211	1.8	−1.2	5.1	78
	丽水	3B	119.92	28.45	60	7.3	29.3	1178	257	2.8	−0.5	—	—
	临海	3A	121.13	28.85	8	7.1	28.7	1235	212	3.0	0.2	—	—
	大陈岛	3A	121.90	28.45	86	7.8	26.5	1237	73	3.5	−0.2	—	—
湖北	武汉	3A	114.13	30.62	23	4.7	29.6	1501	283	1.1	−2.5	4.4	76
	房县	2A	110.77	32.03	427	2.6	26.0	2014	49	−0.5	−4.4	3.3	70
	老河口	3A	111.67	32.38	90	3.5	27.9	1741	157	−0.1	−3.7	3.9	70
	枣阳	3A	112.75	32.15	126	3.2	28.0	1773	171	−0.5	−4.0	3.7	68
	钟祥	3A	112.57	31.17	66	4.1	28.1	1637	181	0.1	−3.5	4.4	72
	麻城	3A	115.02	31.18	59	4.2	28.9	1599	221	0.7	−5.4	4.5	71
	恩施	3A	109.47	30.28	457	5.5	26.5	1554	81	2.7	−0.1	5.0	82
	宜昌	3A	111.30	30.70	133	5.4	27.8	1437	159	1.6	−1.1	4.8	75
	荆州	3A	112.15	30.35	32	4.8	28.4	1528	203	0.7	−2.2	4.5	75
湖南	长沙	3A	112.92	28.22	68	5.3	29.0	1466	230	0.9	−2.2	4.8	83
	桑植	3A	110.17	29.40	322	5.2	26.9	1556	98	1.7	−1.9	4.9	79
	岳阳	3A	113.08	29.38	53	5.4	29.0	1426	242	1.1	−2.3	4.8	78
	沅陵	3A	110.40	28.47	152	5.7	27.5	1451	141	1.7	−1.1	5.0	74
	常德	3A	111.68	29.05	35	5.4	29.0	1420	239	1.2	−1.7	4.9	78
	芷江	3A	109.68	27.45	272	5.5	27.1	1490	108	1.5	−2.7	5.0	80
	邵阳	3A	111.47	27.23	249	5.9	28.1	1418	172	1.4	−2.7	5.0	79
	通道	3A	109.78	26.17	398	5.8	26.2	1464	49	1.7	−2.3	5.2	82
	武冈	3A	110.63	26.73	341	5.9	27.3	1461	114	1.3	−3.6	5.1	81

续表

省份	城镇	气候区属	气象站 东经(°)	气象站 北纬(°)	气象站 海拔(m)	最冷月平均温度 $t_{min.m}$(℃)	最热月平均温度 $t_{max.m}$(℃)	供暖度日数 HDD18 (℃·d)	空调度日数 CDD26 (℃·d)	供暖室外计算温度 t_w(℃)	累年最低日平均温度 $t_{e.min}$(℃)	计算供暖期室外平均温度 $\bar{t_e}$(℃)	计算供暖期室外平均相对湿度 $\bar{\varphi_e}$(%)
湖南	零陵	3A	111.62	26.23	173	6.7	28.6	1303	221	1.9	-2.6	5.1	83
	郴州	3A	113.03	25.80	185	7.1	29.3	1255	274	1.9	-2.0	4.9	85
江西	南昌	3A	115.92	28.60	47	6.1	29.3	1326	250	1.9	-1.6	4.9	76
	修水	3A	114.58	29.03	147	4.9	27.8	1543	140	1.1	-1.8	4.7	80
	宜春	3A	114.38	27.80	131	6.0	28.4	1380	185	1.8	-2.0	5.0	81
	吉安	3B	114.92	27.05	71	7.1	29.6	1190	279	2.6	-3.1	—	—
	赣州	3B	115.00	25.87	138	8.7	29.2	984	280	3.8	-0.7	—	—
	景德镇	3A	117.20	29.30	62	6.1	29.1	1322	238	2.1	-1.8	5.2	75
	南城	3A	116.65	27.58	81	6.5	28.8	1287	208	2.1	-1.3	5.1	82
	广昌	3B	116.33	26.85	144	7.3	28.7	1170	212	2.8	-0.4	—	—
	寻乌	3B	115.65	24.95	304	9.8	27.1	873	99	4.7	-0.2	—	—
四川	成都	3A	104.02	30.67	506	6.3	26.1	1344	56	3.8	0.7	—	—
	若尔盖	1B	102.97	33.58	3441	-9.6	11.2	5972	0	-13.9	-20.6	-2.9	61
	德格	1C	98.57	31.80	3185	-2.2	14.3	4088	0	-5.3	-10.7	0.8	40
	甘孜	1C	100.00	31.62	3394	-4.4	13.9	4414	0	-8.3	-15.7	-0.2	47
	色达	1A	100.33	32.28	3896	-10.4	10.3	6274	0	-14.4	-20.2	-3.8	58
	道孚	2A	101.12	30.98	2959	-1.8	16.0	3601	0	-5.2	-7.9	0.8	48
	马尔康	2A	102.23	31.90	2666	-0.5	16.4	3390	0	-4.0	-9.4	1.3	46
	松潘	1C	103.57	32.65	2852	-3.4	15.0	4218	0	-6.4	-10.5	-0.1	55
	平武	3A	104.52	32.42	893	4.7	24.7	1710	12	2.3	-1.1	4.7	68
	绵阳	3A	104.73	31.45	523	6.0	26.8	1392	82	3.3	0.3	—	—
	巴塘	2A	99.10	30.00	2589	4.2	18.9	2100	0	0.6	-2.0	3.8	30

续表

省份	城镇	气候区属	气象站			最冷月平均温度(℃) $t_{min.m}$	最热月平均温度(℃) $t_{max.m}$	供暖度日数 HDD18 (℃·d)	空调度日数 CDD26 (℃·d)	供暖室外计算温度(℃) t_w	累年最低日平均温度(℃) $t_{e.min}$	计算供暖期室外平均温度(℃) $\bar{t}_e$	计算供暖期室外平均相对湿度 $\bar{\varphi}_e$ (%)
			东经(°)	北纬(°)	海拔(m)								
四川	理塘	1B	100.27	30.00	3950	-4.9	10.9	5173	0	-8.7	-17.0	-1.2	45
	雅安	3A	103.00	29.98	628	6.6	25.6	1372	42	3.8	0.3	—	—
	稻城	1C	100.30	29.05	3729	-4.5	12.0	4762	0	-7.1	-13.5	-0.7	40
	康定	1C	101.97	30.05	2617	-1.9	15.7	3873	0	-5.4	-9.5	0.6	67
	九龙	2A	101.50	29.00	2994	1.5	15.2	3191	0	-1.0	-5.2	2.7	45
	宜宾	3B	104.60	28.80	341	7.9	27.0	1099	122	5.1	2.7	—	—
	西昌	5A	102.27	27.90	1591	10.0	22.3	983	6	5.7	0.2	—	—
	会理	5A	102.25	26.65	1787	7.2	20.5	1394	0	5.1	0.3	—	—
	万源	3A	108.03	32.07	674	4.3	25.4	1804	30	1.7	-2.1	4.5	69
	阆中	3A	105.97	31.58	383	6.3	27.3	1384	120	3.6	0.7	—	—
	达州	3A	107.50	31.20	345	6.4	27.6	1368	142	3.9	0.6	—	—
	南充	3A	106.10	30.78	310	6.5	27.7	1307	156	4.1	1.5	—	—
	泸州	3B	105.43	28.88	335	7.8	27.1	1134	144	5.5	2.4	—	—
贵州	贵阳	5A	106.73	26.58	1224	4.8	23.3	1703	3	0.1	-5.4	4.0	81
	威宁	2A	104.28	26.87	2236	2.6	17.6	2636	0	-3.3	-7.4	3.0	78
	毕节	2A	105.23	27.30	1511	3.2	21.4	2125	0	-0.7	-4.3	3.7	85
	遵义	3A	106.88	27.70	844	5.2	25.2	1606	30	1.5	-2.7	4.6	81
	思南	3A	108.25	27.95	416	6.8	27.2	1293	127	3.1	-0.4	—	—
	三穗	3A	108.67	26.97	627	4.2	25.1	1778	19	0.1	-4.9	4.3	81
	兴义	5A	105.18	25.43	1379	7.0	22.1	1430	0	1.6	-2.0	5.3	82
	罗甸	3B	106.77	25.43	440	10.9	26.9	741	112	6.4	1.4	—	—
	独山	5A	107.55	25.83	1013	5.4	23.2	1608	1	0.3	-4.8	4.5	81
	榕江	3B	108.53	25.97	286	8.2	27.0	1069	102	4.1	-0.2	—	—

续表

省份	城镇	气候区属	气象站 东经(°)	气象站 北纬(°)	海拔(m)	最冷月平均温度 $t_{min,m}$(℃)	最热月平均温度 $t_{max,m}$(℃)	供暖度日数 $HDD18$(℃·d)	空调度日数 $CDD26$(℃·d)	供暖室外计算温度 t_w(℃)	累年最低日平均温度 $t_{e,min}$(℃)	计算供暖期室外平均温度 $\bar{t}_e$(℃)	计算供暖期室外平均相对湿度 $\bar{\varphi}_e$(%)
云南	昆明	5A	102.65	25.00	1887	9.4	20.3	1103	0	5.2	-0.6	—	—
	德钦	1C	98.88	28.45	3320	-2.0	13.2	4266	0	-4.0	-6.5	0.9	59
	昭通	2A	103.75	27.33	1950	2.6	19.6	2394	0	-1.9	-5.9	3.1	74
	丽江	5A	100.22	26.87	2392	6.3	17.9	1884	0	4.0	0.0	—	—
	会泽	5A	103.28	26.42	2111	5.5	18.8	1954	0	-0.6	-6.1	4.4	69
	腾冲	5A	98.50	25.02	1655	8.7	19.8	1130	0	7.2	4.7	—	—
	保山	5A	99.18	25.12	1652	9.6	21.3	973	0	7.8	5.5	—	—
	大理	5A	100.18	25.70	1991	8.6	19.7	1295	0	5.8	2.3	—	—
	元谋	4B	101.87	25.73	1121	14.2	25.0	343	104	10.6	5.0	—	—
	楚雄	5A	101.55	25.03	1824	9.8	21.1	971	0	7.2	1.9	—	—
	沾益	5A	103.83	25.58	1899	7.7	19.5	1455	0	1.7	-3.3	—	—
	瑞丽	5B	97.85	24.02	777	14.1	24.6	272	8	12.2	10.0	—	—
	泸西	5A	103.77	24.53	1704	8.0	20.3	1330	0	2.6	-2.3	—	—
	耿马	5B	99.40	23.55	1105	12.6	23.2	457	2	10.5	6.4	—	—
	临沧	5B	100.08	23.88	1502	11.8	21.6	627	0	9.9	4.6	—	—
	澜沧	5B	99.93	22.57	1055	13.7	23.1	348	0	11.9	3.8	—	—
	景洪	4B	100.78	22.00	582	17.3	25.6	90	59	14.3	8.7	—	—
	思茅	5B	100.97	22.78	1302	13.6	22.2	413	0	11.0	6.0	—	—
	元江	4B	101.98	23.60	401	16.7	28.2	121	364	13.6	5.8	—	—
	勐腊	4B	101.57	21.48	632	16.8	25.0	128	16	13.7	7.1	—	—
	江城	5B	101.85	22.58	1121	13.3	22.6	467	0	10.2	5.7	—	—
	蒙自	5B	103.38	23.38	1301	13.0	22.9	547	2	7.5	1.2	—	—
	广南	5A	105.07	24.07	1250	9.3	22.8	1046	3	3.6	-0.9	—	—

续表

省份	城镇	气候区属	气象站			最冷月平均温度 $t_{min,m}$(℃)	最热月平均温度 $t_{max,m}$(℃)	供暖度日数 HDD18(℃·d)	空调度日数 CDD26(℃·d)	供暖室外计算温度 t_w(℃)	累年最低日平均温度 $t_{e,min}$(℃)	计算供暖期室外平均温度 $\bar{t}_e$(℃)	计算供暖期室外平均相对湿度 $\bar{\varphi}_e$(%)
			东经(°)	北纬(°)	海拔(m)								
福建	福州	4A	119.28	26.08	84	11.6	29.2	681	267	7.4	3.3	—	—
	邵武	3B	117.47	27.33	218	7.8	27.8	1145	138	3.4	-1.2	—	—
	武夷山市	3B	118.03	27.77	222	8.2	27.6	1084	133	4.0	-0.4	—	—
	浦城	3A	118.53	27.92	277	7.0	27.4	1257	116	2.7	-1.3	—	—
	福鼎	3B	120.20	27.33	36	9.4	28.5	978	190	5.1	1.5	—	—
	南平	3B	118.17	26.65	126	10.2	28.8	816	241	5.8	1.5	—	—
	长汀	3B	116.37	25.85	310	8.6	26.9	1035	81	3.5	-1.0	—	—
	永安	3B	117.35	25.97	206	10.3	28.3	814	193	5.4	1.0	—	—
	漳平	4A	117.42	25.30	205	11.7	27.8	634	162	6.7	2.0	—	—
	平潭	4A	119.78	25.52	32	12.0	28.3	665	202	8.0	5.0	—	—
	厦门	4B	118.07	24.48	139	13.2	28.0	490	178	9.0	6.3	—	—
广东	广州	4B	113.33	23.17	41	14.3	28.8	373	313	8.3	-0.5	—	—
	连州	3B	112.38	24.78	98	9.6	28.7	863	251	5.0	1.0	—	—
	韶关	3B	113.60	24.68	61	10.7	28.6	747	249	6.1	1.1	—	—
	佛冈	4A	113.53	23.87	69	12.4	28.1	546	216	7.4	2.7	—	—
	连平	4A	114.37	24.37	215	11.4	27.6	673	160	5.8	1.3	—	—
	梅县	4B	116.10	24.27	88	12.9	28.7	484	278	7.7	3.7	—	—
	高要	4B	112.45	23.03	41	14.4	28.7	350	334	9.4	4.5	—	—
	河源	4B	114.73	23.80	71	13.5	28.5	436	290	7.9	2.9	—	—
	汕头	4B	116.68	23.40	3	14.7	28.8	306	302	10.7	6.5	—	—
	信宜	4B	110.93	22.35	85	15.4	28.3	277	286	9.6	3.7	—	—
	深圳	4B	114.00	22.53	63	16.0	29.0	223	374	10.2	4.7	—	—

续表

省份	城镇	气候区属	气象站 东经(°)	气象站 北纬(°)	海拔(m)	最冷月平均温度 $t_{min.m}$(℃)	最热月平均温度 $t_{max.m}$(℃)	供暖度日数 HDD18(℃·d)	空调度日数 CDD26(℃·d)	供暖室外计算温度 t_w(℃)	累年最低日平均温度 $t_{e.min}$(℃)	计算供暖期室外平均温度 $\bar{t}_e$(℃)	计算供暖期室外平均相对湿度 $\bar{\varphi}_e$(%)
广东	汕尾	4B	115.37	22.80	17	15.5	28.3	243	265	11.0	6.0	—	—
	湛江	4B	110.30	21.15	53	16.6	29.2	183	399	11.0	5.0	—	—
	阳江	4B	111.97	21.83	90	15.9	28.4	241	301	10.3	4.7	—	—
	上川岛	4B	112.77	21.73	22	15.8	28.5	229	301	10.4	5.2	—	—
广西	南宁	4B	108.22	22.63	122	13.4	28.2	473	259	8.3	4.5	—	—
	桂林	3B	110.30	25.32	164	8.7	28.0	989	195	4.1	-0.2	—	—
	河池	4A	108.03	24.70	260	11.7	28.3	613	253	7.2	2.8	—	—
	柳州	4A	109.40	24.35	97	11.1	28.9	684	326	6.1	1.6	—	—
	蒙山	3B	110.52	24.20	146	10.5	27.4	775	152	5.6	0.9	—	—
	那坡	4A	105.83	23.42	794	12.0	24.8	673	17	6.7	2.1	—	—
	百色	4B	106.60	23.90	174	14.1	28.3	389	295	9.7	4.6	—	—
	桂平	4B	110.08	23.40	43	13.3	28.5	466	291	8.1	2.9	—	—
	梧州	4A	111.30	23.48	115	12.7	28.0	551	232	6.9	1.6	—	—
	龙州	4B	106.85	22.33	129	14.7	28.2	344	284	9.9	5.8	—	—
	钦州	4B	108.62	21.95	5	14.4	28.5	365	315	8.9	4.0	—	—
	北海	4B	109.13	21.45	13	15.0	28.9	318	346	9.2	3.5	—	—
海南	海口	4B	110.25	20.00	64	18.6	29.1	75	427	13.7	8.5	—	—
	东方	4B	108.62	19.10	8	19.8	29.6	42	530	15.0	10.5	—	—
	儋州	4B	109.58	19.52	169	18.4	28.1	119	281	12.4	6.4	—	—
	琼海	4B	110.47	19.23	24	19.3	28.8	61	379	14.2	9.1	—	—
	三亚	4B	109.52	18.23	6	22.3	28.8	3	498	18.9	12.5	—	—

注：数据来源于《民用建筑热工设计规范》GB 50176—2016。

A.2 严寒寒冷地区主要城市的建筑节能计算用气象参数

严寒寒冷地区主要城市的建筑节能计算用气象参数　　　表 A.2

省份	城镇	气候区属	气象站			HDD18 (℃·d)	CDD26 (℃)	计算供暖期						
			东经 (°)	北纬 (°)	海拔 (m)			天数 (d)	室外平均温度 (℃)	太阳总辐射平均强度(W/m²)				
										水平	南向	北向	东向	西向
北京	北京	Ⅱ(B)	116.28	39.93	55	2699	94	114	0.1	102	120	33	59	59
天津	天津	Ⅱ(B)	117.17	39.10	5	2743	92	118	−0.2	99	106	34	56	57
河北	石家庄	Ⅱ(B)	114.42	38.03	81	2388	147	97	0.9	95	102	33	54	54
	围场	Ⅰ(C)	117.75	41.93	844	4602	3	172	−5.1	118	121	38	66	66
	丰宁	Ⅰ(C)	116.63	41.22	661	4167	5	161	−4.2	120	126	39	67	67
	承德	Ⅱ(A)	117.95	40.98	386	3783	20	150	−3.4	107	112	35	60	60
	张家口	Ⅱ(A)	114.88	40.78	726	3637	24	145	−2.7	106	118	36	62	60
	怀来	Ⅱ(A)	115.50	40.40	538	3388	32	143	−1.8	105	117	36	61	59
	青龙	Ⅱ(A)	118.95	40.40	228	3532	23	146	−2.5	107	112	35	61	59
	蔚县	Ⅰ(C)	114.57	39.83	910	3955	9	151	−3.9	110	115	36	62	61
	唐山	Ⅱ(A)	118.15	39.67	29	2853	72	120	−0.6	100	108	34	58	56
	乐亭	Ⅱ(A)	118.90	39.43	12	3080	37	124	−1.3	104	111	35	60	57
	保定	Ⅱ(B)	115.57	38.85	19	2564	129	108	0.4	94	102	32	55	52
	沧州	Ⅱ(B)	116.83	38.33	11	2653	92	115	0.3	102	107	35	58	58
	泊头	Ⅱ(B)	116.55	38.08	13	2593	126	119	0.4	101	106	34	58	56
	邢台	Ⅱ(B)	114.50	37.07	78	2268	155	93	1.4	96	102	33	56	53
山西	太原	Ⅱ(A)	112.55	37.78	779	3160	11	127	−1.1	108	118	36	62	60
	大同	Ⅰ(C)	113.33	40.10	1069	4120	8	158	−4.0	119	124	39	67	66
	河曲	Ⅰ(C)	111.15	39.38	861	3913	18	150	−4.0	120	126	38	64	67
	原平	Ⅱ(A)	112.70	38.75	838	3399	14	141	−1.7	108	118	36	61	61
	离石	Ⅱ(A)	111.10	37.50	951	3424	16	140	−1.8	102	108	34	56	57
	榆社	Ⅱ(A)	112.98	37.07	1042	3529	1	143	−1.7	111	118	37	62	62
	介休	Ⅱ(A)	111.92	37.03	745	2978	24	121	−0.3	109	114	36	60	61
	阳城	Ⅱ(A)	112.40	35.48	659	2698	21	112	0.7	104	109	34	57	57
	运城	Ⅱ(B)	111.05	35.05	365	2267	185	84	1.3	91	97	30	50	49
内蒙古	呼和浩特	Ⅰ(C)	111.68	40.82	1065	4186	11	158	−4.4	116	122	37	65	64
	图里河	Ⅰ(A)	121.70	50.45	733	8023	0	225	−14.38	105	101	33	58	57
	海拉尔	Ⅰ(A)	119.75	49.22	611	6713	3	206	−12.0	77	82	27	47	46
	博克图	Ⅰ(A)	121.92	48.77	739	6622	0	208	−10.3	75	81	26	46	44
	新巴尔虎右旗	Ⅰ(A)	116.82	48.67	556	6157	13	195	−10.6	83	90	29	51	49

续表

省份	城镇	气候区属	气象站			HDD18 (℃·d)	CDD26 (℃)	计算供暖期						
			东经 (°)	北纬 (°)	海拔 (m)			天数 (d)	室外平均温度 (℃)	太阳总辐射平均强度(W/m²)				
										水平	南向	北向	东向	西向
内蒙古	阿尔山	Ⅰ(A)	119.93	47.17	997	7364	0	218	−12.1	119	103	37	68	67
	东乌珠穆沁旗	Ⅰ(B)	116.97	45.52	840	5940	11	189	−10.1	104	106	34	59	58
	那仁宝拉格	Ⅰ(A)	114.15	44.62	1183	6153	4	200	−9.9	108	112	35	62	60
	西乌珠穆沁旗	Ⅰ(B)	117.60	44.58	997	5812	4	198	−8.4	102	107	34	59	57
	扎鲁特旗	Ⅰ(C)	120.90	44.57	266	4398	32	164	−5.6	105	112	36	63	60
	阿巴嘎旗	Ⅰ(B)	114.95	44.02	1128	5892	7	188	−9.9	109	111	36	62	61
	巴林左旗	Ⅰ(C)	119.40	43.98	485	4704	10	167	−6.4	110	116	37	65	62
	锡林浩特	Ⅰ(B)	116.12	43.95	1004	5545	12	186	−8.6	107	109	35	61	60
	二连浩特	Ⅰ(B)	112.00	43.65	966	5131	36	176	−8.0	113	112	39	64	63
	林西	Ⅰ(C)	118.07	43.60	800	4858	7	174	−6.3	118	124	39	69	65
	通辽	Ⅰ(C)	122.27	43.60	180	4376	22	164	−5.7	105	111	35	62	60
	满都拉	Ⅰ(C)	110.13	42.53	1223	4746	20	175	−5.8	133	139	43	73	76
	朱日和	Ⅰ(C)	112.90	42.40	1152	4810	16	174	−6.1	122	125	39	71	68
	赤峰	Ⅰ(C)	118.97	42.27	572	4196	20	161	−4.5	116	123	38	66	64
	多伦	Ⅰ(B)	116.47	42.18	1247	5466	0	186	−7.4	121	123	39	69	67
	额济纳旗	Ⅰ(C)	101.07	41.95	941	3884	130	150	−4.3	128	140	42	75	71
	化德	Ⅰ(B)	114.00	41.90	1484	5366	0	187	−6.8	124	125	40	71	68
	达尔罕茂明安联合旗	Ⅰ(C)	110.43	41.70	1377	4969	5	176	−6.4	134	139	43	73	76
	乌拉特后旗	Ⅰ(C)	108.52	41.57	1290	4675	10	173	−5.6	139	146	44	77	78
	海力素	Ⅰ(C)	106.38	41.45	1510	4780	14	176	−5.8	136	140	43	76	75
	集宁	Ⅰ(C)	113.07	41.03	1416	4873	0	177	−5.4	128	129	41	73	70
	临河	Ⅱ(A)	107.40	40.77	1041	3777	30	151	−3.1	122	130	40	69	68
	巴音毛道	Ⅰ(C)	104.50	40.75	1329	4208	30	158	−4.7	137	149	44	75	78
	东胜	Ⅰ(C)	109.98	39.83	1459	4226	3	160	−3.8	128	133	41	70	73
	吉兰泰	Ⅱ(A)	105.75	39.78	1032	3746	68	150	−3.4	132	140	43	71	76
	鄂托克旗	Ⅰ(C)	107.98	39.10	1381	4045	9	156	−3.6	130	136	42	70	73
辽宁	沈阳	Ⅰ(C)	123.43	41.77	43	3929	25	150	−4.5	94	97	32	54	53
	彰武	Ⅰ(C)	122.53	42.42	84	4134	13	158	−4.9	104	109	35	60	59
	清原	Ⅰ(C)	124.95	42.10	235	4598	8	165	−6.3	86	86	29	49	48
	朝阳	Ⅱ(A)	120.45	41.55	176	3559	53	143	−3.1	96	103	35	56	55
	本溪	Ⅰ(C)	123.78	41.32	185	4046	16	157	−4.4	90	91	30	52	50
	锦州	Ⅱ(A)	121.12	41.13	70	3458	26	141	−2.5	91	100	32	55	52
	宽甸	Ⅰ(C)	124.78	40.72	261	4095	4	158	−4.1	92	93	31	52	52
	营口	Ⅱ(A)	122.20	40.67	4	3526	29	142	−2.9	89	95	31	51	51

省份	城镇	气候区属	气象站			HDD18 (℃·d)	CDD26 (℃)	计算供暖期						
			东经 (°)	北纬 (°)	海拔 (m)			天数 (d)	室外平均温度 (℃)	太阳总辐射平均强度（W/m²)				
										水平	南向	北向	东向	西向
辽宁	丹东	Ⅱ(A)	124.33	40.05	14	3566	6	145	−2.2	91	100	32	51	55
	大连	Ⅱ(A)	121.63	38.90	97	2924	16	125	0.1	104	108	35	57	60
吉林	长春	Ⅰ(C)	125.22	43.90	238	4642	12	165	−6.7	90	93	30	53	51
	前郭尔罗斯	Ⅰ(C)	124.87	45.08	136	4800	17	165	−7.6	93	98	32	55	54
	长岭	Ⅰ(C)	123.97	44.25	190	4718	15	165	−7.2	96	100	32	56	55
	敦化	Ⅰ(B)	128.20	43.37	525	5221	1	183	−7.0	94	93	31	55	53
	四平	Ⅰ(C)	124.33	43.18	167	4308	15	162	−5.5	94	97	32	55	53
	桦甸	Ⅰ(B)	126.75	42.98	264	5007	4	168	−7.9	86	87	29	49	48
	延吉	Ⅰ(C)	129.47	42.88	257	4687	5	166	−6.1	91	92	31	53	51
	临江	Ⅰ(C)	126.92	41.72	333	4736	4	165	−6.7	84	84	28	47	47
	长白	Ⅰ(B)	128.17	41.35	775	5542	0	186	−7.8	96	92	31	54	53
	集安	Ⅰ(C)	126.15	41.10	179	4142	9	159	−4.5	85	85	28	48	47
黑龙江	哈尔滨	Ⅰ(B)	126.77	45.75	143	5032	14	167	−8.5	83	86	28	49	48
	漠河	Ⅰ(A)	122.52	52.13	433	7994	0	225	−14.7	100	91	33	57	58
	呼玛	Ⅰ(A)	126.65	51.72	179	6805	4	202	−12.9	84	90	31	49	49
	黑河	Ⅰ(A)	127.45	50.25	166	6310	4	193	−11.6	80	83	27	47	47
	孙吴	Ⅰ(A)	127.35	49.43	235	6517	2	201	−11.5	69	74	24	40	41
	嫩江	Ⅰ(A)	125.23	49.17	243	6352	5	193	−11.9	83	84	28	49	48
	克山	Ⅰ(B)	125.88	48.05	237	5888	7	186	−10.6	83	85	28	49	48
	伊春	Ⅰ(A)	128.90	47.72	232	6100	1	188	−10.8	77	78	27	46	45
	海伦	Ⅰ(B)	126.97	47.43	240	5798	5	185	−10.3	82	84	28	49	48
	齐齐哈尔	Ⅰ(B)	123.92	47.38	148	5259	23	177	−8.7	90	94	31	54	53
	富锦	Ⅰ(B)	131.98	47.23	65	5594	6	184	−9.5	84	85	29	49	50
	泰来	Ⅰ(B)	123.42	46.40	150	5005	26	168	−8.3	89	94	31	54	52
	安达	Ⅰ(B)	125.32	46.38	150	5291	15	174	−9.1	90	93	30	53	52
	宝清	Ⅰ(B)	132.18	46.32	83	5190	8	174	−8.2	86	90	29	49	50
	通河	Ⅰ(B)	128.73	45.97	110	5675	3	185	−9.7	84	85	29	50	48
	虎林	Ⅰ(B)	132.97	45.77	103	5351	2	177	−8.8	88	88	30	51	51
	鸡西	Ⅰ(B)	130.95	45.28	281	5105	7	175	−7.7	91	92	31	53	53
	尚志	Ⅰ(B)	127.97	45.22	191	5467	3	184	−8.8	90	90	30	53	52
	牡丹江	Ⅰ(B)	129.60	44.57	242	5066	7	168	−8.2	93	97	32	56	54
	绥芬河	Ⅰ(B)	131.15	44.38	568	5422	1	184	−7.6	94	94	32	56	54

续表

| 省份 | 城镇 | 气候区属 | 气象站 | | | HDD18（℃·d） | CDD26（℃） | 计算供暖期 | | 太阳总辐射平均强度（W/m²） | | | | |
			东经（°）	北纬（°）	海拔（m）			天数（d）	室外平均温度（℃）	水平	南向	北向	东向	西向
江苏	赣榆	Ⅱ(A)	119.13	34.83	10	2226	83	87	2.1	93	100	32	52	51
	徐州	Ⅱ(B)	117.15	34.28	42	2090	137	84	2.5	88	94	30	50	49
	射阳	Ⅱ(B)	120.25	33.77	7	2083	92	83	3.0	95	102	32	52	52
安徽	亳州	Ⅱ(B)	115.77	33.88	42	2030	154	74	2.5	83	88	28	47	45
山东	济南	Ⅱ(B)	117.05	36.60	169	2211	160	92	1.8	97	104	33	56	53
	长岛	Ⅱ(A)	120.72	37.93	40	2570	20	106	1.4	105	110	35	59	60
	龙口	Ⅱ(A)	120.32	37.62	5	2551	60	108	1.1	104	108	35	57	59
	惠民县	Ⅱ(B)	117.53	37.50	12	2622	96	111	0.4	101	108	34	56	55
	德州	Ⅱ(B)	116.32	37.43	22	2527	97	115	1.0	113	119	37	65	62
	成山头	Ⅱ(A)	122.68	37.40	47	2672	2	115	2.0	109	116	37	62	63
	德州	Ⅱ(B)	116.57	37.33	19	2613	103	111	0.5	102	110	34	58	57
	潍坊	Ⅱ(A)	119.18	36.77	22	2735	63	117	0.3	106	111	35	58	57
	海阳	Ⅱ(A)	121.17	36.77	41	2631	20	109	1.1	109	113	36	61	59
	莘县	Ⅱ(A)	115.67	36.23	38	2521	90	104	0.8	98	105	33	54	54
	沂源	Ⅱ(A)	118.15	36.18	302	2660	45	116	0.7	102	106	34	56	56
	青岛	Ⅱ(A)	120.33	36.07	77	2401	22	99	2.1	118	114	37	65	63
	兖州	Ⅱ(B)	116.85	35.57	53	2390	97	103	1.5	101	107	33	56	55
	日照	Ⅱ(A)	119.53	35.43	37	2361	39	98	2.1	125	119	41	70	66
	菏泽	Ⅱ(A)	115.43	35.25	51	2396	89	111	2.0	104	107	34	58	57
	费县	Ⅱ(A)	117.95	35.25	120	2296	83	94	1.7	103	108	34	57	58
	定陶	Ⅱ(B)	115.57	35.07	49	2319	107	93	1.5	100	106	33	56	55
	临沂	Ⅱ(A)	118.35	35.05	86	2375	70	100	1.7	102	104	33	56	56
河南	安阳	Ⅱ(B)	114.40	36.05	64	2309	131	93	1.3	99	105	33	57	54
	孟津	Ⅱ(A)	112.43	34.82	333	2221	89	92	2.3	97	102	32	54	52
	郑州	Ⅱ(B)	113.65	34.72	111	2106	125	88	2.5	99	106	33	56	56
	卢氏	Ⅱ(A)	111.03	34.05	570	2516	30	103	1.5	99	104	32	53	53
	西华	Ⅱ(B)	114.52	33.78	53	2096	110	77	2.4	93	97	31	53	50
四川	若尔盖	Ⅰ(B)	102.97	33.58	3441	5972	0	227	−2.9	161	142	47	83	82
	松潘	Ⅰ(C)	103.57	32.65	2852	4218	0	156	−0.1	136	132	41	71	70
	色达	Ⅰ(A)	100.33	32.28	3896	6274	0	228	−3.8	166	154	53	97	94
	马尔康	Ⅱ(A)	102.23	31.90	2666	3390	0	115	1.3	137	139	43	72	73
	德格	Ⅰ(C)	98.57	31.80	3185	4088	0	156	0.8	125	119	37	64	63
	甘孜	Ⅰ(C)	100.00	31.62	3394	4414	0	173	−0.2	162	163	52	93	93
	康定	Ⅰ(C)	101.97	30.05	2617	3837	0	141	0.6	119	117	37	61	62

省份	城镇	气候区属	气象站			HDD18（℃·d）	CDD26（℃）	计算供暖期						
			东经（°）	北纬（°）	海拔（m）			天数（d）	室外平均温度（℃）	太阳总辐射平均强度（W/m²）				
										水平	南向	北向	东向	西向
四川	理塘	Ⅰ(B)	100.27	30.00	3950	5173	0	188	−1.2	167	154	50	86	90
	巴塘	Ⅱ(A)	99.10	30.00	2589	2100	0	50	3.8	149	156	49	79	81
	稻城	Ⅰ(C)	100.30	29.05	3729	4762	0	177	−0.7	173	175	60	104	109
贵州	毕节	Ⅱ(A)	105.23	27.30	1511	2125	0	70	3.7	102	101	33	54	54
	威宁	Ⅱ(A)	104.28	26.87	2236	2636	0	75	3.0	109	108	34	57	57
云南	德钦	Ⅰ(C)	98.88	28.45	3320	4266	0	171	0.9	143	126	41	73	72
	昭通	Ⅱ(A)	103.75	27.33	1950	2394	0	73	3.1	135	136	42	69	74
西藏	拉萨	Ⅱ(A)	91.13	29.67	3650	3425	0	126	1.6	148	147	46	80	79
	狮泉河	Ⅰ(A)	80.08	32.50	4280	6048	0	224	−5.0	209	191	62	118	114
	改则	Ⅰ(A)	84.05	32.30	4420	6577	0	232	−5.7	255	148	74	136	130
	索县	Ⅰ(B)	93.78	31.88	4024	5775	0	215	−3.1	182	141	52	96	93
	那曲	Ⅰ(A)	92.07	31.48	4508	6722	0	242	−4.8	147	127	43	80	75
	丁青	Ⅰ(B)	95.60	31.42	3874	5197	0	194	−1.8	152	132	45	81	78
	班戈	Ⅰ(A)	90.02	31.37	4701	6699	0	245	−4.2	183	152	53	97	94
	昌都	Ⅱ(A)	97.17	31.15	3307	3764	0	140	0.6	120	115	37	64	64
	申扎	Ⅰ(A)	88.63	30.95	4670	6402	0	231	−4.1	189	158	55	101	98
	林芝	Ⅱ(A)	94.47	29.57	3001	3191	0	100	2.2	170	169	51	94	90
	日喀则	Ⅰ(C)	88.88	29.25	3837	4047	0	157	0.3	168	153	51	91	87
	隆子	Ⅰ(C)	92.47	28.42	3861	4473	0	173	−0.3	161	139	47	86	81
	帕里	Ⅰ(A)	89.08	27.73	4300	6435	0	242	−3.1	178	141	50	94	89
陕西	西安	Ⅱ(B)	108.93	34.30	398	2178	153	82	2.1	87	91	29	48	47
	榆林	Ⅱ(A)	109.70	38.23	1157	3672	19	143	−2.9	108	118	36	61	59
	延安	Ⅱ(A)	109.50	36.60	959	3127	15	127	−0.9	103	111	34	55	57
	宝鸡	Ⅱ(A)	107.13	34.35	610	2301	86	91	2.1	93	97	31	51	50
甘肃	兰州	Ⅱ(A)	103.88	36.05	1518	3094	10	126	−0.6	116	125	38	64	64
	敦煌	Ⅱ(A)	94.68	40.15	1140	3518	25	139	−2.8	121	140	40	67	70
	酒泉	Ⅰ(C)	98.48	39.77	1478	3971	3	152	−3.4	135	146	43	77	74
	张掖	Ⅰ(C)	100.43	38.93	1483	4001	6	155	−3.6	136	146	43	75	75
	民勤	Ⅱ(A)	103.08	38.63	1367	3715	12	150	−2.6	135	143	43	73	75
	乌鞘岭	Ⅰ(A)	102.87	37.20	3044	6329	0	245	−4.0	157	139	47	84	81
	西峰镇	Ⅱ(A)	107.63	35.73	1423	3364	1	141	−0.3	106	111	35	59	57
	平凉	Ⅱ(A)	106.67	35.55	1348	3334	1	139	−0.3	107	112	35	57	58
	合作	Ⅰ(B)	102.90	35.00	2910	5432	0	192	−3.4	144	139	44	75	77
	岷县	Ⅰ(C)	104.88	34.72	2315	4409	0	170	−1.5	134	132	41	73	70

续表

省份	城镇	气候区属	气象站			HDD18 (℃·d)	CDD26 (℃)	计算供暖期						
			东经 (°)	北纬 (°)	海拔 (m)			天数 (d)	室外平均温度 (℃)	太阳总辐射平均强度(W/m²)				
										水平	南向	北向	东向	西向
甘肃	天水	Ⅱ(A)	105.75	34.58	1143	2729	10	110	1.0	98	99	33	54	53
	成县	Ⅱ(A)	105.75	33.75	1128	2215	13	94	3.6	145	154	45	81	79
青海	西宁	Ⅰ(C)	101.77	36.62	2296	4478	0	161	−3.0	138	140	43	77	75
	冷湖	Ⅰ(B)	93.38	38.83	2771	5395	0	193	−5.6	145	154	45	80	81
	大柴旦	Ⅰ(B)	95.37	37.85	3174	5616	0	196	−5.8	148	155	46	82	83
	德令哈	Ⅰ(C)	97.37	37.37	2982	4874	0	186	−3.7	144	142	44	78	79
	刚察	Ⅰ(A)	100.13	37.33	3302	6471	0	226	−5.2	161	149	48	87	84
	格尔木	Ⅰ(C)	94.90	36.42	2809	4436	0	170	−3.1	157	162	49	88	87
	都兰	Ⅰ(B)	98.10	36.30	3192	5161	0	191	−3.6	154	152	47	84	82
	同德	Ⅰ(B)	100.65	35.27	3290	5066	0	218	−5.5	161	160	49	88	85
	玛多	Ⅰ(A)	98.22	34.92	4273	7683	0	277	−6.4	180	162	53	96	94
	河南	Ⅰ(A)	101.60	34.73	3501	6591	0	246	−4.5	168	155	50	89	88
	托托河	Ⅰ(A)	92.43	34.22	4535	7878	0	276	−7.2	178	156	52	98	93
	曲麻莱	Ⅰ(A)	95.78	34.13	4176	7148	0	256	−5.8	175	156	52	94	92
	达日	Ⅰ(A)	99.65	33.75	3968	6721	0	251	−4.5	170	148	49	88	89
	玉树	Ⅰ(B)	97.02	33.02	3682	5154	0	191	−2.2	162	149	48	84	86
	杂多	Ⅰ(A)	95.30	32.90	4068	6153	0	229	−3.8	155	132	45	83	80
宁夏	银川	Ⅱ(A)	106.20	38.47	1112	3472	11	140	−2.1	117	124	40	64	67
	盐池	Ⅱ(A)	107.38	37.80	1356	3700	10	149	−2.3	130	134	42	70	73
	中宁	Ⅱ(A)	105.68	37.48	1193	3349	22	137	−1.6	119	127	41	67	66
新疆	乌鲁木齐	Ⅰ(C)	87.65	43.80	935	4329	36	149	−6.5	101	113	34	59	58
	哈巴河	Ⅰ(C)	86.35	48.05	534	4867	10	172	−6.9	105	116	35	60	62
	阿勒泰	Ⅰ(B)	88.08	47.73	737	5081	11	174	−7.9	109	123	36	63	64
	富蕴	Ⅰ(B)	89.52	46.98	827	5458	22	174	−10.1	118	135	39	67	70
	和布克赛尔	Ⅰ(B)	85.72	46.78	1294	5066	1	186	−5.6	119	131	39	69	68
	塔城	Ⅰ(C)	83.00	46.73	535	4143	20	148	−5.1	90	111	32	52	54
	克拉玛依	Ⅰ(C)	84.85	45.60	450	4234	196	144	−7.9	95	116	33	56	57
	北塔山	Ⅰ(B)	90.53	45.37	1651	5434	2	192	−6.2	113	123	37	65	64
	精河	Ⅰ(C)	82.90	44.62	321	4236	70	148	−6.9	98	108	34	58	57
	奇台	Ⅰ(C)	89.57	44.02	794	4989	10	161	−9.2	120	136	39	68	68
	伊宁	Ⅱ(A)	81.33	43.95	664	3501	9	137	−2.8	97	117	34	55	57
	吐鲁番	Ⅱ(B)	89.20	42.93	37	2758	579	234	−2.5	102	121	35	58	60

续表

省份	城镇	气候区属	气象站			HDD18 (℃·d)	CDD26 (℃)	计算供暖期						
			东经 (°)	北纬 (°)	海拔 (m)			天数 (d)	室外平均温度 (℃)	太阳总辐射平均强度(W/m²)				
										水平	南向	北向	东向	西向
新疆	哈密	Ⅱ(B)	93.52	42.82	739	3682	104	143	−4.1	120	136	40	68	69
	巴伦台	Ⅰ(C)	86.33	42.67	1739	3992	0	146	−3.2	90	101	32	52	52
	库尔勒	Ⅱ(B)	86.13	41.75	933	3115	123	121	−2.5	127	138	41	71	73
	库车	Ⅱ(A)	82.95	41.72	1100	3162	42	109	−2.7	127	138	41	71	72
	阿合奇	Ⅰ(C)	78.45	40.93	1986	4118	0	109	−3.6	131	144	42	72	73
	铁干里克	Ⅱ(B)	87.70	40.63	847	3353	133	128	−3.5	125	148	41	69	72
	阿拉尔	Ⅱ(A)	81.05	40.50	1013	3296	22	129	−3.0	125	148	41	69	71
	巴楚	Ⅱ(A)	78.57	39.80	1117	2892	77	115	−2.1	133	155	43	72	75
	喀什	Ⅱ(A)	75.98	39.47	1291	2767	46	121	−1.3	130	150	42	72	72
	若羌	Ⅱ(B)	88.17	39.03	889	3149	152	122	−2.9	141	150	45	77	80
	莎车	Ⅱ(A)	77.27	38.43	1232	2858	27	113	−1.5	134	152	44	73	76
	安德河	Ⅱ(A)	83.65	37.93	1264	2637	60	129	−3.3	141	160	45	76	79
	皮山	Ⅱ(A)	78.28	37.62	1376	2761	70	110	−1.3	134	150	43	73	74
	和田	Ⅱ(A)	79.93	37.13	1375	2595	71	107	−0.6	128	142	42	70	72

注：数据来源于《严寒和寒冷地区居住建筑节能设计标准》JGJ 26—2018。

A.3 全国主要城镇室外计算参数

全国主要城镇室外计算参数 表 A.3

省份	城市名称	大气压力(hPa)		年平均温度 (℃)	室外计算相对湿度(%)		风速(m/s)		冬季日照率 (%)	日均温度 ≤+5℃ 的天数	日均温度 ≤+5℃ 期间内的 平均温度 (℃)	极端最低温度 (℃)	极端最高温度 (℃)
		冬季	夏季		冬季空气调节	夏季通风	冬季平均	夏季平均					
北京	北京	1021.7	1000.2	12.3	44	61	2.6	2.1	64	123	−0.7	−18.3	41.9
天津	天津	1027.1	1005.2	12.7	56	63	2.4	2.2	58	121	−0.6	−17.8	40.5
	塘沽	1026.3	1004.6	12.6	59	68	3.9	4.2	63	122	−0.4	−15.4	40.9
河北	石家庄	1017.2	995.8	13.4	55	60	1.8	1.7	56	111	0.1	−19.3	41.5
	唐山	1023.6	1002.4	11.5	55	63	2.2	2.3	60	130	−1.6	−22.7	39.6
	邢台	1017.7	996.2	13.9	57	61	1.4	1.7	56	105	0.5	−20.2	41.1
	保定	1025.1	1002.9	12.9	55	61	1.8	2.0	56	119	−0.5	−19.6	41.6
	张家口	939.5	925.0	8.8	41	50	2.8	2.1	65	146	−3.9	−24.6	39.2
	承德	980.5	963.3	9.1	51	55	1.0	0.9	65	145	−4.1	−24.2	43.3

续表

省份	城市名称	大气压力(hPa) 冬季	大气压力(hPa) 夏季	年平均温度(℃)	室外计算相对湿度(%) 冬季空气调节	室外计算相对湿度(%) 夏季通风	风速(m/s) 冬季平均	风速(m/s) 夏季平均	冬季日照率(%)	日均温度≤+5℃的天数	日均温度≤+5℃期间内的平均温度(℃)	极端最低温度(℃)	极端最高温度(℃)
河北	秦皇岛	1026.4	1005.6	11.0	51	55	2.5	2.3	64	135	−1.2	−20.8	39.2
	沧州	1027.0	1004.0	12.9	57	63	2.6	2.9	64	118	−0.5	−19.5	40.5
	廊坊	1026.4	1004.4	12.2	54	61	2.1	2.2	57	124	−1.3	−21.5	41.3
	衡水	1024.9	1002.8	12.5	59	61	2.0	2.2	63	122	−0.9	−22.6	41.2
山西	太原	933.5	919.8	10.0	50	58	2.0	1.8	57	141	−1.7	−22.7	37.4
	大同	899.9	889.1	7.0	50	49	2.8	2.5	61	163	−4.8	−27.2	37.2
	阳泉	937.1	923.8	11.3	43	55	2.2	1.6	62	126	−0.5	−16.2	40.2
	运城	982.0	962.7	14.0	57	55	2.4	3.1	49	101	0.9	−18.9	41.2
	晋城	947.4	932.4	11.8	53	59	1.9	1.7	58	120	0	−17.2	38.5
	朔州	868.6	860.7	3.9	61	50	2.3	2.1	71	182	−6.9	−40.4	34.4
	晋中	902.6	892.0	8.8	49	55	1.3	1.5	62	144	−2.6	−25.1	36.7
	忻州	926.9	913.8	9.0	47	53	2.3	1.9	60	145	−3.2	−25.8	38.1
	临汾	972.5	954.2	12.6	58	56	1.6	1.8	47	114	−0.2	−23.1	40.5
	吕梁	914.5	901.3	9.1	55	52	2.1	2.6	58	143	−3.0	−26.0	38.4
内蒙古	呼和浩特	901.2	889.6	6.7	58	48	1.5	1.8	63	167	−5.3	−30.5	38.5
	包头	901.2	889.1	7.2	55	43	2.4	2.6	68	164	−5.1	−31.4	39.2
	赤峰	955.1	941.1	7.5	43	50	2.3	2.2	70	161	−5.0	−28.8	40.4
	通辽	1002.6	984.4	6.6	54	57	3.7	3.5	76	166	−6.7	−31.6	38.9
	鄂尔多斯	856.7	849.5	6.2	52	43	2.9	3.1	73	168	−4.9	−28.4	35.3
	满洲里	941.9	930.3	−0.7	75	52	3.7	3.8	70	210	−12.4	−40.5	37.9
	海拉尔	947.9	935.7	−1.0	79	54	2.3	3.0	62	208	−12.7	−42.3	36.6
	巴彦淖尔	903.9	891.1	8.1	51	39	2.0	2.1	72	157	−4.4	−35.3	39.4
	乌兰察布	860.2	853.7	4.3	55	49	3.0	2.4	72	181	−6.4	−32.4	33.6
	兴安盟	989.1	973.3	5.0	54	55	2.6	2.6	69	176	−7.8	−33.7	40.3
	二连浩特	910.5	898.3	4.0	69	33	3.6	4.0	76	181	−9.3	−37.1	41.1
	锡林浩特	906.4	895.9	2.6	72	44	3.2	3.3	71	189	−9.7	−38.0	39.2
辽宁	沈阳	1020.8	1000.9	8.4	60	65	2.6	2.6	56	152	−5.1	−29.4	36.1
	大连	1013.9	997.8	10.9	56	71	5.2	4.1	65	132	−0.7	−18.8	35.3
	鞍山	1018.5	998.8	9.6	54	63	2.9	2.7	60	143	−3.8	−26.9	36.5
	抚顺	1011.0	992.4	6.8	68	65	2.3	2.2	61	161	−6.3	−35.9	37.7
	本溪	1003.3	985.7	7.8	64	63	2.4	2.2	57	157	−5.1	−33.6	37.5
	丹东	1023.7	1005.5	8.9	55	71	3.4	2.3	64	145	−2.8	−25.8	35.3
	锦州	1017.8	997.8	9.5	52	67	3.2	3.3	67	144	−3.4	−22.8	41.8

续表

省份	城市名称	大气压力(hPa)		年平均温度(℃)	室外计算相对湿度(%)		风速(m/s)		冬季日照率(%)	日均温度≤+5℃的天数	日均温度≤+5℃期间内的平均温度(℃)	极端最低温度(℃)	极端最高温度(℃)
		冬季	夏季		冬季空气调节	夏季通风	冬季平均	夏季平均					
辽宁	营口	1026.1	1005.5	9.5	62	68	3.6	3.7	67	144	−3.6	−28.4	34.7
	阜新	1007.0	988.1	8.1	49	60	2.1	2.1	68	159	−4.8	−27.1	40.9
	铁岭	1013.4	994.6	7.0	49	60	2.7	2.7	62	160	−6.4	−36.3	36.6
	朝阳	1004.5	985.5	9.0	43	58	2.4	2.5	69	145	−4.7	−34.4	43.3
	葫芦岛	1025.5	1004.7	9.2	52	76	2.2	2.4	72	145	−3.2	−27.5	40.8
吉林	长春	994.4	978.4	5.7	66	65	3.7	3.2	64	169	−7.6	−33.0	35.7
	吉林	1001.9	984.8	4.8	72	65	2.6	2.6	52	172	−8.5	−40.3	35.7
	四平	1004.3	986.7	6.7	66	65	2.6	2.5	69	163	−6.6	−32.3	37.3
	通化	974.7	961.0	5.6	68	64	1.3	1.6	50	170	−6.6	−33.1	35.6
	白山	983.9	969.1	5.3	71	61	0.8	1.2	55	170	−7.2	−33.8	37.9
	松原	1005.5	987.9	5.4	64	59	2.9	3.0	67	170	−8.4	−34.8	38.5
	白城	1004.6	986.9	5.0	57	58	3.0	2.9	73	172	−8.6	−38.1	38.6
	延边	100.7	986.8	5.4	59	63	2.6	2.1	57	171	−6.6	−32.7	37.7
黑龙江	哈尔滨	1004.2	987.7	4.2	73	62	3.2	3.2	56	176	−9.4	−37.7	36.7
	齐齐哈尔	1005.0	987.9	3.9	67	58	2.6	3.0	68	181	−9.5	−36.4	40.1
	鸡西	991.9	979.7	4.2	64	61	3.5	2.3	63	179	−8.3	−32.5	37.6
	鹤岗	991.3	979.5	3.5	63	62	3.1	2.9	63	184	−9.0	−34.5	37.7
	伊春	991.8	978.5	1.2	73	60	1.8	2.0	58	190	−11.8	−41.2	36.3
	佳木斯	1011.3	996.4	3.6	70	61	3.1	2.8	57	180	−9.6	−39.5	38.1
	牡丹江	992.2	978.9	4.3	69	59	2.2	2.1	56	177	−8.6	−35.1	38.4
	双鸭山	1010.5	996.7	4.1	65	61	3.7	3.1	61	179	−8.9	−37.0	37.2
	黑河	1000.6	986.2	0.4	70	62	2.8	2.6	69	197	−12.5	−44.5	37.2
	绥化	1000.4	984.9	2.8	76	63	3.2	3.5	66	184	−10.8	−41.8	38.3
	漠河	984.1	969.4	−4.3	73	57	1.3	1.9	60	224	−16.1	−49.6	38.0
	加格达奇	974.9	962.7	−0.8	72	61	1.6	2.2	65	208	−12.4	−45.4	37.2
上海	徐家汇	1025.4	1005.4	16.1	75	69	2.6	3.1	40	42	4.1	−10.1	39.4
江苏	南京	1025.5	1004.3	15.5	76	69	2.4	2.6	43	77	3.2	−13.1	39.7
	徐州	1022.1	1000.8	14.5	66	67	2.3	2.6	48	97	2.0	−15.8	40.6
	南通	1025.9	1005.5	15.3	75	72	3.0	3.0	45	57	3.6	−9.6	38.5
	连云港	1026.3	1005.1	13.6	67	75	2.6	2.9	57	102	1.4	−13.8	38.7
	常州	1026.1	1005.3	15.8	75	68	2.4	2.8	42	56	3.6	−12.8	39.4
	淮安	1025.0	1003.9	14.4	72	72	2.5	2.6	48	93	2.3	−14.2	38.2

续表

省份	城市名称	大气压力(hPa)		年平均温度(℃)	室外计算相对湿度(%)		风速(m/s)		冬季日照率(%)	日均温度≤+5℃的天数	日均温度≤+5℃期间内的平均温度(℃)	极端最低温度(℃)	极端最高温度(℃)
		冬季	夏季		冬季空气调节	夏季通风	冬季平均	夏季平均					
江苏	盐城	1026.3	1005.6	14.0	74	73	3.2	3.2	50	94	2.2	−12.3	37.7
	扬州	1026.2	1005.2	14.8	75	72	2.6	2.6	47	87	2.8	−11.5	38.2
	苏州	1024.1	1003.7	16.1	77	70	3.5	3.5	41	50	3.8	−8.3	38.8
浙江	杭州	1021.1	1000.9	16.5	76	64	2.3	2.4	36	40	4.2	−8.6	39.9
	温州	1023.7	1007.0	18.1	76	72	1.8	2.0	36	0	—	−3.9	39.6
	金华	1071.9	998.6	17.3	78	60	2.7	2.4	37	27	4.8	−9.6	40.5
	衢州	1017.1	997.8	17.3	80	62	2.5	2.3	35	9	4.8	−10.0	40.0
	宁波	1025.7	1005.9	16.5	79	68	2.3	2.6	37	32	4.6	−8.5	39.5
	嘉兴	1025.4	1005.3	15.8	81	74	3.1	3.6	42	44	3.9	−10.6	38.4
	绍兴	1012.9	994.0	16.5	76	63	2.7	2.1	37	40	4.4	−9.6	40.3
	舟山	1021.2	1004.3	16.4	74	74	3.1	3.1	41	8	4.8	−5.5	38.6
	台州	1012.9	997.3	17.1	72	80	5.3	5.2	39	0	—	−4.6	34.7
	丽水	1017.9	999.2	18.1	77	57	1.4	1.3	33	0	—	−7.5	41.3
安徽	合肥	1022.3	1001.2	15.8	76	69	2.7	2.9	40	64	3.4	−13.5	39.1
	芜湖	1024.3	1003.1	16.0	77	68	2.2	2.3	38	62	3.4	−10.1	39.5
	蚌埠	1024.0	1002.6	15.4	71	66	2.3	2.5	44	83	2.9	−13.0	40.3
	安庆	1023.3	1002.3	16.8	75	66	3.2	2.9	36	48	4.1	−9.0	39.5
	六安	1019.3	998.2	15.7	76	68	2.0	2.1	45	64	3.3	−13.6	40.6
	亳州	1021.9	1000.4	14.7	68	66	2.5	2.3	48	93	2.1	−17.5	41.3
	黄山	817.4	814.3	8.0	63	90	6.3	6.1	48	148	0.3	−22.7	27.6
	滁州	1022.9	1001.8	15.4	73	70	2.2	2.4	42	67	3.2	−13.0	38.7
	阜阳	1022.5	1000.8	15.3	71	67	2.5	2.3	43	71	2.8	−14.9	40.8
	宿州	1023.9	1002.3	14.7	68	66	2.2	2.4	50	93	2.2	−18.7	40.9
	巢湖	1023.8	1002.5	16.0	75	68	2.5	2.4	41	59	3.5	−13.2	39.3
	宜城	1015.7	995.8	15.5	79	63	1.7	1.9	38	65	3.4	−15.9	41.1
福建	福州	1012.9	996.6	19.8	74	61	2.4	3.0	32	0	—	−1.7	39.9
	厦门	1006.5	994.5	20.6	79	71	3.3	3.1	33	0	—	1.5	38.5
	漳州	1018.1	1003.0	21.3	76	63	1.6	1.7	40	0	—	−0.1	38.6
	三明	982.4	967.3	17.1	86	60	0.9	1.0	30	0	—	−10.6	38.9
	南平	1008.0	991.5	19.5	78	55	1.0	1.1	31	0	—	−5.1	39.4
	龙岩	981.1	968.1	20.0	73	55	1.5	1.6	41	0	—	−3.0	39.0
	宁德	921.7	911.6	15.1	82	63	1.4	1.9	36	0	—	−9.7	35.0

续表

省份	城市名称	大气压力(hPa)		年平均温度(℃)	室外计算相对湿度(%)		风速(m/s)		冬季日照率(%)	日均温度≤+5℃的天数	日均温度≤+5℃期间内的平均温度(℃)	极端最低温度(℃)	极端最高温度(℃)
		冬季	夏季		冬季空气调节	夏季通风	冬季平均	夏季平均					
江西	南昌	1019.5	999.5	17.6	77	63	2.6	2.2	33	26	4.7	−9.7	40.1
	景德镇	1017.9	998.5	17.4	78	62	1.9	2.1	35	25	4.8	−9.6	40.4
	九江	1021.7	1000.7	17.0	77	64	2.7	2.3	30	46	4.6	−7.0	40.3
	上饶	1011.4	992.9	17.5	80	60	2.4	2.0	33	8	4.9	−9.5	40.7
	赣州	1008.7	991.2	19.4	77	57	1.6	1.8	31	0	—	−3.8	40.0
	吉安	1015.4	996.3	18.4	81	58	2.0	2.4	28	0	—	−8.0	40.3
	宜春	1009.4	990.4	17.2	81	63	1.9	1.8	27	9	4.8	−8.5	39.6
	抚州	1006.7	989.2	18.2	81	56	1.6	1.6	30	0	—	−9.3	40.0
	鹰潭	1018.7	999.3	18.3	78	58	1.8	1.9	32	0	—	−9.3	40.4
山东	济南	1019.1	997.9	14.7	53	61	2.9	2.8	56	99	1.4	−14.9	40.5
	青岛	1017.4	1000.4	12.7	63	73	5.4	4.6	59	108	1.3	−14.3	37.4
	淄博	1023.7	1001.4	13.2	61	62	2.7	2.4	51	113	0	−23.0	40.7
	烟台	1021.1	1001.2	12.7	59	75	4.4	3.1	49	112	0.7	−12.8	38.0
	潍坊	1022.1	1000.9	12.5	63	63	3.5	3.4	58	118	−0.3	−17.9	40.7
	临沂	1017.0	996.4	13.5	62	68	2.8	2.7	55	103	1.0	−14.3	38.4
	德州	1025.5	1002.8	13.2	60	63	2.1	2.2	49	114	0	−20.1	39.4
	菏泽	1021.5	999.4	13.8	68	66	2.2	1.8	46	105	0.9	−16.5	40.5
	日照	1024.8	1006.6	13.0	61	75	3.4	3.1	59	108	1.4	−13.8	38.3
	威海	1020.9	1001.8	12.5	61	75	5.4	4.2	54	116	1.2	−13.2	38.4
	济宁	1020.8	999.4	13.6	66	65	2.5	2.4	54	104	0.6	−19.3	39.9
	泰安	1011.2	990.5	12.8	60	66	2.7	2.0	52	113	0	−20.7	38.1
	滨州	1026.0	1003.9	12.6	62	64	3.0	2.7	58	120	−0.5	−21.4	39.8
	东营	1026.6	1004.9	13.1	62	64	3.4	3.6	61	115	0	−20.2	40.7
河南	郑州	1013.3	992.3	14.3	61	64	2.7	2.2	47	97	1.7	−17.9	42.3
	开封	1018.2	996.8	14.2	63	66	2.9	2.6	46	99	1.7	−16.0	42.5
	洛阳	1009.0	988.2	14.7	59	63	2.1	1.6	49	92	2.1	−15.0	41.7
	新乡	1017.9	996.6	14.2	61	65	2.1	1.9	49	99	1.5	−19.2	42.0
	安阳	1017.9	996.6	14.1	60	63	1.9	2.0	47	101	1.0	−17.3	41.5
	三门峡	977.6	959.3	13.9	55	59	2.4	2.5	48	99	1.4	−12.8	40.2
	南阳	1011.2	990.4	14.9	70	69	2.1	2.0	39	86	2.6	−17.5	41.4
	商丘	1020.8	999.4	14.1	69	67	2.4	2.4	46	99	1.6	−15.4	41.3
	信阳	1014.3	993.4	15.3	72	68	2.4	2.4	42	64	3.1	−16.6	40.0
	许昌	1018.6	997.2	14.5	64	66	2.4	2.2	43	95	2.2	−19.6	41.9

续表

省份	城市名称	大气压力(hPa)		年平均温度(℃)	室外计算相对湿度(%)		风速(m/s)		冬季日照率(%)	日均温度≤+5℃的天数	日均温度≤+5℃期间内的平均温度(℃)	极端最低温度(℃)	极端最高温度(℃)
		冬季	夏季		冬季空气调节	夏季通风	冬季平均	夏季平均					
河南	驻马店	1016.7	995.4	14.9	69	67	2.4	2.2	42	87	2.5	−18.1	40.6
	周口	1020.6	999.0	14.4	68	67	2.4	2.0	45	91	2.1	−17.4	41.9
湖北	武汉	1023.5	1002.1	16.6	77	67	1.8	2.0	37	50	3.9	−18.1	39.3
	黄石	1023.4	1002.5	17.1	79	65	2.0	2.2	34	38	4.5	−10.5	40.2
	宜昌	1010.4	990.0	16.8	74	66	1.3	1.5	27	28	4.7	−9.8	40.4
	恩施州	970.3	954.6	16.2	84	57	0.5	0.7	14	13	4.8	−12.3	40.3
	荆州	1022.4	1000.9	16.5	77	70	2.1	2.3	31	44	4.2	−14.9	38.6
	襄樊	1011.4	990.8	15.6	71	66	2.3	2.4	40	64	3.1	−15.1	40.7
	荆门	1018.7	997.5	16.1	74	70	3.1	3.0	37	54	3.8	−15.3	38.6
	十堰	974.1	956.8	14.3	71	63	1.1	1.0	35	72	2.9	−17.6	41.4
	黄冈	1019.5	998.8	16.3	74	65	2.1	2.0	42	54	3.7	−15.3	39.8
	咸宁	1022.1	1000.9	17.1	79	65	2.0	2.1	34	37	4.4	−12.0	39.4
	随州	1015.0	994.1	15.8	71	67	2.2	2.2	41	63	3.3	−16.0	39.8
湖南	长沙	1019.6	999.2	17.0	83	61	2.3	2.6	26	48	4.3	−11.3	39.7
	常德	1022.3	100.8	16.9	80	66	1.6	1.9	27	30	4.5	−13.2	40.1
	衡阳	1012.6	993.0	18.0	81	58	1.6	2.1	23	0	—	−7.9	40.0
	邵阳	995.1	976.9	17.1	80	62	1.5	1.7	23	11	4.7	−10.5	39.5
	岳阳	1019.5	998.7	17.2	78	72	2.6	2.8	29	27	4.5	−11.4	39.3
	郴州	1002.2	984.3	18.0	84	55	1.2	1.6	21	0	—	−6.8	40.5
	张家界	987.3	969.2	16.2	78	66	1.2	1.2	17	30	4.5	−10.2	40.7
	益阳	1021.5	1000.4	17.0	81	67	2.4	2.7	27	29	4.5	−11.2	38.9
	永州	1012.6	993.0	17.8	81	60	3.1	3.0	23	0	—	−7.0	39.7
	怀化	991.9	974.0	16.5	80	66	1.6	1.3	19	29	4.7	−11.5	39.1
	娄底	1013.2	993.4	17.0	82	60	1.7	2.0	24	30	4.6	−11.7	39.7
	湘西州	1000.5	981.3	16.6	79	64	0.9	1.0	18	11	4.8	−7.5	40.2
广东	广州	1019.0	1004.0	22.0	72	68	1.7	1.7	36	0	—	0	38.1
	湛江	1015.5	1001.3	23.3	81	70	2.6	2.6	34	0	—	2.8	38.1
	汕头	1020.2	1005.7	21.5	78	72	2.7	2.6	42	0	—	0.3	38.6
	韶关	1014.5	997.6	20.4	75	60	1.5	1.6	30	0	—	−4.3	40.3
	阳江	1016.9	1002.6	22.5	74	74	2.9	2.6	37	0	—	2.2	37.5
	深圳	1016.6	1002.4	22.6	72	70	2.8	2.2	43	0	—	1.7	38.7
	江门	1016.3	1001.8	22.0	75	71	2.6	2.0	38	0	—	1.6	37.3
	茂名	1009.3	995.2	22.5	74	66	2.9	1.5	36	0	—	1.0	37.8

省份	城市名称	大气压力(hPa)		年平均温度(℃)	室外计算相对湿度(%)		风速(m/s)		冬季日照率(%)	日均温度≤+5℃的天数	日均温度≤+5℃期间内的平均温度(℃)	极端最低温度(℃)	极端最高温度(℃)
		冬季	夏季		冬季空气调节	夏季通风	冬季平均	夏季平均					
广东	肇庆	1019.0	1003.7	22.3	68	74	1.7	1.6	35	0	—	1.0	38.7
	惠州	1017.9	1003.2	21.9	71	69	2.7	1.6	42	0	—	0.5	38.2
	梅州	1011.3	996.3	21.3	77	60	1.0	1.2	39	0	—	−3.3	39.5
	汕尾	1019.3	1005.3	22.2	73	77	3.0	3.2	42	0	—	2.1	38.5
	河源	1016.3	1000.9	21.5	70	65	1.5	1.3	41	0	—	−0.7	39.0
	清远	1011.1	993.8	19.6	77	61	1.3	1.2	25	0	—	−3.4	39.6
	揭阳	1018.7	1004.6	21.9	74	74	2.9	2.3	43	0	—	1.5	38.4
广西	南宁	1011.0	995.5	21.8	78	68	1.2	1.5	25	0	—	−1.9	39.0
	柳州	1009.9	993.2	20.7	75	65	1.5	1.6	24	0	—	−1.3	39.1
	桂林	1003.0	986.1	18.9	74	65	3.2	1.6	24	0	—	−3.6	38.5
	梧州	1006.9	991.6	21.1	76	65	1.4	1.2	31	0	—	−1.5	39.7
	北海	1017.3	1002.5	22.8	79	74	3.8	3.0	34	0	—	2.0	37.1
	百色	998.8	983.6	22.0	76	65	1.2	1.3	29	0	—	0.1	42.2
	钦州	1019.0	1003.5	22.2	77	75	2.7	2.4	27	0	—	2.0	37.5
	玉林	1009.9	995.0	21.8	79	68	1.7	1.4	29	0	—	0.8	38.4
	防城港	1016.2	1001.4	22.6	81	77	1.7	2.1	24	0	—	3.3	38.1
	河池	995.9	980.1	20.5	75	66	1.1	1.2	21	0	—	0	39.4
	来宾	1010.8	994.4	20.8	75	66	2.4	1.8	25	0	—	−1.6	39.6
	贺州	1009.0	992.4	19.9	78	62	1.5	1.7	26	0	—	−3.5	39.5
	崇左	1004.0	989.0	22.2	79	68	1.2	1.0	24	0	—	−0.2	39.9
海南	海口	1016.4	1002.8	24.1	86	68	2.5	2.3	34	0	—	4.9	38.7
	三亚	1016.2	1005.6	25.8	73	73	2.7	2.2	54	0	—	5.1	35.9
重庆	重庆	980.6	963.8	17.7	83	59	1.1	1.5	7.5	0	—	−1.8	40.2
	万州	1001.1	982.3	18.0	85	56	0.4	0.5	12	0	—	−3.7	42.1
	奉节	1018.7	997.5	16.3	71	57	3.1	3.0	22	12	4.8	−9.2	39.6
四川	成都	963.7	948.0	16.1	83	73	0.9	1.2	17	0	—	−5.9	36.7
	广元	965.4	949.4	16.1	64	64	1.3	1.2	24	7	4.9	−8.2	37.9
	甘孜州	741.6	742.4	7.1	65	64	3.1	2.9	45	145	0.3	−14.1	29.4
	宜宾	982.4	965.4	17.8	85	67	0.6	0.9	11	0	—	−1.7	39.5
	南充	986.7	969.1	17.3	85	61	0.8	1.1	11	0	—	−3.4	41.2
	凉山州	838.5	834.9	16.9	52	63	1.7	1.2	69	0	—	−3.8	36.6
	遂宁	990.0	972.0	17.4	86	63	0.4	0.8	13	0	—	−3.8	39.5
	内江	980.9	963.9	17.6	83	66	1.4	1.8	13	0	—	−2.7	40.1

续表

省份	城市名称	大气压力(hPa)		年平均温度(℃)	室外计算相对湿度(%)		风速(m/s)		冬季日照率(%)	日均温度≤+5℃的天数	日均温度≤+5℃期间内的平均温度(℃)	极端最低温度(℃)	极端最高温度(℃)
		冬季	夏季		冬季空气调节	夏季通风	冬季平均	夏季平均					
四川	乐山	972.7	956.4	17.2	82	71	1.0	1.4	13	0	—	−2.9	36.8
	泸州	983.0	965.8	17.7	67	86	1.2	1.7	11	0	—	−1.9	39.8
	绵阳	967.3	951.2	16.2	79	70	0.9	1.1	19	0	—	−7.3	37.2
	达州	985.0	967.5	17.1	82	59	1.0	1.4	13	0	—	−4.5	41.2
	雅安	949.7	935.4	16.2	80	70	1.1	1.8	16	0	—	−3.9	35.4
	巴中	979.9	962.7	16.9	82	59	0.6	0.9	17	0	—	−5.3	40.3
	资阳	980.3	962.9	17.2	84	65	0.8	1.3	16	0	—	−4.0	39.2
	阿坝州	733.3	734.7	8.6	48	53	1.0	1.1	62	122	1.2	−16.0	34.5
贵州	贵阳	897.4	887.8	15.3	80	64	2.1	2.1	15	27	4.6	−7.3	35.1
	遵义	924.0	911.8	15.3	83	63	1.0	1.1	11	35	4.4	−7.1	37.4
	毕节地区	850.9	844.2	12.8	87	64	0.6	0.9	17	67	3.4	−11.3	39.7
	安顺	863.1	856.0	14.1	84	70	2.4	2.3	18	41	4.2	−7.6	33.4
	铜仁地区	991.3	973.1	17.0	76	60	0.9	0.8	15	5	4.9	−9.2	40.1
	黔西南州	864.4	857.5	15.3	84	69	2.2	1.8	29	0	—	−6.2	35.5
	黔南州	968.6	954.7	19.6	73	66	0.7	0.6	21	0	—	−2.7	39.2
	黔东南州	938.3	925.2	15.7	80	64	1.6	1.6	16	30	4.4	−9.7	37.5
	六盘水	849.6	843.8	15.2	79	65	2.0	1.3	33	0	—	−7.9	35.1
云南	昆明	811.9	808.2	14.9	68	68	2.2	1.8	66	0	—	−7.8	30.4
	保山	835.7	830.3	15.9	69	67	1.5	1.3	74	0	—	−3.8	32.3
	昭通	805.3	802.0	11.6	74	63	2.4	1.6	43	73	3.1	−10.6	33.4
	丽江	762.6	761.0	12.7	46	59	4.2	2.5	77	0	—	−10.3	32.3
	普洱	871.8	865.3	18.4	78	69	0.9	1.0	64	0	—	−2.5	35.7
	红河州	865.0	871.4	18.7	72	62	3.8	3.2	62	0	—	−3.9	35.9
	西双版纳州	951.3	942.7	22.4	85	67	0.4	0.8	57	0	—	1.9	41.1
	文山州	875.4	868.2	18.0	77	63	2.9	2.2	50	0	—	−3.0	35.9
	曲靖	810.9	807.6	14.4	67	67	3.1	2.3	56	0	—	−9.2	33.2
	玉溪	837.2	832.1	15.9	73	66	1.7	1.4	61	0	—	−5.5	32.6
	临沧	851.2	845.4	17.5	65	69	1.0	1.0	71	0	—	−1.3	34.1
	楚雄州	823.3	818.8	16.0	75	61	1.5	1.5	66	0	—	−4.8	33.0
	大理州	802.0	798.7	14.9	66	64	3.4	1.9	68	0	—	−4.2	31.6
	德宏州	927.6	918.6	20.3	78	72	0.7	1.1	66	0	—	1.4	36.4
	怒江州	820.9	816.2	15.2	56	78	2.1	2.1	68	0	—	−0.5	32.5
	迪庆州	684.5	685.8	5.9	60	63	2.4	2.1	72	176	0.1	−27.4	25.6

省份	城市名称	大气压力(hPa)		年平均温度(℃)	室外计算相对湿度(%)		风速(m/s)		冬季日照率(%)	日均温度≤+5℃的天数	日均温度≤+5℃期间内的平均温度(℃)	极端最低温度(℃)	极端最高温度(℃)
		冬季	夏季		冬季空气调节	夏季通风	冬季平均	夏季平均					
西藏	拉萨	650.6	652.9	8.0	28	38	2.0	1.8	77	132	0.61	−16.5	29.9
	昌都地区	679.9	681.7	7.6	37	46	0.9	1.2	63	148	0.3	−20.7	33.4
	那曲地区	583.9	589.1	−1.2	40	52	3.0	2.5	71	254	−5.3	−37.6	24.2
	日喀则	636.1	638.5	6.5	28	40	1.8	1.3	81	159	−0.3	−21.3	28.5
	林芝地区	706.5	706.2	8.7	49	61	2.0	1.6	57	116	2.0	−13.7	30.3
	阿里地区	602.0	604.8	0.4	37	31	2.6	3.2	80	238	−5.5	−36.6	27.6
	山南地区	598.3	602.7	−0.3	64	68	3.6	4.1	77	251	−3.7	−37.0	18.4
陕西	西安	979.1	959.8	13.7	66	58	1.4	1.9	32	100	1.5	−12.8	41.8
	延安	913.8	900.7	9.9	53	52	1.8	1.6	61	133	−1.9	−23.0	38.3
	宝鸡	953.7	936.9	13.2	62	58	1.1	1.5	40	101	1.6	−16.1	41.6
	汉中	964.3	947.8	14.4	80	69	0.9	1.1	27	72	3.0	−10.0	38.3
	榆林	902.2	889.9	8.3	55	45	1.7	2.3	64	153	−3.9	−30.0	38.6
	安康	990.6	971.7	15.6	71	64	1.2	1.3	30	60	3.8	−9.7	41.3
	铜川	911.1	898.4	10.6	55	60	2.2	2.2	58	128	−0.2	−21.8	37.7
	咸阳	971.7	953.1	13.2	67	61	1.4	1.7	42	101	1.2	−19.4	40.4
	商洛	937.7	923.3	12.8	59	56	2.6	2.2	47	100	1.9	−13.9	39.9
甘肃	兰州	851.5	843.2	9.8	54	45	0.5	1.2	53	130	−1.9	−19.7	39.8
	酒泉	856.3	847.2	7.5	53	39	2.0	2.2	72	157	−4.0	−29.8	36.6
	平凉	870.0	860.8	8.8	55	56	2.1	1.9	60	143	−1.3	−24.3	36.0
	天水	892.4	881.2	11.0	62	55	1.0	1.2	46	119	0.3	−17.4	38.2
	陇南	898.0	887.3	14.6	51	52	1.2	1.7	47	64	3.7	−8.6	38.6
	张掖	855.5	846.5	7.3	52	37	1.8	2.0	74	159	−4.0	−28.2	38.6
	白银	864.5	855.0	9.0	58	48	0.7	1.3	66	138	−2.7	−24.3	39.5
	金昌	802.8	798.9	5.0	45	45	2.6	3.1	78	175	−4.3	−28.3	35.1
	庆阳	861.8	853.5	8.7	53	57	2.2	2.4	61	144	−1.5	−22.6	36.4
	定西	812.6	808.1	7.2	62	55	1.0	1.2	64	155	−2.2	−27.9	36.1
	武威	850.3	841.8	7.9	49	41	1.6	1.8	75	155	−3.1	−28.3	35.1
	临夏州	809.4	805.1	7.0	59	57	1.2	1.0	63	156	−2.2	−24.7	36.4
	甘南州	713.2	716.0	2.4	49	54	1.0	1.5	66	202	−3.9	−27.9	30.4
青海	西宁	774.4	772.9	6.1	45	48	1.3	1.5	68	165	−2.6	−24.9	36.5
	玉树州	647.5	651.5	3.2	44	50	1.1	0.8	60	199	−2.7	−27.6	28.5
	海西州	723.5	724.0	5.3	39	30	2.2	3.3	72	176	−3.8	−26.9	35.5
	黄南州	663.1	668.4	0	55	58	1.9	2.4	69	243	−4.5	−37.2	26.2

续表

省份	城市名称	大气压力(hPa)		年平均温度(℃)	室外计算相对湿度(%)		风速(m/s)		冬季日照率(%)	日均温度≤+5℃的天数	日均温度≤+5℃期间内的平均温度(℃)	极端最低温度(℃)	极端最高温度(℃)
		冬季	夏季		冬季空气调节	夏季通风	冬季平均	夏季平均					
青海	海南州	720.1	721.8	4.0	43	48	1.4	2.0	75	183	−4.1	−27.7	33.7
	果洛州	624.0	630.1	−0.9	53	57	2.0	2.2	62	255	−4.9	−34.0	23.3
	海北州	725.1	727.3	1.0	44	48	1.5	2.2	73	213	−5.8	−32.0	33.3
	海东地区	820.3	815.0	7.9	51	50	1.4	1.4	61	146	−2.1	−24.9	37.2
宁夏	银川	896.1	883.9	9.0	55	48	1.8	2.1	68	145	−3.2	−27.7	38.7
	石嘴山	898.2	885.7	8.8	50	42	2.7	3.1	73	146	−3.7	−28.4	38.0
	吴忠	870.6	860.6	9.1	50	40	2.3	3.2	72	143	−2.8	−27.1	39.0
	固原	826.8	821.1	6.4	56	54	2.7	2.7	67	166	−3.1	−30.9	34.6
	中卫	883.0	871.7	8.7	51	47	1.8	1.9	72	145	−3.1	−29.2	37.6
新疆	乌鲁木齐	924.6	911.2	7.0	78	34	1.6	3.0	39	158	−7.1	−32.8	42.1
	克拉玛依	979.0	957.6	8.6	78	26	1.1	4.4	47	147	−8.6	−34.3	42.7
	吐鲁番	1027.9	997.6	14.4	60	26	0.5	1.5	56	118	−3.4	−25.2	47.7
	哈密	939.6	921.0	10.0	60	28	1.5	1.8	72	141	−4.7	−28.6	43.2
	和田	866.9	856.5	12.5	54	36	1.4	2.0	56	114	−1.4	−20.1	41.1
	阿勒泰	941.1	925.0	4.5	74	43	1.2	2.6	58	176	−8.6	−41.6	37.5
	喀什地区	876.9	866.0	11.8	67	34	1.1	2.1	53	121	−1.9	−23.6	39.9
	伊犁哈萨克自治州	947.4	934.0	9.0	78	45	1.3	2.0	56	141	−3.9	−36.0	39.2
	巴音郭楞蒙古自治州	917.6	902.3	11.7	63	33	1.8	2.6	62	127	−2.9	−25.3	40.0
	昌吉回族自治州	934.1	919.4	5.2	79	34	2.5	3.5	60	164	−9.5	−40.1	40.5
	博尔塔拉蒙古自治州	994.1	971.2	7.8	81	39	1.0	1.7	43	152	−7.7	−33.8	41.6
	阿克苏	897.3	884.3	10.3	69	39	1.2	1.7	61	124	−3.5	−25.2	39.6
	塔城地区	963.2	947.5	7.1	72	39	2.0	2.2	57	162	−5.4	−37.1	41.3
	克孜勒苏柯尔克孜自治州	786.2	784.3	7.3	59	27	1.4	3.1	62	153	−3.6	−29.9	35.7

注：数据来源于《民用建筑供暖通风与空气调节设计规范》GB 50736—2012。

A.4 参考城镇表

受气象观测资料的限制，有些城市的计算参数无法提供，而我国的行政区划中城市的数量超过 650 个，所提供的计算参数无法完全覆盖。按照《建筑气象参数标准》JGJ 35—1987 中的规定，当建设地点与拟引用数据的气象台站水平距离在 50km 以内，海拔高度差在 100m 以内时可直接引用。由此表 A.4 给出了部分目标城镇的参照城镇表，并给出了距离和海拔高度的差值，供参考。

参考城镇表 表 A.4

目标城镇	所属省份	东经(°)	北纬(°)	海拔(m)	参考城镇	与参考城镇之间的球面距离(km)	与参考城镇之间的海拔高差(m)
海林	黑龙江	129.38	44.57	262	牡丹江	17	20
穆棱	黑龙江	130.55	44.93	267	鸡西	50	33
宁安	黑龙江	129.46	44.34	272	牡丹江	28	30
大庆	黑龙江	125.01	46.60	150	安达	34	0
龙井	吉林	129.42	42.77	242	延吉	13	64
图们	吉林	129.84	42.97	141	延吉	32	37
白山	吉林	126.42	41.93	333	临江	48	0
北票	辽宁	120.76	41.81	178	朝阳	39	2
灯塔	辽宁	123.32	41.42	43	沈阳	40	0
东港	辽宁	124.14	39.88	8	丹东	25	6
抚顺	辽宁	123.94	41.87	120	沈阳	44	77
葫芦岛	辽宁	120.84	40.75	26	锦州	48	44
凌海	辽宁	121.35	41.17	28	锦州	20	42
大石桥	辽宁	122.51	40.63	12	营口	27	8
盖州	辽宁	122.37	40.40	31	营口	33	27
乐陵	山东	117.21	37.73	13	惠民县	38	1
章丘	山东	117.53	36.71	75	济南	45	94
蓬莱	山东	120.76	37.81	48	长岛	14	8
招远	山东	120.39	37.36	81	龙口	30	76
荣成	山东	122.38	37.17	39	成山头	37	8
聊城	山东	115.98	36.46	34	莘县	38	4
禹城	山东	116.63	36.93	25	德州	45	6
昌邑	山东	119.39	36.85	9	潍坊	21	13
胶州	山东	120.00	36.28	17	青岛	38	60
莱阳	山东	120.70	36.98	4	海阳	48	60
即墨	山东	120.45	36.39	26	青岛	37	51
乳山	山东	121.52	36.91	38	海阳	35	26
济宁	山东	116.59	35.41	45	兖州	30	8
曲阜	山东	116.98	35.59	69	兖州	12	16
黄岛	山东	119.99	35.88	10	青岛	37	67
泰安	山东	117.13	36.19	134	济南	46	35

续表

目标城镇	所属省份	东经(°)	北纬(°)	海拔(m)	参考城镇	与参考城镇之间的球面距离(km)	与参考城镇之间的海拔高差(m)
滨州	山东	118.01	37.38	11	惠民县	45	1
安丘	山东	119.20	36.43	65	潍坊	38	43
邹城	山东	116.97	35.40	79	兖州	22	26
新乐	河北	114.69	38.35	75	石家庄	43	6
藁城	河北	114.84	38.02	53	石家庄	37	28
沙河	河北	114.50	36.86	69	邢台	23	9
任丘	河北	116.09	38.70	10	保定	48	9
鹿泉	河北	114.31	38.09	81	石家庄	12	0
三门峡	河南	111.19	34.78	412	运城	33	47
荥阳	河南	113.38	34.79	141	郑州	26	30
新郑	河南	113.73	34.40	112	郑州	36	1
周口	河南	114.65	33.62	48	西华	21	5
忻州	山西	112.73	38.41	799	原平	38	39
孝义	山西	111.77	37.14	771	介休	18	26
汾阳	山西	111.78	37.27	749	介休	29	4
晋城	山西	112.85	35.49	744	阳城	41	85
晋中	山西	112.73	37.69	831	太原	19	52
兴平	陕西	108.48	34.30	412	西安	41	14
咸阳	陕西	108.71	34.34	473	西安	21	75
嘉峪关	甘肃	98.27	39.80	1478	酒泉	18	0
灵武	宁夏	106.33	38.10	1117	银川	43	5
中卫	宁夏	105.19	37.52	1227	中宁	44	34
阿图什	新疆	76.17	39.71	1299	喀什	31	8
图木舒克	新疆	79.08	39.86	1117	巴楚	44	0
淮北	安徽	116.79	33.96	32	徐州	49	10
淮南	安徽	117.01	32.65	37	蚌埠	46	15
马鞍山	安徽	118.50	31.70	20	南京	44	13
宣城	安徽	118.75	30.95	34	芜湖县	27	13
池州	安徽	117.49	30.66	39	安庆	45	19
连云港	江苏	119.17	34.60	4	赣榆	26	6
盐城	江苏	120.13	33.38	3	射阳	45	4
大丰	江苏	120.46	33.20	7	东台	39	3
仪征	江苏	119.18	32.27	15	南京	47	8
兴化	江苏	119.83	32.93	7	东台	46	3
启东	江苏	121.66	31.81	9	吕泗	29	3
金坛	江苏	119.57	31.75	10	溧阳	36	2

421

续表

目标城镇	所属省份	东经(°)	北纬(°)	海拔(m)	参考城镇	与参考城镇之间的球面距离(km)	与参考城镇之间的海拔高差(m)
句容	江苏	119.16	31.94	27	南京	35	20
宜兴	江苏	119.81	31.37	8	溧阳	32	0
海门	江苏	121.18	31.90	6	吕泗	44	1
太仓	江苏	121.11	31.45	6	上海	43	3
通州	江苏	121.07	32.09	5	吕泗	50	1
姜堰	江苏	120.14	32.51	6	东台	43	2
临安	浙江	119.72	30.24	43	杭州	43	1
富阳	浙江	119.94	30.06	11	杭州	29	31
绍兴	浙江	120.58	30.00	8	杭州	47	34
上虞	浙江	120.86	30.02	16	嵊州	47	88
江山	浙江	118.62	28.74	96	衢州	40	14
台州	浙江	121.42	28.68	2	临海	34	6
丹江口	湖北	111.52	32.57	136	老河口	25	46
荆门	湖北	112.20	31.04	112	钟祥	38	46
当阳	湖北	111.78	30.83	92	宜昌	48	42
枝江	湖北	111.75	30.43	51	荆州	39	19
松滋	湖北	111.77	30.18	67	荆州	41	35
孝感	湖北	113.92	30.93	26	武汉	40	3
汉川	湖北	113.83	30.65	26	武汉	29	3
宜都	湖北	111.45	30.39	72	宜昌	37	61
怀化	湖南	109.97	27.55	250	芷江	31	22
韶山	湖南	112.53	27.93	90	长沙	50	22
湘潭	湖南	112.90	27.87	64	长沙	39	4
资兴	湖南	113.23	25.98	136	郴州	28	49
永州	湖南	111.60	26.44	110	零陵	23	63
临湘	湖南	113.46	29.48	55	岳阳	39	2
南康	江西	114.75	25.66	127	赣州	34	11
丰城	江西	115.79	28.19	27	南昌	47	20
乐平	江西	117.13	28.97	35	景德镇	37	27
江油	四川	104.74	31.78	532	绵阳	37	9
德阳	四川	104.39	31.13	501	绵阳	48	22
广汉	四川	104.28	30.98	475	成都	42	31
彭州	四川	103.94	30.98	583	成都	35	77
崇州	四川	103.67	30.63	534	成都	34	28
赤水	贵州	105.70	28.59	294	泸州	42	41
仁怀	贵州	106.41	27.81	879	遵义	48	35

续表

目标城镇	所属省份	东经(°)	北纬(°)	海拔(m)	参考城镇	与参考城镇之间的球面距离(km)	与参考城镇之间的海拔高差(m)
清镇	贵州	106.47	26.57	1263	贵阳	26	39
安宁	云南	102.48	24.92	1847	昆明	19	40
普洱	云南	101.04	23.07	1321	思茅	33	19
建阳	福建	118.11	27.33	196	武夷山市	49	26
三明	福建	117.63	26.27	213	永安	43	7
长乐	福建	119.50	25.96	8	福州	26	76
福清	福建	119.38	25.72	38	福州	41	46
英德	广东	113.40	24.19	44	佛冈	38	25
兴宁	广东	115.73	24.14	123	梅县	40	35
四会	广东	112.69	23.35	48	高要	43	7
从化	广东	113.58	23.55	35	佛冈	36	35
东莞	广东	113.76	23.05	20	广州	46	21
潮州	广东	116.62	23.66	11	汕头	29	8
揭阳	广东	116.36	23.54	4	汕头	36	1
阳春	广东	111.78	22.17	17	阳江	42	73
云浮	广东	112.04	22.93	100	高要	43	59
陆丰	广东	115.64	22.95	5	汕尾	32	12
高州	广东	110.85	21.92	31	信宜	48	54
佛山	广东	113.11	23.04	7	广州	27	35
雷州	广东	110.09	20.91	22	湛江	34	31
防城港	广西	108.34	21.62	100	钦州	47	95
万宁	海南	110.39	18.80	10	琼海	48	14

注：表 A.1～表 A.3 中未涉及的城镇可按表 A.4 确定参考城镇取值。

A.5　我国部分城市夏季太阳辐射强度

我国部分城市夏季太阳辐射强度（W/m²）　　　　表 A.5

序号	城市名称	朝向	当地太阳时													日总量	昼夜平均
			6	7	8	9	10	11	12	13	14	15	16	17	18		
1	南宁	S	17	60	98	129	150	182	196	182	150	129	98	60	17	1468	61.2
		W(E)	17	60	98	129	150	162	166	352	502	591	594	483	255	3559	148.3
		N	100	168	186	176	157	162	166	162	157	176	186	168	100	2064	86.0
		H	60	251	473	678	838	942	976	942	838	678	473	251	60	7462	310.9

续表

序号	城市名称	朝向	当地太阳时													日总量	昼夜平均
			6	7	8	9	10	11	12	13	14	15	16	17	18		
2	广州	S	15	53	89	118	138	175	189	175	138	118	89	53	15	1365	56.9
		W(E)	15	53	89	118	138	151	154	341	494	586	591	487	265	3482	145.1
		N	101	163	176	162	143	151	154	151	143	162	176	163	101	1946	81.1
		H	58	244	462	664	824	926	962	926	824	664	462	244	58	7318	304.9
3	福州	S	16	52	86	112	163	211	227	211	163	112	86	52	16	1507	62.8
		W(E)	16	52	86	112	131	143	146	344	508	609	624	528	305	3604	150.2
		N	113	162	159	131	131	143	146	143	131	131	159	162	113	1824	76.0
		H	70	261	481	685	845	949	983	949	845	685	481	261	70	7565	315.2
4	贵阳	S	20	67	110	145	205	255	273	255	205	145	110	67	20	1877	78.2
		W(E)	20	67	110	145	169	184	189	375	524	608	603	489	267	3750	156.3
		N	103	163	174	158	169	184	189	184	169	158	174	163	103	2091	87.1
		H	73	269	496	708	876	983	1021	983	876	708	496	269	73	7831	326.3
5	长沙	S	16	48	79	106	184	236	254	236	184	106	79	48	16	1592	66.3
		W(E)	16	48	79	104	123	134	138	345	518	629	651	561	341	3687	153.6
		N	124	159	141	104	123	134	138	134	123	104	141	159	124	1708	71.2
		H	77	272	493	697	860	964	1000	964	860	697	493	272	77	7726	321.9
6	北京	S	30	65	116	245	352	423	447	423	352	245	116	65	30	2909	121.2
		W(E)	30	65	95	118	136	147	151	364	543	662	697	629	441	4078	169.9
		N	148	137	95	118	136	147	151	147	136	118	95	137	148	1713	71.4
		H	139	336	543	730	878	972	1003	972	878	730	543	336	139	8199	341.6
7	郑州	S	20	53	83	172	261	319	340	319	261	172	83	53	20	2156	89.8
		W(E)	20	53	83	109	126	138	141	333	491	590	609	528	338	3559	148.3
		N	118	132	98	109	126	138	141	138	126	109	98	132	118	1583	66.0
		H	95	275	475	661	808	902	935	902	808	661	475	275	95	7367	307.0
8	上海	S	18	50	79	134	217	273	291	273	217	134	79	50	18	1833	76.4
		W(E)	18	50	79	102	119	130	133	336	505	615	640	558	353	3638	151.6
		N	125	148	118	102	119	130	133	130	119	102	118	148	125	1617	67.4
		H	88	276	487	681	836	933	967	933	836	681	487	276	88	7569	315.4
9	武汉	S	17	47	76	125	207	261	280	261	207	125	76	47	17	1746	72.8
		W(E)	17	47	76	100	117	127	131	332	501	609	633	551	345	3586	149.4
		N	123	147	120	100	117	127	131	127	117	100	120	147	123	1599	66.6
		H	83	269	480	675	829	928	961	928	829	675	480	269	83	7489	312.0
10	西安	S	24	60	94	180	267	325	345	325	267	180	94	60	24	2245	93.5
		W(E)	24	60	94	122	141	153	157	344	496	591	607	523	332	3644	151.8
		N	119	139	111	122	141	153	157	153	141	122	111	139	119	1727	72.0
		H	98	282	486	672	819	914	945	914	819	672	486	282	98	7487	312.0

续表

序号	城市名称	朝向	当地太阳时													日总量	昼夜平均
			6	7	8	9	10	11	12	13	14	15	16	17	18		
11	重庆	S	16	47	79	119	200	252	270	252	200	119	79	47	16	1696	70.7
		W(E)	16	47	79	104	122	133	138	340	509	617	640	555	345	3645	151.9
		N	124	153	131	104	122	133	138	133	122	104	131	153	124	1672	69.7
		H	81	270	487	686	844	945	980	945	844	686	487	270	81	7606	316.9
12	杭州	S	18	53	84	131	209	261	279	261	209	131	84	53	18	1791	74.6
		W(E)	18	53	84	109	127	138	143	333	490	590	608	521	318	3532	147.2
		N	116	147	127	109	127	138	143	138	127	109	127	147	116	1671	69.6
		H	82	266	473	664	815	910	944	910	815	664	473	266	82	7364	306.8
13	南京	S	18	51	82	148	237	296	316	296	237	148	82	51	18	1980	82.5
		W(E)	18	51	82	108	126	138	141	350	521	629	650	560	350	3724	155.1
		N	124	146	117	108	126	138	141	138	126	108	117	146	124	1659	69.1
		H	89	281	497	700	860	964	999	964	860	700	497	281	89	7781	324.2
14	南昌	S	15	46	76	108	189	244	262	244	189	108	76	46	15	1618	67.4
		W(E)	15	46	76	101	118	132	133	350	530	647	676	589	366	3779	157.4
		N	131	161	138	101	118	130	133	130	118	101	138	161	131	1691	70.5
		H	82	280	505	714	879	985	1021	985	879	714	505	280	82	7911	329.6
15	合肥	S	18	51	81	150	241	302	324	302	241	150	81	51	18	2010	83.8
		W(E)	18	51	81	106	125	137	141	361	544	660	687	596	377	3884	161.8
		N	133	153	119	106	125	137	141	137	125	106	119	153	133	1687	70.3
		H	94	294	521	730	897	1004	1040	1004	897	730	521	294	94	8120	338.3

A.6　标准大气压时不同温度下的最大水蒸气分压

标准大气压时不同温度下的最大水蒸气分压 P_s 值（Pa）　　　　表 A.6

$t(℃)$	0	0.1	0.2	0.3	0.4	0.5	0.6	0.7	0.8	0.9
（Ⅰ）温度自 0℃ 至 −40℃（与冰面接触）										
0	610.6	605.3	601.3	595.9	590.6	586.6	581.3	576.0	572.0	566.6
−1	562.6	557.3	553.3	548.0	544.0	540.0	534.6	530.6	526.6	521.3
−2	517.3	513.3	509.3	504.0	500.0	496.0	492.0	488.0	484.0	480.0
−3	476.0	472.0	468.0	464.0	460.0	456.0	452.0	448.0	445.3	441.3
−4	473.3	433.3	429.3	426.6	422.6	418.6	416.0	412.0	408.0	405.3
−5	401.3	398.6	394.6	392.0	388.0	385.3	381.3	378.6	374.6	372.0

$t(℃)$	0	0.1	0.2	0.3	0.4	0.5	0.6	0.7	0.8	0.9
（Ⅰ）温度自 0℃至－40℃（与冰面接触）										
－6	368.0	365.3	362.6	358.6	356.0	353.3	349.3	346.6	344.0	341.3
－7	337.3	334.6	332.0	329.3	326.6	324.0	321.3	318.6	314.6	312.0
－8	309.3	306.6	304.0	301.3	298.6	296.0	293.3	292.0	289.3	286.6
－9	284.0	281.3	278.6	276.0	273.3	272.0	269.3	266.6	264.0	262.6
－10	260.0	257.3	254.6	253.3	250.6	248.0	246.6	244.0	241.3	240.0
－11	237.3	236.0	233.3	232.0	229.3	226.6	225.3	222.6	221.3	218.6
－12	217.3	216.0	213.3	212.0	209.3	208.0	205.3	204.0	202.6	200.0
－13	198.6	197.3	194.7	193.3	192.0	189.3	187.0	186.7	184.0	182.7
－14	181.3	180.0	177.3	176.0	174.7	173.3	172.0	169.3	168.0	166.7
－15	165.3	164.0	162.7	161.3	160.0	157.3	156.0	154.7	153.3	152.0
－16	150.7	149.3	148.0	146.7	145.3	144.0	142.7	141.3	140.0	138.7
－17	137.3	136.0	134.7	133.3	132.0	130.7	129.3	128.0	126.7	126.7
－18	125.3	124.0	122.7	121.3	120.0	118.7	117.3	117.3	116.0	114.7
－19	113.3	112.0	112.0	110.7	109.3	108.0	106.7	106.7	105.3	104.0
－20	102.7	102.7	101.3	100.0	100.0	98.7	97.3	96.0	96.0	94.7
－21	93.3	93.3	92.0	90.7	90.7	89.3	88.0	88.0	86.7	85.3
－22	85.3	84.0	84.0	82.7	81.3	81.3	80.0	80.0	78.7	77.3
－23	77.3	76.0	76.0	74.7	74.7	73.3	73.3	72.0	70.7	70.7
－24	70.7	69.3	68.0	68.0	66.7	66.7	65.3	65.3	64.0	64.0
－25	62.7	62.7	61.3	61.3	61.3	60.0	60.0	58.7	58.7	57.3
－26	57.3	57.3	56.0	56.0	54.7	54.7	53.3	53.3	53.3	52.0
－27	52.0	50.7	50.7	50.7	49.3	49.3	48.0	48.0	48.0	46.7
－28	46.7	46.7	45.3	45.3	45.3	44.0	44.0	44.0	42.7	42.7
－29	42.7	41.3	41.3	41.3	40.0	40.0	40.0	38.7	38.7	38.7
－30	37.3	37.3	37.3	37.3	36.0	36.0	36.0	34.7	34.7	34.7
－31	34.7	33.3	33.3	33.3	33.3	32.0	32.0	32.0	32.0	30.7
－32	30.7	30.7	30.7	29.3	29.3	29.3	29.3	28.0	28.0	28.0
－33	28.0	28.0	26.7	26.7	26.7	26.7	25.3	25.3	25.3	25.3
－34	25.3	24.0	24.0	24.0	24.0	24.0	22.7	22.7	22.7	22.7
－35	22.7	22.7	21.3	21.3	21.3	21.3	21.3	20.0	20.0	20.0
－36	20.2	20.0	20.0	18.7	18.7	18.7	18.7	18.7	18.7	18.7
－37	17.3	17.3	17.3	17.3	17.3	17.3	17.3	16.0	16.0	16.0
－38	16.0	16.0	16.0	16.0	14.7	14.7	14.7	14.7	14.7	14.7
－39	14.7	14.7	13.3	13.3	13.3	13.3	13.3	13.3	13.3	13.3
－40	13.3	12.0	12.0	12.0	12.0	12.0	12.0	12.0	12.0	12.0

续表

$t(℃)$	0	0.1	0.2	0.3	0.4	0.5	0.6	0.7	0.8	0.9
（Ⅱ）温度自 0℃至 50℃（与水面接触）										
0	610.6	615.9	619.9	623.9	629.3	633.3	638.6	642.6	647.9	651.9
1	657.3	661.3	666.6	670.6	675.9	681.3	685.3	690.6	695.9	699.9
2	705.3	710.6	715.9	721.3	726.6	730.6	735.9	741.3	746.6	751.9
3	757.3	762.6	767.9	773.3	779.9	785.3	790.6	795.9	801.3	807.9
4	813.3	818.6	823.9	830.6	835.9	842.6	847.9	853.3	859.9	866.6
5	874.9	878.6	883.9	890.6	897.3	902.6	909.3	915.9	921.3	927.9
6	934.6	941.3	947.9	954.6	961.3	967.9	974.6	981.2	987.9	994.6
7	1001.2	1007.9	1014.6	1022.6	1029.2	1035.9	1043.9	1050.6	1057.2	1065.2
8	1071.9	1079.9	1086.6	1094.6	1101.2	1109.2	1117.2	1123.9	1131.9	1139.9
9	1147.9	1155.9	1162.6	1170.6	1178.6	1186.6	1194.6	1202.6	1210.6	1218.6
10	1227.9	1235.9	1243.2	1251.9	1259.9	1269.2	1277.2	1286.6	1294.6	1303.9
11	1341.9	1321.2	1329.2	1338.6	1347.9	1355.9	1365.2	1374.5	1383.9	1393.2
12	1401.2	1410.5	1419.9	1429.2	1438.5	1449.2	1458.5	1467.9	1477.2	1486.5
13	1497.2	1506.5	1517.2	1526.5	1537.2	1546.5	1557.2	1566.5	1577.2	1587.9
14	1597.2	1607.9	1618.5	1629.2	1639.9	1650.5	1661.2	1671.9	1682.5	1693.2
15	1703.9	1715.9	1726.5	1737.2	1749.2	1759.9	1771.8	1782.5	1794.5	1805.2
16	1817.2	1829.2	1841.2	1851.8	1863.8	1875.8	1887.8	1899.8	1911.8	1925.2
17	1937.2	1949.2	1961.2	1974.5	1986.5	1998.5	2011.8	2023.8	2037.2	2050.5
18	2062.5	2075.8	2089.2	2102.5	2115.8	2129.2	2142.5	2155.8	2169.1	2182.5
19	2195.8	2210.5	2223.8	2238.5	2251.8	2266.5	2279.8	2294.5	2309.1	2322.5
20	2337.1	2351.8	2366.5	2381.1	2395.8	2410.5	2425.1	2441.1	2455.8	2470.5
21	2486.5	2501.1	2517.1	2531.8	2547.8	2563.8	2579.8	2594.4	2610.4	2626.4
22	2642.4	2659.8	2675.8	2691.8	2707.8	2725.1	2741.1	2758.8	2774.4	2791.8
23	2809.1	2825.1	2842.4	2859.8	2877.1	2894.4	2911.8	2930.4	2947.7	2965.1
24	2983.7	3001.1	3019.7	3037.1	3055.7	3074.4	3091.7	3110.4	3129.1	3147.1
25	3167.7	3186.4	3205.1	3223.7	3243.7	3262.4	3282.4	3301.1	3321.1	3341.0
26	3361.0	3381.0	3401.0	3421.0	3441.0	3461.0	3482.4	3502.3	3523.7	3543.7
27	3565.0	3586.4	3607.7	3627.7	3649.0	3670.4	3693.0	3714.4	3735.7	3757.0
28	3779.0	3802.3	3823.7	3846.2	3869.0	3891.7	3914.3	3937.0	3959.7	3982.3
29	4005.0	4029.0	4051.7	4075.7	4099.7	4122.3	4146.3	4170.3	4194.3	4218.3
30	4243.6	4267.6	4291.6	4317.0	4341.0	4366.3	4391.6	4417.0	4442.3	4467.6
31	4493.0	4518.3	4543.6	4570.3	4595.6	4622.3	4648.9	4675.6	4702.3	4728.9
32	4755.6	4782.3	4808.9	4836.9	4863.6	4891.6	4918.2	4946.2	4974.2	5002.2
33	5030.2	5059.6	5087.6	5115.6	5144.9	5174.2	5202.2	5231.6	5260.9	5290.2
34	5319.5	5350.2	5379.5	5410.2	5439.5	5470.2	5500.9	5531.5	5562.2	5592.9

$t(℃)$	0	0.1	0.2	0.3	0.4	0.5	0.6	0.7	0.8	0.9
	（Ⅱ）温度自 0℃至 50℃（与水面接触）									
35	5623.5	5655.5	5686.2	5718.2	5748.8	5780.8	5812.8	5844.8	5876.8	5910.2
36	5942.2	5978.2	6007.5	6040.8	6074.2	6107.5	6140.8	6174.1	6208.8	6242.1
37	6276.8	6310.1	6344.8	6379.5	6414.1	6448.8	6484.8	6519.4	6555.4	6590.1
38	6626.1	6662.1	6698.1	6734.1	6771.4	6807.4	6844.8	6882.1	6918.1	6955.4
39	6994.1	7031.4	7068.7	7107.4	7144.7	7183.4	7222.1	7260.7	7298.0	7338.0
40	7379.0	7416.7	7456.7	7496.7	7536.7	7576.7	7616.7	7658.0	7698.0	7739.3
41	7780.7	7822.0	7863.3	7904.7	7946.0	7988.7	8031.3	8072.6	8115.3	8158.0
42	8202.0	8241.0	8288.6	8331.3	8375.3	8419.3	8463.3	8506.6	8552.6	8597.0
43	8641.9	8687.3	8735.6	8777.9	8824.6	8869.9	8916.6	8963.2	9009.9	9056.6
44	9103.2	9151.2	9197.9	9245.8	9293.9	9341.9	9389.9	9439.2	9487.2	9536.5
45	9585.9	9635.2	9684.5	9733.8	9784.5	9835.2	9885.8	9936.5	9987.2	10037.8
46	10088.5	10140.5	10192.5	10244.5	10296.5	10349.8	10403.1	10456.4	10508.4	10561.8
47	10616.4	10669.8	10279.0	10777.8	10832.4	10888.4	10943.1	10997.7	11053.7	11109.7
48	11165.7	11221.7	11279.0	11336.4	11393.7	11449.6	11507.0	11565.7	11623.0	11681.7
49	11740.3	11799.0	11857.7	11917.7	11977.6	12037.6	12097.6	12157.6	12217.6	12279.0
50	12340.3	12401.6	12462.9	12525.6	12586.9	12649.6	12712.2	12774.9	12837.6	12901.6

附录 B 围护结构传热系数的修正系数和封闭阳台温差修正系数

外墙、屋面围护结构传热系数的修正系数 表 B.1

城市	气候区划	外墙、屋面传热系数修正值 ε					城市	气候区划	外墙、屋面传热系数修正值 ε				
		屋面	南墙	北墙	东墙	西墙			屋面	南墙	北墙	东墙	西墙
直辖市													
北京	Ⅱ(B)	0.98	0.83	0.95	0.91	0.91	天津	Ⅱ(B)	0.98	0.85	0.95	0.92	0.92
河北													
石家庄	Ⅱ(B)	0.99	0.84	0.95	0.92	0.92	蔚县	Ⅰ(C)	0.97	0.86	0.96	0.93	0.93
围场	Ⅰ(C)	0.96	0.86	0.96	0.93	0.93	唐山	Ⅱ(A)	0.98	0.85	0.95	0.92	0.92
丰宁	Ⅰ(C)	0.96	0.85	0.95	0.92	0.92	乐亭	Ⅱ(A)	0.98	0.85	0.95	0.92	0.92
承德	Ⅱ(A)	0.98	0.86	0.96	0.93	0.93	保定	Ⅱ(B)	0.99	0.85	0.95	0.92	0.92
张家口	Ⅱ(A)	0.98	0.85	0.95	0.92	0.92	沧州	Ⅱ(B)	0.98	0.84	0.95	0.91	0.91
怀来	Ⅱ(A)	0.98	0.85	0.95	0.92	0.92	泊头	Ⅱ(B)	0.98	0.84	0.95	0.91	0.92
青龙	Ⅱ(A)	0.97	0.86	0.95	0.92	0.92	邢台	Ⅱ(B)	0.99	0.84	0.95	0.91	0.92
山西													
太原	Ⅱ(A)	0.97	0.84	0.95	0.91	0.92	榆社	Ⅱ(A)	0.97	0.84	0.95	0.92	0.92
大同	Ⅰ(C)	0.96	0.85	0.95	0.92	0.92	介休	Ⅱ(A)	0.97	0.84	0.95	0.91	0.91
河曲	Ⅰ(C)	0.96	0.85	0.95	0.92	0.92	阳城	Ⅱ(A)	0.97	0.84	0.95	0.91	0.91
原平	Ⅱ(A)	0.97	0.84	0.95	0.92	0.92	运城	Ⅱ(B)	1.00	0.85	0.95	0.92	0.92
离石	Ⅱ(A)	0.98	0.86	0.96	0.93	0.93	—	—	—	—	—	—	—
内蒙古													
呼和浩特	Ⅰ(C)	0.97	0.86	0.96	0.92	0.93	满都拉	Ⅰ(C)	0.95	0.85	0.95	0.92	0.92
图里河	Ⅰ(A)	0.99	0.92	0.97	0.95	0.95	朱日和	Ⅰ(C)	0.96	0.86	0.96	0.92	0.93
海拉尔	Ⅰ(A)	1.00	0.93	0.98	0.96	0.96	赤峰	Ⅰ(C)	0.97	0.86	0.96	0.92	0.93
博克图	Ⅰ(A)	1.00	0.93	0.98	0.96	0.96	多伦	Ⅰ(B)	0.96	0.87	0.96	0.93	0.93
新巴尔虎右旗	Ⅰ(A)	1.00	0.92	0.97	0.95	0.96	额济纳旗	Ⅰ(C)	0.95	0.84	0.95	0.91	0.92
阿尔山	Ⅰ(A)	0.97	0.91	0.97	0.94	0.94	化德	Ⅰ(B)	0.96	0.87	0.96	0.93	0.93
东乌珠穆沁旗	Ⅰ(B)	0.98	0.90	0.97	0.95	0.95	达尔罕茂明安联合旗	Ⅰ(C)	0.95	0.85	0.95	0.92	0.92
那仁宝拉格	Ⅰ(A)	0.98	0.89	0.97	0.94	0.94	乌拉特后旗	Ⅰ(C)	0.94	0.84	0.95	0.92	0.91
西乌珠穆沁旗	Ⅰ(B)	0.99	0.89	0.97	0.94	0.94	海力素	Ⅰ(C)	0.94	0.85	0.95	0.92	0.92

续表

城市	气候区划	外墙、屋面传热系数修正值 ε					城市	气候区划	外墙、屋面传热系数修正值 ε				
		屋面	南墙	北墙	东墙	西墙			屋面	南墙	北墙	东墙	西墙
内蒙古													
扎鲁特旗	Ⅰ(C)	0.98	0.88	0.96	0.93	0.93	集宁	Ⅰ(C)	0.95	0.86	0.95	0.92	0.92
阿巴嘎旗	Ⅰ(B)	0.98	0.90	0.97	0.94	0.94	临河	Ⅱ(A)	0.95	0.84	0.95	0.92	0.92
巴林左旗	Ⅰ(C)	0.97	0.88	0.96	0.93	0.93	巴音毛道	Ⅰ(C)	0.94	0.83	0.95	0.91	0.91
锡林浩特	Ⅰ(B)	0.98	0.89	0.97	0.94	0.94	东胜	Ⅰ(C)	0.95	0.84	0.95	0.92	0.91
二连浩特	Ⅰ(A)	0.97	0.89	0.96	0.94	0.94	吉兰泰	Ⅱ(A)	0.94	0.83	0.95	0.91	0.91
林西	Ⅰ(C)	0.97	0.87	0.96	0.93	0.93	鄂托克旗	Ⅰ(C)	0.95	0.84	0.95	0.91	0.91
通辽	Ⅰ(C)	0.98	0.88	0.96	0.93	0.93	—	—	—	—	—	—	—
辽宁													
沈阳	Ⅰ(C)	0.99	0.89	0.96	0.94	0.94	锦州	Ⅱ(A)	1.00	0.87	0.96	0.93	0.93
彰武	Ⅰ(C)	0.98	0.88	0.96	0.93	0.93	宽甸	Ⅰ(C)	1.00	0.89	0.96	0.94	0.94
清原	Ⅰ(C)	1.00	0.91	0.97	0.95	0.95	营口	Ⅱ(A)	1.00	0.88	0.96	0.94	0.94
朝阳	Ⅱ(A)	0.99	0.87	0.96	0.93	0.93	丹东	Ⅱ(A)	1.00	0.87	0.96	0.93	0.93
本溪	Ⅰ(C)	1.00	0.89	0.96	0.94	0.94	大连	Ⅱ(A)	0.98	0.84	0.95	0.92	0.91
吉林													
长春	Ⅰ(C)	1.00	0.90	0.97	0.94	0.95	桦甸	Ⅰ(B)	1.00	0.91	0.97	0.95	0.95
前郭尔罗斯	Ⅰ(C)	1.00	0.90	0.97	0.94	0.95	延吉	Ⅰ(C)	1.00	0.90	0.97	0.94	0.94
长岭	Ⅰ(C)	0.99	0.90	0.97	0.94	0.94	临江	Ⅰ(C)	1.00	0.91	0.97	0.95	0.95
敦化	Ⅰ(B)	0.99	0.90	0.97	0.94	0.95	长白	Ⅰ(B)	0.99	0.91	0.97	0.94	0.95
四平	Ⅰ(C)	0.99	0.89	0.96	0.94	0.94	集安	Ⅰ(C)	1.00	0.90	0.97	0.94	0.95
黑龙江													
哈尔滨	Ⅰ(B)	1.00	0.92	0.97	0.95	0.95	富锦	Ⅰ(B)	1.00	0.92	0.97	0.95	0.95
漠河	Ⅰ(A)	0.99	0.93	0.97	0.95	0.95	泰来	Ⅰ(B)	1.00	0.91	0.97	0.95	0.95
呼玛	Ⅰ(A)	1.00	0.92	0.97	0.96	0.96	安达	Ⅰ(B)	1.00	0.91	0.97	0.95	0.95
黑河	Ⅰ(A)	1.00	0.93	0.98	0.96	0.96	宝清	Ⅰ(B)	1.00	0.91	0.97	0.95	0.95
孙吴	Ⅰ(A)	1.00	0.93	0.98	0.96	0.96	通河	Ⅰ(B)	1.00	0.92	0.97	0.95	0.95
嫩江	Ⅰ(A)	1.00	0.92	0.97	0.96	0.96	虎林	Ⅰ(B)	1.00	0.91	0.97	0.95	0.95
克山	Ⅰ(B)	1.00	0.92	0.97	0.95	0.96	鸡西	Ⅰ(B)	1.00	0.91	0.97	0.95	0.95
伊春	Ⅰ(A)	1.00	0.93	0.98	0.96	0.96	尚志	Ⅰ(B)	1.00	0.91	0.97	0.95	0.95
海伦	Ⅰ(B)	1.00	0.92	0.97	0.96	0.96	牡丹江	Ⅰ(B)	0.99	0.90	0.97	0.94	0.95
齐齐哈尔	Ⅰ(B)	1.00	0.91	0.97	0.95	0.95	绥芬河	Ⅰ(B)	0.99	0.90	0.97	0.94	0.95
江苏													
赣榆	Ⅱ(A)	0.99	0.84	0.95	0.91	0.92	射阳	Ⅱ(B)	0.99	0.82	0.94	0.91	0.91
徐州	Ⅱ(B)	1.00	0.84	0.95	0.92	0.92	—	—	—	—	—	—	—
安徽													
亳州	Ⅱ(B)	1.01	0.85	0.95	0.92	0.92	—	—	—	—	—	—	—

续表

城市	气候区划	外墙、屋面传热系数修正值 ε					城市	气候区划	外墙、屋面传热系数修正值 ε				
		屋面	南墙	北墙	东墙	西墙			屋面	南墙	北墙	东墙	西墙
山东													
济南	Ⅱ(B)	0.99	0.83	0.95	0.91	0.91	莘县	Ⅱ(A)	0.98	0.84	0.95	0.92	0.92
长岛	Ⅱ(A)	0.97	0.83	0.94	0.91	0.91	沂源	Ⅱ(A)	0.98	0.84	0.95	0.92	0.92
龙口	Ⅱ(A)	0.97	0.83	0.95	0.91	0.91	青岛	Ⅱ(A)	0.95	0.81	0.94	0.89	0.90
惠民县	Ⅱ(B)	0.98	0.84	0.95	0.92	0.92	兖州	Ⅱ(B)	0.98	0.83	0.95	0.91	0.91
德州	Ⅱ(B)	0.96	0.82	0.94	0.90	0.90	日照	Ⅱ(A)	0.94	0.81	0.93	0.88	0.89
成山头	Ⅱ(A)	0.96	0.81	0.94	0.90	0.90	费县	Ⅱ(A)	0.98	0.83	0.94	0.91	0.91
陵县	Ⅱ(B)	0.98	0.84	0.95	0.91	0.92	菏泽	Ⅱ(A)	0.97	0.83	0.94	0.91	0.91
海阳	Ⅱ(A)	0.97	0.83	0.95	0.91	0.91	定陶	Ⅱ(B)	0.98	0.83	0.95	0.91	0.91
潍坊	Ⅱ(A)	0.97	0.84	0.95	0.91	0.92	临沂	Ⅱ(A)	0.98	0.83	0.95	0.91	0.91
河南													
郑州	Ⅱ(B)	0.98	0.82	0.94	0.90	0.91	卢氏	Ⅱ(A)	0.98	0.84	0.95	0.92	0.92
安阳	Ⅱ(B)	0.98	0.84	0.95	0.91	0.92	西华	Ⅱ(B)	0.99	0.84	0.95	0.91	0.92
孟津	Ⅱ(A)	0.99	0.83	0.95	0.91	0.91	—	—					
四川													
若尔盖	Ⅰ(B)	0.90	0.82	0.94	0.90	0.90	甘孜	Ⅰ(C)	0.89	0.77	0.93	0.87	0.87
松潘	Ⅰ(C)	0.93	0.81	0.94	0.90	0.90	康定	Ⅰ(C)	0.95	0.82	0.95	0.91	0.91
色达	Ⅰ(A)	0.90	0.82	0.94	0.88	0.89	巴塘	Ⅱ(A)	0.88	0.71	0.91	0.85	0.85
马尔康	Ⅱ(A)	0.92	0.78	0.93	0.89	0.89	理塘	Ⅰ(B)	0.88	0.79	0.93	0.88	0.88
德格	Ⅰ(C)	0.94	0.82	0.94	0.90	0.90	稻城	Ⅰ(C)	0.87	0.76	0.92	0.85	0.85
贵州													
毕节	Ⅱ(A)	0.97	0.82	0.94	0.90	0.90	威宁	Ⅱ(A)	0.96	0.81	0.94	0.90	0.90
云南													
德钦	Ⅰ(C)	0.91	0.81	0.94	0.89	0.89	昭通	Ⅱ(A)	0.91	0.76	0.93	0.88	0.87
西藏													
拉萨	Ⅱ(A)	0.90	0.77	0.93	0.87	0.88	昌都	Ⅱ(A)	0.95	0.83	0.94	0.90	0.90
狮泉河	Ⅰ(A)	0.85	0.78	0.93	0.87	0.87	申扎	Ⅰ(A)	0.87	0.81	0.94	0.88	0.88
改则	Ⅰ(A)	0.80	0.84	0.92	0.85	0.86	林芝	Ⅱ(A)	0.85	0.72	0.92	0.85	0.85
索县	Ⅰ(B)	0.88	0.83	0.94	0.88	0.88	日喀则	Ⅰ(C)	0.87	0.77	0.92	0.86	0.87
那曲	Ⅰ(A)	0.93	0.86	0.95	0.91	0.91	隆子	Ⅰ(C)	0.89	0.80	0.93	0.88	0.88
丁青	Ⅰ(B)	0.91	0.83	0.94	0.89	0.90	帕里	Ⅰ(A)	0.88	0.83	0.94	0.89	0.89
班戈	Ⅰ(A)	0.88	0.82	0.94	0.89	0.89	—	—					
陕西													
西安	Ⅱ(B)	1.00	0.85	0.95	0.92	0.92	延安	Ⅱ(A)	0.98	0.85	0.95	0.92	0.92
榆林	Ⅱ(A)	0.97	0.85	0.96	0.92	0.93	宝鸡	Ⅱ(A)	0.99	0.84	0.95	0.92	0.92

续表

城市	气候区划	外墙、屋面传热系数修正值 ε					城市	气候区划	外墙、屋面传热系数修正值 ε				
		屋面	南墙	北墙	东墙	西墙			屋面	南墙	北墙	东墙	西墙
甘肃													
兰州	Ⅱ(A)	0.96	0.83	0.95	0.91	0.91	西峰镇	Ⅱ(A)	0.97	0.84	0.95	0.92	0.92
敦煌	Ⅱ(A)	0.96	0.82	0.95	0.92	0.91	平凉	Ⅱ(A)	0.97	0.84	0.95	0.92	0.92
酒泉	Ⅰ(C)	0.94	0.82	0.95	0.91	0.91	合作	Ⅰ(B)	0.93	0.83	0.95	0.91	0.91
张掖	Ⅰ(C)	0.94	0.82	0.95	0.91	0.91	岷县	Ⅰ(C)	0.93	0.82	0.94	0.90	0.91
民勤	Ⅱ(A)	0.94	0.82	0.95	0.91	0.90	天水	Ⅱ(A)	0.98	0.85	0.95	0.92	0.92
乌鞘岭	Ⅰ(A)	0.91	0.84	0.94	0.90	0.90	成县	Ⅱ(A)	0.89	0.72	0.92	0.85	0.86
青海													
西宁	Ⅰ(C)	0.93	0.83	0.95	0.90	0.91	玛多	Ⅰ(A)	0.89	0.83	0.94	0.90	0.90
冷湖	Ⅰ(B)	0.93	0.83	0.95	0.91	0.91	河南	Ⅰ(A)	0.90	0.82	0.94	0.90	0.90
大柴旦	Ⅰ(B)	0.93	0.83	0.95	0.91	0.91	托托河	Ⅰ(A)	0.90	0.84	0.95	0.90	0.90
德令哈	Ⅰ(C)	0.93	0.83	0.95	0.91	0.90	曲麻菜	Ⅰ(A)	0.90	0.83	0.94	0.90	0.90
刚察	Ⅰ(A)	0.91	0.83	0.95	0.90	0.91	达日	Ⅰ(A)	0.90	0.83	0.94	0.90	0.90
格尔木	Ⅰ(C)	0.91	0.80	0.94	0.89	0.89	玉树	Ⅰ(B)	0.90	0.81	0.94	0.89	0.89
都兰	Ⅰ(B)	0.91	0.82	0.94	0.90	0.90	杂多	Ⅰ(A)	0.91	0.84	0.95	0.90	0.90
同德	Ⅰ(B)	0.91	0.82	0.95	0.90	0.91							
宁夏													
银川	Ⅱ(A)	0.96	0.84	0.95	0.92	0.91	中宁	Ⅱ(A)	0.96	0.83	0.95	0.91	0.91
盐池	Ⅱ(A)	0.94	0.83	0.95	0.91	0.91	—	—	—	—	—	—	—
新疆													
乌鲁木齐	Ⅰ(C)	0.98	0.88	0.96	0.94	0.94	巴伦台	Ⅰ(C)	1.00	0.88	0.96	0.94	0.94
哈巴河	Ⅰ(C)	0.98	0.88	0.96	0.94	0.93	库尔勒	Ⅱ(B)	0.95	0.82	0.95	0.91	0.91
阿勒泰	Ⅰ(B)	0.98	0.88	0.96	0.94	0.94	库车	Ⅱ(A)	0.95	0.83	0.95	0.91	0.91
富蕴	Ⅰ(B)	0.97	0.87	0.96	0.94	0.94	阿合奇	Ⅰ(C)	0.94	0.83	0.95	0.91	0.91
和布克赛尔	Ⅰ(B)	0.96	0.86	0.96	0.92	0.93	铁干里克	Ⅱ(B)	0.95	0.82	0.95	0.92	0.91
塔城	Ⅰ(C)	1.00	0.88	0.96	0.94	0.94	阿拉尔	Ⅱ(A)	0.95	0.82	0.95	0.91	0.91
克拉玛依	Ⅰ(C)	0.99	0.88	0.97	0.94	0.94	巴楚	Ⅱ(A)	0.95	0.80	0.94	0.91	0.90
北塔山	Ⅰ(B)	0.97	0.87	0.96	0.93	0.93	喀什	Ⅱ(A)	0.94	0.80	0.94	0.90	0.90
精河	Ⅰ(C)	0.99	0.89	0.96	0.94	0.94	若羌	Ⅱ(B)	0.93	0.81	0.94	0.90	0.90
奇台	Ⅰ(C)	0.97	0.87	0.96	0.93	0.93	莎车	Ⅱ(A)	0.93	0.80	0.94	0.90	0.90
伊宁	Ⅱ(A)	0.99	0.85	0.96	0.93	0.93	安德河	Ⅱ(A)	0.93	0.80	0.95	0.91	0.90
吐鲁番	Ⅱ(B)	0.98	0.85	0.96	0.93	0.92	皮山	Ⅱ(A)	0.93	0.80	0.94	0.90	0.90
哈密	Ⅱ(B)	0.96	0.84	0.95	0.92	0.92	和田	Ⅱ(A)	0.94	0.80	0.94	0.90	0.90

不同朝向的阳台温差修正系数 ξ

表 B. 2

城市	气候区属	阳台类型	阳台温差修正系数				城市	气候区属	阳台类型	阳台温差修正系数			
			南向	北向	东向	西向				南向	北向	东向	西向
直辖市													
北京	Ⅱ(B)	凸阳台	0.44	0.62	0.56	0.56	天津	Ⅱ(B)	凸阳台	0.47	0.61	0.57	0.57
		凹阳台	0.32	0.47	0.43	0.43			凹阳台	0.35	0.47	0.43	0.43
河北													
石家庄	Ⅱ(B)	凸阳台	0.46	0.61	0.57	0.57	蔚县	Ⅰ(C)	凸阳台	0.49	0.62	0.58	0.58
		凹阳台	0.34	0.47	0.43	0.43			凹阳台	0.37	0.48	0.44	0.44
围场	Ⅰ(C)	凸阳台	0.49	0.62	0.58	0.58	唐山	Ⅱ(A)	凸阳台	0.47	0.62	0.57	0.57
		凹阳台	0.37	0.48	0.44	0.44			凹阳台	0.35	0.47	0.43	0.44
丰宁	Ⅰ(C)	凸阳台	0.47	0.62	0.57	0.57	乐亭	Ⅱ(A)	凸阳台	0.47	0.62	0.57	0.57
		凹阳台	0.35	0.47	0.43	0.44			凹阳台	0.35	0.47	0.43	0.44
承德	Ⅱ(A)	凸阳台	0.49	0.62	0.58	0.58	保定	Ⅱ(B)	凸阳台	0.47	0.62	0.57	0.57
		凹阳台	0.37	0.48	0.44	0.44			凹阳台	0.35	0.47	0.43	0.44
张家口	Ⅱ(A)	凸阳台	0.47	0.62	0.57	0.58	沧州	Ⅱ(B)	凸阳台	0.46	0.61	0.56	0.56
		凹阳台	0.35	0.47	0.44	0.44			凹阳台	0.34	0.47	0.43	0.43
怀来	Ⅱ(A)	凸阳台	0.46	0.62	0.57	0.57	泊头	Ⅱ(B)	凸阳台	0.46	0.61	0.56	0.57
		凹阳台	0.35	0.47	0.43	0.44			凹阳台	0.34	0.47	0.43	0.43
青龙	Ⅱ(A)	凸阳台	0.48	0.62	0.57	0.58	邢台	Ⅱ(B)	凸阳台	0.45	0.61	0.56	0.56
		凹阳台	0.36	0.47	0.44	0.44			凹阳台	0.34	0.47	0.42	0.43
山西													
太原	Ⅱ(A)	凸阳台	0.45	0.61	0.56	0.57	榆社	Ⅱ(A)	凸阳台	0.46	0.61	0.57	0.57
		凹阳台	0.34	0.47	0.43	0.43			凹阳台	0.34	0.47	0.43	0.43
大同	Ⅰ(C)	凸阳台	0.47	0.62	0.57	0.57	介休	Ⅱ(A)	凸阳台	0.45	0.61	0.56	0.56
		凹阳台	0.35	0.47	0.43	0.44			凹阳台	0.34	0.47	0.43	0.43
河曲	Ⅰ(C)	凸阳台	0.47	0.62	0.58	0.57	阳城	Ⅱ(A)	凸阳台	0.45	0.61	0.56	0.56
		凹阳台	0.35	0.47	0.44	0.43			凹阳台	0.33	0.47	0.43	0.43
原平	Ⅱ(A)	凸阳台	0.46	0.62	0.57	0.57	运城	Ⅱ(B)	凸阳台	0.47	0.62	0.57	0.57
		凹阳台	0.34	0.47	0.43	0.43			凹阳台	0.35	0.47	0.44	0.44
离石	Ⅱ(A)	凸阳台	0.48	0.62	0.58	0.58	—	—	—	—	—	—	—
		凹阳台	0.36	0.47	0.44	0.44							
内蒙古													
呼和浩特	Ⅰ(C)	凸阳台	0.48	0.62	0.58	0.58	满都拉	Ⅰ(C)	凸阳台	0.47	0.62	0.57	0.56
		凹阳台	0.36	0.48	0.44	0.44			凹阳台	0.35	0.47	0.43	0.43
图里河	Ⅰ(A)	凸阳台	0.57	0.65	0.62	0.62	朱日和	Ⅰ(C)	凸阳台	0.49	0.62	0.57	0.58
		凹阳台	0.43	0.50	0.47	0.47			凹阳台	0.37	0.48	0.44	0.44

续表

城市	气候区属	阳台类型	阳台温差修正系数				城市	气候区属	阳台类型	阳台温差修正系数			
			南向	北向	东向	西向				南向	北向	东向	西向
内蒙古													
海拉尔	I(A)	凸阳台	0.58	0.65	0.63	0.63	赤峰	I(C)	凸阳台	0.48	0.62	0.58	0.58
		凹阳台	0.44	0.50	0.48	0.48			凹阳台	0.36	0.48	0.44	0.44
博克图	I(A)	凸阳台	0.58	0.65	0.62	0.63	多伦	I(B)	凸阳台	0.50	0.63	0.58	0.59
		凹阳台	0.44	0.50	0.48	0.48			凹阳台	0.38	0.48	0.44	0.45
新巴尔虎右旗	I(A)	凸阳台	0.57	0.65	0.62	0.62	额济纳旗	I(C)	凸阳台	0.45	0.61	0.56	0.57
		凹阳台	0.43	0.50	0.47	0.47			凹阳台	0.34	0.47	0.42	0.43
阿尔山	I(A)	凸阳台	0.56	0.64	0.60	0.60	化德	I(B)	凸阳台	0.50	0.62	0.58	0.58
		凹阳台	0.42	0.49	0.46	0.46			凹阳台	0.37	0.48	0.44	0.44
东乌珠穆沁旗	I(B)	凸阳台	0.54	0.64	0.61	0.61	达尔罕茂明安联合旗	I(C)	凸阳台	0.47	0.62	0.57	0.57
		凹阳台	0.41	0.49	0.46	0.46			凹阳台	0.35	0.47	0.44	0.43
那仁宝拉格	I(A)	凸阳台	0.53	0.64	0.60	0.60	乌拉特后旗	I(C)	凸阳台	0.45	0.61	0.56	0.56
		凹阳台	0.40	0.49	0.46	0.46			凹阳台	0.34	0.47	0.43	0.43
西乌珠穆沁旗	I(B)	凸阳台	0.53	0.64	0.60	0.60	海力素	I(C)	凸阳台	0.47	0.62	0.57	0.57
		凹阳台	0.40	0.49	0.46	0.46			凹阳台	0.35	0.47	0.43	0.43
扎鲁特旗	I(C)	凸阳台	0.51	0.63	0.58	0.59	集宁	I(C)	凸阳台	0.48	0.62	0.57	0.57
		凹阳台	0.38	0.48	0.45	0.45			凹阳台	0.36	0.47	0.43	0.44
阿巴嘎旗	I(B)	凸阳台	0.54	0.64	0.60	0.60	临河	II(A)	凸阳台	0.45	0.61	0.56	0.56
		凹阳台	0.41	0.49	0.46	0.46			凹阳台	0.34	0.47	0.43	0.43
巴林左旗	I(C)	凸阳台	0.51	0.63	0.58	0.59	巴音毛道	I(C)	凸阳台	0.44	0.61	0.56	0.56
		凹阳台	0.38	0.48	0.45	0.45			凹阳台	0.33	0.47	0.43	0.42
锡林浩特	I(B)	凸阳台	0.53	0.64	0.60	0.60	东胜	I(C)	凸阳台	0.46	0.61	0.56	0.56
		凹阳台	0.40	0.49	0.46	0.46			凹阳台	0.34	0.47	0.43	0.42
二连浩特	I(B)	凸阳台	0.52	0.63	0.59	0.59	吉兰泰	II(A)	凸阳台	0.44	0.61	0.56	0.55
		凹阳台	0.40	0.48	0.45	0.45			凹阳台	0.33	0.47	0.43	0.42
林西	I(C)	凸阳台	0.49	0.62	0.58	0.58	鄂托克旗	I(C)	凸阳台	0.45	0.61	0.56	0.56
		凹阳台	0.37	0.48	0.44	0.44			凹阳台	0.33	0.47	0.43	0.42
哲里木盟	I(C)	凸阳台	0.51	0.63	0.59	0.59	—	—	—	—	—	—	—
		凹阳台	0.38	0.48	0.45	0.45							
辽宁													
沈阳	I(C)	凸阳台	0.52	0.63	0.59	0.60	锦州	II(A)	凸阳台	0.50	0.63	0.58	0.59
		凹阳台	0.39	0.48	0.45	0.46			凹阳台	0.38	0.48	0.45	0.45
彰武	I(C)	凸阳台	0.51	0.63	0.59	0.59	宽甸	I(C)	凸阳台	0.53	0.63	0.60	0.60
		凹阳台	0.38	0.48	0.45	0.45			凹阳台	0.40	0.48	0.46	0.46

434

城市	气候区属	阳台类型	阳台温差修正系数				城市	气候区属	阳台类型	阳台温差修正系数			
			南向	北向	东向	西向				南向	北向	东向	西向
辽宁													
清原	I(C)	凸阳台	0.55	0.64	0.61	0.61	营口	II(A)	凸阳台	0.51	0.63	0.59	0.59
		凹阳台	0.42	0.49	0.47	0.47			凹阳台	0.39	0.48	0.45	0.45
朝阳	II(A)	凸阳台	0.50	0.62	0.59	0.59	丹东	II(A)	凸阳台	0.50	0.63	0.59	0.58
		凹阳台	0.38	0.48	0.45	0.45			凹阳台	0.38	0.48	0.45	0.44
本溪	I(C)	凸阳台	0.53	0.63	0.60	0.60	大连	II(A)	凸阳台	0.46	0.61	0.56	0.56
		凹阳台	0.40	0.49	0.46	0.46			凹阳台	0.34	0.47	0.43	0.42
吉林													
长春	I(C)	凸阳台	0.54	0.64	0.60	0.61	桦甸	I(B)	凸阳台	0.56	0.64	0.61	0.61
		凹阳台	0.41	0.49	0.46	0.46			凹阳台	0.42	0.49	0.47	0.47
前郭尔罗斯	I(C)	凸阳台	0.54	0.64	0.60	0.61	延吉	I(C)	凸阳台	0.54	0.64	0.60	0.60
		凹阳台	0.41	0.49	0.46	0.46			凹阳台	0.41	0.49	0.46	0.46
长岭	I(C)	凸阳台	0.54	0.64	0.60	0.60	临江	I(C)	凸阳台	0.56	0.64	0.61	0.61
		凹阳台	0.41	0.49	0.46	0.46			凹阳台	0.42	0.49	0.47	0.47
敦化	I(B)	凸阳台	0.55	0.64	0.60	0.61	长白	I(B)	凸阳台	0.55	0.64	0.61	0.61
		凹阳台	0.41	0.49	0.46	0.46			凹阳台	0.42	0.49	0.46	0.46
四平	I(C)	凸阳台	0.53	0.63	0.60	0.60	集安	I(C)	凸阳台	0.54	0.64	0.60	0.61
		凹阳台	0.40	0.49	0.46	0.46			凹阳台	0.41	0.49	0.46	0.46
黑龙江													
哈尔滨	I(B)	凸阳台	0.56	0.64	0.62	0.62	富锦	I(B)	凸阳台	0.57	0.64	0.62	0.62
		凹阳台	0.43	0.49	0.47	0.47			凹阳台	0.43	0.49	0.47	0.47
漠河	I(A)	凸阳台	0.58	0.65	0.62	0.62	泰来	I(B)	凸阳台	0.55	0.64	0.61	0.61
		凹阳台	0.44	0.50	0.47	0.47			凹阳台	0.42	0.49	0.46	0.47
呼玛	I(A)	凸阳台	0.58	0.65	0.62	0.62	安达	I(B)	凸阳台	0.56	0.64	0.61	0.61
		凹阳台	0.44	0.50	0.48	0.48			凹阳台	0.42	0.49	0.47	0.47
黑河	I(A)	凸阳台	0.58	0.65	0.62	0.63	宝清	I(B)	凸阳台	0.56	0.64	0.61	0.61
		凹阳台	0.44	0.50	0.48	0.48			凹阳台	0.42	0.49	0.47	0.47
孙吴	I(A)	凸阳台	0.59	0.65	0.63	0.63	通河	I(B)	凸阳台	0.57	0.65	0.62	0.62
		凹阳台	0.45	0.50	0.49	0.48			凹阳台	0.43	0.50	0.47	0.47
嫩江	I(A)	凸阳台	0.58	0.65	0.62	0.62	虎林	I(B)	凸阳台	0.56	0.64	0.61	0.61
		凹阳台	0.44	0.50	0.48	0.48			凹阳台	0.43	0.49	0.47	0.47
克山	I(B)	凸阳台	0.57	0.65	0.62	0.62	鸡西	I(B)	凸阳台	0.55	0.64	0.61	0.61
		凹阳台	0.44	0.50	0.47	0.48			凹阳台	0.42	0.49	0.46	0.46
伊春	I(A)	凸阳台	0.58	0.65	0.62	0.63	尚志	I(B)	凸阳台	0.56	0.64	0.61	0.61
		凹阳台	0.44	0.50	0.48	0.48			凹阳台	0.42	0.49	0.47	0.47

城市	气候区属	阳台类型	阳台温差修正系数				城市	气候区属	阳台类型	阳台温差修正系数			
			南向	北向	东向	西向				南向	北向	东向	西向
黑龙江													
海伦	Ⅰ(B)	凸阳台	0.57	0.65	0.62	0.62	牡丹江	Ⅰ(B)	凸阳台	0.55	0.64	0.61	0.61
		凹阳台	0.44	0.50	0.47	0.48			凹阳台	0.41	0.49	0.46	0.46
齐齐哈尔	Ⅰ(B)	凸阳台	0.55	0.64	0.61	0.61	绥芬河	Ⅰ(B)	凸阳台	0.55	0.64	0.60	0.61
		凹阳台	0.42	0.49	0.46	0.47			凹阳台	0.41	0.49	0.46	0.46
江苏													
赣榆	Ⅱ(A)	凸阳台	0.45	0.61	0.56	0.56	射阳	Ⅱ(B)	凸阳台	0.43	0.60	0.55	0.55
		凹阳台	0.33	0.47	0.43	0.43			凹阳台	0.32	0.46	0.42	0.42
徐州	Ⅱ(B)	凸阳台	0.46	0.61	0.57	0.57				—	—	—	—
		凹阳台	0.34	0.47	0.43	0.43							
安徽													
亳州	Ⅱ(B)	凸阳台	0.47	0.62	0.57	0.58				—	—	—	—
		凹阳台	0.35	0.47	0.44	0.44							
山东													
济南	Ⅱ(B)	凸阳台	0.45	0.61	0.56	0.56	莘县	Ⅱ(A)	凸阳台	0.46	0.61	0.57	0.57
		凹阳台	0.33	0.46	0.42	0.43			凹阳台	0.34	0.47	0.43	0.43
长岛	Ⅱ(A)	凸阳台	0.44	0.60	0.55	0.55	沂源	Ⅱ(A)	凸阳台	0.46	0.61	0.56	0.56
		凹阳台	0.32	0.46	0.42	0.42			凹阳台	0.34	0.47	0.43	0.43
龙口	Ⅱ(A)	凸阳台	0.45	0.61	0.56	0.55	青岛	Ⅱ(A)	凸阳台	0.42	0.60	0.53	0.54
		凹阳台	0.33	0.46	0.42	0.42			凹阳台	0.31	0.46	0.40	0.41
惠民县	Ⅱ(B)	凸阳台	0.46	0.61	0.56	0.57	兖州	Ⅱ(B)	凸阳台	0.44	0.61	0.56	0.56
		凹阳台	0.34	0.47	0.43	0.43			凹阳台	0.33	0.47	0.42	0.43
德州	Ⅱ(B)	凸阳台	0.42	0.60	0.54	0.55	日照	Ⅱ(A)	凸阳台	0.41	0.59	0.52	0.53
		凹阳台	0.31	0.46	0.41	0.41			凹阳台	0.30	0.45	0.39	0.40
成山头	Ⅱ(A)	凸阳台	0.41	0.60	0.54	0.54	费县	Ⅱ(A)	凸阳台	0.44	0.61	0.55	0.55
		凹阳台	0.30	0.46	0.41	0.41			凹阳台	0.32	0.46	0.42	0.42
德州	Ⅱ(B)	凸阳台	0.45	0.61	0.56	0.56	菏泽	Ⅱ(A)	凸阳台	0.44	0.61	0.55	0.55
		凹阳台	0.33	0.47	0.43	0.43			凹阳台	0.32	0.46	0.42	0.42
海阳	Ⅱ(A)	凸阳台	0.44	0.61	0.55	0.55	定陶	Ⅱ(B)	凸阳台	0.45	0.61	0.56	0.56
		凹阳台	0.32	0.46	0.42	0.42			凹阳台	0.33	0.47	0.42	0.43
潍坊	Ⅱ(A)	凸阳台	0.45	0.61	0.56	0.56	临沂	Ⅱ(A)	凸阳台	0.44	0.61	0.55	0.56
		凹阳台	0.34	0.47	0.43	0.43			凹阳台	0.33	0.46	0.42	0.42
河南													
郑州	Ⅱ(B)	凸阳台	0.43	0.60	0.55	0.55	卢氏	Ⅱ(A)	凸阳台	0.45	0.61	0.57	0.56
		凹阳台	0.32	0.46	0.42	0.42			凹阳台	0.33	0.47	0.43	0.43

续表

城市	气候区属	阳台类型	阳台温差修正系数				城市	气候区属	阳台类型	阳台温差修正系数			
			南向	北向	东向	西向				南向	北向	东向	西向
河南													
安阳	Ⅱ(B)	凸阳台	0.45	0.61	0.56	0.56	西华	Ⅱ(B)	凸阳台	0.45	0.61	0.56	0.56
		凹阳台	0.33	0.47	0.42	0.43			凹阳台	0.34	0.47	0.42	0.43
孟津	Ⅱ(A)	凸阳台	0.44	0.61	0.56	0.56	—	—	—	—	—	—	—
		凹阳台	0.33	0.46	0.42	0.43							
四川													
若尔盖	Ⅰ(B)	凸阳台	0.43	0.60	0.54	0.54	甘孜	Ⅰ(C)	凸阳台	0.35	0.58	0.49	0.49
		凹阳台	0.32	0.46	0.41	0.41			凹阳台	0.25	0.44	0.37	0.37
松潘	Ⅰ(C)	凸阳台	0.41	0.60	0.54	0.54	康定	Ⅰ(C)	凸阳台	0.43	0.61	0.55	0.55
		凹阳台	0.30	0.46	0.41	0.41			凹阳台	0.32	0.46	0.42	0.42
色达	Ⅰ(A)	凸阳台	0.42	0.59	0.52	0.52	巴塘	Ⅱ(A)	凸阳台	0.28	0.56	0.48	0.47
		凹阳台	0.31	0.45	0.39	0.39			凹阳台	0.19	0.42	0.36	0.35
马尔康	Ⅱ(A)	凸阳台	0.37	0.59	0.52	0.52	理塘	Ⅰ(B)	凸阳台	0.39	0.59	0.52	0.51
		凹阳台	0.27	0.45	0.39	0.39			凹阳台	0.28	0.45	0.39	0.38
德格	Ⅰ(C)	凸阳台	0.43	0.60	0.55	0.55	稻城	Ⅰ(C)	凸阳台	0.34	0.56	0.48	0.47
		凹阳台	0.32	0.46	0.41	0.42			凹阳台	0.24	0.43	0.36	0.35
贵州													
毕节	Ⅱ(A)	凸阳台	0.42	0.60	0.54	0.54	威宁	Ⅱ(A)	凸阳台	0.42	0.60	0.54	0.54
		凹阳台	0.31	0.46	0.41	0.41			凹阳台	0.31	0.46	0.41	0.41
云南													
德钦	Ⅰ(C)	凸阳台	0.41	0.59	0.53	0.53	昭通	Ⅱ(A)	凸阳台	0.34	0.58	0.51	0.50
		凹阳台	0.30	0.45	0.40	0.40			凹阳台	0.25	0.44	0.39	0.37
西藏													
拉萨	Ⅱ(A)	凸阳台	0.35	0.58	0.50	0.51	昌都	Ⅱ(A)	凸阳台	0.44	0.60	0.55	0.55
		凹阳台	0.25	0.44	0.38	0.38			凹阳台	0.32	0.46	0.41	0.41
狮泉河	Ⅰ(A)	凸阳台	0.38	0.58	0.49	0.50	申扎	Ⅰ(A)	凸阳台	0.42	0.59	0.51	0.52
		凹阳台	0.27	0.44	0.37	0.38			凹阳台	0.31	0.45	0.39	0.39
改则	Ⅰ(A)	凸阳台	0.45	0.57	0.47	0.48	林芝	Ⅱ(A)	凸阳台	0.29	0.56	0.46	0.47
		凹阳台	0.34	0.43	0.35	0.36			凹阳台	0.20	0.43	0.35	0.35
索县	Ⅰ(B)	凸阳台	0.44	0.59	0.51	0.52	日喀则	Ⅰ(C)	凸阳台	0.36	0.58	0.49	0.50
		凹阳台	0.32	0.45	0.39	0.39			凹阳台	0.26	0.44	0.37	0.38
那曲	Ⅰ(A)	凸阳台	0.48	0.61	0.55	0.56	隆子	Ⅰ(C)	凸阳台	0.40	0.59	0.51	0.52
		凹阳台	0.36	0.47	0.42	0.43			凹阳台	0.29	0.45	0.38	0.39
丁青	Ⅰ(B)	凸阳台	0.44	0.60	0.53	0.54	帕里	Ⅰ(A)	凸阳台	0.44	0.60	0.52	0.53
		凹阳台	0.32	0.46	0.40	0.41			凹阳台	0.32	0.45	0.39	0.40

城市	气候区属	阳台类型	阳台温差修正系数				城市	气候区属	阳台类型	阳台温差修正系数			
			南向	北向	东向	西向				南向	北向	东向	西向
西藏													
班戈	Ⅰ(A)	凸阳台	0.43	0.60	0.52	0.53	—	—	—	—	—	—	—
		凹阳台	0.32	0.45	0.39	0.40							
陕西													
西安	Ⅱ(B)	凸阳台	0.47	0.62	0.57	0.57	延安	Ⅱ(A)	凸阳台	0.47	0.62	0.57	0.57
		凹阳台	0.35	0.47	0.43	0.44			凹阳台	0.35	0.47	0.44	0.43
榆林	Ⅱ(A)	凸阳台	0.47	0.62	0.58	0.58	宝鸡	Ⅱ(A)	凸阳台	0.46	0.61	0.56	0.57
		凹阳台	0.35	0.47	0.44	0.44			凹阳台	0.34	0.47	0.43	0.43
甘肃													
兰州	Ⅱ(A)	凸阳台	0.43	0.61	0.56	0.56	西峰镇	Ⅱ(A)	凸阳台	0.46	0.61	0.56	0.57
		凹阳台	0.32	0.46	0.42	0.42			凹阳台	0.34	0.47	0.43	0.43
敦煌	Ⅱ(A)	凸阳台	0.43	0.61	0.56	0.56	平凉	Ⅱ(A)	凸阳台	0.46	0.61	0.57	0.57
		凹阳台	0.32	0.47	0.43	0.42			凹阳台	0.34	0.47	0.43	0.43
酒泉	Ⅰ(C)	凸阳台	0.43	0.61	0.55	0.56	合作	Ⅰ(B)	凸阳台	0.44	0.61	0.55	0.55
		凹阳台	0.32	0.47	0.42	0.42			凹阳台	0.33	0.46	0.42	0.42
张掖	Ⅰ(C)	凸阳台	0.43	0.61	0.55	0.56	岷县	Ⅰ(C)	凸阳台	0.43	0.61	0.54	0.55
		凹阳台	0.32	0.47	0.42	0.42			凹阳台	0.32	0.46	0.41	0.42
民勤	Ⅱ(A)	凸阳台	0.43	0.61	0.55	0.55	天水	Ⅱ(A)	凸阳台	0.47	0.61	0.57	0.57
		凹阳台	0.31	0.46	0.42	0.42			凹阳台	0.35	0.47	0.43	0.43
乌鞘岭	Ⅰ(A)	凸阳台	0.45	0.60	0.54	0.55	成县	Ⅱ(A)	凸阳台	0.29	0.57	0.47	0.48
		凹阳台	0.33	0.46	0.41	0.41			凹阳台	0.20	0.43	0.35	0.36
青海													
西宁	Ⅰ(C)	凸阳台	0.44	0.61	0.55	0.55	玛多	Ⅰ(A)	凸阳台	0.44	0.60	0.54	0.54
		凹阳台	0.32	0.46	0.41	0.42			凹阳台	0.32	0.46	0.41	0.41
冷湖	Ⅰ(B)	凸阳台	0.44	0.61	0.56	0.56	河南	Ⅰ(A)	凸阳台	0.43	0.61	0.54	0.54
		凹阳台	0.33	0.47	0.42	0.42			凹阳台	0.32	0.46	0.41	0.41
大柴旦	Ⅰ(B)	凸阳台	0.44	0.61	0.56	0.55	托托河	Ⅰ(A)	凸阳台	0.45	0.61	0.54	0.55
		凹阳台	0.33	0.47	0.42	0.42			凹阳台	0.34	0.46	0.41	0.41
德令哈	Ⅰ(C)	凸阳台	0.44	0.61	0.55	0.55	曲麻莱	Ⅰ(A)	凸阳台	0.44	0.60	0.54	0.54
		凹阳台	0.33	0.46	0.42	0.42			凹阳台	0.33	0.46	0.41	0.41
刚察	Ⅰ(A)	凸阳台	0.44	0.61	0.54	0.55	达日	Ⅰ(A)	凸阳台	0.44	0.60	0.54	0.54
		凹阳台	0.33	0.46	0.41	0.42			凹阳台	0.33	0.46	0.41	0.41
格尔木	Ⅰ(C)	凸阳台	0.40	0.60	0.53	0.53	玉树	Ⅰ(B)	凸阳台	0.41	0.60	0.53	0.53
		凹阳台	0.29	0.46	0.40	0.40			凹阳台	0.30	0.45	0.40	0.40

城市	气候区属	阳台类型	阳台温差修正系数				城市	气候区属	阳台类型	阳台温差修正系数			
			南向	北向	东向	西向				南向	北向	东向	西向
青海													
都兰	Ⅰ(B)	凸阳台	0.42	0.60	0.54	0.54	杂多	Ⅰ(A)	凸阳台	0.46	0.61	0.54	0.55
		凹阳台	0.31	0.46	0.41	0.41			凹阳台	0.34	0.46	0.41	0.41
同德	Ⅰ(B)	凸阳台	0.43	0.61	0.54	0.55	—	—	—	—	—	—	—
		凹阳台	0.32	0.46	0.41	0.42							
宁夏													
银川	Ⅱ(A)	凸阳台	0.45	0.61	0.57	0.56	中宁	Ⅱ(A)	凸阳台	0.44	0.61	0.56	0.56
		凹阳台	0.34	0.47	0.43	0.42			凹阳台	0.33	0.46	0.42	0.42
盐池	Ⅱ(A)	凸阳台	0.44	0.61	0.56	0.55	—	—	—	—	—	—	—
		凹阳台	0.33	0.46	0.42	0.42							
新疆													
乌鲁木齐	Ⅰ(C)	凸阳台	0.51	0.63	0.59	0.60	巴伦台	Ⅰ(C)	凸阳台	0.51	0.63	0.59	0.59
		凹阳台	0.39	0.48	0.45	0.45			凹阳台	0.38	0.48	0.45	0.45
哈巴河	Ⅰ(C)	凸阳台	0.51	0.63	0.59	0.59	库尔勒	Ⅱ(B)	凸阳台	0.43	0.61	0.56	0.55
		凹阳台	0.38	0.48	0.45	0.45			凹阳台	0.32	0.47	0.42	0.42
阿勒泰	Ⅰ(B)	凸阳台	0.51	0.63	0.59	0.59	库车	Ⅱ(A)	凸阳台	0.44	0.61	0.56	0.55
		凹阳台	0.38	0.48	0.45	0.45			凹阳台	0.32	0.47	0.42	0.42
富蕴	Ⅰ(B)	凸阳台	0.50	0.63	0.60	0.59	阿合奇	Ⅰ(C)	凸阳台	0.44	0.61	0.56	0.56
		凹阳台	0.38	0.48	0.45	0.45			凹阳台	0.32	0.47	0.43	0.42
和布克赛尔	Ⅰ(B)	凸阳台	0.48	0.62	0.58	0.58	铁干里克	Ⅱ(B)	凸阳台	0.43	0.61	0.56	0.56
		凹阳台	0.36	0.48	0.44	0.44			凹阳台	0.32	0.47	0.43	0.42
塔城	Ⅰ(C)	凸阳台	0.51	0.63	0.60	0.60	阿拉尔	Ⅱ(A)	凸阳台	0.42	0.61	0.56	0.56
		凹阳台	0.38	0.49	0.46	0.46			凹阳台	0.31	0.47	0.43	0.42
克拉玛依	Ⅰ(C)	凸阳台	0.52	0.64	0.60	0.60	巴楚	Ⅱ(A)	凸阳台	0.40	0.60	0.55	0.55
		凹阳台	0.39	0.49	0.46	0.46			凹阳台	0.29	0.46	0.42	0.41
北塔山	Ⅰ(B)	凸阳台	0.49	0.63	0.58	0.58	喀什	Ⅱ(A)	凸阳台	0.40	0.60	0.55	0.54
		凹阳台	0.37	0.48	0.44	0.45			凹阳台	0.29	0.46	0.41	0.41
精河	Ⅰ(C)	凸阳台	0.52	0.63	0.60	0.60	若羌	Ⅱ(B)	凸阳台	0.42	0.60	0.55	0.54
		凹阳台	0.39	0.49	0.46	0.46			凹阳台	0.31	0.46	0.41	0.41
奇台	Ⅰ(C)	凸阳台	0.50	0.63	0.59	0.59	莎车	Ⅱ(A)	凸阳台	0.39	0.60	0.55	0.54
		凹阳台	0.37	0.48	0.45	0.45			凹阳台	0.29	0.46	0.41	0.41
伊宁	Ⅱ(A)	凸阳台	0.47	0.62	0.59	0.58	安德河	Ⅱ(A)	凸阳台	0.40	0.61	0.55	0.55
		凹阳台	0.35	0.48	0.45	0.44			凹阳台	0.30	0.46	0.42	0.41
吐鲁番	Ⅱ(B)	凸阳台	0.46	0.62	0.58	0.58	皮山	Ⅱ(A)	凸阳台	0.40	0.60	0.54	0.54
		凹阳台	0.35	0.47	0.44	0.44			凹阳台	0.29	0.46	0.41	0.41

城市	气候区属	阳台类型	阳台温差修正系数				城市	气候区属	阳台类型	阳台温差修正系数			
			南向	北向	东向	西向				南向	北向	东向	西向
新疆													
哈密	Ⅱ(B)	凸阳台	0.45	0.62	0.57	0.57	和田	Ⅱ(A)	凸阳台	0.40	0.60	0.54	0.54
		凹阳台	0.34	0.47	0.43	0.43			凹阳台	0.29	0.46	0.41	0.41

注：1. 表中凸阳台包含正面和左右侧面三个接触室外空气的外立面，而凹阳台则只有正面一个接触室外空气的外立面；

2. 表格中气候区属Ⅰ（A）为严寒（A）区、Ⅰ（B）为严寒（B）区、Ⅰ（C）为严寒（C）区；Ⅱ（A）为寒冷（A）区、Ⅱ（B）为寒冷（B）区。